ATOMIC, MOLECULAR, AND OPTICAL PHYSICS

原子分子与光物理

颜波

中国教育出版传媒集团
高等教育出版社 · 北京

内容提要

本书的主要内容包括原子、分子与光物理的基本理论，内容丰富，物理图像清晰。本书一方面以光谱为主线介绍了原子物理的基本内容，另一方面以二能级体系为代表介绍了光与原子作用的基本理论。全书共分成11章，包括从原子论到原子物理、氢原子光谱、氦原子光谱、碱金属原子光谱、超精细能级结构、角动量和跃迁选择定则、光子与原子相互作用——二能级体系、全量子理论、冷原子物理基础、双原子分子光谱和附录等。

本书可作为高等学校物理学类专业高年级本科生、研究生的教材，也可供其他专业师生或相关爱好者参考。

图书在版编目(CIP)数据

原子分子与光物理／颜波主编. --北京：高等教育出版社，2023.10

ISBN 978-7-04-060444-3

Ⅰ.①原… Ⅱ.①颜… Ⅲ.①原子物理学-教材②分子物理学-教材③物理光学-教材 Ⅳ.①O56②O436

中国国家版本馆CIP数据核字(2023)第079136号

YUANZI FENZI YU GUANGWULI

策划编辑 张琦玮　责任编辑 张琦玮　封面设计 贺雅馨　版式设计 李彩丽
责任绘图 黄云燕　责任校对 吕红颖　责任印制 高　峰

出版发行 高等教育出版社
社　　址 北京市西城区德外大街4号
邮政编码 100120
印　　刷 固安县铭成印刷有限公司
开　　本 787mm×1092mm 1/16
印　　张 16.5
字　　数 390千字
购书热线 010-58581118
咨询电话 400-810-0598
网　　址 http://www.hep.edu.cn
　　　　 http://www.hep.com.cn
网上订购 http://www.hepmall.com.cn
　　　　 http://www.hepmall.com
　　　　 http://www.hepmall.cn
版　　次 2023年10月第1版
印　　次 2023年10月第1次印刷
定　　价 36.80元

物 料 号 60444-00

序 言

每个学科都随着时代不断发展，有时是暴风骤雨般的革命，有时是润物无声的潜行。受限于时代的认知水平和技术条件，学科发展自有其时代主题。而这种时代主题又不断演进。有些知识，当时难以理解，后来成为常识；有些问题，当时很重要，后来被人忘却；也有些线索，隐隐约约，后来却长成参天大树。这体现在学术语言上，就是术语的不断流动和更新。因此教科书，特别是专业类教科书应随学科发展而不断更新。对于高速发展的学科，这种更新尤其有必要。这是本书写作的初衷。

在我国，物理学分类中有原子分子物理和光学两个二级学科。光在原子、分子性质的探测、调控方面具有无可比拟的重要地位，两个学科有千丝万缕的联系。原子物理的研究人员在很多时间里是在处理光的问题。因此国际上对物理学进行分类时，将原子分子和光物理（atomic, molecular and optical physics）作为一个研究方向，简称 AMO。因此本书所说的原子物理，请理解成广义的 AMO 方向。

19 世纪末，随着电子、放射性、X 射线等重要发现相继出现，原子的结构被揭示，各种纷杂的现象慢慢变得清晰。裂变的发现让原子物理的研究逐渐走进更深层次，走向核物理。利用加速器，科学家将原子核“敲开”，众多粒子逐渐被人们认识，各种基本理论的“大厦”建立起来，造就了物理学的空前繁荣。这一盛宴在 20 世纪 50、60 年代走向辉煌。进入 80 年代，随着高能加速器越来越庞大，造价越来越高，实验的推进逐渐趋缓。这是原子物理发展的一条重要主线，我国原子物理的教材基本上是按这一学术思路展开的。

与此同时，还有一条“暗线”。以拉比为代表的科学家，相信精密测量的力量，认可小数点后多一位可能意味着新物理的说法，为此大力发展对原子的精密调控手段。经过几十年的努力，科学家已经实现了对原子的所有自由度，包括内部自由度和外部自由度的精确控制，由此发展出来核磁共振、激光、光泵浦、原子钟、激光冷却、单离子、单原子等重要成果和方向。这一暗线在 20 世纪 80 年代经过冷原子的兴起走向了原子物理研究的中心，并成为整个物理学研究的焦点。人们一方面发展出冷原子钟、原子干涉仪等为代表的广泛应用；另一方面也通过精密测量，在低能领域开展探究基本物理的研究，比如利用 Cs 原子光谱测量宇称破缺，利用分子光谱测量电子的永久电偶极矩，甚至利用原子钟测量暗物质、引力波等。当前大家关心的量子计算，也是这一学术思路的自然延伸。读者阅读本书会发现其整体基调就是这一学术思想。

原子物理是物理学专业的必修课。在国内，其传统的授课时间在量子力学之前。但是对于学生来说，如果没有量子力学的基础，很多原子物理问题他们无法深入理解。实际上原子物理中诸多极具特色内容，比如光谱、角动量耦合、跃迁选择定则、磁共振等，深刻地体现了量子力学的规律。这些内容的学习，会帮助学生更深入地理解量子力学。量子力学早已成为物理学的基本语言，建议量子力学开课时间提前，原子物理作为应用开课于其后，在学习原子物理过程中体会量子力学的精髓，这可能是一举两得的事情。本书就是以量子力学作为出发点来讲解原子物理的。将本书定名为“原子分子与光物理”也是想与传统原子物理教材有所区分。在目前的教学框架下，本书可以作为高年级本科生或者研究生的教材使用。

本书一个特点是突出了“光谱”。光谱一直是原子物理中最重要的主题之一。早期人们还没有很好地探测微观粒子的能力，使用光是最方便、最有效的手段。特征光谱的发现更是将光谱学的地位推得很高。人们利用特征光谱发现了许多新元素；也通过光谱确认了太阳上的物质和地球上是一样的。光谱学也在基本物理理论的发展中起到了重要的作用。玻尔在建立量子力学时，使用的一个重要证据就是氢原子光谱的数据。而现代光谱学也有了很大的发展，特别是在激光发明后，其开创了完全不同的局面，在精密调控方面占据重要地位。很多情况下，原子物理几乎就等于光谱。

本书另外一个特点是突出了“二能级体系”。在凝聚态物理方向，有固体物理的专业课，其核心内容是晶格理论，这是固体物理极具特色的部分。在 AMO 方向，也有这种特色内容，那就是二能级体系，其显著特征是拉比振荡。拉比振荡在 AMO 中极为重要，是思考光与原子相互作用的“元”图像。因此本书花大量篇幅来介绍二能级体系和拉比振荡，使用了各种不同的理论方案来处理这一问题。如果能使读者对于二能级体系有了更深入的认识，那么本书的价值就得到了体现。

当今时代一个重要特点，是计算机技术的高度发达，数值计算的门槛变得很低。熟练掌握几门计算语言是大学生的必备素质。因此本书加大了数值计算方面的内容。一方面作为训练，帮助学生提高数值计算能力。另一方面，让学生应用基本理论对复杂问题进行求解，体会物理学的奥妙，提高学生的兴趣。真实世界中，解析解是稀少的，数值的方法可以架起基础理论和实际应用的桥梁，一切皆可用数值方法。非常鼓励读者碰到问题算一算，即使是数量级的估算，往往也能解决大部分问题。

作者长期从事原子物理的实验研究工作，科研品味也大多从实验角度出发，注重物理图像和实用性。本书所选取的内容，也多与此相关。从这方面说，本书具有鲜明的个性。从另外一个方面说，本书的理论严密性可能有所欠缺，不足之处也请各位专家指正。

颜　波
2023 年 3 月于浙江大学

目　　录

第1章　从原子论到原子物理

费曼在其《费曼物理学讲义》中曾提出过一个问题:如果发生某种大灾难,所有的科学知识都丢失了,只留下一句话给后代,你会留下什么话?他接着说:"我相信这句话是:物质由原子构成。"由此可见原子观念在现代科学中的重要地位。原子论不仅是一种知识,也是一种哲学观念,一种对世界运行规律的根本性思考,一种自然科学不断发展的深层次动力。

科学家一般认为,要对一个现象进行根本的解释,必须进入一个更深的层次,这个层次通常是更微观的。对于我们日常生活的宏观世界中的绝大多数现象,我们可以从原子层面给出令人满意且深刻的解释,比如热力学的微观解释、半导体物理的能带理论、光与原子相互作用等。而对某一层次现象,进入更深层次来解释并没有太大帮助。因此本书的内容也就"截断"在原子层面,不讨论原子核内部结构,这些内容由专门的粒子物理或者高能物理书籍进行介绍。

世界上所有物质都由原子构成,原子不停运动,相互之间吸引或者排斥,构建出丰富多彩的世界。这些原子观念深入人心,但历史上却经历了长期而曲折的发展。原子论也是从哲学层面到科学层面,从掌握规律到精密调控一步一步发展过来的。在具体讲授原子物理内容之前,有必要回顾一下原子论发展的历史,并通过几个著名实验来体会原子物理发展的脉络①。

原子物理内容丰富,在不同历史时期有不同的研究重点。AMO方向在近几十年来获得了高速的发展,已经成为物理学研究中非常重要的一个领域。现代AMO研究中"精密调控"是非常重要的一个主题。因此本书从原子操控的视角出发,看一看科学家是如何一步一步实现对原子所有自由度,包括内部自由度和外部自由度的精密调控的。而未来学科的发展,可能是在精密调控的基础上,通过构建的方法来实现更多科学的目标。

1.1　原子论:从哲学到假说

1.1.1　原子论

世界是由什么构成的?世界的本源是连续的还是不连续的?这些是哲学上的重大课题。而"原子论"正是对这些重大课题的一种思考和回答。按目前的资料,大家承认最早提

---

① 当然,这里必须强调,科学发展有其规律,是无数人共同推进的。人们对历史的记忆不断简化,最后模糊了事实,突出了标签。著名人物只是其中的代表,历史书上的故事无法包含全部事实。本书所叙述的历史,为了思路清晰,也存在过于简化的缺点。如果对书中某段历史感兴趣,建议多找些资料看看。

出原子论的是古希腊学者留基伯(Leucippus,大约公元前480—公元前420)。这一观点后来由他的学生德谟克利特(Democritus,大约公元前460—公元前370)发扬光大。认为一切物质都由原子组成,原子无限小,不可再分。原子是永恒存在的,不生不灭,在无限的虚空中运动。原子之间只有形状、排列、位置和大小的区别。原子有光滑的,有粗糙的;有球形的,有凹形的,有凸形的,甚至有带钩的。这些区别是构成丰富世界的源泉。例如水是由圆润光滑的水原子构成,因此看到水是液态的。而铁原子有钩子,因此可以连接在一起而形成固体。而英文中"atom"一词就来源于古希腊语,意思是不可分割的。

与之不同而且更流行的观念是亚里士多德(Aristotle,公元前384—公元前322)系统总结并发扬光大的四元素说,认为一切物质都由土、水、气和火四种元素组成。亚里士多德认为万物的本原是四种基本性质:冷、热、干、湿。而不同的元素是由这些基本性质按不同比例组合而成。热和干组合成火,湿和热组合成气,水是冷加湿,土是干加冷。元素之间是可以相互转化的。例如,水加热时,水中的冷被热取代,水就变成了气。亚里士多德反对原子论,认为不可分的原子不存在。由于亚里士多德的巨大影响力,四元素说长时间成为统治学说,而原子论则被人们忽略。

后来伊壁鸠鲁(Epicurus,公元前341—公元前270)结合享乐主义和原子论,在雅典建立了一个影响深远的学派。公元前1世纪,罗马晚期哲学家、诗人卢克莱修(Lucretius)写作哲学长诗《物性论》,系统地保存和宣传了伊壁鸠鲁的学说,包括原子论。但是卢克莱修这一著作在基督教早期和中世纪漫长的时间里被湮没千年,直至文艺复兴时期才重新出版,原子论得以重新焕发生机。

在中国古代,原子论的观点也在历史上出现过,战国时期墨家的《墨经》中写道"端:体之无序而最前者也",用"端"来表示不可分割的东西。庄子的著作《庄子·天下篇》记录了惠施的言论:"至大无外,谓之大一,至小无内,谓之小一"。这里"小一"就是不能再分的东西。但这种偶尔闪过的原子论,并不是中国人哲学的主流。《庄子·天下篇》同时记录另外一种著名的观念:"一尺之棰,日取其半,万世不竭。"在中国人的潜意识中,以周易、太极为代表的阴阳转变、循环变化才是最主流的哲学观念。李约瑟在《中国科学技术史》中写道:"在中国人的思想中原子的概念从来都是不重要的,正如中国的数学是代数的而非几何的、中国的哲学是有机的而非机械的那样。中国的物理思想是由波动概念而非粒子概念所支配。"这算是从一个西方人的视角看中国的哲学思想。

1.1.2 原子说

西方文艺复兴之后,古希腊的各种思想得以重新呈现在世人面前,由于法国学者伽桑狄(Gassendi,1592—1655)等人的努力,德谟克利特等人的原子论在17世纪得以复活。这一时期,以牛顿力学为代表的自然科学取得了重大突破,人类对于认识自然界有了极大的自信,用力学原理结合原子论来解释物质的组成和变化成为一种思潮。并且由于自然科学的进步,人们不再满足于在哲学层面讨论原子论,而希望开展定量的研究。

1661年,被称为"化学之父"的玻意耳(Boyle,1627—1691)出版了著名的《怀疑派的化学家》一书,用气体是像小弹簧似的粒子聚集而成的概念来解释气体的各种性质。这种微粒说的观念深刻地影响了当时包括牛顿、胡克在内的诸多知名科学家。牛顿对于光的本质提出了"微粒说",更是掀起了光的"波动说"和"微粒说"持续几百年的大讨论。对于流行的四元素说,玻意耳认为这些基本元素并不能构成整个世界。比如金属不是基本元素，也不能用基本元素进行组合得到。玻意耳认为那些不能用化学方法再分解的简单物质才是元素。这样对于哲学意义的原子论或者元素说，玻意耳开始从科学的角度来证明或证伪，从而进入科学假说的阶段。

到了18世纪，化学得到进一步发展。有“现代化学之父”之称的拉瓦锡（Lavoisier，1743—1794）创立了“氧化说”，厘清了化学中许多重要观念，并用化学分解的方法确定了很多元素。他非常推崇定量分析，使得定量化学得到极大的发展。通过定量分析，他发现了化学反应过程中极为重要的一个规律：质量守恒定律。之后利用定量分析方法，普罗斯特（Proust，1754—1826）在1797年得到定比定律（或者定组成定律）：同一种化合物，不论来自哪里，成分都是一样的。1800年左右，道尔顿（Dalton，1766—1844）发现倍比定律：两种元素化合生成不同化合物时，在这些化合物中，与一定量甲元素相化合的乙元素的质量必互成简单的整数比。正是在这些科学规律发现的基础上，道尔顿于1803年创立了近代科学原子说。他认为：

物质由不可再分的原子组成。原子在化学反应中保持自己的独特性质。同一元素原子的质量、性质都完全相同。不同元素的原子质量和性质各不相同。不同元素化合时，原子以简单整数比结合。

原子说对当时许多化学规律给出了极好的解释，其产生极大轰动并迅速被大家采用，道尔顿也因此被公认为科学原子说的创始人。1808年，吕萨克发现气体化合时，各气体的体积成简单整数比，进而提出在同温同压的条件下，相同体积的不同气体含有相同数目的原子。由于当时对原子和分子的概念区分不清晰，这一假说在原子可拆分的条件下才能符合实验结果，从而引起原子说的争议。1811年，阿伏伽德罗提出分子说，认为同温同压同体积的条件下气体含有相同分子数，而不是原子数，分子可拆分为原子，从而厘清了原子和分子的概念，完善了原子说。

1.2　原子结构

1.2.1　电子的发现

受实验条件限制，道尔顿时代的原子说并不涉及原子内部结构问题，并且认为原子是不可再分的。这些问题在19世纪末、20世纪初得到更深入的解答。第一个打破原子不可再分神话的是电子的发现①。

到了18世纪，电学现象已被广泛研究。人们已区分出两种电，富兰克林（Benjamin Franklin，1706—1790）将玻璃电称为正电，树脂电称为负电，并发现电荷守恒定律。而他用1752年那个著名的“风筝实验”证实了闪电的本质就是电流。但是闪电不可控制，无法用它来系统性地开展电学研究。18世纪，人们发明了一种类似闪电，但容易控制的装置：放电管。当玻璃容器中的空气被抽出（由于真空设备限制，当时真空度并不太高），加上电源，容器中会产

① 关于粒子发现的历史，推荐《亚原子粒子的发现》（斯蒂芬·温伯格著，杨建邺、肖明译）。

生奇妙的光。这里,玻璃、电源和真空这些当时最先进的技术交汇在一起,造就了这样一种新的装置。一方面,由于类似闪电,神奇发光,它可以作为“猎奇”的商品出售。另一方面,由于便于控制,这种装置适合开展系统性的科学研究。正是关于其发光本质的研究导致了电子的发现。

真空技术的发展带来了新的机遇。1858 年盖斯勒(Geissler)发明了高效真空泵,将真空度由以前大气压的百分之几提高到万分之几。1859 年,玻恩大学普吕克教授利用盖斯勒泵将玻璃管内真空度降到极低时(10^{-4}个大气压),发现放电现象消失,只在管壁上有浅绿色的辉光,看起来是有东西从阴极射出来,打到玻璃管上,它后来被命名为阴极射线管(如图 1.1 所示)。发光是阴极射线和残留空气作用产生的。但是阴极射线的本质是什么?这成为当时一个重要的科学问题。

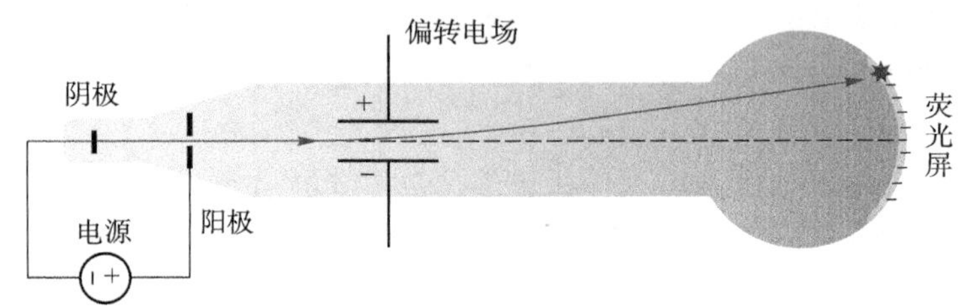

图 1.1　阴极射线管。阴极射线粒子在电场作用下会发生偏转。

由于被广泛研究,阴极射线的许多性质和猜想被迅速发现和证实。阴极射线是沿直线传播的,如果在中间放置一个物体,玻璃管上的辉光会出现阴影。辉光位置会被磁场影响,说明阴极射线可以被磁场偏转。阴极射线的自由程很大,在真空玻璃管中可以运动得很远,说明它不是由很重的物质粒子组成。另外,如果在玻璃管中安装收集装置,会发现阴极射线带负电。这些研究对于认清阴极射线的本质起到重要作用。

汤姆孙(J.J.Thomson,1856—1940)领导的小组在 1897 年完成了关键的一个测量,观测到电场对阴极射线施加的偏转①。汤姆孙进一步通过测量这些偏转,得到了阴极射线粒子的荷质比。其结果跟离子的荷质比相比大得惊人,表明阴极射线粒子质量极小。虽然还有其他学者也进行了类似的测量②,但是汤姆孙却第一个宣称它是一种亚原子的粒子,打破了原子不可分割的神话。这一结果后来得到其他实验室的验证和承认,并将它命名为电子,成为 20 世纪初物理学三大发现之一。汤姆孙也因为电子的发现获得 1906 年诺贝尔物理学奖。

1904 年,汤姆孙进一步提出“葡萄干面包”原子模型(如图 1.2 所示),认为原子是一个带正电的圆球,带负电的电子分布在其中,就像面包上点缀着葡萄干一样。作为第一个构想原子具有结构的模型,这个模型有划时代意义。不过很快,这个模型就被实验结果所否定,新的模型被提出,其中最成功的是卢瑟福模型。

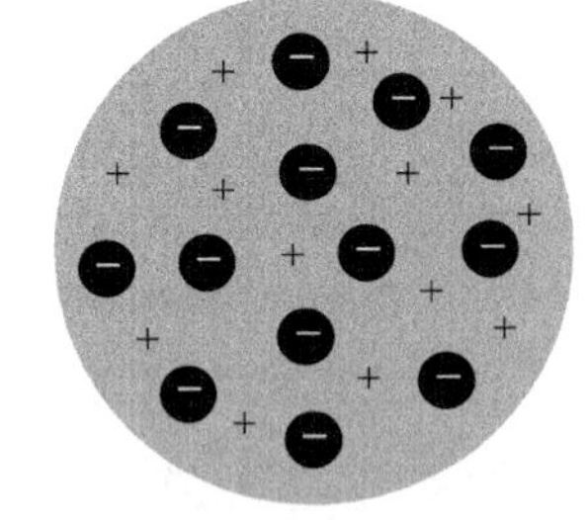

图 1.2　汤姆孙的原子模型:带负电荷的电子镶嵌在带正电的圆球中。

① 赫兹做过同样的实验,由于玻璃管中真空度不够低,没有观测到电场对阴极射线的偏转。汤姆孙使用了更好的真空泵。

② 德国的考夫曼教授在同时期也进行了类似测量,并得到更精确的荷质比数据。但是他没宣称阴极射线是粒子。

1.2.2 α粒子散射实验

卢瑟福模型是基于α粒子散射实验建立的,这个实验在原子物理中具有极其重要的地位。为了理解这个实验的意义,我们先看一下它发生的时代背景。1896年,贝可勒尔(Henri Becquerel,1852—1908)发现放射性,观测到放射性物质会发射各种类型的粒子。卢瑟福在卡文迪什实验室和汤姆孙一同研究这些放射性射线的本质,通过电场、磁场偏转射线,测量荷质比等。到了1898年,他们确定了其中两种射线:α射线和β射线,其中α射线由带电的氦原子核构成,而β射线就是电子束。几年之后,1907年,卢瑟福从研究放射性射线本质问题转移到利用放射性射线作为工具,用α射线轰击金箔来开展原子结构研究。这一全新的工具为原子结构的研究打开了新的大门。

实验装置如图1.3(a)所示。放射性物质发射α射线,轰击金箔,然后用探测器探测散射的α粒子分布。在实验中,发现大概有八千分之一的α粒子被反射回来。这一实验结果是十分出人意料的。如果原子的结构如汤姆孙所言,正电荷和负电荷都均匀分布在原子内,那么由于电磁相互作用,α粒子散射的偏转角度会很小,发生这种大角度的散射是十分困难的。经过仔细的实验和分析,卢瑟福找到了问题的关键点。原子的正电荷和质量集中在原子大小万分之一的部分,如图1.3(b)所示。这样就可以提供足够的电磁相互作用来反转α粒子。这就导致了原子核的发现。

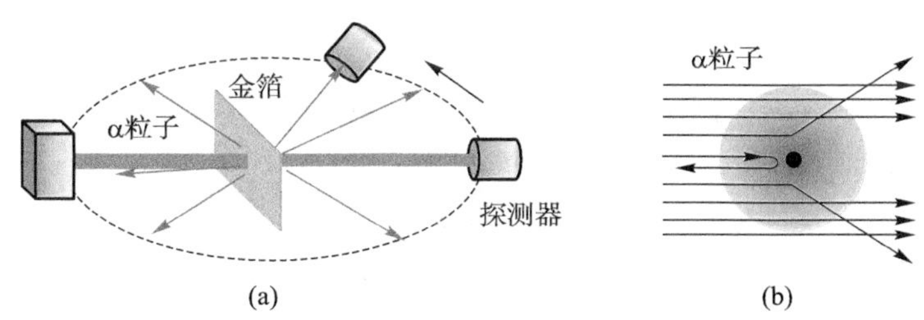

图1.3 (a)α粒子轰击金箔的实验示意图。(b)α粒子偏转示意图。

卢瑟福根据实验结果,提出原子结构的行星模型:原子的质量和正电荷集中在原子核内,原子核非常小。电子围绕原子核运行,就像行星绕着恒星转动一样。尽管后来量子力学对这个图像进行了修正,但是人们思考原子内部结构时,脑海中想象的常常是这个模型。它非常简单、直观,并且和天体中行星结构类似,非常便于大众接受和理解。卢瑟福的行星模型取得了巨大成功。

但是这个模型同样也遇到很多困难,其中最重要的一个是稳定性问题。根据电磁学理论,带电粒子在做加速运动时,会辐射电磁波。行星模型中,电子绕原子核运动,存在向心加速度,因此会不断辐射电磁波而损失能量,因而原子不会稳定存在。而现实世界的原子当然是稳定的。这一点是行星模型被攻击最多的地方。当然,像任何新生的事物一样,原子模型需要不断地发展、完善。卢瑟福的实验开启了原子结构实验研究的新篇章,这一探测方法后来在高能物理中被发扬光大。也正是为了解决原子结构行星模型的困难,玻尔提出了量子论,掀起了量子力学的革命。

1.2.3 玻尔的原子模型

1913年玻尔加入曼彻斯特大学,在卢瑟福的指导下开展研究工作。他想解决原子结构行星模型的稳定性问题。结合当时普朗克提出的量子假说和氢原子光谱规律，玻尔提出了自己的氢原子模型。

首先，玻尔提出了定态假设。认为电子绕原子核运动，存在一些分立的稳定轨道，能量是稳定的，电子不辐射电磁波。这样行星模型（如图1.4所示）的稳定性问题就解决了。从经典运动学出发，质量为 m_e 的电子绕原子核做圆周运动，半径为 r，则库仑相互作用力为

$$F=\frac{1}{4\pi\epsilon_0}\frac{e^2}{r^2} \tag{1.2.1}$$

这个作用力提供了电子圆周运动的向心力，因此

$$\frac{1}{4\pi\epsilon_0}\frac{e^2}{r^2}=m_e\frac{v^2}{r} \tag{1.2.2}$$

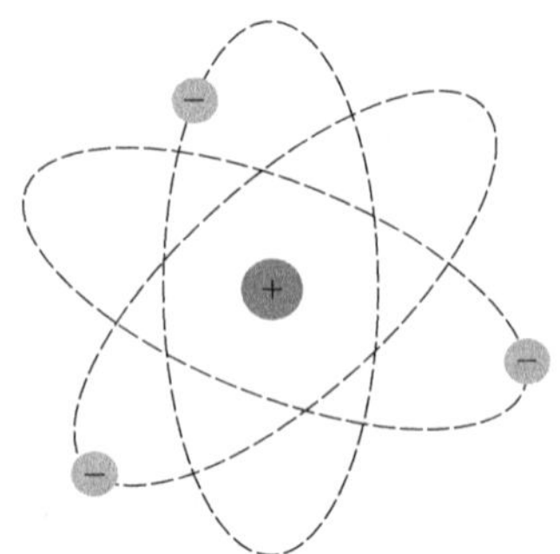

图1.4 原子结构的行星模型。原子核处于原子中心，电子绕原子核运动。

电子绕原子核做圆周运动的总能量为动能和势能之和

$$E=T+V=\frac{1}{2}m_ev^2-\frac{e^2}{4\pi\epsilon_0 r}=-\frac{1}{2}\frac{e^2}{4\pi\epsilon_0 r} \tag{1.2.3}$$

如果对 r 没有限制，那么能量的取值将连续变化。玻尔在理论上要求存在分立的定态轨道，那么这些分立轨道是哪些呢？为此，玻尔要求它满足角动量量子化条件

$$L=m_evr=n\hbar,\ n=1,2,3,\cdots \tag{1.2.4}$$

其中 $\hbar=h/2\pi$，是单位角动量。电子角动量是单位角动量的整数倍。这样就对定态轨道进行了限定。结合(1.2.2)式，可知半径的取值是量子化的：

$$r_n=\frac{4\pi\epsilon_0\hbar^2}{m_ee^2}n^2 \tag{1.2.5}$$

$n=1$ 时称为第一玻尔半径，也简称为玻尔半径 a_0。代入常量，计算得到

$$a_0=\frac{4\pi\epsilon_0\hbar^2}{m_ee^2}\simeq 0.053\ \text{nm} \tag{1.2.6}$$

这是一个非重要的尺度，表征原子的大小，因此也经常被用来作为原子的长度单位。

由于半径取值是分立的，于是能量也变成分立的，

$$E_n=-\frac{m_ee^4}{(4\pi\epsilon_0)^2 2\hbar^2n^2} \tag{1.2.7}$$

然后玻尔假设电子从一个定态跃迁到另一个定态时，辐射电磁波，能量为

$$h\nu=E_n-E_m \tag{1.2.8}$$

这样就将光谱学结果和原子定态能级联系起来。将(1.2.7)式代入(1.2.8)式，就得到氢原子光谱的里德伯公式

$$\frac{1}{\lambda}=R\left(\frac{1}{n^2}-\frac{1}{m^2}\right) \tag{1.2.9}$$

其中里德伯常量可由(1.2.7)式得到

$$R=\frac{2\pi^2e^4m_e}{(4\pi\epsilon_0)^2ch^3} \tag{1.2.10}$$

代入各个常数和常量，得到 $R=1.097\ 373\ 15\times10^7\ \text{m}^{-1}$。这样就从理论上对里德伯常量给出

了解释。而当时实验值为 $R_{\mathrm{exp}}=1.0967758\times10^{7}\ \mathrm{m}^{-1}$。理论和实验符合得非常好,误差仅有万分之五。并且对于这一误差,玻尔给出解释:计算过程中使用的是电子的质量,而原子核的质量不是无穷大,电子和原子核构成一个两体系统,计算过程中应该用折合质量来代替

$$\mu=\frac{m_{\mathrm{e}}m}{m_{\mathrm{e}}+m} \tag{1.2.11}$$

对于氢原子

$$R_{\mathrm{H}}=R_{\infty}\frac{m_{\mathrm{p}}}{m_{\mathrm{e}}+m_{\mathrm{p}}}\simeq R_{\infty}\left(1-\frac{m_{\mathrm{e}}}{m_{\mathrm{p}}}\right) \tag{1.2.12}$$

由于 $m_{\mathrm{e}}/m_{\mathrm{p}}\simeq1/1\ 836$,加入这一修正后,理论结果和实验结果完全符合。

玻尔理论和实验结果非常吻合,在学术界立即产生了极大的轰动。玻尔引入的定态及量子化条件的假设,触发了量子力学的革命。当然,当玻尔尝试将其理论推广到多电子原子时,遇到了困难。而当光谱测量精度更高时,玻尔的理论也无能为力。此时需要从量子力学出发来进行计算,这将是后面章节的主要内容。

1.3　从认识到操控

玻尔的理论掀起了量子力学革命的浪潮,之后量子力学迅速发展,原子物理中的各种现象也得到了解释。光谱这一原子物理中核心内容也得到越来越高精度的检验。继玻尔对原子的电子态跃迁进行解释后,科学家又引进了电子自旋和核自旋两个自由度,对原子的精细能级结构、超精细能级结构进行了解释。下面从原子各个自由度控制的角度出发,通过几个重要的实验,简述科学家对原子从认识到操控的发展历程。

1.3.1　施特恩-格拉赫(Stern-Gerlach,S-G)实验

玻尔理论的成功激发了当时科学家的极大兴趣。1916 年,索末菲等科学家推广了玻尔的理论,用椭圆形轨道代替了圆形轨道,给出了更精确的氢原子光谱计算结果。他们的研究还得出一个结论,原子的角动量矢量也是离散的。角动量矢量的离散意味着其在空间的角度是离散的,这一结论也称为角动量空间量子化。这一结果引起了科学家的广泛兴趣。

正是在这一背景下,为了验证角动量的空间量子化,施特恩和格拉赫开展了相关实验研究,并于 1922 年获得成功①。其实验装置如图 1.5 所示。他们使用了分子束方案。一束热

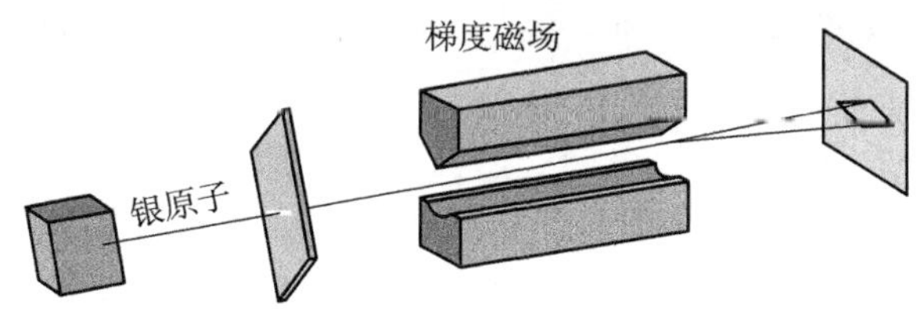

图 1.5　S-G 实验装置示意图。

① 对这段历史感兴趣的读者,可以参阅“施特恩-格拉赫实验其人其事”(林志忠,《物理》)。

的银原子束从炉中喷射出来，经准直后获得高度准直的原子束，然后经过一个梯度极大的磁场区域。如图1.5所示，磁场梯度基本上出现在z方向，于是原子受力情况为

$$F_z=\mu_z\frac{\partial B_z}{\partial z} \tag{1.3.1}$$

原子中电子绕核运动，类似经典电磁理论中带电流的线圈，会有一个对应的磁矩。原子磁矩和角动量的关系为

$$\boldsymbol{\mu}_l=-\gamma\boldsymbol{L} \tag{1.3.2}$$

其中$\gamma=e/2m_e$是旋磁比。

如果角动量在空间的角度是量子化的，意味着其在z方向的投影是量子化的，对应的μ_z也是量子化的，根据(1.3.1)式，原子受力也是离散的。最终在磁场梯度力作用下，原子束在空间上会产生劈裂。S-G实验确实观测到了原子束的劈裂，从而"在实验上验证了角动量的空间量子化"。

S-G实验的结果在当时造成了轰动，在原子物理发展史上具有重要的历史地位。它有如下重大科学意义：

1. 第一次对角动量量子化进行了实验验证，并且测量到角动量的最小单位是$\hbar$。这里需要澄清一下，当时对于S-G实验的解释是错误的。实验所使用的Ag原子，最外层没配对的是5s电子，对应的轨道角动量为零。真正产生磁矩的是电子的自旋，对应的角动量是$\pm\hbar/2$。而实验测量到的角动量为$\hbar$，这纯粹是个巧合，因为电子自旋对应的旋磁比比轨道角动量的刚好大一倍。当时的实验结果是Ag原子被分裂成两条线。但是根据当时的量子理论，分裂的线数应该是$2l+1$，角动量l的取值必须是整数，因此无法解释这一现象。这在后来的电子自旋概念下就非常清晰了。从这个意义来说，S-G实验是第一个发现电子自旋的实验。

2. 实验采用的真空分子束方案对后来原子物理的发展产生了深远影响。早在1911年，法国科学家迪努瓦耶(L. Dunoyer)演示了钠原子束的在真空中的直线运动。而1915年，盖德泵的发明，使得真空度可以进一步降低，分子自由程大于设备的长度，残留气体的影响可以忽略不计。施特恩结合当时已有的各种技术，对分子束方案进行了重要的发展，最终完成了这个著名实验。1943年施特恩获得诺贝尔物理学奖，委员会给出的评价是

> "for his contribution to the development of the molecular ray method and his discovery of the magnetic moment of the proton."

其中发展分子束技术是放在第一位的。这一技术对于近代原子物理实验研究起到了极为重要的作用。后来的磁共振、光泵浦、原子钟等都是在此基础上出现的。应用到化学上，用来研究化学反应的交叉分子束方法也获得了1986年诺贝尔化学奖。在其后50多年的时间里，分子束一直是原子物理实验的主流研究平台。这一现象直到20世纪80年代冷原子的出现才得以改变。

3. 从原子操控角度看，S-G实验实现了对电子自旋的操控。能量上看，原子的能级结构分为电子态结构、精细结构、超精细结构。电子自旋是引起原子精细结构分裂的原因。核自旋会引起超精细能级结构的劈裂。精细结构分裂比电子态跃迁能量小四个量级，而超精细能级劈裂比精细能级劈裂又小四个量级。从操控角度来讲，要控制电子自旋和核自旋，对于操控的精度要求是越来越高。S-G实验第一次实现了电子自旋自由度的操控，获得了空间上分开的极化原子束。

1.3.2 拉比(Rabi)磁共振实验

S-G 实验的成功让 1927 年来欧洲留学的拉比(Rabi)印象十分深刻,也让他对分子束实验产生了浓厚兴趣。因此后来他到施特恩实验室工作了一段时间,这成为他开展磁共振研究的开端。如果说 S-G 实验实现了对电子自旋的控制,那么拉比发展起来的磁共振技术可看成是对核自旋的操控①。从学科发展角度看,电子自旋自由度被控制后,控制核自旋自由度是一个自然的发展。从能量上讲,核自旋引起的效应是更小的,它的操控精度要求更高。

拉比的磁共振实验于 1937 年开展,实验装置如图 1.6(a)所示。和 S-G 实验类似,拉比磁共振实验使用的是真空分子束技术,但不同的是使用了 A、B 两套 S-G 磁铁。A 磁铁是用来进行态制备,B 磁铁是用来进行态检测。中间 C 区域是均匀磁场,可以加上射频场来进行态操控。D 是探测器,用于探测接收到的分子数。

实验装置工作原理如图 1.6(b)所示,分子束通过 A 磁铁后,不同磁矩的分子在空间上分开。选择狭缝 S 的位置,让某一个特定磁矩的分子通过,从而获得极化的分子,完成态制备过程。C 区域是均匀磁场,未加射频场时分子的能态保持不变。再经过 B 磁铁,极化的分子将在 S-G 磁场下再次偏转。调整探测器 D 的位置,使它能够接收到最大的信号。这是态检测过程,D 探测器上探测到的是狭缝 S 选择的分子态。如果在 C 区域加一个共振的射频场,分子的磁子能态将发生翻转,分子磁矩改变,经过 B 区域后偏转将不同,如图 1.6(b)中的虚线所示,无法被探测器 D 探测,表现为一个损失。扫描磁场大小或者射频场频率,就获得磁共振谱线,如图 1.6(c)所示,共振峰处发生了磁共振。由于磁共振峰线宽很窄,精度非常高,对于不同的核自旋态,其微小的能级差别可以在磁共振峰中清晰地分辨出来,从而实现核磁矩的操控。

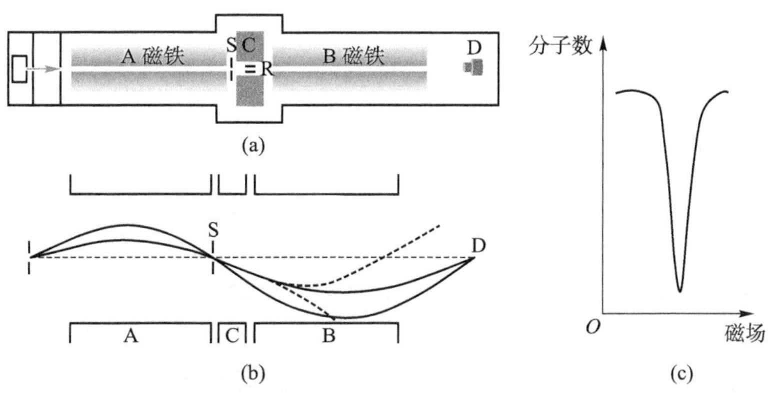

图 1.6 磁共振实验。(a) 实验装置示意图。A、B 两套磁铁均是具有大的梯度磁场的 S-G 磁铁,C 区域是均匀磁场,射频场由 R 发射,D 是粒子探测器。(b) 磁共振工作原理图。A 区域是态制备,由狭缝 S 选择特定极化分子。B 区域是态检测,特定极化的分子刚好偏转被探测器 D 检测到。C 区域进行态操控,发生磁共振时分子磁矩翻转,从而偏离原路径而不能被检测到,如图中虚线。(c) 磁共振信号图。发生磁共振时,探测器上检测到的粒子数也最少。

磁共振实验开启了原子和分子的超精细能态的操控,在调控精度上达到了一个新的高度,为之后的微波光谱学、核磁共振等研究开启了新的方向。这些研究极大地推进了精密测

---

① 关于这段历史,参见拉姆齐(Ramsey)的回忆文章 *Early History of Magnetic Resonance*.

量的发展,兰姆位移、原子钟等都是在此基础上发展起来的。因此,拉比获得1944年诺贝尔物理学奖。从操控角度来看,磁共振实验意味着人们已经可以对核磁矩进行良好的操控。操控范围到达超精细能级结构后,原子层面的所有内部自由度都控制起来了。

1.3.3 激光的发明

激光是近代社会影响最大的技术发明之一,在工业、农业、国防、科技及日常生活等各个领域都能看到它的身影。从调控角度来说,激光是原子内态调控发展到一定精度下的产物。但是同时,激光的出现对于原子物理是一场革命。现代原子物理的研究内容和激光发明前有着截然不同的局面。正是因为激光如此重要,激光器的研制已经单独出来成为一个学科。这里我们不讨论技术细节,只对激光发明的历史做简要叙述。

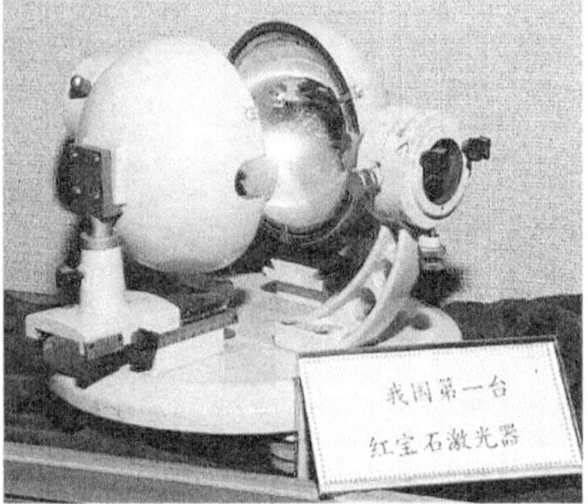

图1.7彩图

图1.7　左图是第一台激光器及发明人梅曼(Maiman)。右图是中国第一台红宝石激光器,由长春光机所于1961年研制成功。

激光的概念最早要回溯到1917年爱因斯坦提出的受激辐射。但是在光频段,原子的激发态布居很少,受激辐射现象微弱,导致这一概念长期被忽视。二战时由于雷达的重要性,征召了很多科学家开展射频波段的研究。在射频波段,原子自发辐射很小,热平衡时上能级布居很多,由此引发了对受激辐射概念的重新重视。1954年美国的汤斯(Townes)小组和苏联的普罗霍洛夫(Prokhorov)和巴索夫(Basov)小组成功研制了微波激射器(maser),利用分子的受激辐射放大了微波。受此启发,汤斯和肖洛(Schawlow),普罗霍洛夫分别于1958年独立提出用法玻腔作为谐振腔,将Maser扩展到光波段的理论。由于激光的广泛使用前景,当时很多科学家都加入了这场科学的竞赛。最终,工程师出身的梅曼最先于1960年6月成功研制第一台红宝石激光器。1964年,汤斯、巴索夫和普罗霍洛夫因为微波激射器和激光的研究工作获得诺贝尔物理学奖。

之后,各种激光器如雨后春笋般地被发明出来,有固体的、液体的、气体的、半导体的;有连续运转的,也有脉冲运转的;有可见光的,也有红外线的、紫外线的等。根据不同的应用场景,激光器向不同方向发展。

对于精密光谱来说,人们希望激光器连续运转,激光线宽越窄越好。于是窄线宽激光器出现了,光谱的精度大大提高。锁频技术可以将激光锁定在超稳腔上,用来构建光钟,实现最高精度的时间测量。另一方面,脉冲激光由于能量集中,也有很多应用需求,人们希望激光器的脉冲可以越来越短。1960年代,使用被动锁模技术,皮秒激光器诞生。由于热效应很小,皮秒激光在工业加工方面有广泛的应用。到了 1990 年代,利用钛宝石激光器上的自聚焦效应实现了几十飞秒的脉宽。由于这种超短脉冲激光具有极高的时间分辨率,使用泵浦-探测方案可以探测到极快的化学反应(1999 年诺贝尔化学奖)。飞秒激光在频率域展开就是一系列间隔为 GHz 级的光源,稳定后可以获得频率梳,成为连接微波和光频的标尺(2015 年诺贝尔物理学奖)。而到目前超短脉冲已经推进到阿秒时代,可用来探测原子内部电子的运动规律。

在能量方面,获得超大功率是激光器的一个重要发展方向。早期动力之一来源于军事上对激光武器的需求。CO_2 激光器是这方面的代表之一,早在 1960 年代 CO_2 激光器就实现了千瓦级的输出。由于其高功率,CO_2 激光器在工业加工、激光切割方面有广泛应用。而 21 世纪以来,高功率激光器一个重要的进展是光纤激光器的异军突起。虽然早在 1964 年就有关于光纤激光器的报道,但是使用条件苛刻。直到 1980 年代,随着各种技术的进步,掺有稀土元素的光纤激光器才获得极大成功,被广泛使用起来。光纤激光器的泵浦功率低,调谐范围大,输出功率高。2009 年实现 10 千瓦的输出,目前上千千瓦输出的激光器也出现了。由于结构稳定、功率大、成本低,光纤激光器和光纤放大器在应用方面具有极大的优势,对很多工业激光器形成了替代。另一个对激光功率极致追求的是激光核聚变装置。以美国的国家点火装置(NIF)为代表,激光脉冲长度达到几十皮秒,激光能量达到 180 万焦耳。高强度的脉冲激光极易损坏材料本身,为了解决此问题,科学家发展了啁啾脉冲放大技术(2018 年诺贝尔物理学奖)。

在成本考量方面,半导体激光器具有巨大的优势。1962 年,第一台半导体激光器研制成功。此时它是同质结结构,需要液氦冷却、脉冲型工作,因此使用不方便。1963 年,克勒默(Kroemer)和阿尔费罗夫(Alferov)等实现了异质结的半导体激光器(2000 年诺贝尔物理学奖),大大提高了半导体激光器的性能。1969 年,阿尔费罗夫小组使用双异质结结构,实现了第一个连续运转的室温半导体激光器。1977 年,科学家实现了 InGaAsP 材料激光器,波长为 1.25 μm,处于通信波段,推动了半导体激光器在通信上的广泛使用。互联网的出现使得人们对于数据传输的需求极大地增加了。高速通信需要窄线宽、功率稳定的激光器。分布反馈式(DFB)半导体激光器在 1970 年代引入,在 1980 年代获得室温下稳定单模激光,支持了高速数据传输。1990 年代分布光栅式(DBR)半导体激光器得到发展,可以在比较大范围内调谐激光波长,支持了分波复用的通信技术。另外一种重要且非常成功的激光器是垂直腔表面发射(VCSEL)激光器,最早在 1985 年实现室温运转。由于 VCSEL 激光谐振腔极短,发射面积很大、电流阈值很小、功耗低,再加上半导体工艺高度发展,生产成本极低,因此它在低功率应用中非常受欢迎。而近年来 VCSEL 阵列在高功率应用方面也得到了重要的发展。

在激光的波长方面,比较成熟的激光器大多运行在可见光、红外及附近波段。将波长向更长或者更短拓展都有重要科学意义和应用价值。但是由于增益介质不好找,两方面扩展都不容易。在向更短波长拓展方面,准分子激光器是一个代表,它使用激发态的分子作为增益介质。1970 年,巴索夫小组用电子束泵浦液氙,展示了 175 nm 处的增益。之后众多稀有气体通过电子束泵浦激发而产生激光。1980 年代,众多稀有气体的卤化物的准分子激光被实现。其中,比较知名的是光刻机中使用的 KrF 激光(248 nm)和 ArF 激光器(193 nm),属于深紫外波段。

如果想要获得更短波长的激光,可以使用倍频方案,我国在倍频晶体研制方面走在世界前沿,比如 KBBF 晶体可以产生 150 nm 的激光。波长再短的话,晶体材料就无能为力了。一种途径是通过高功率激光轰击气体(一般是稀有气体)产生高次谐波。这种方案可以产生几十纳米的激光,但是倍频效率很低。近年来,由于微纳加工技术的进步,利用固体材料进行倍频取得较大进展,希望能够获得更大突破。另一种方案是使用自由电子激光器,它由曼莱(Madey)在 1971 年提出,通过高能电子来回运动获得相干输出。自由电子激光器可获得短到 X 射线波段的激光,适合短波段应用。但是自由电子激光器比较庞大,需要专门的庞大设备来运转。

总而言之,激光器跟随应用需求向各方面发展进步,成为我们认识自然的利器。善用这些“武器”有利于我们开展科学研究,推动学科发展。

1.3.4　激光冷却与囚禁

激光的发明让人类掌握了一个新的利器,对于原子控制来说也是如此。最早拉比使用了复杂的 S-G 装置来实现极化原子,完成了磁共振实验。如果使用激光则可以容易地用光泵浦(或称光抽运)极化原子(参见第 6.6 节)。当原子的超精细能级被控制后,原子的所有内部自由度都获得了控制。但是原子还有外部自由度。原子可以运动,运动会造成多普勒频移,这会影响精密测量的精度(参见第 9.1 节)。从能量上看,多普勒效应造成的频移为几百 MHz,和超精细能级结构的尺度可比拟。为了获得更好的测量精度,实现更精细的操控,原子的外部自由度也需要控制起来。冷原子物理正是在这样一种学科背景下发展起来的。

在冷原子物理中,最成功的技术是激光冷却,它于 1975 年被提出,在 1980 年代到 1990 年代得到了飞速的发展。由于历史较短,这一学科仍然在发展。有非常多的科学家对这个领域有贡献,对此方向发展历史有兴趣的读者可找更多资料参阅。这里只选两个标志性实验来简要说明,第一个是 1997 年诺贝尔物理学奖获得者朱棣文发明的磁光阱,第二个是 2001 年诺贝尔物理学奖授予的玻色-爱因斯坦凝聚(BEC)实验。关于冷原子,我们在第 9 章有更详细的讨论。

图 1.8(a)展示了磁光阱的示意图。一对反亥姆霍兹线圈提供梯度磁场,六束激光从三个方向对原子进行冷却。此装置兼具激光的冷却效果和磁阱的囚禁效果,可以同时实现原子的冷却和囚禁,因此使用极其方便,几乎成为冷原子物理的标配。利用此装置,可以捕获 $10^8 \sim 10^9$ 个冷原子,温度达到 μK 量级,为后续科学研究提供一个非常好的样品。图 1.8(b)展示的是磁光阱的照片。其中红色虚线部分是冷却后的原子团。对于那些跃迁是可见光的冷原子团,往往肉眼都可以看见。

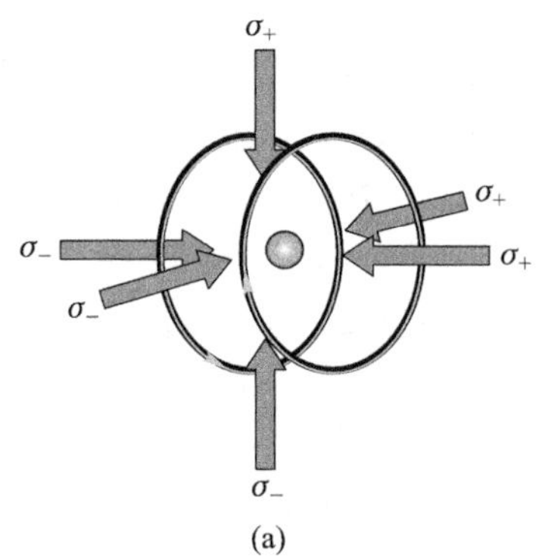

(a)

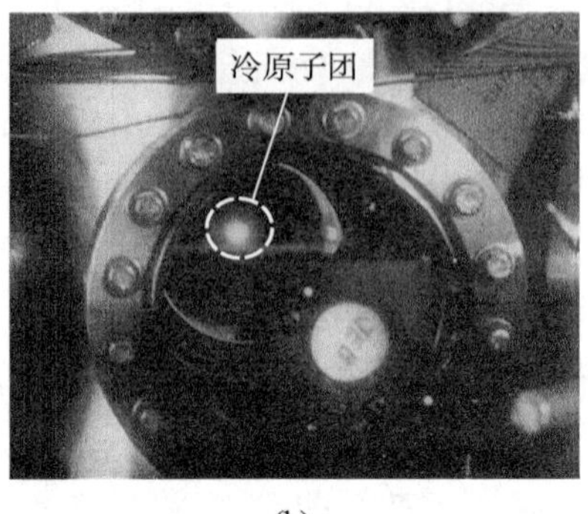

(b)

图 1.8 彩图

图 1.8　(a) 磁光阱的示意图。(b) 磁光阱照片。中间虚线标记处为冷原子团。

第二个标志性的实验是玻色-爱因斯坦凝聚(BEC)态的制备。从外部自由度的控制角度来看,预冷却后的原子被势阱囚禁,原来处于运动连续谱的原子的能量被离散化了,如图1.9(a)所示。通过蒸发冷却,高能量原子不断被剔出阱外,最终原子都处于势阱的基态,实现BEC。

图1.9(b)展示的是原子团的动量分布图。原子团在自由空间下落一段时间后(20 ms左右),原子的动量分布转化为空间分布。最左边原子团温度还不够冷,不处于BEC的状态,有时候也称为"热"原子。最右边是纯BEC的状态,原子团在动量空间变得非常聚集。而中间是临界相变区域,部分原子处于BEC,部分是"热"原子,因此看到一个双峰分布。中间凸起的是BEC部分,周围是"热"原子。BEC的转变温度在百纳开量级。处于BEC状态的原子团具有极好的相干性,为量子模拟研究提供了一个理想平台。

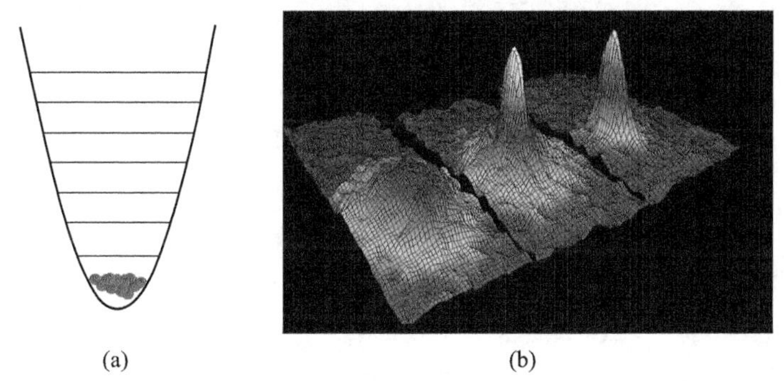

图1.9彩图

图1.9 (a) BEC中原子全部处于势阱的基态。(b) 原子团在BEC相变点附近的动量分布图。最左边是"热"原子。最右边是纯BEC状态。而中间是临界相变区域,存在一个双峰分布。中间凸起部分是BEC,周围是"热"原子。

小结

人们对于世界的认识,最初是从哲学层面开始,原子论正是对世界本源认识的一种思考。17世纪定理化学的发展,使得原子论走向科学假说,逐渐被大家广泛接受。而由于当时探测手段的限制,人们无法对原子有一个直接的认识,原子论还停留在科学假设的层面。电子的发现打开了原子结构的大门,而卢瑟福的实验让人们认识了原子核。玻尔的理论对原子结构有了一个现代意义的解释,并且打开了量子力学的大门。人们慢慢认识到原子中的电子能级结构、精细能级劈裂、超精细能级劈裂等。随着技术的进步,原子内部各个自由度通过光场、射频场等被精确控制,而外部自由度则通过激光冷却和囚禁的手段来实现。目前来说,原子的所有自由度,不管外部还是内部,都可以精密调控,这给量子时代提供了一个坚实的硬件基础,成为现代AMO方向非常重要的研究主题。

参考文献说明

1. 杨福家老师的《原子物理学》(第五版)为我国的经典原子物理学教材,其中对于量子力学与原子物理发展的关系有很多描述,值得一读。

2. 《亚原子粒子的发现》(斯蒂芬·温伯格著,杨建邺、肖明译)介绍了原子结构的发展历史过程,通俗易懂。
3. 对于文中介绍的历史,一个非常有效的了解方法是参考诺贝尔奖网站的“Nobel lecture”,上面记载了这些科学家的真实经历和感受,有助于读者从一个更高的视角来看待学科的发展,并了解相关历史。
4. 对于 S-G 实验,可以参考 Schmidt-Bocking, et al. The Stern-Gerlach Experiment Revisited. The European Physical Journal H, 41, 327(2016)。
5. 对于磁共振的早期历史,拉姆齐写过一些回忆文章,例如 *Early History of Magnetic Resonance*[Norman F. Ramsey, Phys. Perspect., 1, 123(1999)]。
6. 关于激光的发展历史,参见 A Short History of Laser Development[Jeff Hecht, Appl. Opt., 49, 99(2010)]。关于中国早期激光的回忆文章,参见“浅谈中国第一台激光器的诞生”[王之江,中国激光, 37, 2188(2010)]。

习题

1.1　在汤姆孙最初的实验中,由于他并不知道阴极射线出射的速度,因此仅仅通过电场偏转还不足以推算出粒子的荷质比。汤姆孙采取的办法是分别施加电场和磁场,并且调节电场和磁场,使得两者的偏转一致,从而推算出荷质比。实验装置如习题图 1.1 所示,电场或者磁场的偏转区域长度 $L_1=0.05$ m,达到管壁前的自由飞行距离 $L_2=1.1$ m,下面(习题表 1.1)是一些实验数据,请根据此数据表推算粒子的荷质比。

习题表 1.1　汤姆孙实验的一些结果。

射线管内气体	电场强度/(N/C)	电偏转距离/m	磁场强度/[N/(A·m)]	磁偏转距离/m
空气	1.5×10^4	0.08	5.5×10^{-4}	0.08
空气	1.5×10^4	0.13	6.6×10^{-4}	0.13
氢	1.5×10^4	0.09	6.3×10^{-4}	0.09
二氧化碳	1.5×10^4	0.11	6.9×10^{-4}	0.11

1.2　对于 α 粒子散射实验,按汤姆孙模型来考虑,如习题 1.2 图所示。先考虑正电荷部分,正电荷均匀分布在圆球中(Au 原子电荷 $Z=79e$),半径为 $R=0.1$ nm。

(1) 求离此球中心距离为 r 处的电场强度和对 α 粒子的作用力。

(2) 估算 α 粒子被散射的最大角度。

(3) 缩小带电球的半径,散射角度会增加。如果想产生比较大的散射角度,比如 10°,那么带正电荷的球半径应该缩小到多大?

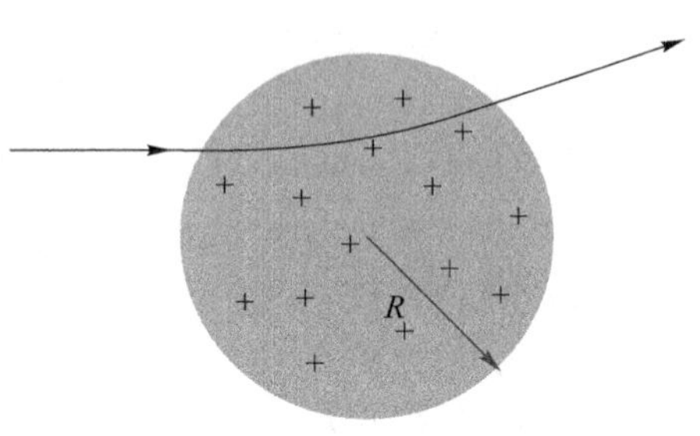

习题 1.2 图　粒子散射示意图。

（4）原子中也有电子，估算电子对计算结果造成的影响有多大。

1.3 对于 S-G 实验来说，非常重要的一个技术是产生梯度非常大的非均匀磁场。假设将 Ag 的原子炉加热到 1 000 K，梯度磁场为 10 T/cm，磁场长度为 $L_1=3.5$ cm，出磁场后粒子再飞行 $L_2=3.5$ cm 被探测到。

（1）请估算 Ag 原子分裂的间距。

（2）请讨论，此计算结果对于狭缝的大小有何要求？

第 2 章　氢原子光谱

2.1　光谱技术概述

光谱在原子物理的研究中具有极其重要的地位，是人们认识原子和分子性质最基本的工具。每个原子或者分子都有它自己的特征谱线，这是光谱非常重要的一个特点。历史上许多元素的发现（比如铯，铷，氦，以及众多稀土元素等），都是先在光谱上确认的。受限于技术手段，早期的光谱波段基本上在可见光范围内。随着技术的发展，光谱范围扩展到各种电磁波频段，包括射频、微波、太赫兹、光波段、X 射线、γ 射线等。这些波段的光谱，各有其特点和适用范围。因此本书中提到的光，请理解成广义的电磁波。而原子，也应该理解成广义的原子，它可以是原子、分子、离子、量子点、超导量子比特等量子体系。对于光谱学来说，能级几乎就是原子的全部性质。因此我们说原子的时候，往往在说能级。哈密顿量写出来的时候，原子就变成了能级。读者会在本书中反复体会到这个观念。

光谱学是一个古老的学科，其诞生的标志是 1666 年牛顿用棱镜将太阳光分解成七色光。这一极具象征意义的实验也将太阳光谱学推向了研究的“前台”，使其成为一个持续数世纪的研究宝藏[①]。后来，沃拉斯顿在 1802 年改进了牛顿的实验，采用了质量更好的棱镜，并且用狭缝代替了牛顿实验中的小孔。在这个实验中，除了复现牛顿观测到的彩色光谱外，还有几条细细的暗线。非常可惜，沃拉斯顿来到了“宝藏”门前而未能入内。他没有看出那些细暗线隐含的巨大信息，而是认为那是不同颜色的分界线。1814 年，光学仪器高手夫琅禾费（Fraunhofer）发明了光谱仪，在三棱镜前后加上了透镜来进行会聚，大大提高了光谱的分辨率。在高精度光谱仪的帮助下，1814—1823 年，夫琅禾费做了著名的太阳光谱的系统测量，发现了几百条暗线。经过细致的排查，夫琅禾费确认这些暗线不是仪器造成的，是阳光本身的特征。夫琅禾费不知道为什么会这样，当时也没有人知道为什么会产生这些暗线。但是没有关系，作为实验物理学家，忠实而系统地测量数据可能是更重要的，或许哪一天谜底就解开了。夫琅禾费对其中八个比较显著的区域按 A-G 进行标记。本书中反复提到的 D 线就是这段历史的遗迹。

夫琅禾费虽然对这些暗线进行了细致的观测，但是对于这些暗线的来源并不清楚。深藏于其中的奥秘，是德国科学家基尔霍夫揭示的。1860—1861 年德国海德堡大学的化学家本生（Bunsen）和物理学家基尔霍夫（Kirchhoff）合作研究化学元素加热后的光谱，发现每种化学元素都有自己独特的光谱。这一特征让光谱成为一种非常有用的技术，可以用来确定化学元素存在。通过特征光谱的方法，他们发现了许多新元素，比如铷和铯。他们最早使用

---

① 有兴趣的读者，可阅读《太阳的故事》（卢昌海，清华大学出版社）。这是一本关于太阳的优秀科普著作。

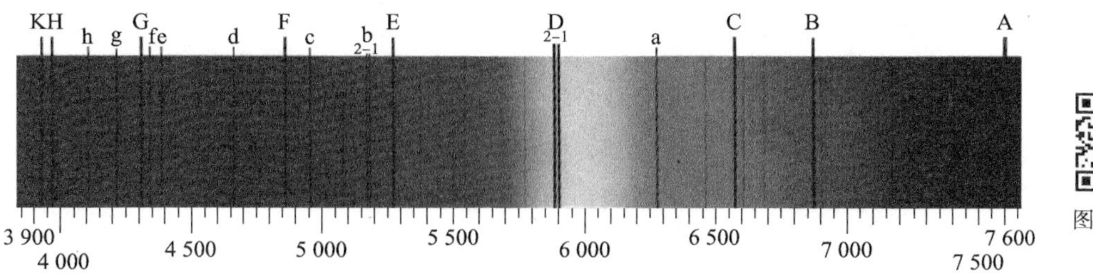

图 2.1 彩图

图 2.1 可见光波段的太阳光谱,其中字母是光谱不同区域的标记。横轴单位是 Å(1 Å = 10^{-10} m)。

的是发射光谱,后来发现光通过某种元素的气体时,在原来发射光谱亮线的位置会出现暗线。和发射光谱刚好相反,暗线的出现是由于化学元素的吸收。基尔霍夫敏锐地意识到,太阳光谱中的夫琅禾费暗线正是由太阳上面的元素吸收造成的,从这些暗线的频谱位置就可以确定太阳上面有什么元素。很快,科学家利用太阳光谱认证出很多在地球上已知的元素,太阳光谱的奥秘终于被揭开。从光谱就可以知道太阳是什么元素构成的,这一发现在科学上意义非凡,展示了光谱技术的强大力量。另外,它对人们的世界观产生了极大的影响。15 世纪提出来的日心说虽然把地球是宇宙中心的观念打破了,大众对天体还是充满了崇拜。但是太阳光谱的研究告诉他们,太阳上的物质居然和地球上的是一样的。可以想象这一事实对于那些幻想天体是完美的神秘物体的人是何等残酷。

从学科发展的角度看,光谱技术的发展是一个精度不断提高的过程。色散元件从最早的棱镜,到更敏感的光栅。光源从太阳光,到特种灯光,再到激光。光谱的测量精度不断提高,通过它无与伦比的精确性,对现有物理理论发起挑战。光谱的精密测量追求的是"小数点后多一位",这多的一位可能就意味着新的物理。历史上"兰姆位移"的发现就是这样一个经典的例子。这一成功范例也坚定了人们对精密测量的信心。人们相信,在低能量(相对于高能物理来说)的情况下,可以通过增加测量的精度来弥补能量的不足,从而开展新物理的探索,例如用高精度的干涉仪开展引力波的探测,用高精度原子钟开展暗物质的探测,用电子永久电偶极矩(EDM)的测量来验证标准模型的预言等。

2.2 氢原子光谱

氢原子是最简单的原子,但是其光谱却不容易测量。历史上,早期氢原子是从 H_2 分子制备而来,纯的氢原子样品不容易制备,容易受到 H_2 分子光谱的影响,因此氢原子光谱测量进展缓慢。最早的氢原子光谱探测由埃斯特隆(A.J.Angstrom)在 1853 年完成,探测到可见光波段的巴耳末系的四条线。几十年后,直到 1881 年,哈金斯(W.Huggins)才在天文光谱上发现十来条氢原子光谱线,因为天文观测中氢原子谱线受 H_2 分子干扰更少。随着氢原子制备技术的进步,慢慢地,更多的谱线被测量出来。1885 年,巴耳末(J.J.Balmer)总结出巴耳末公式,成为量子力学建立时最重要的证据。后来包括紫外的莱曼(Lyman)系和红外谱系相继被发现。1896 年,更精细的能级结构,磁场下的光谱塞曼(Zeeman)效应被发现。这些都对量子力学的完善起到重要作用。

1889 年,里德伯(Rydberg)在研究碱金属的光谱时,发现众多碱金属的高激发态光谱可

以用如下简洁的公式来描述，

$$\frac{1}{\lambda}=R\left[\frac{1}{(m+b)^2}-\frac{1}{(n+c)^2}\right] \tag{2.2.1}$$

这就是著名的里德伯公式，其中 b、c 是和能态有关的常量，可以用量子数亏损理论来解释。对于简单的氢原子，$b=c=0$，于是得到氢原子光谱的里德伯公式

$$\frac{1}{\lambda}=R\left(\frac{1}{m^2}-\frac{1}{n^2}\right) \tag{2.2.2}$$

所有的氢原子光谱线都符合这个简单的公式，非常神奇(图 2.2 为氢原子能级结构图)。

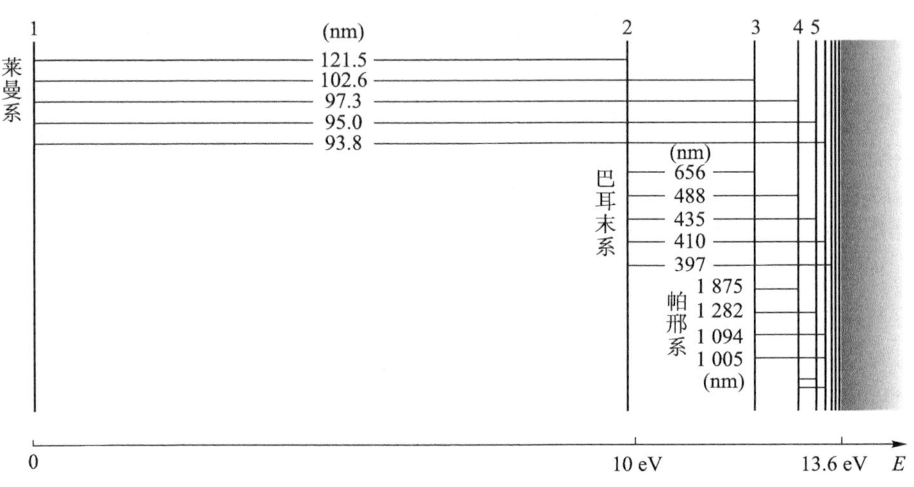

图 2.2　氢原子能级结构图。图中数字代表跃迁对应波长，单位是纳米。

1913 年玻尔的理论给了它一个清晰的物理解释，光是两个能量为 $R/i^2(i=m\rightarrow n)$ 的量子态之间的跃迁造成的，并且给出了里德伯常量的表达式(1.2.10)式，光谱数据给出的结果对量子理论给予了极大的支持。

由于氢原子结构简单，和基本物理规律联系最直接，它的光谱的精密测量可以检验基本物理理论。玻尔理论对氢原子里德伯公式给出漂亮的解释。但是当我们深入研究更精细的光谱结构时，玻尔理论的缺陷就出来了。早在 1892 年，迈克耳孙(A.A.Michelson)就发现氢原子光谱的巴耳末线不是一条线，而是双线结构，他们之间相差 0.14 Å。这个现象是在量子力学发展起来后，加上电子自旋假设才给出了解释：自旋-轨道耦合。1928 年，狄拉克(Dirac)发展起来相对论性量子力学，自旋变成一个自然而然出来的东西。狄拉克理论对当时已知的氢原子光谱给出了极高精度的解释(第 2.4 节)。到了 1930 年代，光谱测量变得更加精密，科学家仔细地测量氢原子的精细结构，来验证狄拉克理论。这时候一些实验给出的结果和狄拉克理论的预言出现了细微的偏差。1947 年，兰姆利用当时新发展起来的磁共振技术(参见第 1.3.2 节)精确测定了兰姆位移：氢原子 $2P_{1/2}$ 态比 $2S_{1/2}$ 态频率要低 1 060 MHz，而狄拉克的理论预言这两个能态是简并的。这一重要实验结果说明狄拉克的理论是不完备的。这导致随后几年量子电动力学的蓬勃发展。直至今天，氢原子光谱还是在被精密地测量着，许多有趣的研究方向在不断前进。比如反氢原子的光谱测量，是不是和氢原子一样？还有利用高精度的氢原子光谱数据来反推质子的半径等，这些可以作为基本物理模型的检验。

从哲学层面上人们也经常说，简单蕴含着一般。熟悉最简单的氢原子光谱性质，对于更

复杂的光谱规律理解起来就容易了。我们将直接从薛定谔方程出发,求解氢原子的本征函数和本征能级。通过详细分析这些波函数和光谱的特性,引出一些重要概念。然后以此为基础,研究自旋-轨道耦合、超精细能级结构、磁场下能级移动、多电子原子光谱等。

2.3 薛定谔方程的求解

2.3.1 氢原子哈密顿量

氢原子是最简单的原子,包含一个原子核和一个核外电子。电子与原子核由于库仑作用相互吸引,在非相对论情况下,系统的哈密顿量可以写成

$$H=-\frac{p^2}{2\mu}+V(\boldsymbol{r}) \tag{2.3.1}$$

这里转到了原子质心坐标系,忽略了原子的外部运动,用折合质量来代替电子的质量。其中

$$\mu=\frac{m_e m}{m+m_e} \tag{2.3.2}$$

是电子的折合质量①。势函数为

$$V(\boldsymbol{r})=-\frac{Ze^2}{4\pi\epsilon_0 r} \tag{2.3.3}$$

是原子核和电子之间的库仑相互作用势函数。这里包含了一个电荷数 Z,是因为此哈密顿量可以扩展到类氢原子:原子核带有的 Ze 的正电荷,外层一个电子。它可以是高电离离子,比如$^+$He。图 2.3 展示了氢原子的结构示意图和库仑相互作用的势函数曲线。

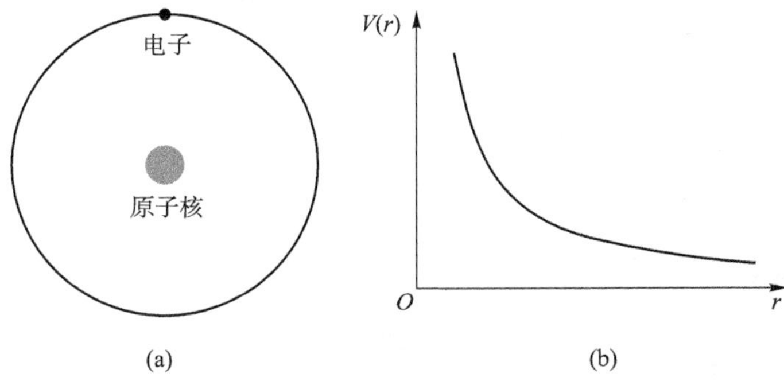

图 2.3 (a)(类)氢原子结构示意图。(b)电子和原子核库仑相互作用示意图。

哈密顿量(2.3.1)式是我们研究的出发点,它的性质决定着类氢原子光谱的特征。从对称性方面来看,它具有以下特点:

1. 势函数 $V(\boldsymbol{r})$ 只是 r 的函数,具有球对称性。
2. $V(\boldsymbol{r})$ 和 r 的依赖关系是 $1/r$,具有库仑对称性。

---

① 由于质子质量和电子质量之比是 1 836,折合质量和电子质量非常接近,因此经常也会直接用 m_e 来代替 μ。

这两个特点对于氢原子光谱的性质具有重要的影响，是其能级简并的对称性来源。

下面我们具体求解它的本征能量和本征函数。假设类氢原子的波函数为 $\psi(\boldsymbol{r})$，那么稳态薛定谔方程为

$$\left[-\frac{\hbar^2\nabla^2}{2\mu}+V(\boldsymbol{r})\right]\psi(\boldsymbol{r})=E\psi(\boldsymbol{r}) \tag{2.3.4}$$

由于势函数具有球对称，更方便的做法是使用极坐标，并进行分离变量法来求解上述偏微分方程。将 $\psi(\boldsymbol{r})$ 写成

$$\psi(r,\theta,\varphi)=R_{nl}(r)Y_{l,m}(\theta,\phi) \tag{2.3.5}$$

极坐标下，微分算子可以成

$$\nabla^2=\frac{1}{r^2}\frac{\partial}{\partial r}\left(r^2\frac{\partial}{\partial r}\right)-\frac{1}{r^2}\hat{L}^2 \tag{2.3.6}$$

$\hat{L}^2$ 是空间方位角 θ,ϕ 相关联的算符

$$\hat{L}^2=-\left[\frac{1}{\sin\theta}\frac{\partial}{\partial\theta}\left(\sin\theta\frac{\partial}{\partial\theta}\right)+\frac{1}{\sin^2\theta}\frac{\partial^2}{\partial\phi^2}\right] \tag{2.3.7}$$

2.3.2 角向波函数

将(2.3.5)式和(2.3.6)式代入(2.3.4)式，将方程中关于 r 和关于 (θ,ϕ) 部分分开，整理得到

$$\frac{1}{R}\frac{\partial}{\partial r}\left(r^2\frac{\partial R}{\partial r}\right)+\frac{2\mu r^2}{\hbar^2}[E-V(r)]=\frac{1}{Y}\hat{L}^2Y \tag{2.3.8}$$

这种分离变量的方法是求解偏微分方程的常用手段。等式左右两边分别是关于不同变量（半径 r 和角度 θ、ϕ）的函数，它们恒等的条件是左右两边都等于同一个常量，设其为 b。于是对于角向部分有

$$\hat{L}^2Y(\theta,\phi)=bY(\theta,\phi) \tag{2.3.9}$$

这个微分方程叫球函数方程①，其对应的本征解是球谐函数 Y_{lm}。下面我们不具体求解，直接引用通常数学物理方法教科书中的结论，给出一些我们关心的基本性质。

1. 低阶球谐函数具体形式

$$Y_{00}=\frac{1}{\sqrt{4\pi}}$$

$$Y_{10}=\sqrt{\frac{3}{4\pi}}\cos\theta$$

$$Y_{1(\pm1)}=\mp\sqrt{\frac{3}{8\pi}}\sin\theta e^{\pm i\phi}$$

$$Y_{20}=\sqrt{\frac{5}{16\pi}}(3\cos^2\theta-1) \tag{2.3.10}$$

---

① 其详细的求解过程可参见通常的数学物理方法教科书，比如高等教育出版社出版的、梁昆淼等编写的《数学物理方法》（第五版）。

$$Y_{2(\pm1)}=\mp\sqrt{\frac{15}{8\pi}}\sin\theta\cos\theta e^{\pm i\phi}$$

$$Y_{2(\pm2)}=\sqrt{\frac{15}{32\pi}}\sin^2\theta e^{\pm 2i\phi}$$

2. 归一化条件

$$\int_0^{2\pi}\int_0^{\pi}|Y_{lm}|^2\sin\theta d\theta d\phi=1 \tag{2.3.11}$$

3. 角动量量子化

在总轨道角动量方面，因为 Y_{lm} 是(2.3.9)式的本征解，因此有

$$\hat{L}^2 Y_{lm}=L^2 Y_{lm}=l(l+1)\hbar^2 Y_{lm} \tag{2.3.12}$$

因此轨道角动量的大小

$$L=\sqrt{l(l+1)}\hbar \tag{2.3.13}$$

其中整数 l 是轨道角动量量子数。因此轨道角动量是量子化的。玻尔建立量子论的假设可以在量子力学框架内得到解释，并更准确。

球谐函数 Y_{lm} 中，对 ϕ 的依赖关系为 $e^{im\phi}$，正好是 z 方向轨道角动量算符

$$\hat{L}_z=-i\hbar\frac{d}{d\phi} \tag{2.3.14}$$

的本征函数。它们有如下关系

$$\hat{L}_z Y_{lm}=m\hbar Y_{lm}. \tag{2.3.15}$$

因此也可以说轨道角动量 $\boldsymbol{L}$ 在 z 方向的投影是量子化的，大小为

$$L_z=m\hbar \tag{2.3.16}$$

其中整数 m 称为磁量子数。这正是索末菲得到的角动量空间量子化的结果。

4. 宇称

对系统做空间反演的操作，看波函数的性质如何变化。矢量基矢下，此操作写成

$$\boldsymbol{r}\to-\boldsymbol{r} \tag{2.3.17}$$

极坐标下，此操作为

$$(r,\theta,\phi)\to(r,\pi-\theta,\phi+\pi) \tag{2.3.18}$$

波函数中径向部分(关于 r)不变。而在角向部分，球谐函数具有如下性质

$$Y_{lm}(\pi-\theta,\phi+\pi)=(-1)^l Y_{lm}(\theta,\phi) \tag{2.3.19}$$

这种性质称为波函数的宇称。当 l 为偶数时，空间反演下 Y_{lm} 不变，波函数具有偶宇称；当 l 为奇数时，空间反演下 Y_{lm} 改变符号，波函数具有奇宇称。原子、分子的本征态具有宇称是非常普遍的性质，它在跃迁选择定则方面具有重要的应用。波函数宇称的存在和系统的哈密顿量的宇称不变性是紧密相关的。

2.3.3 径向波函数

将上面获得的结果代入(2.3.8)式，就得到了径向波函数的微分方程

$$\left[-\frac{\hbar^2}{2\mu r^2}\frac{d}{dr}\left(r^2\frac{d}{dr}\right)+\frac{l(l+1)\hbar^2}{2\mu r^2}-\frac{Ze^2}{4\pi\epsilon_0 r}\right]R(r)=ER(r) \tag{2.3.20}$$

此方程是连带勒让德方程,其具体求解过程参见数学物理方法教科书。

为了方便讨论,我们定义一个离心势(centrifuge barrier)

$$V_{\text{eff}}(r)=-\frac{Ze^2}{4\pi\epsilon_0 r}+\frac{l(l+1)\hbar^2}{2\mu r^2} \tag{2.3.21}$$

微分方程(2.3.20)式的一个常用解法是定义

$$P(r)=rR(r) \tag{2.3.22}$$

这样径向方程变为

$$\frac{\mathrm{d}^2P(r)}{\mathrm{d}r^2}+\frac{2\mu}{\hbar^2}[E-V_{\text{eff}}(r)]P(r)=0 \tag{2.3.23}$$

它是以 $V_{\text{eff}}(r)$ 为等效势函数的一维薛定谔方程。因此离心势 $V_{\text{eff}}(r)$ 的性质就决定了最终波函数的性质。

在进行具体求解之前,我们先仔细研究一下离心势。图 2.4 展示了不同 l 量子数下离心势 $V_{\text{eff}}(r)$ 的函数形式,可以看出它具有如下性质:

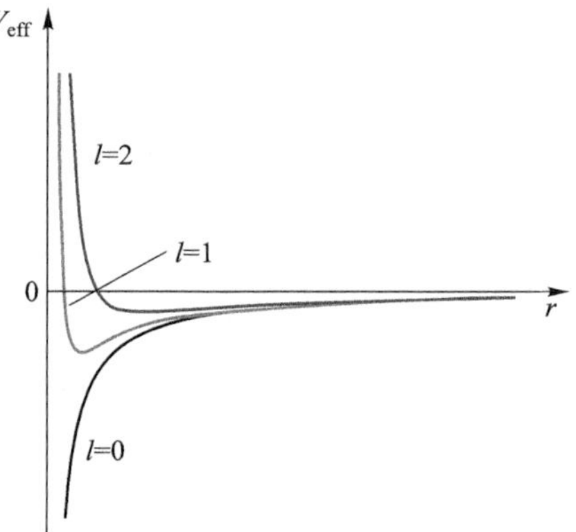

图 2.4　不同 l 值对应的离心势。

1. 离心势是角量子数 l 的函数,和磁量子数 m 没有关系,本征函数记为 $R_{nl}(r)$。

系统本征能量对 m 的简并来源于势函数的球对称性。如果加上磁场,球对称就被打破,磁量子数 m 的简并将解除。

2. $l=0$ 时,离心势正比于 $1/r$,在 $r\to 0$ 时 V_{eff} 趋于 $-\infty$,因此 $R_{nl}(r)$ 在原点处具有有限值。

3. 相反,当 $l\neq 0$ 时,离心势由两部分组成。在 $r\to\infty$ 时,$1/r$ 部分(库仑作用)占主导地位;而在 $r\to 0$ 时,$1/r^2$ 部分占主导地位。因此离心势在 $r\to 0$ 时趋于 $+\infty$,如图 2.4 所示。无限深势阱导致 $P(r)$ 在原点附近以指数规律衰减趋于0,因此 $R_{nl}(r)$ 在原点处为零。

4. V_{eff} 和横轴的交点位置

$$r_0=\frac{l(l+1)\hbar^2}{2\mu}\frac{4\pi\epsilon_0}{Ze^2} \tag{2.3.24}$$

l 越大,r_0 越大,意味着波函数被往外推,$P(r)$ 和 $R_{nl}(r)$ 在 $r\to 0$ 时更快地衰减。

以上一些性质是普适的,不依赖于求解具体波函数。这些定性的结论对后面理解碱金属的量子数亏损理论很有帮助。

对于类氢原子,(2.3.23)式是可以解析求解出来的。这些解是我们理解更复杂系统的出发点,因此有必要对其非常熟悉。我们列出其中一部分结果。

氢原子径向方程的本征能量为

$$E_n=-\frac{1}{2n^2}\left(\frac{Ze^2}{4\pi\epsilon_0}\right)^2\frac{\mu}{\hbar^2}=-\frac{1}{2}\mu c^2\left(\frac{Z\alpha}{n}\right)^2 \tag{2.3.25}$$

其中

$$\alpha=\frac{e^2}{4\pi\epsilon_0\hbar c} \tag{2.3.26}$$

称为精细结构常数,是物理学中最基本的常数之一①。

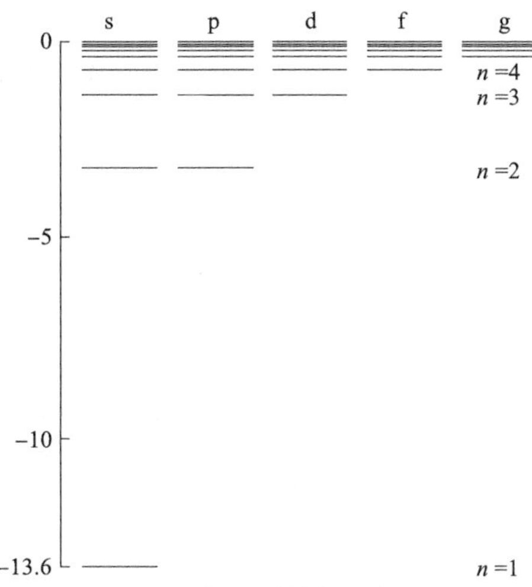

图 2.5 氢原子能级示意图。

用薛定谔方程对氢原子求解得到的里德伯常量和玻尔理论(1.2.10)式一致,完美地解释了氢原子光谱结构。在量级上,电子态的能量是静能量的 α^2 倍。氢原子的能级图如图 2.5 所示。一个显著特点是,对于同一个 n,不同 l 的量子态能级是简并的。

氢原子径向方程的本征解为拉盖尔-勒让德函数,归一化的径向波函数为

$$R_{nl}(r)=-\left\{\left(\frac{2Z}{na_0}\right)^3\frac{[n-(l+1)]!}{2n[(n+l)!]^3}\right\}^{1/2}\exp\left(-\frac{Zr}{na_0}\right)\left(\frac{2Zr}{na_0}\right)^l \mathrm{L}_{n+l}^{2l+1}\left(\frac{2Zr}{na_0}\right) \tag{2.3.27}$$

其中 L_{n+l}^{2l+1} 是关联拉盖尔多项式。可以看到,只有当 $l=0$ 时径向波函数在 $r=0$ 的值才不为零,验证了之前讨论的结果。

这些解当中一些低阶的函数具体形式为

$$\begin{aligned}
R_{10}(r)&=2\left(\frac{Z}{a_0}\right)^{3/2}\mathrm{e}^{-Zr/a_0}\\
R_{20}(r)&=2\left(\frac{Z}{2a_0}\right)^{3/2}\left(1-\frac{Zr}{2a_0}\right)\mathrm{e}^{-Zr/2a_0}\\
R_{21}(r)&=\frac{1}{\sqrt{3}}\left(\frac{Z}{2a_0}\right)^{3/2}\frac{Zr}{a_0}\mathrm{e}^{-Zr/2a_0}\\
R_{30}(r)&=2\left(\frac{Z}{3a_0}\right)^{3/2}\left[1-2\frac{Zr}{3a_0}+\frac{2}{3}\left(\frac{Zr}{3a_0}\right)^2\right]\mathrm{e}^{-Zr/3a_0}\\
R_{31}(r)&=\frac{4\sqrt{2}}{3}\left(\frac{Z}{3a_0}\right)^{3/2}\frac{Zr}{a_0}\left(1-\frac{1}{2}\frac{Zr}{3a_0}\right)\mathrm{e}^{-Zr/3a_0}\\
R_{32}(r)&=\frac{2\sqrt{2}}{3\sqrt{5}}\left(\frac{Z}{3a_0}\right)^{3/2}\left(\frac{Zr}{3a_0}\right)^2\mathrm{e}^{-Zr/3a_0}
\end{aligned} \tag{2.3.28}$$

其中

$$a_0=\frac{4\pi\epsilon_0\hbar^2}{\mu e^2} \tag{2.3.29}$$

① 因为 α 只是一些基本常量的组合,因此对其值的精确测量在物理学中占有重要地位,2018 年 CODATA 推荐的 α 值为 $7.297\,352\,569\,3(11)\times10^{-3}$。近年来,科学家对于精细结构常数是否随时间发生变化进行了系统的研究,利用宇宙学和精密测量等手段,对于 α 是否随时间变化进行定量的测定。到 2022 年为止,尚未看到它随时间变化。

称为第一玻尔半径,和玻尔理论的定义(1.2.6)式一致,是描述原子大小的量。对于氢原子 $a_0 \simeq 0.053$ nm。这些函数对应的图形如图2.6所示①。

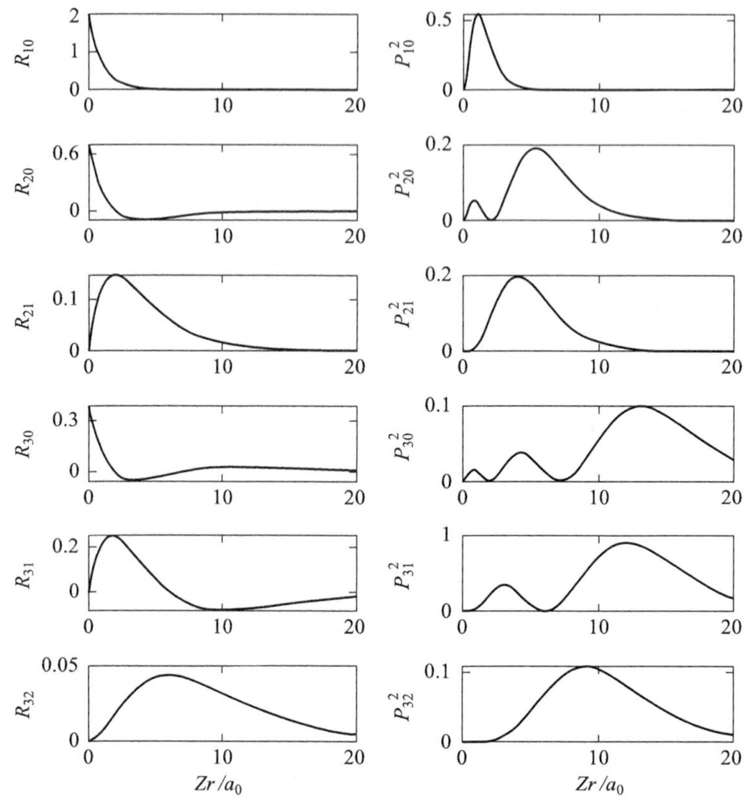

图2.6　类氢原子的径向波函数图函数形式。左边一列是 $R_{nl}(r)$ 的图示,在原点具有非零值的只有 R_{n0}。右边一列画的是 $P(r)=r^2R_{nl}^2(r)$,正比于波函数在三维空间中不同半径下占据的概率。n 越大,波函数占据位置越靠外。n 相同时,l 越大,离心势将波函数排开,在原点附近占据概率也就越小。

类氢原子本征态和本征能量的基本性质

1. 类氢原子的能级图如图2.5所示。在原子物理中,习惯用s,p,d,f,g,…来分别标记不同的轨道角量子数态 $l=1,2,3,4,5,\cdots$。

2. 能级公式(2.3.25)式中 E_n 的值和角量子数 l 没有关系,意味着其对 l 是简并的。这个简并只有类氢原子才出现,称为偶然简并,数学上是由势函数的库仑对称性($\propto 1/r$)造成的。更深刻的看法中,我们可以把它映射到一个更高维度空间的对称性来说明②。任何破坏库仑对称性的效应都会让 l 的简并被破坏,比如多电子情况。

---

① 杨振宁先生回忆过他去找泰勒教授作为导师的过程。第一次见面的时候,泰勒教授面试杨先生的问题是氢原子基态波函数。杨先生的回答让泰勒先生很满意,因此接收他为学生。亲爱的读者,如果你关上书本,忘掉公式,你能不能跟别人说清楚氢原子波函数是什么样子呢?

② Su.Accidental Degeneracy of Hydrogen Atom Revisited.J.Phys.Math.8:4(2017).这篇文章做出了很好的综述。

3. 图 2.6 给出了径向波函数 $R_{nl}(r)$ 和 $r^2R_{nl}^2(r)$ 的分布图。只有当 $l=0$ 时，$R_{nl}(r)$ 有非零的值，这和前面讲离心势性质时吻合。$R_{nl}(r)$ 和横轴有 $n-l-1$ 个交点。

4. 求电子密度在实空间随 r 的分布时需要对方位角进行积分，因此 $n(r)\mathrm{d}r\sim r^2R_{nl}^2(r)\mathrm{d}r$。我们可以将 $r^2R_{nl}^2(r)$ 看成是密度分布 $n(r)$ 的一种表示。它随 r 变化，有 $n-l$ 个极大值。

在本书后面经常会用到类氢原子波函数的性质，下面是一些常用的公式，

$$\langle r\rangle=\frac{a_0}{2Z}[3n^2-l(l+1)] \tag{2.3.30}$$

$$\left\langle\frac{1}{r}\right\rangle=\frac{1}{n^2}\frac{Z}{a_0} \tag{2.3.31}$$

$$\left\langle\frac{1}{r^2}\right\rangle=\frac{1}{n(l+1/2)}\left(\frac{Z}{na_0}\right)^2 \tag{2.3.32}$$

$l\neq0$ 时有

$$\left\langle\frac{1}{r^3}\right\rangle=\frac{1}{l(l+1/2)(l+1)}\left(\frac{Z}{na_0}\right)^3 \tag{2.3.33}$$

2.4 相对论修正

前面用薛定谔方程求解了氢原子的光谱，对里德伯公式给出了漂亮的解释，所计算出来的常量和实验测量结果相符合。但是，薛定谔方程只适用于非相对论情况。当光谱测量精度不高时，理论完全可以解释实验数据。但是当用更精细的仪器来测量时，光谱中更细微的结构就会呈现出来。这时用薛定谔方程求解无法对实验数据给出合理解释，相对论修正需要被考虑进来。1928 年，狄拉克推导出相对论量子力学基本方程，对于氢原子光谱的细微结构给出了解释。下面简要介绍一下相对论对氢原子光谱的修正。

为了估计相对论修正有多大，我们来估算一下电子在原子中的速度。前面提到，玻尔半径 a_0 表征了原子的尺度。我们用 a_0 作为原子大小量级的估算。根据不确定关系，电子的动量在量级上为

$$p\simeq\frac{\hbar}{a_0}=\frac{1}{4\pi\epsilon_0}\frac{me^2}{\hbar}=\alpha(mc) \tag{2.4.1}$$

其中 m 是电子的质量。这意味着电子的速度 $v\simeq\alpha c$，跟光速比小两个量级。因此一般情况下薛定谔方程求解法还是非常精确的。只有在高分辨精密光谱中，更高阶的修正才需要被考虑。

下面考虑一下相对论效应的修正。在非相对论情况下，动量和能量的色散关系是

$$E=\frac{p^2}{2m} \tag{2.4.2}$$

在相对论情况下，动量和能量的色散关系为

$$E^2-p^2c^2=m^2c^4 \tag{2.4.3}$$

因此能量可以写成

$$E=\sqrt{p^2c^2+m^2c^4} \tag{2.4.4}$$

仿照薛定谔方程,在相对论下,将方程改写为

$$\mathrm{i}\hbar\frac{\partial\psi}{\partial t}=\sqrt{p^2c^2+m^2c^4}\,\psi \tag{2.4.5}$$

我们不会做根号下的算符求解,但是可以在微扰下将其展开。

$$\begin{aligned}H&=mc^2\sqrt{1+\frac{p^2}{m^2c^2}}=mc^2\left[1+\frac{p^2}{2m^2c^2}-\frac{1}{8}\left(\frac{p^2}{m^2c^2}\right)^2+\cdots\right]\\&=mc^2+\frac{p^2}{2m}-\frac{1}{8}\frac{p^4}{m^3c^2}+\cdots\end{aligned} \tag{2.4.6}$$

第一项是静能量项,为一常量,可以忽略。第二项就是非相对论哈密顿量中的动能项。第三项就是最低阶的相对论修正项,我们记为

$$H_{\mathrm{rel}}=-\frac{1}{8}\frac{p^4}{m^3c^2} \tag{2.4.7}$$

实际上,通过狄拉克的相对论量子力学理论①,可以推导出相对论修正后氢原子的哈密顿量为

$$\begin{aligned}H&=H_0+H_{\mathrm{rel}}+H_{\mathrm{Darwin}}+H_{\mathrm{soc}}\\&=\frac{p^2}{2m}+V-\frac{1}{8}\frac{p^4}{m^3c^2}+\frac{\hbar^2}{8m^2c^2}\nabla^2V+\frac{1}{2m^2c^2}\frac{1}{r}\frac{\mathrm{d}V}{\mathrm{d}r}\boldsymbol{S}\cdot\boldsymbol{L}\end{aligned} \tag{2.4.8}$$

其中第三项就是上面提到的相对论修正。第四项为

$$H_{\mathrm{Darwin}}=\frac{\hbar^2}{8m^2c^2}\nabla^2V \tag{2.4.9}$$

称为达尔文(Darwin)修正,和势函数在 $r=0$ 存在奇点有关。后面将会看到,这一项只对 $l=0$ 有非零值。而第五项

$$H_{\mathrm{soc}}=\frac{1}{2m^2c^2}\frac{1}{r}\frac{\mathrm{d}V}{\mathrm{d}r}\boldsymbol{S}\cdot\boldsymbol{L} \tag{2.4.10}$$

是自旋-轨道耦合项。我们在后面讲精细能级结构时还会讲到。

下面估算一下这几项对应能量的量级。根据 a_0 和 α 的定义,常用变换有

$$\frac{e^2}{4\pi\epsilon_0}=\alpha\hbar c,\quad \frac{1}{a_0}=\frac{mc\alpha}{\hbar} \tag{2.4.11}$$

未修正的氢原子能量为

$$E_n^{(0)}=-\frac{1}{2}mc^2\left(\frac{\alpha}{n}\right)^2=-\frac{e^2}{4\pi\epsilon_0}\frac{1}{2n^2a_0} \tag{2.4.12}$$

对于相对论修正项,我们提到过 $p\simeq\alpha mc$,因此

$$H_{\mathrm{rel}}=-\frac{1}{8}\frac{p^4}{m^3c^2}\sim-\alpha^4mc^2. \tag{2.4.13}$$

对于达尔文项,我们取 $V=-e^2/4\pi\epsilon_0r$,

---

① 参见曾谨言编写的《量子力学》第五版的卷二,第十一章:相对论量子力学。

$$
\begin{aligned}
H_{\text{Darwin}} &= \frac{\hbar^2}{8m^2c^2}\nabla^2 V = -\frac{e^2}{4\pi\epsilon_0}\frac{\hbar^2}{8m^2c^2}\nabla^2\left(\frac{1}{r}\right) \\
&= -\frac{e^2}{4\pi\epsilon_0}\frac{\hbar^2}{8m^2c^2}[-4\pi\delta(\boldsymbol{r})] = \frac{e^2}{4\pi\epsilon_0}\frac{\pi\hbar^2}{2m^2c^2}\delta(\boldsymbol{r})
\end{aligned}
\tag{2.4.14}
$$

对这项期望值的估算,需要用到 $|\psi(0)|$ 的值。前面我们在讲离心势的时候已经提到了(参见本章 2.3.3 节),对于氢原子 $\psi(0)$ 只在 $l=0$ 时有非零值,因此这一项也只在 $l=0$ 时非零。对于基态,利用(2.3.28)式,我们可以估计 $|\psi(0)|^2 \sim a_0^{-3}$。因此非零达尔文项在量级上的估计为

$$
H_{\text{Darwin}} \sim \frac{e^2}{4\pi\epsilon_0}\frac{\hbar^2}{m^2c^2a_0^3} \sim \alpha^4 mc^2 \tag{2.4.15}
$$

而对自旋-轨道耦合项,其中

$$
\frac{\mathrm{d}V}{\mathrm{d}r} = \frac{e^2}{4\pi\epsilon_0}\frac{1}{r^2} \tag{2.4.16}
$$

角动量量级都是 $\hbar$,因此 $\boldsymbol{S}\cdot\boldsymbol{L}\sim\hbar^2$,而 $r\sim a_0$,因此

$$
H_{\text{soc}} \sim \frac{e^2}{4\pi\epsilon_0}\frac{\hbar^2}{m^2c^2a_0^3} = \alpha^4 mc^2 \tag{2.4.17}
$$

我们看到,相对论修正项、达尔文项和自旋-轨道耦合项这三项对能级的影响在数值上是同一量级,必须同时考虑。下面我们对氢原子进行具体的计算。

2.4.1 达尔文(Darwin)项

对于达尔文项,我们已经提到只有对 $l=0$ 态,这一项才有非零值。因此我们只要估算其对 ψ_{n0} 态的移动。使用微扰论,利用(2.4.14)式,一阶近似下

$$
E^{(1)}_{n0,\text{Darwin}} = \langle\psi_{n0}|H_{\text{Darwin}}|\psi_{n0}\rangle = \frac{e^2}{4\pi\epsilon_0}\frac{\pi\hbar^2}{2m^2c^2}|\psi_{n0}|^2 \tag{2.4.18}
$$

对于氢原子,利用(2.3.27)式给出的波函数表达式,取 r 在原点,我们得到一个简单的表达式

$$
|\psi_{n0}(0)|^2 = \frac{1}{\pi n^3 a_0^3} \tag{2.4.19}
$$

因此,达尔文项为

$$
E^{(1)}_{n0,\text{Darwin}} = \frac{e^2}{4\pi\epsilon_0}\frac{\pi\hbar^2}{2m^2c^2}\frac{1}{\pi n^3a_0^3} = \alpha^4(mc^2)\frac{1}{2n^3} \tag{2.4.20}
$$

这一项的解释来源于电子不是一个点,而是一个具有康普顿波长($\hbar/mc$)的圆球,从而导致一个修正。对于 $l\neq0$ 的量子态,它在原点附近占据概率为零,因此不需要修正。只有 $l=0$ 的态,它的波函数在原点附近有非零值,因此需要修正。

2.4.2 相对论修正项

下面计算氢原子的相对论修正项。对于某个量子态 ψ_{nl},在一阶近似下,相对论修正项导致的能级移动为

$$
E^{(1)}_{nl,\text{rel}} = -\frac{1}{8m^3c^2}\langle\boldsymbol{p}^2\psi_{nlm}|\boldsymbol{p}^2\psi_{nlm}\rangle \tag{2.4.21}
$$

对 p^2 的估算，可以用薛定谔方程来计算。

$$\left(\frac{p^2}{2m}+V\right)\psi_{nl}=E_n^{(0)}\psi_{nl} \tag{2.4.22}$$

其中 $E_n^{(0)}$ 是非相对论下氢原子本征能量。将势函数移到右边，得到

$$\boldsymbol{p}^2\psi_{nl}=2m(E_n^{(0)}-V)\psi_{nl} \tag{2.4.23}$$

因此

$$E_{nl,\mathrm{rel}}^{(1)}=-\frac{1}{2mc^2}\langle(E_n^{(0)}-V)\psi_{nl}\mid(E_n^{(0)}-V)\psi_{nl}\rangle \tag{2.4.24}$$

将其展开

$$\begin{aligned}E_{nl,\mathrm{rel}}^{(1)}&=-\frac{1}{2mc^2}\langle\psi_{nl}\mid(E_n^{(0)})^2-2VE_n^{(0)}+V^2\mid\psi_{nl}\rangle\\&=-\frac{1}{2mc^2}[(E_n^{(0)})^2-2E_n^{(0)}\langle V\rangle_{nl}+\langle V^2\rangle_{nl}]\end{aligned} \tag{2.4.25}$$

其中 $V(r)$ 的期望值，可以用(2.3.31)式给出的 $\langle 1/r\rangle$ 求得。也可以使用维里定理①，

$$\langle V\rangle_{nl}=2E_n^{(0)} \tag{2.4.26}$$

来计算。对于 $V^2(r)$ 的期望值，我们使用(2.3.32)式，得到

$$\begin{aligned}\langle V^2\rangle&=\left(\frac{e^2}{4\pi\epsilon_0}\right)^2\left\langle\frac{1}{r^2}\right\rangle=\left(\frac{e^2}{4\pi\epsilon_0}\right)^2\frac{1}{a_0^2n^3(l+1/2)}\\&=(E_n^{(0)})^2\cdot\frac{4n}{l+1/2}\end{aligned} \tag{2.4.27}$$

将(2.4.26)式和(2.4.27)式代入(2.4.25)式，最终得到

$$\begin{aligned}E_{nl,\mathrm{rel}}^{(1)}&=-\frac{(E_n^{(0)})^2}{2mc^2}\left(\frac{4n}{l+1/2}-3\right)\\&=-\frac{1}{8}\alpha^4\frac{mc^2}{n^4}\left(\frac{4n}{l+1/2}-3\right)\end{aligned} \tag{2.4.28}$$

可以看到，相对论修正项的存在让本征态对于 l 的简并被打破。但是本征能量还是仅仅依赖于 n、l 量子数，对 m_l 仍能是简并的，空间各向同性的对称性没有被打破。

2.4.3　自旋和自旋-轨道耦合项

(2.4.8)式的最后一项修正是自旋-轨道耦合项。在非相对论量子力学范围内，为了解释实验上观测到的各种现象，1925 年，乌伦贝克(G. Uhlenbeck)和古兹密特(S. A. Goudsmit)从理论上引入电子自旋的概念：电子不是点电荷，除了轨道角动量，还存在自旋角动量 $\boldsymbol{S}$，满足量子化条件

$$\begin{aligned}\langle\boldsymbol{S}^2\rangle&=s(s+1)\hbar^2,\quad s=\frac{1}{2}\\\langle S_z\rangle&=m_s\hbar,\quad m_s=\pm\frac{1}{2}\end{aligned} \tag{2.4.29}$$

---

① 一个粒子在势场 $V(\boldsymbol{r})$ 中运动，维里定理要求其动能和势能满足关系式：$2\langle T\rangle=\langle\boldsymbol{r}\cdot\nabla V(\boldsymbol{r})\rangle$。对于库仑相互作用势，有 $\langle\boldsymbol{r}\cdot\nabla V\rangle=-\langle V\rangle$，因此 $E=\langle T\rangle+\langle V\rangle=\langle V\rangle/2$。

和轨道角动量一样，自旋角动量会导致一个磁矩，类似(1.3.2)式

$$\boldsymbol{\mu}_s=-\gamma g_s\boldsymbol{S} \tag{2.4.30}$$

其中 $\gamma=e/2m_e$ 是旋磁比。$g_s=2$ 是电子自旋对应的朗德因子。相比轨道角动量的 $g_l=1$，电子自旋对应的磁矩要大一倍，这是相对论效应导致的。

(2.4.8)式是狄拉克从相对论量子力学推导出来的。对于自旋-轨道耦合项，我们也可以在非相对论框架下借助自旋的概念来进行说明：电子轨道角动量产生磁场，使得自旋磁矩能级移动。对于这种处理方法，取电子作为参考系，原子核就围绕电子旋转，产生的电流为

$$i=\frac{Ze}{T}=\frac{Zev}{2\pi r} \tag{2.4.31}$$

利用毕奥-萨伐尔定律，在电子处产生的磁场为

$$\begin{aligned}\boldsymbol{B}&=\frac{1}{4\pi\epsilon_0}\frac{Ze}{c^2r^3}(-\boldsymbol{v})\times\boldsymbol{r}\\&=\frac{1}{4\pi\epsilon_0}\frac{Ze}{mc^2r^3}m\boldsymbol{r}\times\boldsymbol{v}\\&=\frac{1}{4\pi\epsilon_0}\frac{Ze}{E_0}\boldsymbol{L}\end{aligned} \tag{2.4.32}$$

其中 $E_0=mc^2$ 是电子的静能量，$\boldsymbol{L}=m\boldsymbol{r}\times\boldsymbol{v}$ 是电子的角动量。该磁场会和电子的磁矩相互作用，能量移动为

$$U=-\boldsymbol{\mu}_s\cdot\boldsymbol{B}=g_s\mu_{\mathrm{B}}\boldsymbol{S}\cdot\boldsymbol{B}/\hbar \tag{2.4.33}$$

代入(2.4.32)式，得到自旋-轨道耦合项为

$$U=\frac{1}{4\pi\epsilon_0}\frac{Zg_s\mu_{\mathrm{B}}e}{E_0r^3\hbar}\boldsymbol{S}\cdot\boldsymbol{L} \tag{2.4.34}$$

这个表达式是在电子坐标系中的，回到实验室坐标系，托马斯计算给出，g_s 需要用 g_s-1 来代替，相差一倍，最终得到类氢原子的自旋-轨道耦合项

$$U=\frac{1}{2}\frac{1}{4\pi\epsilon_0}\frac{Zg_s\mu_{\mathrm{B}}e}{E_0r^3\hbar}\boldsymbol{S}\cdot\boldsymbol{L}=\frac{1}{4\pi\epsilon_0}\frac{Ze^2}{2m^2c^2r^3}\boldsymbol{S}\cdot\boldsymbol{L} \tag{2.4.35}$$

当然，如果从相对论量子力学出发，可用(2.4.10)式直接给出自旋-轨道耦合项。对于类氢原子，

$$V=Ze^2/4\pi\epsilon_0r \tag{2.4.36}$$

代入得到自旋-轨道耦合项为

$$H_{\mathrm{soc}}=\frac{Ze^2}{4\pi\epsilon_0}\frac{1}{2m^2c^2r^3}\boldsymbol{S}\cdot\boldsymbol{L} \tag{2.4.37}$$

和(2.4.35)式一致。

在本书中，我们基本还是在非相对论框架下处理问题，因此使用自旋的概念作为思考的出发点。

LS 耦合

上面对于类氢原子给出了自旋-轨道耦合项的解析表达式。在多电子情况下，表达式会更复杂，一般难以写出解析表达式。并且根据原子情况不同，电子可以有 *LS* 耦合和 *jj* 耦合两种情况。一般来说，对于原子的基态或者轻原子的低激发态，*LS* 耦合占主导地位（此时

对应于剩余静电势远大于自旋-轨道耦合的能量)。各个电子的角动量先耦合成总的轨道角动量和总的自旋角动量,然后再自旋-轨道耦合。对于比较重的原子,电子先自旋-轨道耦合成单电子的总角动量,然后再相互耦合,jj 耦合占主导地位(此时自旋-轨道耦合的能量远大于剩余静电势)。这里我们只对 LS 耦合进行说明。

原子物理中,LS 耦合生产新的电子总角动量

$$\boldsymbol{J}=\boldsymbol{L}+\boldsymbol{S} \tag{2.4.38}$$

对应的电子总角动量取值为

$$\begin{aligned} &\boldsymbol{J}^2=j(j+1)\hbar^2, \quad j=|l-s|,|l-s|+1,\cdots,l+s \\ &J_z=M_J\hbar, \quad M_J=-j,-j+1,\cdots,j \end{aligned} \tag{2.4.39}$$

对于原子态用符号

$$^{2S+1}L_J \tag{2.4.40}$$

来表示,称为原子谱项。$L=0,1,2,3,\cdots$时,分别称为 S,P,D,F,…轨道。有时候也常常在前面加上主量子数 n,写成

$$n^{2S+1}L_J \tag{2.4.41}$$

比如图 2.7(b)所示的氢原子基态为 $1^2\mathrm{S}_{1/2}$,表示的就是基态 $n=1$,自旋 $s=1/2$,轨道角动量 $l=0$,总电子角动量 $j=1/2$。

第一激发态有 $2^2\mathrm{P}_{1/2}$和 $2^2\mathrm{P}_{3/2}$两个态,其中 $l=1,s=1/2$,两个态分别对应于 $j=l-s=1/2$ 和$j=l+s=3/2$。

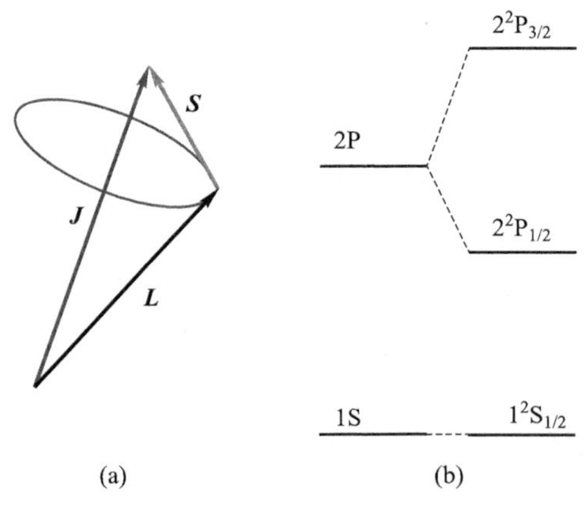

图 2.7　(a)自旋-轨道耦合示意图。(b)氢原子的基态和第一激发态。

为了简化,将自旋-轨道耦合项写成

$$H_{\mathrm{soc}}=\xi\boldsymbol{S}\cdot\boldsymbol{L} \tag{2.4.42}$$

其中 ξ 是自旋-轨道耦合常量,对于不同的量子态,这个常量是不一样的,其具体值可以由光谱测量数据给出。但是后面的 $\boldsymbol{S}\cdot\boldsymbol{L}$ 的结构是一致的。我们来研究这一项的引入会导致什么后果。

我们从薛定谔方程出发,只考虑自旋-轨道耦合项加入后的影响。这时系统的哈密顿量写为

$$H=\frac{p^2}{2m}+V_{\text{coul}}+H_{\text{soc}}=H_0+\xi\boldsymbol{S}\cdot\boldsymbol{L} \tag{2.4.43}$$

其中 H_0 是只考虑库仑相互作用的系统哈密顿量，它包括原子核与电子、电子与电子之间的库仑相互作用。对于类氢原子，它就是(2.3.1)式。

对 H_0 的求解给出系统的本征态和本征能级。现在考虑了电子的自旋，所以 H_0 的好量子数为 $\{n,l,m_l,s,m_s\}$。将 H_0 的本征态记为 $|nlm_lsm_s\rangle$，本征能量为 $E(n,l,m_l,s,m_s)$。系统哈密顿量被改写为

$$H=\sum E(n,l,m_l,s,m_s)\,|nlm_lsm_s\rangle\langle nlm_lsm_s|+\xi\boldsymbol{S}\cdot\boldsymbol{L} \tag{2.4.44}$$

可以验证

$$[\boldsymbol{L}^2,H]=\xi[\boldsymbol{L}^2,\boldsymbol{L}\cdot\boldsymbol{S}]=0 \tag{2.4.45}$$

同理

$$[\boldsymbol{S}^2,H]=\xi[\boldsymbol{S}^2,\boldsymbol{L}\cdot\boldsymbol{S}]=0 \tag{2.4.46}$$

因此轨道角动量 l 和自旋角动量 s 还是 H 的好量子数。但是

$$\begin{aligned}[L_z,H]&=\xi[L_z,\boldsymbol{L}\cdot\boldsymbol{S}]=\xi(L_yS_x-L_xS_y)\\ [S_z,H]&=\xi[S_z,\boldsymbol{L}\cdot\boldsymbol{S}]=-\xi(L_yS_x-L_xS_y)\end{aligned} \tag{2.4.47}$$

L_z 和 S_z 都和 H 不再对易，也就是说 m_l、m_s 不再是 H 的好量子数，但是它们只相差一个符号，因此有

$$[L_z+S_z,H]=\xi[L_z+S_z,\boldsymbol{L}\cdot\boldsymbol{S}]=0 \tag{2.4.48}$$

这个式子启发我们，可以定义电子总角动量 $\boldsymbol{J}$

$$\boldsymbol{J}=\boldsymbol{L}+\boldsymbol{S} \tag{2.4.49}$$

有

$$\begin{aligned}[\boldsymbol{J}^2,H]&=0\\ [J_z,H]&=0\end{aligned} \tag{2.4.50}$$

因此 j、m_j 是 H 的好量子数。

这样对于 H，我们可以找到一套好量子数 $\{n,l,s,j,m_j\}$ 来描述系统。在此标记下，系统哈密顿量再度改写为

$$\begin{aligned}H&=\frac{p^2}{2m}+V_{\text{coul}}+V_{\text{soc}}=H_0+V_{\text{soc}}\\ &=\sum E(n,l,m_l,s,m_s)\,|nlm_lsm_s\rangle\langle nlm_lsm_s|+\xi\boldsymbol{S}\cdot\boldsymbol{L}\\ &=\sum E(n,l,s,j,m_j)\,|nlsjm_j\rangle\langle nlsjm_j|\end{aligned} \tag{2.4.51}$$

数学上看，我们实际上是将加入耦合项的哈密顿量重新对角化。只是角动量的性质保证，重新对角化后的量子数满足 LS 耦合规则。这一套程序可以推广至任意角动量的耦合的情况下，特别像是碱金属原子，我们后面会再讲到。

对升降算法熟悉的读者，可以从另外一个角度来理解 LS 耦合成电子总角动量的问题

$$\begin{aligned}\boldsymbol{L}\cdot\boldsymbol{S}&=L_xS_x+L_yS_y+L_zS_z\\ &=L_0S_0-L_{+1}S_{-1}-L_{-1}S_{+1}\end{aligned} \tag{2.4.52}$$

其中角动量的升降算法分别将对应量子数增加或者降低 1。根据它们的结构，电子轨道角

动量和自旋角动量之和保持不变。因此 $m_j=m_l+m_s$ 在 $\boldsymbol{L}\cdot\boldsymbol{S}$ 作用下是守恒量。我们在第 6 章介绍角动量理论时,会从一个更普适的角度来理解这个问题。

氢原子自旋-轨道耦合项计算

对于类氢原子,(2.4.37)式给出了自旋-轨道耦合项的解析表达式。下面我们就来具体计算一下类氢原子的精细结构能级劈裂,这对复杂原子情况有启发作用。

$$E_{\text{soc}}=\frac{Ze^2}{4\pi\epsilon_0}\frac{\hbar^2}{2m^2c^2}\left\langle\frac{1}{r^3}\right\rangle\langle\boldsymbol{S}\cdot\boldsymbol{L}\rangle \tag{2.4.53}$$

其中最重要的是 $\langle 1/r^3\rangle$ 和 $\langle\boldsymbol{S}\cdot\boldsymbol{L}\rangle$ 的计算。$\langle\boldsymbol{S}\cdot\boldsymbol{L}\rangle$ 的计算可以从(2.4.49)式出发,两边平方,得到

$$\begin{aligned}\langle\boldsymbol{S}\cdot\boldsymbol{L}\rangle&=\frac{1}{2}\langle\boldsymbol{J}^2-\boldsymbol{L}^2-\boldsymbol{S}^2\rangle\\&=\frac{1}{2}[j(j+1)-l(l+1)-s(s+1)]\hbar^2\end{aligned} \tag{2.4.54}$$

对于类氢原子,根据(2.3.33)式,$l\neq0$ 时,有

$$\left\langle\frac{1}{r^3}\right\rangle=\frac{1}{l(l+1/2)(l+1)}\left(\frac{Z}{na_0}\right)^3 \tag{2.4.55}$$

当然 $l=0$ 时,电子轨道角动量等于零,自旋-轨道耦合项自然也为零。所以

$$E_{\text{soc}}=\frac{Ze^2}{4\pi\epsilon_0}\frac{\hbar^2}{2m^2c^2}\frac{[j(j+1)-l(l+1)-s(s+1)]}{2l(l+1/2)(l+1)}\left(\frac{Z}{na_0}\right)^3 \tag{2.4.56}$$

具体到类氢原子 $s=1/2$,$j=l\pm1/2$,代入公式得到

$$\begin{aligned}E_{\text{soc}}&=\frac{(\alpha Z)^4mc^2}{2n^3(2l+1)(l+1)}\quad j=l+1/2,l\neq0\\E_{\text{soc}}&=-\frac{(\alpha Z)^4mc^2}{2n^3l(2l+1)}\quad j=l-1/2,l\neq0\end{aligned} \tag{2.4.57}$$

这样得到类氢原子精细结构能级劈裂值为

$$\Delta E_{\text{soc}}=\frac{(\alpha Z)^4mc^2}{2n^3l(l+1)} \tag{2.4.58}$$

其中 mc^2 是电子静能量。它有如下特点:

1. 原子的电子跃迁能量在量级上是 E_0 乘上 α^2,自旋-轨道耦合导致的精细结构能级劈裂量级上是 E_0 乘上 α^4,又小了四个数量级。

2. 类氢原子精细结构的能级劈裂和原子核的电荷数的四次方成正比。这是类氢原子才有的性质。后面我们会看到,多电子情况下这个关系不成立。比如碱金属中由于电子屏蔽效应,这个因子变成了 Z^2。

我们可以利用类氢原子的本征能量(2.3.25)式来简化表达式,类氢原子本征能量可以写成

$$E_n^{(0)}=-\frac{1}{2}\left(\frac{Z}{na_0}\right)^2\frac{\hbar^2}{m} \tag{2.4.59}$$

这样(2.4.56)式可以写成一个更紧凑的式子

$$E_{\text{soc}}=\frac{(E_n^{(0)})^2}{mc^2}\frac{n[j(j+1)-l(l+1)-3/4]}{l(l+1/2)(l+1)},\quad l\neq 0 \tag{2.4.60}$$

对于 $l=0$ 态,自旋-轨道耦合项的修正为零。但是从(2.4.60)式看,在 $j=l+1/2$ 时,在 $l\to 0$ 时其极限并不为零。

$$\begin{aligned}E_{\text{soc}\mid j=l+1/2}&=\frac{(E_n^{(0)})^2}{mc^2}\frac{n[(l+1/2)(l+3/2)-l(l+1)-3/4]}{l(l+1/2)(l+1)}\\&=\frac{(E_n^{(0)})^2}{mc^2}\frac{n}{(l+1/2)(l+1)}\end{aligned} \tag{2.4.61}$$

在 $l\to 0$ 的极限下

$$\lim_{l\to 0}E^{(1)}_{nljm_j,\text{soc}\mid j=l+1/2}=\frac{(E_n^{(0)})^2}{mc^2}(2n)=\alpha^4mc^2\frac{1}{2n^3} \tag{2.4.62}$$

这个结果和(2.4.20)式的达尔文项结果一致。这是一个巧合。但是在我们计算总的修正的时候,可以将达尔文项和自旋-轨道耦合项合并,用一个统一的公式来计算。

2.4.4 总的修正

对于 $l\neq 0$ 的态,总的修正是相对论修正和自旋-轨道耦合修正之和,为

$$\begin{aligned}&\langle nljm_j\mid H_{\text{rel}}+H_{\text{soc}\mid nljm_j}\rangle\\&=\frac{(E_n^{(0)})^2}{2mc^2}\left\{3-\frac{4n}{l+1/2}+\frac{2n[j(j+1)-l(l+1)-3/4]}{l(l+1/2)(l+1)}\right\}\\&=\frac{(E_n^{(0)})^2}{2mc^2}\left\{3+2n\frac{[j(j+1)-3l(l+1)-3/4]}{l(l+1/2)(l+1)}\right\}\end{aligned} \tag{2.4.63}$$

上面提到,对于 $l=0$ 态,达尔文项刚好可以用自旋耦合项来表示,因此这个公式也适用于 $l=0$ 的情况。

这个公式隐含了一些简并。对于固定的 j 值,l 有两个取值,$l=j-1/2$ 和 $l=j+1/2$。神奇的是,对于同一个 j,这两个不同 l 态的能量是简并的。下面我们来验算一下。由于常量项不变,我们只关心公式后面的量子数部分,定义

$$f(j,l)=\frac{j(j+1)-3l(l+1)-3/4}{l(l+1/2)(l+1)} \tag{2.4.64}$$

对于 $l=j-1/2$,

$$f(j,l)\mid_{l=j-1/2}=\frac{j(j+1)-3(j-1/2)(j+1/2)-3/4}{(j-1/2)j(j+1/2)}=-\frac{2}{j+1/2} \tag{2.4.65}$$

而对于 $l=j+1/2$,

$$f(j,l)\mid_{l=j+1/2}=\frac{j(j+1)-3(j+1/2)(j+3/2)-3/4}{(j+1/2)(j+1)(j+3/2)}=-\frac{2}{j+1/2} \tag{2.4.66}$$

两者刚好相等,因此能量是简并的。

利用这个结果,将氢原子总的相对论能量修正(2.4.63)式改写成

$$E_{nlj}^{(1)}=-\frac{\left(E_{n}^{(0)}\right)^{2}}{2mc^{2}}\left(\frac{4n}{j+1/2}-3\right)=-\alpha^{4}(mc^{2})\frac{1}{2n^{4}}\left(\frac{n}{j+1/2}-\frac{3}{4}\right) \tag{2.4.67}$$

于是氢原子总的能量表达式为

$$E_{nljm}=E_{n}^{(0)}+E_{nlj}^{(1)}=-\frac{e^{2}}{4\pi\epsilon_{0}}\frac{1}{2n^{2}a_{0}}\left[1+\frac{\alpha^{2}}{n^{2}}\left(\frac{n}{j+1/2}-\frac{3}{4}\right)\right] \tag{2.4.68}$$

这就是狄拉克理论给出的氢原子的精细能级结构的公式。这里有一个重要推论:由于 j 相同,$2S_{1/2}$和 $2P_{1/2}$态是简并的。但是随着光谱测量精度的提高,实验和理论出现了偏差。这两个能级有一个能量差,称为兰姆位移(参见图2.8),这意味着相对论量子力学并不是完美的,需要发展其他理论来解释。

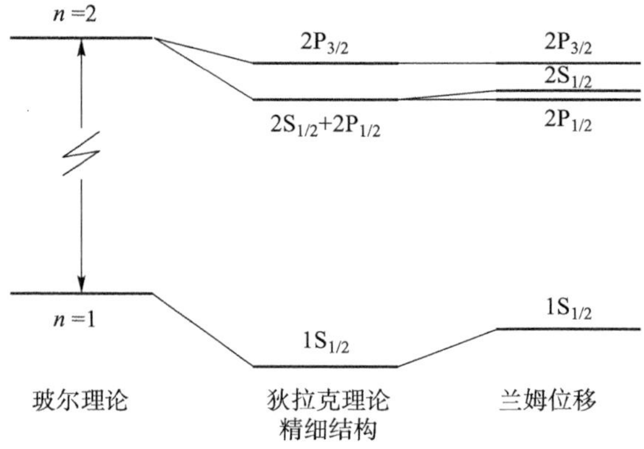

图2.8　不同理论对氢原子光谱的预言。

2.4.5　兰姆位移

兰姆位移的测量在物理学发展史上有重要地位,是量子电动力学发展的实验驱动源头①。在狄拉克的氢原子光谱理论提出之后,从1930年代,科学家希望更精密地测量氢原子的光谱结构,来检验狄拉克的理论。其中有一些实验测量的结果和狄拉克理论似乎有出入,特别是 $2S_{1/2}$和 $2P_{1/2}$两个能态的谱线。于是研究人员猜测,可能 $2S_{1/2}$和 $2P_{1/2}$态并不简并。如果用从基态到这两个能态的光频跃迁来测量,当时的测量精度不能够给出确切的结论。最终这个问题在1947年由兰姆(W. E. Lamb)小组解决。鉴于测量光跃迁频率的精度不够,他们直接测量了 $2S_{1/2}$和 $2P_{1/2}$态之间的微波跃迁频率。实验给出结论:氢原子的 $2S_{1/2}$态的能量比 $2P_{1/2}$态在频率上高出大约1 GHz。如此简单的体系,居然出现了理论和实验不符合的情况,这一结果让理论物理学家感到震惊,认识到基础理论需要修正。著名科学家戴森教授评论当时理论物理学家对兰姆位移的表现:

The hydrogen atom being the simplest and most deeply explored object in the whole universe, in a way—I mean if you don't understand the hydrogen atom, you don't understand anything, and

① 关于兰姆位移的发现和理论突破的历史,参见 History and Some Aspects of the Lamb Shift, G. Jordan Maclay, Physics 2(2), 105-149(2020).

to find that things were wrong even with a hydrogen atom was a big shock.So it became the ambition of every theoretical physicist to understand this.

科学家思考如何解决这个问题。很快,贝特(Bethe)给出了一个理论解释,认为这是电子和真空辐射场相互作用造成的,并用重整化思路算出了这个修正。这一思想启发了众多科学家,导致量子电动力学的蓬勃发展。朝永振一郎(S. Tomonaga),施温格(J. Schwinger)和费因曼(R. P. Feynman)因为量子电动力学理论发展的贡献获得了1965年诺贝尔物理学奖。

参考文献说明

1. 氢原子波函数的求解,见于大多数量子力学教科书。这里推荐法国诺贝尔物理学奖克劳德(Claude Cohen-Tannoudji)教授的《量子力学》。国内有中译本:《量子力学》,科恩塔诺季著,刘家谟、陈星奎译,高等教育出版社。里面关于原子物理的内容也有很多深刻阐述。
2. 推荐 C. J. Foot 的 *Atomic Physics*,国内有英文版出版(科学出版社)。书中原子物理的讲法很现代化,也是以量子力学作为出发点讲解的。
3. 对于氢原子光谱发展历史,可以参考 Hansch,Theodor W,Schawlow L,George W.Series.The Spectrum of Atomic Hydrogen.Scientific American,240, 94(1979)。
4. 关于兰姆位移的发现及影响,可以参考 Maclay G J.History and Some Aspects of the Lamb Shift.Physics,2,105(2020)。

习题

2.1　验算角向波函数的宇称特性,利用(2.3.10)式,计算 $Y_{1,m}(m=-1,0,1)$ 和 Y_{2m} $(m=-2,-1,\cdots,2)$ 宇称反转后的性质。

2.2　证明(2.3.30)式到(2.3.33)式。

$$\langle r\rangle=\frac{a_0}{2Z}[3n^2-l(l+1)] \tag{1}$$

$$\left\langle\frac{1}{r}\right\rangle=\frac{1}{n^2}\frac{Z}{a_0} \tag{2}$$

$$\left\langle\frac{1}{r^2}\right\rangle=\frac{1}{n(l+1/2)}\left(\frac{Z}{na_0}\right)^2 \tag{3}$$

$l\neq0$ 时有

$$\left\langle\frac{1}{r^3}\right\rangle=\frac{1}{l(l+1/2)(l+1)}\left(\frac{Z}{na_0}\right)^3 \tag{4}$$

2.3　电子偶素:电子和正电子可以组成一个类似原子的体系,称为电子偶素。计算电子偶数的能量和电子之间距离公式。

2.4　跃迁选择定则。有些态之间会发生电偶极跃迁,有些能态之间则不能发生,我们称之为跃迁选择定则。其中最重要的是计算 $\boldsymbol{r}\cdot\boldsymbol{e}$ 在不同态之间的跃迁矩阵元,为零则是电偶极跃迁禁戒的。对于光场的电场分量刚好沿量子化轴情况,我们来计算

$$\int_0^{\pi}\int_0^{2\pi}\cos\theta Y_{l,m}(\theta,\phi)Y_{l',m'}(\theta,\phi)\sin\theta \mathrm{d}\theta\mathrm{d}\phi \tag{5}$$

请分别将(2.3.10)式代入,计算结果,验证此积分不为零的条件是

$$\Delta l=\pm 1,\quad \Delta m=0$$

2.5　对于一个多电子原子,处于^{5}D态,求:

(1) 它的轨道和自旋量子数分别为多少?

(2) 自旋-轨道耦合后,产生的J量子数分别是多少,写出它们的原子谱项。

(3) 假设自旋-轨道耦合常量为A,这些精细能级结构之间的能量差分别为多少?

第 3 章　氦原子光谱

上一章介绍了氢原子的光谱，使用薛定谔方程解析求解了它的波函数、本征能级等。但氢原子是特例，在更多情况下，原子内部包含多个电子，彼此相互作用让问题变得复杂，无法获得解析解。好在现代计算机技术发达，数值计算变得容易。在没有解析解的情况下，也可以利用数值方法将光谱的计算推到一个非常高的精度。

多电子原子中最简单的例子就是氦原子，它外层有两个电子，和原子核一起构成一个三体问题。相比于氢原子，氦原子哈密顿量中多出一项电子-电子库仑相互作用。由于相对简单，因此对于这个体系，数值计算方面研究得特别深入。它大概是唯一一个数值计算精度和光谱的实验精度可比拟的多电子原子。正是因为实验数据和理论可以交叉检验，促进了实验和理论共同发展，氦原子成为一个非常好的检验 QED 计算的体系。图 3.1 给出了一个氦原子光谱的实验测量和理论进展的历史发展图。当然，这种高精度的计算需要许多专门的知识和技巧。对于本书，希望读者可以对氦原子光谱有一个直观的认识，能够做一个简单的分析和理解，对更精确的方法有一个初步的了解，为理解多电子原子的光谱打下一个良好的基础。

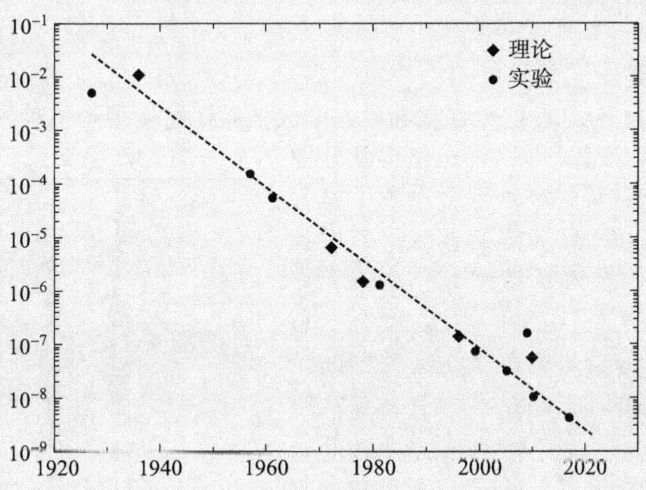

图 3.1　氦原子 2^3P_J 态精细结构分裂的理论精度和实验精度提高的发展历史。①

① 参见郑昕，孙羽，陈娇娇，胡水明.氦原子 2^3S-2^3P 精密光谱研究.物理学报.67(16)：164203(2018).

3.1　氦元素发现简史

在第一章介绍光谱的时候，提到光谱学发展史上有一个非常著名的案例：太阳光谱。19 世纪 20 年代，夫琅禾费借助高精度光谱仪，对太阳光谱的暗线进行了编号。我们在碱金属光谱中常说的 D 线，就是其中非常显著的谱线。

氦元素的发现就是从太阳光谱的 D 线开始的。科学史上，人们常常说氦元素被发现了两次，有兴趣的读者可以参考克拉格（Kragh）的综述文章[①]。简要言之，1868 年 8 月 18 日，法国天文学家詹森（P. Janssen）远赴印度观测日食，目的是利用日食测量日珥的光谱。10 月 26 日，观测报告寄到法国科学院。与此同时，当时著名业余天文学家洛克耶（N. Lockyer）也进行了类似的测量，报告结果送到法国科学院的时间刚好也是 10 月 26 日。他们都在日珥光谱中发现一条新的黄色谱线，很接近 Na 的双黄线，但是明显分开，如图 3.2 所示。但是当时在地球上并没有发现过这条谱线，不知道是什么原因造成的。因为钠的双黄线被称为 D1 线和 D2 线，因此这条新谱线被命名为“D3”线[②]。此结果由于非常巧合地同时来源于两个独立的测量，因此马上得到了科学界的认可。但是对于 D3 线的来源，学术界充满了争议，有人认为它是氢原子一种特殊形态的光谱，但是没有得到实验的支持。当然也有人认为可能是来源于一种新的元素，取名为“helium”。这个词来源于希腊语，意思是太阳，“helium”意为一种太阳元素。更令人奇怪的是，后来在很多天体的光谱中都发现了 D3 线，但是在地球上始终没有观测到对应谱线。于是这给充满幻想的人们一个新的希望，在天体上有地球上不存在的元素，这种神秘的元素让天体和地球区别开来。

在之后一段时间，天体光谱观测积累了很多关于 D3 线的知识。但是不能在地球上观测到这个谱线始终是氦元素假说的一个重大缺陷。这个问题最终被苏格兰化学家拉姆齐（W. Ramsay）解决。1895 年，拉姆齐将铀矿石放入硫酸中时发现了一种神秘的气体，其谱线刚好和 D3 线对应起来。这一结果迅速得到其他实验室的重复，意味着最终在地球上发现了氦元素。1904 年拉姆齐因稀有气体元素的研究而获得诺贝尔物理学奖。在确认地球上存在氦元素的过程中，有一个有趣的小插曲。在拉姆齐宣布发现氦元素后，科学家立即开展了更为精密的光谱研究，结果发现氦的 D3 谱线实际上是双线结构，更仔细的研究发现氦其实有两套谱线。并且很神奇的是这两套谱线似乎各自独立。而当时观测到的太阳的 D3 线是其中一套谱线。这让怀疑者提出质疑：地球上的氦和 D3 线元素是不是

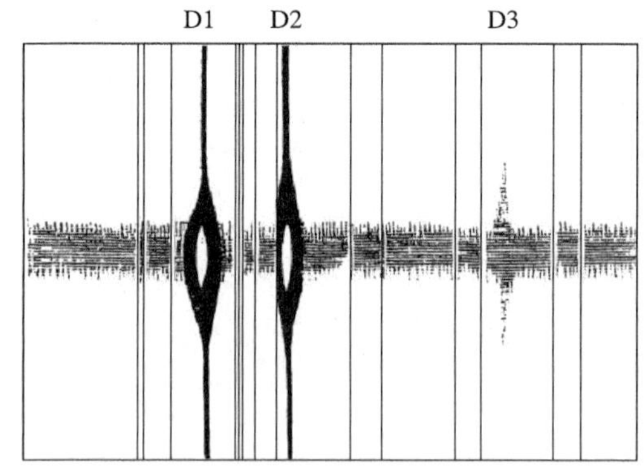

图 3.2　太阳光谱的 D3 线[③]。

① Helge Kragh 于 2009 年发表了 *The Solar Element: A Reconsideration of Helium's Early History*（Annals of Science，66：2，157-182）.这篇文章对 He 发现的历史有详细的考证。

② 钠的 D1 线 $\lambda=589.5$ nm，D2 线 $\lambda=588.9$ nm，而 D3 线 $\lambda=587.5$ nm。

③ 参见 H.Kayser 所著的 *Lehrbuch der Spektralanalyse*（Berlin：Springer，1883）.

同一个元素？或者氦有两种，并取名为“正氦”和“仲氦”，而太阳上只有其中一种。不过这个问题很快被实验观测解决了。1895年，科学家开展了更高精度的天文光谱观测，发现太阳光谱的D3线确实是两套谱线结构。关于这两套谱线的问题，本章将用量子力学给出解释。

3.2 氦原子光谱

我们首先看一下氦原子的单电子激发能谱，如图3.3所示。相比于氢原子光谱，它有如下重要特征：

1. 在能量的数值上，单电子的电离能为24.5 eV，比氢原子的13.6 eV大。
2. 它有两套能级，相互之间彼此独立，不发生跃迁。
3. 和氢原子不同，它的电子轨道量子数 L 对应的能级不简并。

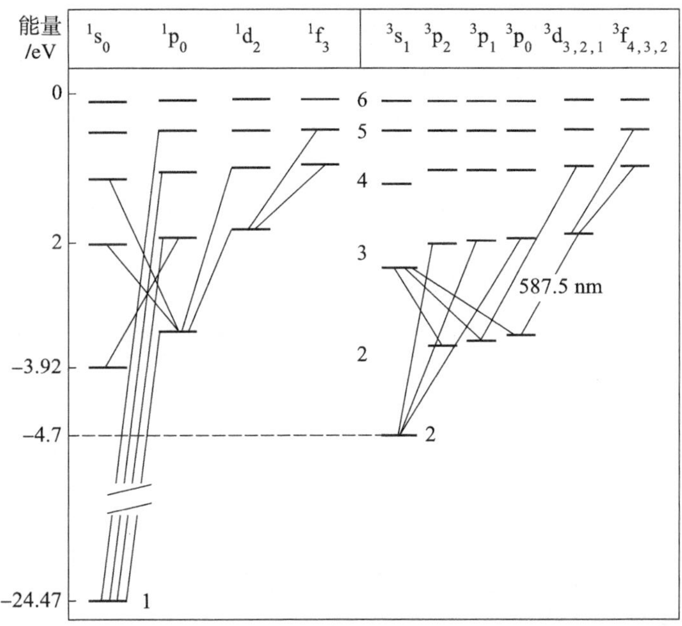

图3.3 He原子单电子激发能级图以及一些跃迁。

为了对氦原子光谱给出定量解释，我们从氦原子的哈密顿量出发来进行求解。氦原子核外有两个电子，其哈密顿量为

$$H=H_1^0+H_2^0+H_{\text{int}} \tag{3.2.1}$$

其中

$$H_i^0=-\frac{\hbar^2}{2m}\nabla_i^2-\frac{Ze^2}{4\pi\epsilon_0 r_i} \tag{3.2.2}$$

是第 i 个$(i=1,2)$电子和原子核相互作用的哈密顿量，这里 $Z=2$。

$$H_{\text{int}}=\frac{e^2}{4\pi\epsilon_0 r_{12}} \tag{3.2.3}$$

是两个电子之间的库仑相互作用势函数。$r_{12}=|\boldsymbol{r}_1-\boldsymbol{r}_2|$是两电子之间距离。这一项的加入使得系统成为一个三体问题,其薛定谔方程的求解变得困难,有必要采取一些近似方法。

3.3 基态波函数和电离能

3.3.1 微扰法

我们先尝试用微扰论的方法来求解氦原子基态波函数和电离能。作为最低阶(零阶)近似,先忽略电子之间相互作用项 H_{int},于是两电子相互独立。对于每个电子,其哈密顿量是 $Z=2$ 的类氢原子。单电子的基态能量为

$$E_{gs}^{(0)}=\left(\frac{Z=2}{n=1}\right)^2\times(-13.6\ \text{eV})=-54.4\ \text{eV} \tag{3.3.1}$$

对于两个电子,泡利不相容原理要求它们不能处于同一个量子态。而电子波函数可分成两部分:空间波函数部分和自旋波函数部分,分别对应着不同类的量子数。电子自旋可以取 $m_s=\{1/2,-1/2\}$ 两个值。对于氦原子的基态,两个电子空间波函数都处于 s 态,但分别取不同自旋值,这样仍然满足泡利不相容原理。

由于计算能量时不涉及自旋,因此在波函数中把自旋隐藏起来。于是氦原子基态波函数写成

$$\Psi_{gs}^{(0)}=\Psi_{1s}(r_1)\Psi_{1s}(r_2)=1s^2 \tag{3.3.2}$$

这里电子自旋 $m_s=\{-1/2,1/2\}$。其中 Ψ_{1s}是类氢原子($Z=2$)的基态波函数,r_1 和 r_2 分别是两个电子的位置。于是零阶近似下氦原子的基态波函数为

$$\Psi_{gs}^{(0)}=\frac{1}{4\pi}R_{1s}^{(Z=2)}(r_1)R_{1s}^{(Z=2)}(r_2)=\frac{Z^3}{\pi a_0^3}e^{-Zr_1/a_0}e^{-Zr_2/a_0} \tag{3.3.3}$$

零阶近似下,氦原子外层两个电子彼此独立,电离一个电子所需能量等于其基态能量 $|E_{gs}^{(0)}|=54.4$ eV,这与图 3.3 电离能实验值$\simeq$24.5 eV 相差很大。这个好理解,零阶近似下完全忽略了电子-电子之间的相互作用。为了提高精度,将微扰做到一阶,把电子之间相互作用考虑进去,系统的能量修正为(参见本章附注)

$$\Delta E=\langle H_{\text{int}}\rangle=\frac{e^2}{4\pi\epsilon_0}\left\langle \Psi_{gs}^{(0)}\left|\frac{1}{r_{12}}\right|\Psi_{gs}^{(0)}\right\rangle\simeq 34\ \text{eV} \tag{3.3.4}$$

于是氦原子单电子电离能为

$$|E_{gs}^{(0)}+\Delta E|=21\ \text{eV} \tag{3.3.5}$$

和实验值更接近了。

微扰论方法简单明了,但是电子之间相互作用能相对于电离能差不多,因此微扰论计算误差较大。一种更精确的计算方法是变分法。

3.3.2 变分法

微扰方法使用类氢原子波函数作为氦原子波函数,由于忽略相互作用而误差较大。变分法通过引入变分参量,使得尝试波函数更接近真实波函数。变分法计算中尝试波函数形

式最为关键,最简单的是仍然使用类氢原子波函数作为尝试波函数,而将电荷 Z 看成一个变分参量。从物理图像上来说,电子由于相互屏蔽效应,感受到的原子核电荷量发生变化。

代入(3.3.3)式,计算系统的能量(参见本章附注)

$$\begin{aligned}\overline{H} &= \langle \Psi_{gs}^{(0)} \mid H \mid \Psi_{gs}^{(0)} \rangle \\ &= \left(\frac{Z^3}{\pi a_0^3}\right)^2 \iint \Big[-\frac{\hbar^2}{2m} e^{-Z(r_1+r_2)/a_0} (\nabla_1^2+\nabla_2^2) e^{-Z(r_1+r_2)/a_0} - \\ &\quad \frac{2e^2}{4\pi\epsilon_0}\left(\frac{1}{r_1}+\frac{1}{r_2}\right) e^{-2Z(r_1+r_2)/a_0} + \frac{e^2}{4\pi\epsilon_0}\frac{1}{r_{12}} e^{-2Z(r_1+r_2)/a_0} \Big] d^3r_1 d^3r_2 \\ &= \frac{e^2}{4\pi\epsilon_0}\left(\frac{Z^2}{a_0} - \frac{4Z}{a_0} + \frac{5Z}{8a_0}\right)\end{aligned} \tag{3.3.6}$$

对其求极值

$$\frac{\partial \overline{H}}{\partial Z} = 0 \tag{3.3.7}$$

得到

$$Z = \frac{27}{16} \tag{3.3.8}$$

电子之间由于相互屏蔽效应,单个电子看到的等效电荷比原子核所带电荷量($Z=2$)要小,这符合一般的预期。变分法得到的基态波函数为

$$\Psi_{gs}^{(0)} = \frac{27^3}{16^3 \pi a_0^3} e^{-27(r_1+r_2)/16a_0} \tag{3.3.9}$$

将(3.3.8)式代入(3.3.6)式,得到系统的基态能量为

$$E_{gs} = -2.85 \frac{e^2}{4\pi\epsilon_0 a_0} = -77.5\ \text{eV} \tag{3.3.10}$$

因此电离氦原子中一个电子所需的能量为

$$(77.5-54.4)\ \text{eV} = 23.1\ \text{eV} \tag{3.3.11}$$

和前面的一阶微扰计算比较,变分法得到的电离能的误差从20%缩小到5%以内,结果得到了改进。如果想进一步提高计算精度,可以引入更合理的波函数形式和更多的变分参量。

更高精度的变分法方案

变分法的计算精度强烈依赖于尝试波函数的合理程度。前面使用了类氦原子基态函数作为尝试波函数,并且只用了一个变分参量,得到的基态能量为-77.5 eV。跟实验测量结果相比(-79.010 eV),差别在5%左右。为了进一步提高精度,可以采取更为合理的尝试波函数形式。

(1) 取两个变分参量,单个电子的尝试波函数变为

$$\phi(1) = \exp(-\alpha r_1) + \exp(-\beta r_1) \tag{3.3.12}$$

两个电子的波函数形式为

$$\begin{aligned}|\psi(1,2)\rangle_{\text{trial}} = \phi(1)\phi(2) &= \exp(-\alpha r_1)\exp(-\alpha r_2) + \exp(-\beta r_1)\exp(-\beta r_2) + \\ &+ \exp(-\alpha r_1)\exp(-\beta r_2) + \exp(-\beta r_1)\exp(-\alpha r_2)\end{aligned} \tag{3.3.13}$$

采用此尝试波函数,计算得到基态能量为−77.83 eV,和实验值差别缩小至1.5%。

(2) 另外一种更好的尝试波函数形式是去掉前面两项,只保留最后两项

$$|\psi(1,2)\rangle_{\text{trial}}=\exp(-\alpha r_1)\exp(-\beta r_2)+\exp(-\beta r_1)\exp(-\alpha r_2) \tag{3.3.14}$$

此时计算得到基态能量为−78.24 eV,误差变成1%。

(3) 海勒喇斯(Hylleraas)在1929年提出了多电子原子的尝试波函数形式,将两电子之间的距离考虑进来。在基态情况下,考虑最低阶,尝试波函数写成

$$|\psi(1,2)\rangle_{\text{trial}}=\exp[-\alpha(r_1+r_2)](1+\beta r_{12}) \tag{3.3.15}$$

此函数形式将r_{12}包含在内,当r_{12}比较大时,权重也就越大。利用此尝试波函数得到基态能量为−78.66 eV,误差减小到0.43%。

(4) 另外一种改进的办法是使用两参量形式,再乘上海勒喇斯项

$$|\psi(1,2)\rangle_{\text{trial}}=[\exp(-\alpha r_1)\exp(-\beta r_2)+\exp(-\beta r_1)\exp(-\alpha r_2)](1+\gamma r_{12}) \tag{3.3.16}$$

此方案综合前面两者的优点,获得了更高的计算精度。计算得到基态能量为−78.95 eV,误差为0.08%。

我们看到,随着尝试波函数变得更合理,变分参量增加,计算结果变得更接近实验值。实际上海勒喇斯提出的尝试波函数是一个级数展开形式,当使用更高阶形式时,尝试波函数将更符合实际情况,因此获得更高的计算精度。

3.4 激发态能谱

氦原子光谱另外一个重要特征是有两套能级,跃迁只在每套能级间发生,分别对应着单态和三重态。基态$n=1$只有单态,其余能级三重态比相应单态能量低。下面从薛定谔方程出发,给出一个定量的解释。

先忽略电子之间的相互作用,零阶近似下,氦原子单电子激发态的空间波函数部分为

$$\boldsymbol{\Psi}_{\text{space}}=u_{1s}(1)u_{nl}(2) \tag{3.4.1}$$

其中u_{nl}是类氢原子的本征波函数。上式表示第一个电子处于1s态,第二个电子处于nl态。由于两个电子是全同粒子,可以交换1,2电子,波函数对应的本征能量相等,有

$$\boldsymbol{\Psi}_{\text{space}}=u_{1s}(2)u_{nl}(1) \tag{3.4.2}$$

电子是费米子,粒子全同性原理要求其波函数具有交换反对称性。原子波函数分成空间部分和自旋部分,因此需要构造波函数形式,使得其空间波函数和自旋波函数分别具有交换对称性或反对称性,而两者结合而成的总的波函数具有交换反对称性。

对于空间波函数,有两种形式

$$\begin{aligned}\boldsymbol{\Psi}^{\text{S}}_{\text{space}}&=\frac{1}{\sqrt{2}}[u_{1s}(1)u_{nl}(2)+u_{1s}(2)u_{nl}(1)]\\ \boldsymbol{\Psi}^{\text{A}}_{\text{space}}&=\frac{1}{\sqrt{2}}[u_{1s}(1)u_{nl}(2)-u_{1s}(2)u_{nl}(1)]\end{aligned} \tag{3.4.3}$$

分别具有交换对称性和交换反对称性。其中上标S表示交换对称性(symmetric),A表示交换反对称性(anti-symmetric)。同样,对于自旋波函数部分,可以构造出具有对称性的函数形式

$$\Psi_{\mathrm{spin}}^{\mathrm{S}}=\begin{cases}|\uparrow\uparrow\rangle\\ \frac{1}{\sqrt{2}}(|\uparrow\downarrow\rangle+|\downarrow\uparrow\rangle)\\ |\downarrow\downarrow\rangle\end{cases}\tag{3.4.4}$$

是三重态(triplet),对应总自旋 $S=1$,三个态分别对应 $m_s=+1,0,-1$。它具有交换对称性。而

$$\Psi_{\mathrm{spin}}^{\mathrm{A}}=\frac{1}{\sqrt{2}}(|\uparrow\downarrow\rangle-|\downarrow\uparrow\rangle)\tag{3.4.5}$$

具有交换反对称性,称为自旋单态(singlet),或单重态,自旋量子数为 $S=0,m_s=0$。

对于总的波函数,要求具有交换反对称性,因此它们的组合形式有两种

$$\Psi=\Psi_{\mathrm{space}}^{\mathrm{S}}\Psi_{\mathrm{spin}}^{\mathrm{A}}\quad 或者\quad \Psi_{\mathrm{space}}^{\mathrm{A}}\Psi_{\mathrm{spin}}^{\mathrm{S}}\tag{3.4.6}$$

忽略电子间相互作用时,$\Psi_{\mathrm{space}}^{\mathrm{A}}$ 和 $\Psi_{\mathrm{space}}^{\mathrm{S}}$ 态在能量上简并的。考虑相互作用时,这种简并显然会被打破。一阶近似下,哈密顿量在 $\Psi_{\mathrm{space}}^{\mathrm{A}}$ 和 $\Psi_{\mathrm{space}}^{\mathrm{S}}$ 为基矢的子空间还是对角化的,只是能量发生了变化。

对于单重态,电子间相互作用能的修正为

$$\begin{aligned}\Delta E&=\langle\Psi_{\mathrm{space}}^{\mathrm{S}}|H_{\mathrm{int}}|\Psi_{\mathrm{space}}^{\mathrm{S}}\rangle\\&=\frac{\mathrm{e}^2}{4\pi\epsilon_0}\frac{1}{2}\iint\frac{|u_{1s}(1)u_{nl}(2)+u_{1s}(2)u_{nl}(1)|^2}{r_{12}}\mathrm{d}^3r_1\mathrm{d}^3r_2\\&=\frac{\mathrm{e}^2}{4\pi\epsilon_0}\iint\frac{|u_{1s}(1)|^2|u_{nl}(2)|^2+u_{1s}^*(1)u_{nl}^*(2)u_{1s}(2)u_{nl}(1)}{r_{12}}\mathrm{d}^3r_1\mathrm{d}^3r_2\end{aligned}\tag{3.4.7}$$

这里考虑了 1,2 电子之间的对称性。定义

$$J=\frac{\mathrm{e}^2}{4\pi\epsilon_0}\iint\frac{|u_{1s}(1)|^2|u_{nl}(2)|^2}{r_{12}}\mathrm{d}^3r_1\mathrm{d}^3r_2\tag{3.4.8}$$

它表示的是电子之间的库仑相互作用能量。而

$$K=\frac{\mathrm{e}^2}{4\pi\epsilon_0}\iint\frac{u_{1s}^*(1)u_{nl}^*(2)u_{1s}(2)u_{nl}(1)}{r_{12}}\mathrm{d}^3r_1\mathrm{d}^3r_2\tag{3.4.9}$$

表示两个电子交换相互作用的能量。这是一个量子力学导致的效应,没有经典对应。在此定义下,有

$$\Delta E=J+K\tag{3.4.10}$$

对于三重态,我们也可以求得类似结果,汇总如下:

$$\Delta E=\begin{cases}J-K, & 三重态\\ J+K, & 单重态\end{cases}\tag{3.4.11}$$

氦原子单电子激发态的能量为

$$E=E_{10}+E_{nl}+\Delta E\tag{3.4.12}$$

此结果对氦原子能级图 3.3 的结构给出了基本的解释。

1. 因为 $\Psi_{\mathrm{space}}^{\mathrm{A}}$ 必然要求自旋是三重态($S=1$),而 $\Psi_{\mathrm{space}}^{\mathrm{S}}$ 必然要求自旋是单态($S=0$)。电偶极跃迁选择定则要求 $\Delta S=0$,单重态和三重态之间不发生电偶极跃迁,因此氦原子光谱有

两套独立的结构。

2. J 和 K 都是正值。单重态和三重态之间的能量差为 $2K$，且三重态的能量要比单态低①。物理上的解释是，对于单重态，空间波函数是对称的，电子倾向于相互接近，因此电子之间排斥能较大。而对于三重态，空间波函数是反对称的，电子倾向于相互分离，因此排斥能量较小。

3. 当 n 和 l 增加，波函数 u_{nl} 将远离原子核中心，导致波函数 u_{nl} 和 u_{1s} 交叠的部分变少，因此能量修正项 J 和 K 也都变小。于是 n 越大，修正项也就越小。n 相同时，l 越大，不同轨道之间能量越接近。

对于 K 和 J 的估算，需要用到对 $1/r_{12}$ 的多极子展开，具体展开过程参见本章习题的附注。这里鼓励读者自己动手，编写程序数值计算一下。计算结果的对照，可以参考文献 2。

作为粗略的估算，上面从交换对称性考虑的物理图像对氦原子能级图给出一个不错的解释。引入了三重态和单态的概念，整个物理图像非常清晰。从某种意义上来说，氦原子比氢原子更像一个真正的原子。因为氢原子太特殊了，外层只有单个电子，有解析解。而多电子才是原子更普遍的性质。

参考文献说明

1. 关于氦元素的发现历史，可以参考 Helge Kragh. The Solar Element：A Reconsideration of Helium's Early History. Annals of Science, 66, 157(2009)。

2. 关于库仑交换积分的计算，可以参考 Hutem A, Boonchui S. Evaluation of Coulomb and Exchange Integrals for Higher Excited States of Helium Atom by Using Spherical Harmonics Series. J. Math. Chem., 50, 2086(2012)。

习题

数值计算氦原子最低的单态和三态的能级差。

附注

在 3.3 节用变分法来计算氦原子的基态能量时，使用了（3.3.6）式，对于相互作用项的计算中，比较困难的部分是

$$I_2 = \left\langle \Psi_{gs}^{(0)} \middle| \frac{1}{r_{12}} \middle| \Psi_{gs}^{(0)} \right\rangle \tag{1}$$

为了计算这一项，我们将 $1/r_{12}$ 做多极子展开（multipole expansion），

① 玻尔理论被应用到氢原子中时取得巨大成功，但是在氦原子上却遇到了困难。其中一个核心问题就是“正氦”“仲氦”除了自旋具有相同的电子态，为什么能量差那么多。当时有人考虑可能是自旋-自旋相互作用导致的，但是这个值特别小，无法解释实验现象。是海森伯最早提出波函数对称性要求而导致库仑相互作用变化，给出了最核心的物理图像。

$$\frac{1}{r_{12}}=\begin{cases}\dfrac{1}{r_2}\sum\limits_{n=0}^{\infty}(r_1/r_2)^n P_n(\cos\theta), & 0\leqslant r_1\leqslant r_2\\ \dfrac{1}{r_1}\sum\limits_{n=0}^{\infty}(r_2/r_1)^n P_n(\cos\theta), & r_2\leqslant r_1\leqslant\infty\end{cases}\tag{2}$$

多极子展开常使用到一个性质，当 $n>0$，$\int P_n(\cos\theta)\,\mathrm{d}\Omega=0$。因此只要考虑 $n=0$ 项(单极子)。这大大简化了计算过程。

$$\begin{aligned}I_2&\propto\int_0^{\infty}\int_0^{\infty}\mathrm{e}^{-2Z(r_1+r_2)/a_0}\frac{1}{r_{12}}(4\pi r_1^2)(4\pi r_2^2)\,\mathrm{d}r_1\mathrm{d}r_2\\&\propto\int_0^{\infty}\mathrm{e}^{-2Zr_2/a_0}f(r_2)r_2^2\,\mathrm{d}r_2\end{aligned}\tag{3}$$

而其中

$$f(r_2)=\int_0^{\infty}\mathrm{e}^{-2Zr_1/a_0}\frac{r_1^2}{r_{12}}\mathrm{d}r_1\tag{4}$$

将(2)式代入，得到

$$f(r_2)=\frac{1}{r_2}\int_0^{r_2}\mathrm{e}^{-2Zr_1/a_0}r_1^2\mathrm{d}r_1+\int_{r_2}^{\infty}\mathrm{e}^{-2Zr_1/a_0}r_1\mathrm{d}r_1\tag{5}$$

这里积分需要使用下面的式子

$$\int_0^{x}\mathrm{e}^{-t}t^2\mathrm{d}t=2-(x^2+2x+2)\mathrm{e}^{x}\tag{6}$$

和

$$\int_x^{\infty}\mathrm{e}^{-t}t\,\mathrm{d}t=(x+1)\mathrm{e}^{-x}\tag{7}$$

最终得到 $I_2=5Z/8a_0$。

第 4 章　碱金属原子光谱

碱金属元素处于元素周期表的第一列，包括 Li、Na、K、Rb、Cs 五种稳定金属元素和一个放射性元素 Fr。在原子物理研究中，碱金属具有极其重要的地位。一是它们最外层只有一个电子，能级结构相对简单。另一原因是碱金属熔点较低，容易获得气体状态，因此常用来研究精密光谱。比如原子钟常使用铯和铷作为原子介质。目前国际单位制中的时间单位也是定义在铯原子的超精细能级上的。在冷原子物理研究方面，碱金属更是占有重要的地位。最初的激光冷却原子实验都是在碱金属上实现的。1995 年，^{87}Rb 的玻色-爱因斯坦凝聚态第一次被制备，然后 Na 原子也被冷却到玻色-爱因斯坦凝聚态。1999 年，第一个费米简并气体在^{40}K 原子上实现。

因为是多电子原子，碱金属原子的电子会在原子核外形成层状结构。图 4.1 给出了碱金属原子基态的电子排布。电子内壳层是满排的，最外层只有一个电子。从化学性质来说，碱金属非常活泼。当然，本书更关心它们的光谱性质和能级结构。我们将用量子数亏损理论来理解碱金属原子的电离能，精细结构能级劈裂。通过这一章的学习，希望读者对碱金属原子能级结构有一个整体认识。

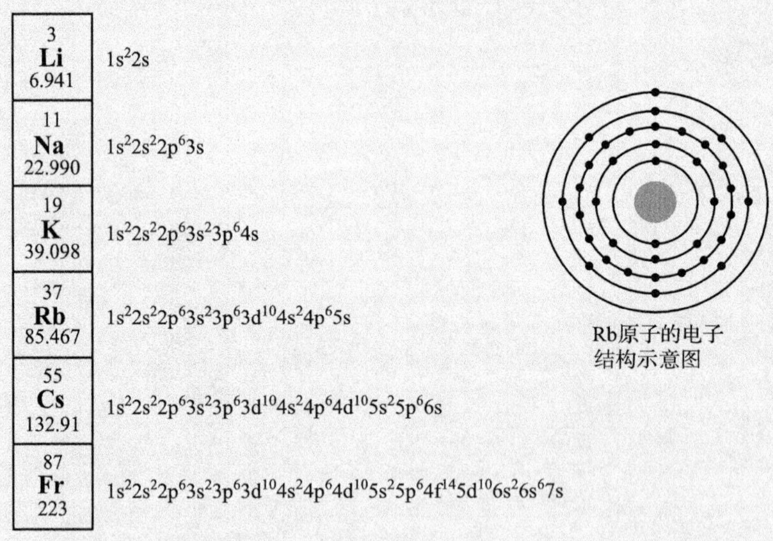

图 4.1　左边是碱金属原子的电子排列情况。右边给出了一个铷原子的电子排列示意图，内壳层都排满，最外层只有一个电子。

4.1 量子数亏损理论

4.1.1 碱金属能级

碱金属原子最外层只有一个电子,因此能级结构和氢原子有诸多相似之处。先忽略能级的精细结构,把氢原子的能级和碱金属的能级图放在一起比较,如图 4.2 所示。

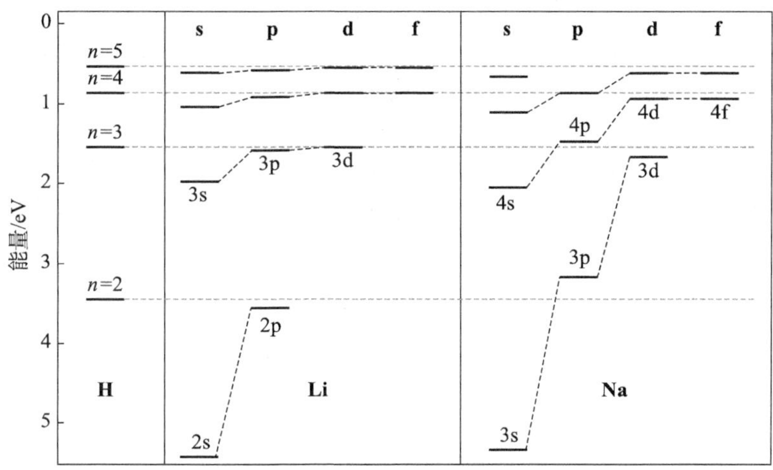

图 4.2 碱金属和氢原子的能级图的比较。最左边是氢原子能级图。右边是 Li 和 Na 原子的能级图,由于它们的能级对 l 的简并性被打破,我们用不同的 l 量子数标记。对于同一个主量子数 n,角动量 l 越大,越趋于氢原子的能级。

从能级图可以看出碱金属原子光谱的一些特征。

1. 轨道量子数的简并被打破

氢原子中 l 的简并是由于库仑对称性产生的偶然简并。碱金属原子中由于电子之间存在相互作用,库仑对称性被破坏,l 的简并被打破。

2. 能级趋于氢原子能级

特别是对于高激发态原子,n 越大,碱金属原子能级和氢原子能级越接近。物理上看,处于高激发态的外层电子,由于远离原子核,看到的等效电荷数是被内层电子屏蔽之后的,接近于 1。n 越大,这种屏蔽效应越好,能级变得和氢原子越接近。相反,n 越小,电子波函数穿透的内层电子更多,内层电子的屏蔽效应减弱,看到的原子核电荷数变大,因此和氢原子能级差别自然也大。

3. l 越大,能级接近氢原子能级

同一个主量子数下 l 越大,能级越接近氢原子能级。其物理图像也来源于波函数的分布。l 越大,外层电子波函数越远离原子核,这样内层电子的屏蔽效应越好,看到的电荷数越接近 1,导致能级越趋于氢原子能级。

以上三点是从能级结构图可以看出来的特性。对于碱金属原子的能级结构,科学家们总结出了一个非常有效的经验公式来描述,也就是第一章(2.2.1)式给出的里德伯(Rydberg)公式。它对应的能级能量为[①]

$$E_{nl}=\frac{hcR_{\infty}}{(n-\delta_l)^2}=-\frac{13.6\ \mathrm{eV}}{(n^*)^2} \tag{4.1.1}$$

这个能级的表达形式和氢原子类似,只是主量子数 n 用等效主量子数

$$n^*=n-\delta_l \tag{4.1.2}$$

来代替。这里修正项 δ_l 引入了跟 l 的依赖关系,用来描述主量子数的"亏损",因此这个理论叫量子数亏损理论(quantum defect theory),δ_l 也叫亏损量子数。注意,这个理论的实用性来源于 δ_l 和 n 无关。如果 δ_l 是和 n 与 l 都相关的话,这个理论的通用性就会变差,实际使用价值就变低了。实际的情况是 δ_l 对 n 有比较弱的依赖关系,因此认为 δ_l 和 n 无关是不错的近似。

对于量子数亏损理论,可以从量子力学出发给出更深层次的解释[②]。在本书中我们不仔细讨论其数学过程,表4.1直接给出实验测量的不同碱金属原子的亏损量子数。

表4.1　碱金属原子在不同角量子数下的亏损量子数 δ_l 的列表。

原子	s	p	d	f
Li	0.40	0.04	0.00	0.00
Na	1.35	0.85	0.01	0.00
K	2.19	1.71	0.25	0.00
Rb	3.13	2.66	1.34	0.01
Cs	4.06	3.59	2.46	0.02

从表4.1中我们可以看出几个趋势,并对能级图4.2给出定性的解释。

1. 对于不同的碱金属原子,随着相对原子质量的增加,同一轨道的亏损量子数 δ_l 变大。
2. 对同一个碱金属原子,l 值越大,δ_l 越接近于零。因此在能级图4.2中,E_{nl}是随 l 增加而趋于氢原子的能级 E_n。

对于上述亏损量子数的性质,我们可以用电子的屏蔽效应给出定性的解释。以Na原子为例,如图4.3所示,阴影部分是原子核加上内层电子组成的"核",最外层电子就在它们周围"运动"。如果电子在远离阴影部分运动,那么它看到的就是一个被内层电子屏蔽后的

① 这套公式最先是在研究里德伯原子光谱时发现的。和氢原子光谱一样,最初是经验总结出来的理论。在精度要求不高的情况下,使用非常方便。可以对复杂的光谱线有一个简单的总结,并且对于没有发现的谱线给出一个明确的预言。并使得电离势能的测量结果达到光谱能给出的精度。后期,科学家根据这个思路,在量子力学的基础上,发展出了量子数亏损理论,对于经验公式给出良好的解释,并推动了光谱计算的发展。

② 有心的读者可以参考综述文献 Seaton M J.Quantum Defect Theory.Rep.Prog.Phys.,46,167(1983)。

原子核,等效电荷数等于1。因此其能级也将接近于氢原子光谱,$\delta_l \to 0$。l越大,轨道越靠外,屏蔽效应越好。反之,l越小,电子波函数有部分穿透此阴影区域,这部分看到的等效电荷数将加大,因此能量将增加,δ_l也越大。

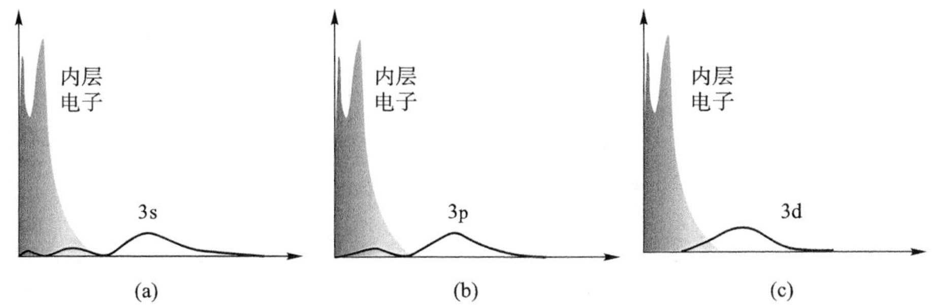

图4.3 亏损量子数变化趋势解释。原子核和外层电子用阴影区域表示。从左到右最外层电子轨道从s变到d。对应波函数越来越远离原子核,屏蔽效应也就越来越好,δ_l越趋于零。

这个图像可以让我们很好理解能级图上观察到的两个性质。

1. 轨道量子数相同,原子种类不同。相对原子质量越大的碱金属原子,内层电子的层数也越多,阴影区域也就越大,对同一个l来说,被阴影包含的波函数部分也越多,屏蔽效果越差,因此δ_l越大。

2. 原子种类相同,l不同。同一原子l越大,波函数越远离原子核位置,屏蔽效果越好,δ_l越小。反过来,l越小,外层电子的波函数在内层电子内部的占比也越多,看到的电荷量也越大,能级移动也越大,导致δ_l也越大。

4.1.2 碱金属电离能

图4.4给出了不同元素原子的电离能。在元素周期表的一个周期内,电离能基本上随原子序数增加而变大。到碱金属就有一个大的降低。物理上看,这是因为核外电子的壳层

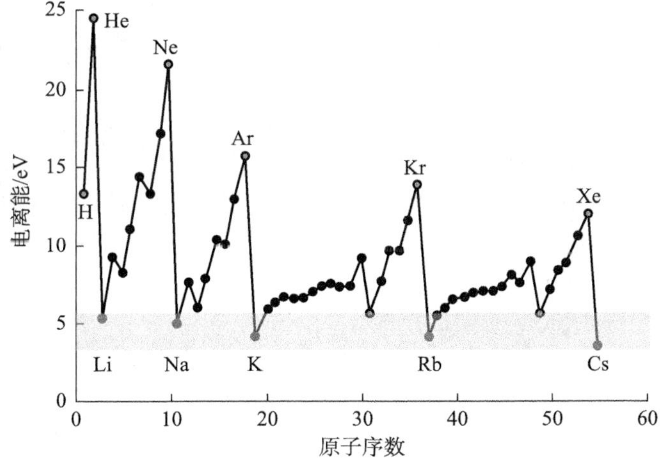

图4.4 原子的电离能。在元素周期表的一个周期内,原子序数增加,电离能增加,到碱金属突然变小。并且在整个范围内,碱金属的电离能变化不大。

排布造成的。我们还可以看到不同碱金属原子的电离能基本上保持不变。对于这个特点，我们也可以用量子数亏损理论进行解释。

根据量子数亏损理论，电离能为

$$E_{\text{ion}}=\frac{13.6\ \text{eV}}{(n^*)^2} \tag{4.1.3}$$

因为碱金属原子的基态都是 S 态，这里的 n^* 是原子的最低态主量子数减去 δ_s。表 4.2 给出了不同碱金属原子的 n^*。可以看出，亏损后的等效量子数是一个基本相等的值，意味着它们的电离能是接近的。这与实验结果是符合的。

表 4.2 不同碱金属原子的 S 轨道亏损量子数和电离能公式中的等效量子数。

原子	最低态主量子数 n	δ_s	$n^*=n-\delta$
Li	2	0.40	1.60
Na	3	1.35	1.65
K	4	2.19	1.81
Rb	5	3.13	1.87
Cs	6	4.06	1.94

4.2 中心力场近似

前面是从经验公式出发，对碱金属原子的能级特点进行了说明。下面从薛定谔方程出发，对多电子原子能级的计算给予说明，希望给出一个更合理的解释。对于多电子原子，系统的哈密顿量为

$$H=\sum_{i=1}^{N}\left(-\frac{\hbar^2}{2m}\nabla_i^2-\frac{Ze^2}{4\pi\epsilon_0 r_i}\right)+\sum_{i>j}\frac{e^2}{4\pi\epsilon_0 r_{ij}} \tag{4.2.1}$$

括号内是单个电子和原子核相互作用的单体哈密顿量，最后一项是每两个电子之间的库仑相互作用项。

由于涉及多体相互作用，此哈密顿量无法进行解析求解。如果用全量子方向从头计算，计算量巨大，因此发展各种近似算法是极其重要的。在量子化学中，如何合理、巧妙地开展近似来求解这样一个多体哈密顿量是其核心，为此发展出很多算法。在此我们介绍其中比较简单的一种：中心力场近似。

假设可以将(4.2.1)式改写为

$$H\simeq H_{\text{CF}}=\sum_{i=1}^{N}\left[-\frac{\hbar^2}{2m}\nabla_i^2+V_i^{\text{CF}}(r)\right]. \tag{4.2.2}$$

这里我们已经做了中心力场近似，认为每个电子都单独在一个中心力场中运动，相互之间解耦。在此近似中，假设了 $V_i^{\text{CF}}(r)$ 是球对称的，一方面是考虑了库仑相互作用的球对称，另外一方面也将电子之间的屏蔽效应考虑进去。

在此近似下，由于电子之间相互解耦，薛定谔方程可以变成 N 个独立的方程。求出每

个方程的本征解，它们的直乘

$$\Psi_{\text{total}}=\Psi_1\Psi_2\cdots\Psi_N \tag{4.2.3}$$

就是(4.2.2)式对应的薛定谔方程的解。如果要考虑全同粒子的特性，可以使用具有对称性的斯莱特(Slater)行列式形式。

在这里中心力场 $V_i^{\text{CF}}(r)$ 的形式并不直接知道，需要用一个迭代的方法来逼近真实解。如果我们知道原子的电荷分布 $Z_{\text{eff}}(r)$，就可以求得等效电场

$$\mathbf{E}_i^{\text{CF}}(r)=\frac{Z_{\text{eff}}(r)e}{4\pi\epsilon_0 r^2}\hat{\boldsymbol{r}} \tag{4.2.4}$$

这样电子受到的势能是

$$V_i^{\text{CF}}(r)=-e\int_r^{\infty}E_i^{\text{CF}}(r')\,\mathrm{d}r' \tag{4.2.5}$$

这样得到 $V_i^{\text{CF}}(r)$ 后，就可以求解解耦的薛定谔方程，得到 Ψ_{total}。有了 Ψ_{total}，马上就可以求得新的电子分布 $Z_{\text{eff}}(r)$。然后再重复前面步骤，多次迭代，获得一个收敛的中心力场 $V^{\text{CF}}(r)$，由此可以得到中心力场近似下的解。这种自洽的迭代方法称为哈特里-福克(Hartree-Fock)方法。

即使使用哈特里-福克方法来求解，也需要很多的计算。下面不具体求解，仅从一般角度来考察中心力场的性质，这对我们理解实验规律很有帮助。

1. $V^{\text{CF}}(r)$ 不再具有 $1/r$ 的形式，库仑对称性被打破，因此能级相对 l 的简并不再存在。这是多电子原子普遍性质，我们在氦原子和碱金属原子能级图中都观察到了。

2. $V^{\text{CF}}(r)$ 仍然是球对称的，因此能级对于磁量子数 m_l 还是简并的。

3. 电子远离原子核和内层电子时，由于屏蔽效应，看到的等效电荷 $Z_{\text{eff}}=1$。而当电子非常靠近原子核时，内层电子的对其作用相互抵消，看到的等效电荷就是原子核的电荷数，$Z_{\text{eff}}=Z$，如图 4.5(a)所示。其具体形式依赖于具体原子，但是基本形状却是一致的。

4. $V^{\text{CF}}(r)$ 的形式由等效电荷分布决定，因此在靠近原子核处是$-Ze^2/4\pi\epsilon_0 r$，在远离原子核处是$-e^2/4\pi\epsilon_0 r$，如图 4.5(b)所示。

5. 中心力场近似下，忽略了剩余静电势

$$V_{\text{res}}=\sum_{i>j}\frac{e^2}{4\pi\epsilon_0 r_{ij}}-\sum_i V_i^{\text{CF}}(r) \tag{4.2.6}$$

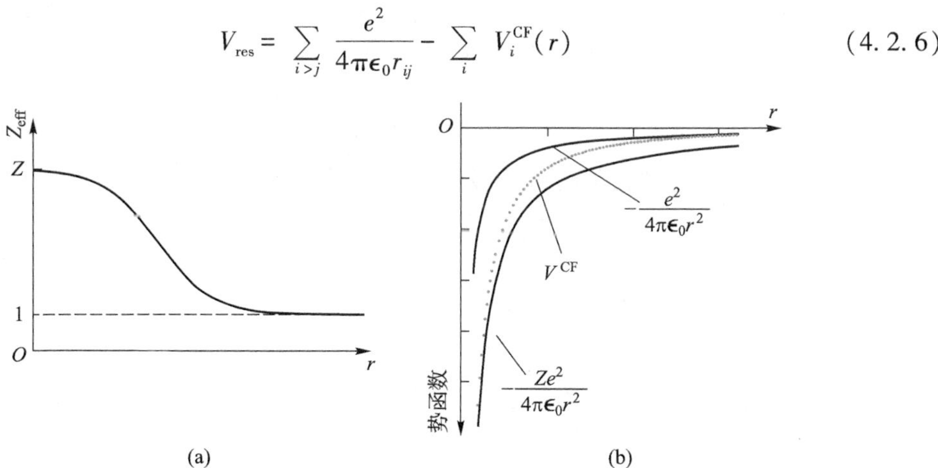

图 4.5 (a) 中心力场近似下的等效电荷。(b) 对应等效势函数。

剩余静电势也称为非中心力场。对于多电子原子来说，剩余静电势并不小。当我们考虑自旋-轨道耦合时，剩余静电势的能量(E_{res})和自旋-轨道耦合能量(E_{soc})的比较将产生不同的耦合模式。当剩余静电势远远大于自旋-轨道耦合能量时，对应的是 LS 耦合。原子的基态和轻原子的激发态多属于这种情况。这时候多个电子的轨道角动量和自旋角动量分别耦合起来，形成总的轨道角动量和总的自旋角动量，然后它们之间再耦合形成总的电子角动量。反过来，对于一些重的原子和高激发态原子，球对称势是一个好的近似，剩余静电势能相比自旋-轨道耦合能量小得多。每个电子的自旋轨道角动量先耦合成电子角动量。然后再合成总的电子角动量，称为 jj 耦合。

$$\begin{array}{ll} LS\text{ 耦合} & E_{res} \gg E_{soc} \\ jj\text{ 耦合} & E_{res} \ll E_{soc} \end{array} \tag{4.2.7}$$

4.3　精细结构能级劈裂

碱金属原子精细结构的测量在原子光谱的发展历史上具有重要地位。比如著名的 Na 原子双黄线(589 nm)，在太阳光谱上被标记为 D1、D2 线，就是由于 Na 原子的精细能级结构导致的。在第一章氢原子光谱中，我们计算了自旋-轨道耦合导致的精细结构能级劈裂。现在来考察一下碱金属原子的精细结构能级劈裂的规律。

碱金属原子的第一激发态的跃迁谱线是双线结构，通常称为 D1 线和 D2 线，表 4.3 列出了它们的频率差，也即是对应的精细结构能级劈裂的频率差。

表 4.3　碱金属原子 D1、D2 线的频率差。

原子	Li	Na	K	Rb	Cs	Fr
原子序数	3	11	19	37	55	87
$(\Delta E_{soc}/h)$/GHz	10.056	516	1 730	7 123	16 610	50 562

从上表可以看出，随着原子序数的增加，碱金属精细结构的能级劈裂快速增加。在类氢原子中，利用(2.4.58)式，精细结构劈裂能量和原子核电荷量的依赖关系为

$$\Delta E_{soc} = \frac{(\alpha Z)^4 mc^2}{2n^3 l(l+1)} \propto \frac{Z^4}{n^3} \tag{4.3.1}$$

画出碱金属第一激发态的精细结构能级劈裂和 Z 的依赖关系，会发现它不是和 Z^4 成正比，而是和 Z^2 近似成正比，如图 4.6 所示。

对于这个结果，中心力场近似可以给出一个合理的解释。中心力场近似理论中，最重要的结果是得出一个等效的电荷分布 Z_{eff}，它在靠近原子核时为 Z，在远离原子核时为 1。在计算自旋-轨道耦合时，需要对 $Z_{eff}(r)/r^3$ 求期望值。在类氢原子中 Z 是常量，因此得到正比于 Z^4 的结论。在碱金属原子中，Z_{eff} 对 r 有依赖关系，我们需要做某种平均处理。一种处理方式是将(4.3.1)式改写为朗德公式

$$\Delta E_{soc} = \frac{Z_i^2 Z_0^2 \alpha^4}{(n^*)^3 l(l+1)} mc^2 \tag{4.3.2}$$

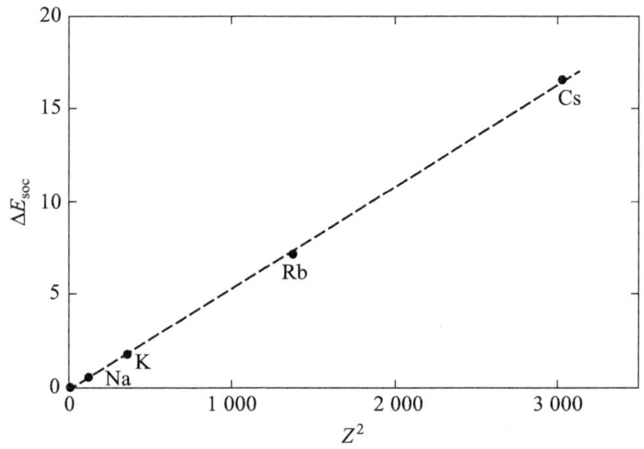

图 4.6 碱金属精细结构能级劈裂和 Z^2 的依赖关系图。

其中 n^* 是亏损后的量子数。这里 Z_i 是靠近原子核的等效电荷，$Z_i \sim Z$；Z_0 是远离原子核的电荷，$Z_0 \sim 1$。这样一种做法，等于是给等效电荷做了某种平均。因此这个式子给出的结果是 $\Delta E_{soc} \propto Z^2$，和实验结果符合。

参考文献说明

1. 关于里德伯原子的计算，有一些开源的软件可以使用。例如 Sibalic N, Pritchard J D, Adams C S, Weatherill K J. ARC: An Open-source Library for Calculating Properties of Alkali Rydberg Atoms. Computer Physics Communications, 220, 319-331(2017)。
2. 关于量子数亏损理论，可以参考文献 Seaton M J. Quantum Defect Theory. Rep. Prog. Phys., 46, 167(1983)。

习题

4.1 利用表 4.1 给出的亏损量子数，计算 Li、Na、K、Rb、Cs 各个原子的 D1 和 D2 线跃迁的波长。

4.2 里德伯原子：当原子被激发到高激发态时，称为里德伯原子。它的特点是主量子高，半径大，能态寿命长，对电场敏感，容易电离。由于冷原子技术的发展，里德伯原子又重新被重视起来，找到一些重要的应用场景。比如基于里德伯原子的量子计算和模拟。里德伯原子中一个电子被激发到高激发态（主量子数为 $n \gg 1$），原子核及内层电子构成原子实，最外层的价电子远离原子实。虽然原子核带电荷量为 Z，但是由于内层电子的屏蔽效应，从高激发的价电子看来原子实等效电荷接近 1。如习题 4.2 图所示，其能级结构由里德伯公式和亏损量子数描述。

（1）以 ^{87}Rb 原子为例，使用表 4.1 给出的亏损量子数，计算 $n = 53$ 时的半径和电离能。作为比较，计算室温下 ^{87}Rb 原子的动能。由于里德伯原子半径大，碰撞截面大，如果发生碰撞，里德伯原子非常容易电离，请评论一下。

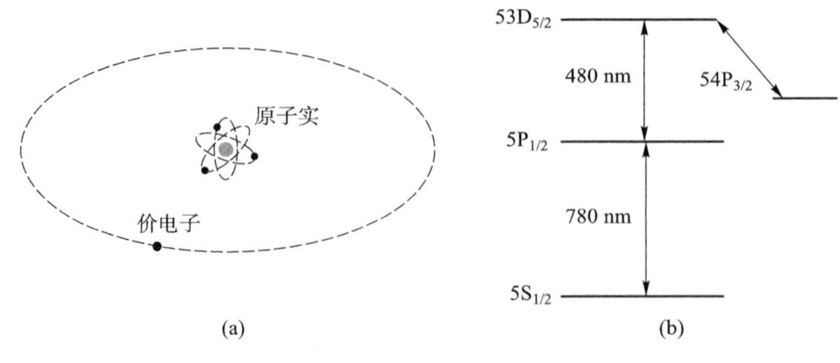

习题 4.2 图

（2）有一个有趣的例子，可以估算电子感受到的原子实的电场 E_f。给出 E_f 和 n 的依赖关系，并估算 $n=53$ 时，此电场的大小。请将此值和氢原子基态情况比较。

（3）由于里德伯原子对外场很敏感，一个重要应用是测量微弱的微波场。如本题图(b)所示，当微波频率和 $53D_{5/2}\to54P_{3/2}$ 共振时，由于奥特勒-汤斯（Autler-Towns）效应会产生可观测的效应，从而测定微波场［参考 Nature Physics，8，819（2012）］。请计算这个跃迁的频率。如果选用不同的主量子数，这个微波频率可以改变，以适用更广泛的范围。若将 53 变至 50～100 范围，问这种方法测量的微波频率覆盖范围有多大？

第 5 章　超精细能级结构

前面讨论了原子的精细能级结构。当光谱的测量精度继续提高，就可以看到原子能级中更细致的结构，我们称之为超精细能级结构。从能量尺度上，它们比精细结构分裂还要小 3~4 个量级（乘上 α^2）。从频率上看，超精细能级结构的劈裂一般在 MHz 到 GHz 的范围。对于现代原子物理来说，激光频率的稳定性可以达到赫兹，甚至亚赫兹的量级。这个量级的超精细能级劈裂时完全可以分辨出来，并且加以很好地调控。以精密测量为代表的现代原子物理研究，基本都涉及原子超精细能级的调控。从原子内态描述的角度来看，到了超精细能级结构，描述原子能级的自由度就完备了。做到超精细能级的调控，就做到了对原子内态所有自由度的调控。当然如果想做到内外态的所有自由度的完全调控，则需要发展冷原子物理技术，我们在后面会讲到。

原子超精细能级结构主要来源于原子核的贡献。原子核具有自旋角动量，因此它会和电子角动量耦合，形成原子总角动量，导致能级的劈裂。另外，原子核也不是一个质点，具有电荷分布，其电四极矩在电子产生的电磁场梯度下会产生能级劈裂。第三个原因是同位素效应。同位素导致原子核的质量和体积发生变化，因此导致能级的移动。这个严格来讲不是超精细结构能级劈裂，只是能级的移动。因为这个移动能量尺度和超精细劈裂相同，一般都归在超精细能级结构范围。

我们先考虑磁偶极相互作用。假设原子核具有核自旋 $\boldsymbol{I}$，那么它会具有一个磁矩 $\boldsymbol{\mu}_I$，

$$\boldsymbol{\mu}_I = g_I \mu_{\mathrm{N}} \boldsymbol{I} \tag{5.0.1}$$

其中 g_I 是原子核的朗德因子，而 $\mu_{\mathrm{N}} = e\hbar/2m_{\mathrm{p}}$ 是核磁子①。其中 m_{p} 是质子的质量，比电子质量大 1 836 倍，因此核磁子比玻尔磁子小三个量级。由于原子核带正电，这里核磁矩和核自旋的关系中没有负号。

原子的外层电子由于具有轨道角动量和自旋角动量，会在原子核位置产生一个磁场 $\boldsymbol{B}_{\mathrm{e}}$，和核磁矩相互作用，对应的哈密顿量为

$$H_{\mathrm{hfs}} = -\mu_I \cdot B_{\mathrm{e}} \tag{5.0.2}$$

由于核磁子很小，因此这项的能量也比较小，诱导出超精细能级分裂。

---

① CODATA 给出的值为 5. 050 783 746 1(15)×10^{-27} J/T。

5.1　氢原子超精细能级结构

5.1.1　基态 $l=0$ 的情况

以氢原子为例，我们来求解其超精细结构能级劈裂能量值。考虑氢原子基态 $1^2S_{1/2}$，其轨道角动量为零。电子自旋产生磁场。电子在氢原子内部的分布由波函数 ψ_{10} 决定。常用的做法是将电子的分布转换成磁化强度的分布

$$\boldsymbol{M}=-g_s\mu_B\boldsymbol{S}|\psi_{10}(r)|^2 \tag{5.1.1}$$

电动力学中学过，对于一个具有均匀磁化强度 $\boldsymbol{M}$ 的小球，球内磁场强度为

$$\boldsymbol{B}=\frac{2}{3}\mu_0\boldsymbol{M} \tag{5.1.2}$$

由于超精细能级结构是原子核和磁场作用产生的，我们只需关心原子核位置处磁感应强度，将

$$\boldsymbol{B}_e=-\frac{2}{3}\mu_0 g_s\mu_B|\psi_{10}(0)|^2\boldsymbol{S} \tag{5.1.3}$$

代入，得到

$$H_{hfs}=g_I\mu_N\boldsymbol{I}\times\frac{2}{3}\mu_0 g_s\mu_B|\psi_{10}(0)|^2\boldsymbol{S} \tag{5.1.4}$$

因为氢原子基态 $l=0$，于是 $\boldsymbol{J}=\boldsymbol{S}$，更常见的写法是

$$H_{hfs}=A_{hfs}\boldsymbol{I}\cdot\boldsymbol{J} \tag{5.1.5}$$

对于基态氢原子

$$A_{hfs}=\frac{2}{3}\mu_0 g_s\mu_B g_I\mu_N|\psi_{10}(0)|^2=\frac{2}{3}\mu_0 g_s\mu_B g_I\mu_N\frac{1}{\pi a_0^3n^3} \tag{5.1.6}$$

代入相关常量，质子 $g_I=5.6$，得到

$$A_{hfs}=h\times1.42\ \text{GHz} \tag{5.1.7}$$

IJ 耦合

当 H_{hfs} 中出现 $\boldsymbol{I}\cdot\boldsymbol{J}$ 项时，m_I，m_j 不再是好量子数。类似2.4.3节 *LS* 耦合，可定义原子总角动量 $\boldsymbol{F}=\boldsymbol{I}+\boldsymbol{J}$，于是 F，m_F 是好量子数，取值分别为

$$\begin{aligned}F&=|j-I|,|j-I|+1,\cdots,j+I\\m_F&=-F,-F+1,\cdots,F-1,F\end{aligned} \tag{5.1.8}$$

系统的本征态写成 $|IJFm_F\rangle$，对应的本征能量为

$$E_{hfs}=\boldsymbol{A}_{hfs}\langle\boldsymbol{I}\cdot\boldsymbol{J}\rangle=\frac{\boldsymbol{A}_{hfs}}{2}[F(F+1)-I(I+1)-j(j+1)] \tag{5.1.9}$$

对于氢原子基态 $^2S_{1/2}$，$I=1/2$，$j=1/2$，代入上式求得能量。氢原子基态能级的超精细能级分

裂见图 5.1。

$$E_{\mathrm{hfs}}=\begin{cases}A_{\mathrm{hfs}}/4, & F=1\\ -3A_{\mathrm{hfs}}/4, & F=0\end{cases} \tag{5.1.10}$$

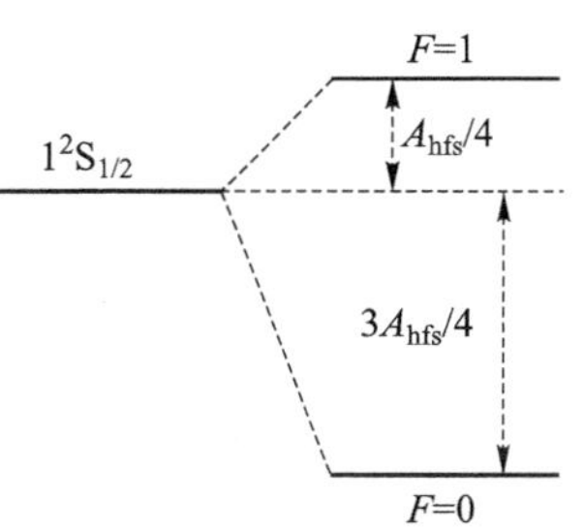

图 5.1 氢原子基态能级的超精细结构能级劈裂。

我们换个角度来理解一下角动量的耦合。上面定义原子总角动量的操作实际上是系统哈密顿量重新对角化的过程。利用公式

$$\begin{aligned}\boldsymbol{I}\cdot\boldsymbol{J}&=I_xJ_x+I_yJ_y+I_zJ_z\\&=I_0J_0+\frac{1}{2}(I_+J_-+I_-J_+)\end{aligned} \tag{5.1.11}$$

其中 $J_0=J_z,I_0=I_z,J_\pm,I_\pm$ 分别是角动量的升降算符,满足角动量升降算符关系

$$\begin{aligned}J_z\,|jm\rangle&=m\,|jm\rangle\\J_\pm\,|jm\rangle&=\sqrt{j(j+1)-m(m\pm1)}\,|j,m\pm1\rangle\end{aligned} \tag{5.1.12}$$

对于氢原子基态,$I=1/2,j=1/2,m_I,m_j$ 可以取不同值,

$$\{m_I,m_j\}=\left(\left\{\frac{1}{2},\frac{1}{2}\right\},\left\{\frac{1}{2},-\frac{1}{2}\right\},\left\{-\frac{1}{2},\frac{1}{2}\right\},\left\{-\frac{1}{2},-\frac{1}{2}\right\}\right) \tag{5.1.13}$$

哈密顿量(5.1.5)式在此基矢下为

$$H_{\mathrm{hfs}}=A_{\mathrm{hfs}}\begin{bmatrix}\frac{1}{4}&0&0&0\\0&-\frac{1}{4}&\frac{1}{2}&0\\0&\frac{1}{2}&-\frac{1}{4}&0\\0&0&0&\frac{1}{4}\end{bmatrix} \tag{5.1.14}$$

此矩阵本征值有一个三重根 $E=A_{\mathrm{hfs}}/4$ 和一重根 $E=-3A_{\mathrm{hfs}}/4$,和(5.1.10)式结果一致。

氢原子基态两个超精细能级的能级差为

$$\Delta E_{\mathrm{hfs}}=A_{\mathrm{hfs}}=h\times1.42\ \mathrm{GHz} \tag{5.1.15}$$

它对应的波长是

$$\lambda=hc/\Delta E_{\mathrm{hfs}}=21\ \mathrm{cm} \tag{5.1.16}$$

也就是著名的氢原子“21 cm 谱线”。它是天文学上重要的波段,是探测宇宙的一个窗口。2020 年我国贵州省建成 500 m 口径球面射电望远镜(five-hundred-meter aperture spherical radio telescope,简称 FAST),其中重要的测量波段就是 21 cm 的谱线。

5.1.2 $l\neq0$ 的情况

当电子的轨道角动量不为零时,电子轨道角动量和自旋角动量都对会产生磁场

$$\boldsymbol{B}_{\mathrm{e}}=\frac{\mu_0}{4\pi}\left[\frac{-e\boldsymbol{v}\times(-\boldsymbol{r})}{r^3}-\frac{\boldsymbol{\mu}_s-3(\boldsymbol{\mu}_s\cdot\hat{\boldsymbol{r}})\hat{\boldsymbol{r}}}{r^3}\right] \tag{5.1.17}$$

公式第一项是轨道角动量引起的,可以改写为

$$-e\boldsymbol{r}\times\boldsymbol{v}=-2\mu_{\mathrm{B}}\boldsymbol{L} \tag{5.1.18}$$

第二项是电子自旋偶极矩 $\boldsymbol{\mu}_s=-g_s\mu_{\mathrm{B}}\boldsymbol{S}$ 产生的磁场。因此

$$\boldsymbol{B}_{\mathrm{e}}=-2\frac{\mu_0}{4\pi}\frac{\mu_{\mathrm{B}}}{r^3}\left[\boldsymbol{L}-\boldsymbol{S}+\frac{3(\boldsymbol{S}\cdot\boldsymbol{r})\boldsymbol{r}}{r^2}\right] \tag{5.1.19}$$

公式中涉及自旋和轨道角动量的组合。而自旋和轨道角动量都沿 $\boldsymbol{J}$ 进动,任何垂直于 $\boldsymbol{J}$ 的分量时间平均后都为零。我们需要将其投影到 $\boldsymbol{J}$ 方向上。利用兰德(Lande)投影定理(参见附录第 11.1 节),得到

$$\begin{aligned}\boldsymbol{B}_e&=-2\frac{\mu_0}{4\pi}\frac{\mu_{\mathrm{B}}}{r^3}\frac{[\boldsymbol{L}-\boldsymbol{S}+3(\boldsymbol{S}\cdot\boldsymbol{r})\boldsymbol{r}/r^2]\cdot\boldsymbol{J}}{j(j+1)}\boldsymbol{J}\\&=-2\frac{\mu_0}{4\pi}\frac{\mu_{\mathrm{B}}}{r^3}\frac{\boldsymbol{L}^2}{j(j+1)}\boldsymbol{J}\end{aligned} \tag{5.1.20}$$

所以超精细结构的能级为

$$E_{\mathrm{hfs}}=g_I\mu_{\mathrm{N}}\boldsymbol{I}\cdot\boldsymbol{B}_e=\left(2\mu_{\mathrm{B}}\frac{\mu_I}{I}\right)\left\langle\frac{1}{r^3}\right\rangle\frac{l(l+1)}{j(j+1)}\boldsymbol{I}\cdot\boldsymbol{J} \tag{5.1.21}$$

一般来说,电子能级越高,$\langle 1/r^3\rangle$ 越小,超精细结构能级劈裂也越小。而对于同一个 n 量子数,$l>0$ 的超精细结构能级劈裂比 $l=0$ 的小。

5.2　碱金属原子超精细能级结构

当原子外层有多个电子时,每个电子的轨道角动量和自旋角动量都会与核自旋角动量耦合起来。虽然很难写出其解析式,但是磁偶极引起的超精细耦合项大都可以写成

$$H_{\mathrm{hfs}}^M=A_{\mathrm{hfs}}\boldsymbol{I}\cdot\boldsymbol{J} \tag{5.2.1}$$

其中 A_{hfs} 是磁偶极耦合常量。对于氢原子,前面推导出了 A_{hfs} 的解析表达式。但是在大多数情况下没有解析表达式,可以通过光谱测量得到 A_{hfs} 值,并且实验结果给出的精度远远高于理论计算的精度,直接使用(5.2.1)式是一个非常方便的选择。

对于激发态原子,原子核内电荷分布不对称,诱导原子核的四极矩。这是在电子云存在电场梯度情况下产生分裂导致的。电四极矩导致的超精细耦合项为

$$H_{\mathrm{hfs}}^Q=B_{\mathrm{hfs}}\frac{3(\boldsymbol{I}\cdot\boldsymbol{J})^2+\frac{3}{2}(\boldsymbol{I}\cdot\boldsymbol{J})-I(I+1)j(j+1)}{2I(2I-1)j(2j-1)} \tag{5.2.2}$$

其中 B_{hfs} 是电四极耦合常量。值得注意的是,对于 S 态,电子波函数球对称分布,不产生电场梯度,$B_{\mathrm{hfs}}=0$;核自旋 $I=0,1/2$ 或者电子总角动量 $j=1/2,0$ 时,B_{hfs} 都为零。当然,还有更高阶的效应,比如磁八极常量 C_{hfs} 等。这个耦合系数更小,在很多情况下,忽略不计。

下面,我们以碱金属原子为例,求解其超精细能级结构的耦合。一般情况下,近似取到电四极就足够了,

$$H_{\mathrm{hfs}}=A_{\mathrm{hfs}}\boldsymbol{I}\cdot\boldsymbol{J}+B_{\mathrm{hfs}}\frac{3(\boldsymbol{I}\cdot\boldsymbol{J})^2+\frac{3}{2}(\boldsymbol{I}\cdot\boldsymbol{J})-I(I+1)j(j+1)}{2I(2I-1)j(2j-1)} \tag{5.2.3}$$

虽然超精细结构耦合的公式比较复杂，但是其中最基本单元还是 $\boldsymbol{I}\cdot\boldsymbol{J}$ 项，因此 m_I, m_j 不再是好量子数，我们需要定义原子的总角动量

$$\boldsymbol{F}=\boldsymbol{I}+\boldsymbol{J} \tag{5.2.4}$$

这样 F, m_F 是好量子数。由于

$$\boldsymbol{I}\cdot\boldsymbol{J}=\frac{1}{2}[F(F+1)-I(I+1)-j(j+1)]\equiv\frac{1}{2}K \tag{5.2.5}$$

因此超精细结构的能级移动

$$\Delta E_{\text{hfs}}=\frac{1}{2}A_{\text{hfs}}K+B_{\text{hfs}}\frac{(3/2)K(K+1)-2I(I+1)j(j+1)}{2I(2I-1)2j(2j-1)} \tag{5.2.6}$$

我们以^{87}Rb 基态和第一激发态为例。图 5.2(a)给出了^{87}Rb 原子的超精细结构耦合常量，它们可以通过高分辨光谱测量得到。基态和 $j=1/2$ 态的电四极常量 $B_{\text{hfs}}=0$，因此在表中不出现。利用这些常量，可以计算^{87}Rb 原子的超精细能级劈裂。图 5.2(b)给出了 Rb 原子基态和激发态的超精细能级劈裂。

原子态	常量类型	常量值
$5^2S_{1/2}$	A_{hfs}	$h\times3.417$ GHz
$5^2P_{1/2}$	A_{hfs}	$h\times408.3$ MHz
$5^2P_{3/2}$	A_{hfs}	$h\times84.7$ MHz
$5^2P_{3/2}$	B_{hfs}	$h\times12.5$ MHz

(a)

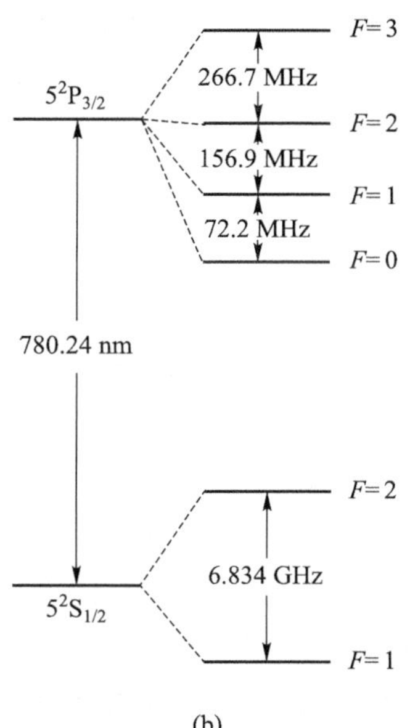

(b)

图 5.2 ^{87}Rb 原子 D2 线相关能级的超精细能级的耦合常量(a)和能级结构图(b)。

例如，^{87}Rb 原子的基态 $5^2S_{1/2}$，主量子数为 $n=5$，其他量子数分别为 $l=0, s=1/2, j=1/2$。由于它的核自旋 $I=3/2$。因此合成的原子总角动量 $F=1,2$。代入(5.2.5)式和(5.2.6)式，得到

$$\begin{aligned}\Delta E_{\text{hfs}}&=\frac{3A_{\text{hfs}}}{4},\quad F=2\\ \Delta E_{\text{hfs}}&=-\frac{5A_{\text{hfs}}}{4},\quad F=1\end{aligned} \tag{5.2.7}$$

它们之间能级差为 $2A_{\text{hfs}}=6.834$ GHz。

激发态 $5^2P_{3/2}$ 中 $j=3/2$，和核自旋耦合分裂成 $F=0,1,2,3$。读者可以验算一下能量分裂是否正确。

5.3 磁场中的塞曼效应

当原子处于外加磁场 $\boldsymbol{B}$ 中，原子的磁矩会和磁场相互作用，哈密顿量为

$$H_B=-\boldsymbol{\mu}\cdot\boldsymbol{B} \tag{5.3.1}$$

其中 $\boldsymbol{\mu}$ 是原子的磁矩，由电子轨道、电子自旋、核自旋三个角动量共同产生，方便起见，将其写成

$$\begin{aligned}\boldsymbol{\mu}&=\boldsymbol{\mu}_s+\boldsymbol{\mu}_l+\boldsymbol{\mu}_I\\&=-\frac{\mu_{\mathrm{B}}}{\hbar}(g_s\boldsymbol{S}+g_l\boldsymbol{L}+g_I\boldsymbol{I})\end{aligned} \tag{5.3.2}$$

其中 g_s,g_l,g_I 分别是这三个角动量的朗德因子，$g_s\simeq2,g_l\simeq1$。请注意，这里定义的"g_I"和(5.0.1)式定义的 g_I 有所不同。这里的"g_I"将 μ_{N} 变到 μ_{B}，各种修正，以及符号都吸收进去了，可由实验测量给出，一般比 g_l,g_s 小三个量级①。

当讨论磁子能级时，必须先要规定量子化轴方向。一种方便的做法是取磁场 $\boldsymbol{B}$ 的方向为 z 方向，因此

$$\begin{aligned}H_B&=\frac{\mu_{\mathrm{B}}}{\hbar}(g_s\boldsymbol{S}+g_l\boldsymbol{L}+g_I\boldsymbol{I})\cdot\boldsymbol{B}\\&=\frac{\mu_{\mathrm{B}}}{\hbar}(g_sS_z+g_lL_z+g_II_z)\cdot B_z\end{aligned} \tag{5.3.3}$$

原子在磁场中的哈密顿量为

$$H=\frac{p^2}{2m}+V_{\mathrm{coul}}+V_{\mathrm{soc}}+H_{\mathrm{hfs}}+H_B \tag{5.3.4}$$

包括动能项、库仑相互作用项、自旋-轨道耦合项、超精细耦合项、磁场下的能级移动导致的塞曼项。无外加磁场情况下，我们通过 LS 耦合、IJ 耦合定义出电子总角动量和原子总角动量，得到一组好量子数$\{n,l,s,j,I,F,m_F\}$，求得本征能量和本征态。但是加入磁场后，塞曼项 H_B 在此本征态基矢下并不是对角化的，需要重新对角化来求得本征能量，原来的好量子数会被破坏，需要重新处理。

自旋-轨道耦合项、超精细耦合项和塞曼项引起的能级移动分别用 $\Delta E_{\mathrm{soc}},\Delta E_{\mathrm{hfs}},\Delta E_B$ 来表示。一般而言，$\Delta E_{\mathrm{soc}}\gg\Delta E_{\mathrm{hfs}},\Delta E_B$，精细结构的分裂在能量上远远大于超精细结构的能级劈裂和磁场引起的塞曼位移。J 仍然是好量子数，可以使用。而 ΔE_{hfs} 和 ΔE_B 之间的关系跟磁场强弱有关，需要分几种情况来处理。

5.3.1 *LS* 耦合情况

先处理 LS 耦合情况，暂不考虑 H_{hfs} 以及 H_B 中的核磁矩项，或认为是 $I=0$ 的特殊情况。取 $|nlm_lsm_s\rangle$ 为基矢，原子的哈密顿量可以写为

① 作为一个例子，对于^{87}Rb 原子，$g_s=2.002\ 319\ 304\ 373\ 7(80)$，$g_l=0.999\ 993\ 69$，$g_I=-0.000\ 995\ 141\ 4(10)$。

$$
\begin{aligned}
H=&\sum E(n,l,m_l,s,m_s)\mid nlm_lsm_s\rangle\langle nlm_lsm_s\mid+\\
&\xi\boldsymbol{S}\cdot\boldsymbol{L}+\frac{\mu_{\mathrm{B}}}{\hbar}(g_s\boldsymbol{S}+g_l\boldsymbol{L})\cdot\boldsymbol{B}
\end{aligned}
\tag{5.3.5}
$$

其中最后一项是磁场引起的能级移动,由于$\mu_{\mathrm{B}}\simeq1.4$ MHz/Gs,一般实验室磁场在 100 Gs 量级,因此这一项的频移为 MHz 至 GHz 量级。第二项 $\xi\boldsymbol{S}\cdot\boldsymbol{L}$ 是自旋-轨道耦合项,从第四章表 4.3可以看出,它的频移量级在 THz,比磁场引起的频移大得多。因此 J 还是好量子数,磁场项可以看成一个微扰项。哈密顿量的前两项可以写成

$$
\begin{aligned}
&\sum E(n,l,m_l,s,m_s)\mid nlm_lsm_s\rangle\langle nlm_lsm_s\mid+\xi\boldsymbol{S}\cdot\boldsymbol{L}\\
=&\sum E(n,l,s,j,m_j)\mid nlsjm_j\rangle\langle nlsjm_j\mid
\end{aligned}
\tag{5.3.6}
$$

由于 J 还是好量子数,塞曼项可以改写成

$$
\begin{aligned}
H_B&=\frac{\mu_{\mathrm{B}}}{\hbar}(g_s\boldsymbol{S}+g_l\boldsymbol{L})\cdot\boldsymbol{B}\\
&=\frac{\mu_{\mathrm{B}}}{\hbar}g_j\boldsymbol{J}\cdot\boldsymbol{B}
\end{aligned}
\tag{5.3.7}
$$

这里的 g_j 定义为

$$
g_j\boldsymbol{J}=g_l\boldsymbol{L}+g_s\boldsymbol{S}
\tag{5.3.8}
$$

利用兰德投影定理(参见附录第 11.1 节)

$$
\langle jm'\mid\boldsymbol{X}\mid jm\rangle=\frac{\langle\boldsymbol{J}\cdot\boldsymbol{X}\rangle}{j(j+1)\hbar^2}\langle jm'\mid\boldsymbol{J}\mid jm\rangle
\tag{5.3.9}
$$

代入,得到

$$
g_j=\frac{\langle\boldsymbol{J}\cdot(g_l\boldsymbol{L}+g_s\boldsymbol{S})\rangle}{j(j+1)\hbar^2}=g_l\frac{\langle\boldsymbol{J}\cdot\boldsymbol{L}\rangle}{j(j+1)\hbar^2}+g_s\frac{\langle\boldsymbol{J}\cdot\boldsymbol{S}\rangle}{j(j+1)\hbar^2}
\tag{5.3.10}
$$

因为 $\boldsymbol{J}=\boldsymbol{L}+\boldsymbol{S}$,得到

$$
\begin{aligned}
\langle\boldsymbol{J}\cdot\boldsymbol{L}\rangle&=\frac{1}{2}\langle(\boldsymbol{J}^2+\boldsymbol{L}^2-\boldsymbol{S}^2)\rangle\\
&=\frac{1}{2}[j(j+1)+l(l+1)-s(s+1)]\hbar^2
\end{aligned}
\tag{5.3.11}
$$

因此得到

$$
\begin{aligned}
g_j&=g_l\frac{j(j+1)+l(l+1)-s(s+1)}{2j(j+1)}+g_s\frac{j(j+1)-l(l+1)+s(s+1)}{2j(j+1)}\\
&=1+\frac{j(j+1)-l(l+1)+s(s+1)}{2j(j+1)}
\end{aligned}
\tag{5.3.12}
$$

这样系统的哈密顿量可以写成对角化的形式

$$
H=\sum E(n,l,s,j,m_j)\mid nlsjm_j\rangle\langle nlsjm_j\mid+m_j\,g_j\,\mu_{\mathrm{B}}\,B_z
\tag{5.3.13}
$$

其能级移动和磁场成线性关系,属于线性塞曼效应。

5.3.2 *IJ* 耦合情况

下面将超精细耦合和核磁矩在磁场中的作用都考虑进来。系统哈密顿量改写为

$$H=\frac{p^2}{2m}+V_{\text{coul}}+V_{\text{soc}}+H_{\text{hfs}}+H_B$$
$$=\sum E(n,l,s,j,m_j)\ |nlsjm_j\rangle\langle nlsjm_j|+H_{\text{hfs}}+\frac{\mu_{\text{B}}}{\hbar}(g_j\boldsymbol{J}+g_I\boldsymbol{I})\cdot\boldsymbol{B} \tag{5.3.14}$$

这里假设了 $\Delta E_{\text{soc}}\gg\Delta E_{\text{hfs}}$，$\Delta E_B$，$J$ 是好量子数，可以继续使用。根据磁场强弱的不同，ΔE_{hfs}，ΔE_B 相对大小会发生变化，需要分情况处理。

（1）小磁场情况

此时 $\Delta E_B\ll\Delta E_{\text{hfs}}$。和上一节讨论类似，可以将 H_B 作为微扰，F，m_F 还是好量子数，于是塞曼项可改写成

$$H_B=\frac{\mu_{\text{B}}}{\hbar}g_F\boldsymbol{F}\cdot\boldsymbol{B} \tag{5.3.15}$$

同样，g_F 可以通过兰德投影定理求得（参见附录第 11.1 节）

$$g_F=g_j\frac{F(F+1)+j(j+1)-I(I+1)}{2F(F+1)}+g_I\frac{F(F+1)-j(j+1)+I(I+1)}{2F(F+1)} \tag{5.3.16}$$

在此区域，能级随磁场线性移动

$$\Delta E_B=m_Fg_F\mu_{\text{B}}B_z \tag{5.3.17}$$

（2）强磁场情况

此时 $\Delta E_B\gg\Delta E_{\text{hfs}}$，可以取

$$H_0=\frac{p^2}{2m}+V_{\text{coul}}+V_{\text{soc}}+H_B \tag{5.3.18}$$

的本征态 $|jm_j\ Im_I\rangle$ 作为基矢来处理问题，而将 H_{hfs}看成微扰，一阶微扰下，有

$$\langle jm_j\ Im_I|A_{\text{hfs}}\boldsymbol{I}\cdot\boldsymbol{J}|jm_j\ Im_I\rangle=A_{\text{hfs}}m_Im_j \tag{5.3.19}$$

例如，对于碱金属原子，取 H_{hfs}的形式为(5.2.3)式，于是

$$\Delta E_{|jm_jIm_I\rangle}=\mu_{\text{B}}(g_jm_j+g_Im_I)B_z+A_{\text{hfs}}m_jm_I+B_{\text{hfs}}\frac{3(m_jm_I)^2+3/2m_jm_I-I(I+1)j(j+1)}{2j(2j-1)I(2I-1)} \tag{5.3.20}$$

这称为帕邢-巴克(Paschen-Back)效应，能级随磁场线性变化。核自旋和电子角动量都强烈耦合到磁场方向，如图 5.3(b)所示。

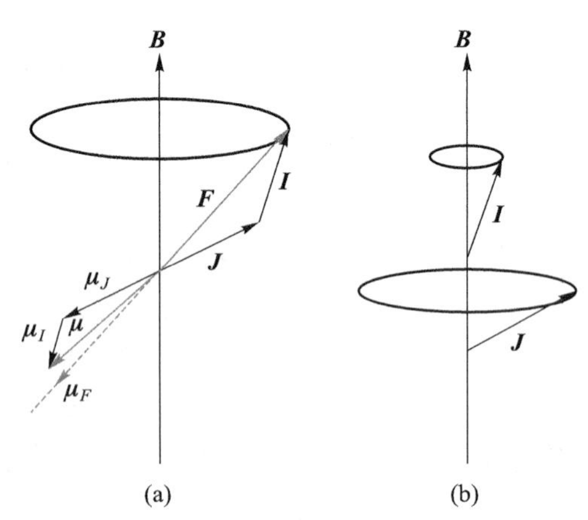

图 5.3　(a) IJ 耦合下的塞曼效应示意图。(b) 强磁场情况下塞曼效应示意图。

（3）中间区域

此时磁场强度介于上面两者之间，$\Delta E_B\sim\Delta E_{\text{hfs}}$，一般需要重新对角化 H 来求解。相对于电子跃迁能级和自旋-轨道耦合能量，$H_{\text{hfs}}+H_B$ 的能量要小得多。我们只需要考虑相同(n,l,j,I)的子空间中不同 m_j，m_I 态的混合。为此，选取 $|jm_j\ Im_I\rangle$作为基矢，重新排列，用 $n,k=1,2,\cdots$来标记不同的态，写出 H 的矩阵元

$$H_{nk}=(H_{\text{hfs}})_{nk}+(H_B)_{nk} \tag{5.3.21}$$

塞曼项比较简单，因为选取的基矢还是它的本征态

$$(H_B)_{nk}=(m_j g_j+m_I g_I)\mu_B B\delta_{nk} \tag{5.3.22}$$

而对 H_{hfs} 的计算要复杂一些，核心是计算 $(\boldsymbol{I}\cdot\boldsymbol{J})_{nk}$。只要使用一下升降算法，参考(5.1.12)式，就可以方便地进行求解。将 $\boldsymbol{I}\cdot\boldsymbol{J}$ 写成

$$\boldsymbol{I}\cdot\boldsymbol{J}=I_xJ_x+I_yJ_y+I_zJ_z=I_zJ_z+\frac{1}{2}(I_+J_-+I_-J_+) \tag{5.3.23}$$

就可以将(5.3.21)式的矩阵元全部确定下来。将这个矩阵对角化，就可以求得新的本征能量。通过数值计算软件，可以非常方便地求解出来。

利用图 5.2(a)给出的参量，我们计算 ^{87}Rb 原子的激发态 $5^2P_{3/2}$ 在磁场下的能级图，如图 5.4 所示。在磁场很小情况下(高斯量级)，能级随磁场线性移动，在强磁场情况下(几百个高斯量级)，进入帕邢-巴克区域。中间大部分区域需要数值来求解。

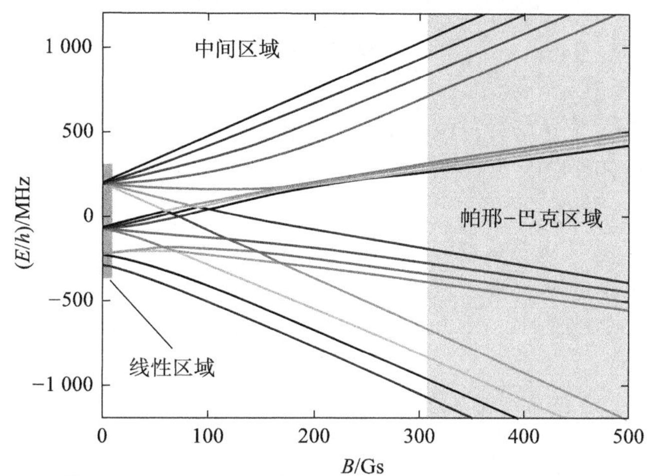

图 5.4 彩图

图 5.4 ^{87}Rb 原子的激发态 $5^2P_{3/2}$ 在磁场下的能级移动图。根据磁场大小的不同，分为线性区域、帕邢-巴克区域和中间区域。

一般来说，上面的计算都没有解析解。但有一个特例，就是 $j=1/2$ 的情况。因为 $j=1/2$，$B_{\text{hfs}}=0$，哈密顿量可进一步简化为

$$\begin{aligned} H &= A_{\text{hfs}}\boldsymbol{I}\cdot\boldsymbol{J}+\frac{\mu_B}{\hbar}(g_j J_z+g_I I_z)B_z \\ &= A_{\text{hfs}}I_zJ_z+\frac{A_{\text{hfs}}}{2}(J_+I_-+J_-I_+)+\frac{\mu_B}{\hbar}(g_j J_z+g_I I_z)B_z \end{aligned} \tag{5.3.24}$$

在 $|jm_j\, Im_I\rangle$ 基矢下，非对角的耦合只有第二项会产生。而第二项中升降算符配对出现，因此要求 $m=m_j+m_I$ 是守恒的。$m_I=\{-I,\cdots,I-1,I\}$，有 $2I+1$ 个取值。而 m_j 取值只有 1/2 和−1/2，因此只有

$$\begin{aligned} |1(m)\rangle &= |m_I=m+1/2, m_j=-1/2\rangle \\ |2(m)\rangle &= |m_I=m-1/2, m_j=1/2\rangle \end{aligned} \tag{5.3.25}$$

会耦合产生非对角元。这里 m 的取值为

$$m=\left\{-\left(I-\frac{1}{2}\right),-\left(I-\frac{3}{2}\right),\cdots,I-\frac{3}{2},I-\frac{1}{2}\right\} \tag{5.3.26}$$

首尾两个态 $|m_I=I,m_j=1/2\rangle$ 和 $|m_I=-I,m_j=-1/2\rangle$ 和其他态没有耦合。

于是哈密顿量在 $|jm_j\, Im_I\rangle$ 基矢下变成了块对角矩阵。在 $|1(m)\rangle$ 和 $|2(m)\rangle$ 张开的子

空间给出了 2×2 的矩阵块，

$$H(m)=\begin{bmatrix} \mu_B B_z\left[mg_I+\frac{1}{2}(g_j-g_I)\right]+\frac{A_{hfs}}{2}\left(m-\frac{1}{2}\right) & \frac{A_{hfs}}{2}\sqrt{\left(I+\frac{1}{2}\right)^2-m^2} \\ \frac{A_{hfs}}{2}\sqrt{\left(I+\frac{1}{2}\right)^2-m^2} & \mu_B B_z\left[mg_I-\frac{1}{2}(g_j-g_I)\right]-\frac{A_{hfs}}{2}\left(m+\frac{1}{2}\right) \end{bmatrix} \tag{5.3.27}$$

将矩阵块 $H(m)$ 重新对角化，我们就得到著名的布雷特-拉比(Breit-Rabi)公式

$$E_{|j=1/2m_jIm_I\rangle}=-\frac{\Delta E_{hfs}}{2(2I+1)}+g_I\mu_B mB\pm\frac{\Delta E_{hfs}}{2}\left(1+\frac{4mx}{2I+1}+x^2\right)^{1/2} \tag{5.3.28}$$

其中 $\Delta E_{hfs}=A_{hfs}(I+1/2)$，$m=m_I\pm1/2$，且

$$x=\frac{(g_j-g_I)\mu_B B}{\Delta E_{hfs}} \tag{5.3.29}$$

我们以氢原子基态为例来看这个过程。由于 $l=0$，没有轨道角动量耦合，可简单认为 $\boldsymbol{J}=\boldsymbol{S}$。基矢 $|m_I m_j\rangle$ 有四个态

$$\left|\frac{1}{2},\frac{1}{2}\right\rangle,\left|\frac{1}{2},-\frac{1}{2}\right\rangle,\left|-\frac{1}{2},\frac{1}{2}\right\rangle,\left|-\frac{1}{2},-\frac{1}{2}\right\rangle \tag{5.3.30}$$

哈密顿量(5.3.24)式在这个基矢下的矩阵形式为

	$\left\|\frac{1}{2},\frac{1}{2}\right\rangle$	$\left\|\frac{1}{2},-\frac{1}{2}\right\rangle$	$\left\|-\frac{1}{2},\frac{1}{2}\right\rangle$	$\left\|-\frac{1}{2},-\frac{1}{2}\right\rangle$
$\left\|\frac{1}{2},\frac{1}{2}\right\rangle$	$(g_j-g_I)\mu_B B/2$ $+A/4$	0	0	0
$\left\|\frac{1}{2},-\frac{1}{2}\right\rangle$	0	$-(g_j+g_I)\mu_B B/2$ $-A/4$	$A/2$	0
$\left\|-\frac{1}{2},\frac{1}{2}\right\rangle$	0	$A/2$	$(g_j+g_I)\mu_B B/2$ $-A/4$	0
$\left\|-\frac{1}{2},-\frac{1}{2}\right\rangle$	0	0	0	$-(g_j-g_I)\mu_B B/2$ $+A/4$

如前所述，首尾两个态不和其他态耦合。中间是一个 2×2 的矩阵块。我们重新对角化这个矩阵就得到了氢原子基态在能级中的移动图。如图 5.5 所示，其中 1,3 两个态分别对应 $\left|\frac{1}{2},\frac{1}{2}\right\rangle$，$\left|-\frac{1}{2},-\frac{1}{2}\right\rangle$ 两个能态，2,4 是由 $\left|\frac{1}{2},-\frac{1}{2}\right\rangle$，$\left|-\frac{1}{2},\frac{1}{2}\right\rangle$ 两个能态耦合而成，它们的能量由布雷特-拉比公式描述。

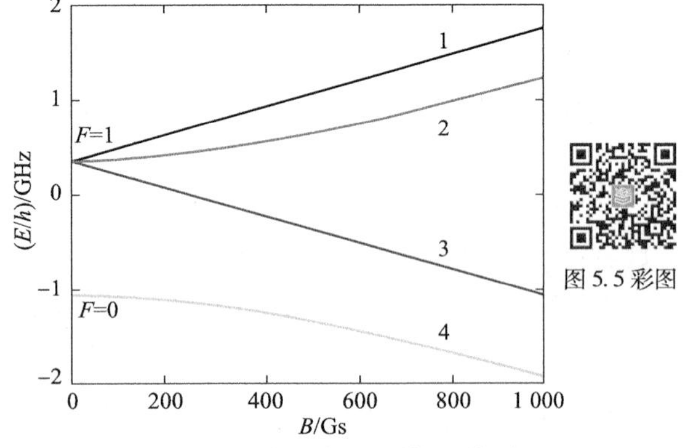

图 5.5　氢原子基态在磁场下的能级分裂图。

5.4 同位素位移

同位素具有相同的核电荷和核外电子数，只是中子数不同。从能级结构上看，同位素基本上是一致的。中子数不同会导致能级发生微小的变化，尺度在超精细结构能级劈裂的量级。一般将同位素位移产生的原因分成两种：质量效应和体积效应。对于较轻的原子，质量效应占主导地位，对于较重的原子，体积效应占主导地位，如图 5.6 所示。

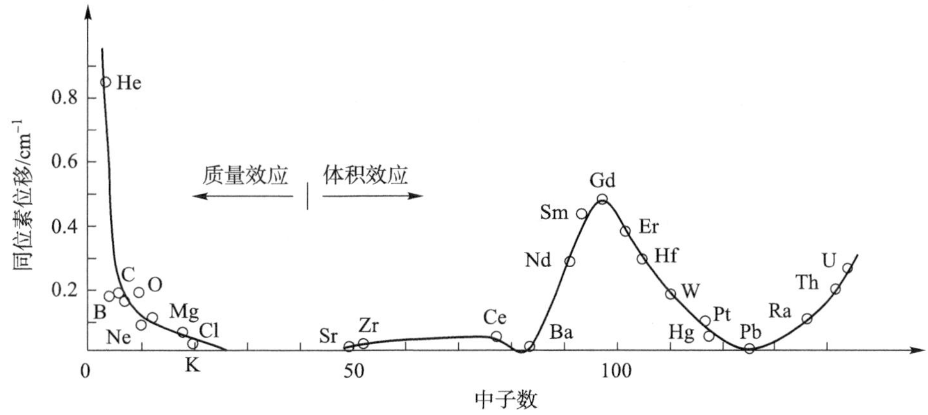

图 5.6 不同元素的同位素位移①。

5.4.1 体积效应

同位素的原子核具有相同的电荷数。但原子核不是一个点电荷，电荷在其内部有一个分布。在第 2.3.3 节我们曾提到，S 态电子波函数在原子核位置是有限值（$|\psi(0)|^2\neq 0$），核内电荷分布将和它作用，对原子能级产生影响。

为了得到一个清晰的图像，考虑一个简单情况。假设核内电荷分布均匀，半径为 R。电荷密度分布为

$$\rho(r)=\begin{cases}\rho_0, & r\leqslant R\\ 0, & r>R\end{cases} \tag{5.4.1}$$

原子核总电荷量为 Z，因此有归一化关系

$$\iiint \rho(r)\,\mathrm{d}^3 r=Ze \tag{5.4.2}$$

利用高斯定理，可以求得其电势为

$$V(r)=\begin{cases}\dfrac{1}{4\pi\epsilon_0}\dfrac{Ze^2}{R}\left(\dfrac{r^2}{2R^2}-\dfrac{3}{2}\right), & r\leqslant R\\ -\dfrac{1}{4\pi\epsilon_0}\dfrac{Ze^2}{r}, & r>R\end{cases} \tag{5.4.3}$$

① 参见徐葆裕，陈达明．激光分离同位素的原理与进展[J]．物理，1980，9(5)：416-422.

图 5.7 画出了点电荷和均匀球分布下的势能函数。它们的差别

$$\Delta V=V(r)-V_{\text{point}}(r)=\frac{1}{4\pi\epsilon_0}\frac{Ze^2}{R}\left(\frac{R}{r}+\frac{r^2}{2R^2}-\frac{3}{2}\right),\quad r\leqslant R \tag{5.4.4}$$

只存在于原子核内部。原子核外两者相等,于是电子在原子核内部的势能将有所不同,正是这一差别导致能级修正。由于原子核比原子尺度小四个量级,可以认为原子核内部电子分布是均匀的,

$$\rho_e=-e\,|\psi(0)|^2 \tag{5.4.5}$$

因此能级修正为

$$\Delta E_{\text{FS}}=\overline{\rho_e\Delta E}=|\psi(0)|^2\int_0^R\Delta V4\pi r^2\mathrm{d}r=\frac{Ze^2}{10\epsilon_0}|\psi(0)|^2R^2 \tag{5.4.6}$$

与原子核半径 R 相关。不同同位素的 R 发生变化,从而引起同位素位移。因为 $|\psi(0)|^2\propto Z^3$,所以体积效应对于重元素更重要。另外,因为这种位移是体积效应引起的电场变化导致的,因此也常称为场位移(field shift),记为 ΔE_{FS}。

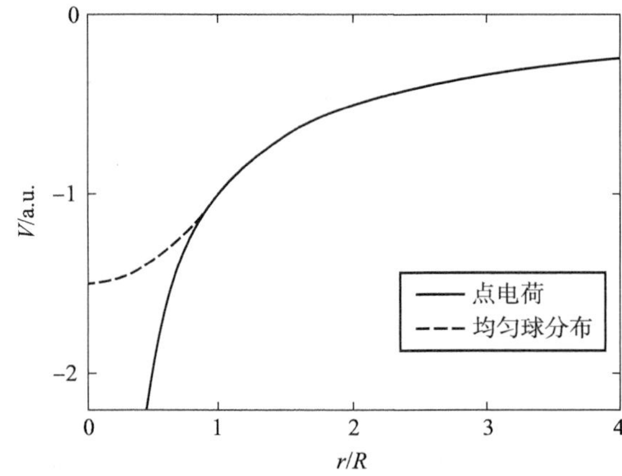

图 5.7 点电荷和均匀球分布下的电场势函数。这两者的差别导致最终同位素能级和核半径 R 相关。

对于实际原子,核内电荷分布更复杂,一般情况下,对于跃迁 i,同位素 A,A′由于体积效应导致的场位移可写成

$$\Delta E_{\text{FS}}^{AA'}=F_i\delta\langle r^2\rangle_{\text{AA}'} \tag{5.4.7}$$

$\delta\langle r^2\rangle$表征体积变化,而 F_i 是其系数,跟具体的跃迁有关。

5.4.2 质量效应

在用薛定谔方程求解类氢原子能级时,涉及动能项,包含约化质量 μ:

$$\mu=\frac{m_e m_A}{m_e+m_A} \tag{5.4.8}$$

其中 m_e,m_A 分别是电子和同位素 A 原子核的质量。原子核质量的变化当然会导致能级的变化。

对于一个多电子原子,动能项写成原子核和所有电子的动能之和

$$\hat{T}=\frac{\boldsymbol{p}_N^2}{2m_A}+\sum_{n=1}^{N}\frac{\boldsymbol{p}_i^2}{2m_e} \tag{5.4.9}$$

将其转到质心坐标系,定义质心坐标和相对坐标

$$\boldsymbol{R}=\frac{m_{\mathrm{A}}\boldsymbol{r}_N+\sum_{i=1}^{N} m_{\mathrm{e}}\boldsymbol{r}_i}{m_{\mathrm{A}}+Nm_{\mathrm{e}}} \tag{5.4.10}$$

$$\boldsymbol{\rho}_i=\boldsymbol{r}_N-\boldsymbol{r}_i$$

其中 $\boldsymbol{r}_N$ 是原子核位置,$\boldsymbol{r}_i$ 是电子位置。同样可以定义质心动量和相对动量

$$\boldsymbol{p}=\frac{m_{\mathrm{A}}\boldsymbol{p}_N+\sum_{i=1}^{N} m_{\mathrm{e}}\boldsymbol{p}_i}{m_{\mathrm{A}}+Nm_{\mathrm{e}}} \tag{5.4.11}$$

$$\Delta p_i=\boldsymbol{p}_N-\boldsymbol{p}_i$$

于是动能项改写成

$$\hat{T}=\frac{1}{2\mu}\sum_i \Delta p_i^2+\frac{1}{m_{\mathrm{A}}}\sum_{i<j}\Delta p_i\Delta p_j+\frac{\boldsymbol{p}^2}{2(m_{\mathrm{A}}+Nm_{\mathrm{e}})} \tag{5.4.12}$$

其中 μ 是折合质量。最后一项是原子的整体动能项,一般情况下可以先忽略。

第一项用到了折合质量,和原子核质量有关,因此会导致同位素位移。这一项称为正常质量位移(normal mass shift)。为了看出质量位移的效果,将其拆开写:

$$\begin{aligned}\frac{1}{2\mu}\sum_i \Delta p_i^2&=\frac{m_{\mathrm{e}}+m_{\mathrm{A}}}{2m_{\mathrm{e}}m_{\mathrm{A}}}\sum_i \Delta p_i^2\\&=\frac{1}{2m_{\mathrm{e}}}\sum_i \Delta p_i^2+\frac{1}{2m_{\mathrm{A}}}\sum_i \Delta p_i^2\end{aligned} \tag{5.4.13}$$

实际上多出来一个质量修正项

$$H_{\mathrm{NMS}}=\frac{1}{2m_{\mathrm{A}}}\sum_i \Delta p_i^2 \tag{5.4.14}$$

根据维里定理,对于一个 $V(r)=\alpha r^n$ 的势函数,动能项

$$2\langle T\rangle=n\langle V\rangle \tag{5.4.15}$$

这里 $n=-1$,所以

$$\langle T\rangle=-\langle V+T\rangle=-\langle E\rangle \tag{5.4.16}$$

正常质量位移大小为

$$\Delta E_i=\frac{m_{\mathrm{e}}}{m_{\mathrm{A}}}\left\langle\frac{1}{2m_{\mathrm{e}}}\sum_i \Delta p_i^2\right\rangle \tag{5.4.17}$$

对于两个同位素 A,A′,它们之间的能级差为

$$\Delta E_i^{\mathrm{AA'}}=\left(\frac{m_{\mathrm{e}}}{m_{\mathrm{A}}}-\frac{m_{\mathrm{e}}}{m_{\mathrm{A'}}}\right)E_i \tag{5.4.18}$$

原子质量越轻,这项效应越大。在类氢原子和类氢离子中,它是同位素位移中贡献最大的项。

第二项称为特定质量位移(specific mass shift),它只在多电子体系存在。修正项大小为

$$H_{\mathrm{SMS}}=\frac{1}{m_{\mathrm{A}}}\sum_{i<j}\Delta p_i\Delta p_j \tag{5.4.19}$$

这一项给出的修正和正常质量位移是同一个量级,但是计算过程非常复杂。我们这里不具体讨论。总的质量位移是两者之和

$$H_{\mathrm{MS}}=H_{\mathrm{NMS}}+H_{\mathrm{SMS}} \tag{5.4.20}$$

5.4.3　金(King)图

高精度光谱技术让我们可以对同位素位移进行精确的分辨。对同位素位移实验数据的处理,一个有效的工具是金图(King plot)。其基本思路是将质量效应和体积效应分开,全部依赖实验数据来进行分析。

对于一个原子,有很多跃迁。对于其中任何一个跃迁,我们可以测定不同同位素的跃迁频率。当然,这个跃迁的绝对频率和原子特性有关,我们暂时不管。我们关心的是同位素相对位移大小。取一对同位素组(A,A′),测量它们对某个跃迁 i 的同位素位移 $\Delta E_i^{AA'}$。按体积效应和质量效应,可以写成

$$\Delta E_i^{AA'}=\Delta\langle H_{MS}\rangle+\Delta E_{FS}^{AA'} \tag{5.4.21}$$

$\Delta\langle H_{MS}\rangle$ 和 $\Delta E_{FS}^{AA'}$ 分别表示质量位移和场位移。代入质量位移和场位移公式,用频率来表示能量,得到

$$\delta\nu_i^{AA'}=\mu_{AA'}K_i+F_i\delta\langle r^2\rangle_{AA'} \tag{5.4.22}$$

其中

$$\mu_{AA'}=1/M_A-1/M'_A \tag{5.4.23}$$

描述了质量变化的量。

在实际实验中,$\delta\nu_i^{AA'}$ 可以通过光谱实验测定,$\mu_{AA'}$ 跟两个同位素的原子质量相关,是已知数据,K_i,F_i 是跃迁 i 对应的两个系数。跃迁确定,则系数固定。但是 $\delta\langle r^2\rangle_{AA'}$ 不知道,依赖于对原子核性质的认识。为了解决这个问题,一种方便的做法是测量另外一个跃迁 j 的同位素位移,它也依赖 $\delta\langle r^2\rangle_{AA'}$。两次测量可以把这个量消去,不依赖于对原子核的认识,完全用实验室数据处理同位素位移。

具体处理方案如下,先将(5.4.22)式改写成

$$m\delta\nu_i^{AA'}=K_i+F_iV \tag{5.4.24}$$

其中 $m\delta_i^{AA'}=\nu_i^{AA'}/\mu_{AA'}$ 是修正后的频率,$V=\delta\langle r^2\rangle_{AA'}/\mu_{AA'}$ 是修正后的体积效应量。对于第二个跃迁 j,同样有

$$m\delta\nu_j^{AA'}=K_j+F_jV \tag{5.4.25}$$

两式联立,消去 V,得到

$$m\delta\nu_i^{AA'}=\frac{F_i}{F_j}m\delta\nu_j^{AA'}+K_i-\frac{F_i}{F_j}K_j \tag{5.4.26}$$

两组跃迁在不同同位素之间修正后的频移是一个线性关系。斜率是 F_i/F_j,和 y 轴的截距为 $K_i-K_j(F_j/F_j)$。

表 5.1　Nd^+ 离子 397 nm 和 399 nm 跃迁的同位素位移。

同位素对的原子量	同位素位移(GHz) 397 nm 跃迁	同位素位移(GHz) 399 nm 跃迁	$1/\mu_{AA'}$
(142,146)	1.191(2)	0.976(1)	5 183
(142,150)	2.342(2)	1.895(1)	2 662.5
(142,148)	1.816(2)	1.431(1)	3 502.7
(144,148)	1.211(2)	0.937(1)	5 328
(148,150)	0.526(1)	0.464(1)	11 100

表 5.1 给出 Nd^+离子的同位素位移数据，图 5.8 是对应的金图。横轴和纵轴分别是两个跃迁对应的修正后的同位素频移。它显示出良好的线性关系。由于金图的输入参量都是实验值，和原子核的半径没有关系。因此金图是一个斜率非常稳定线性关系，非常方便用来进行实验和理论的比较。

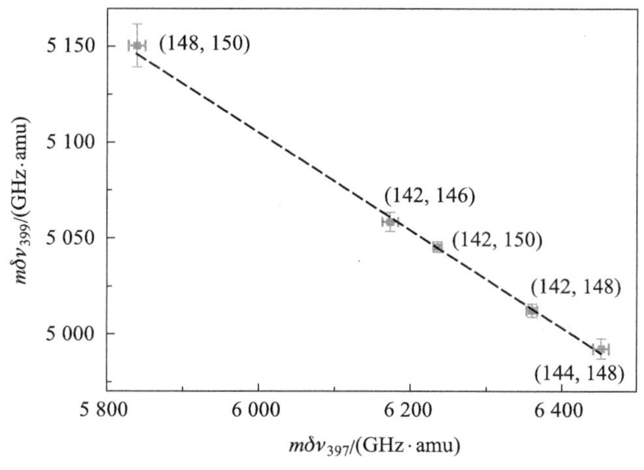

图 5.8 Nd^+离子的同位素位移金图。

金图中的斜率是和原子核性质相关的。物理理论的基本模型会对金图做出一些非线性的修正。高精度测量中这些修正可以用来对基本理论进行验证。近年来，利用实验高精度地测量同位素位移，观测金图的非线性来检验一些基本理论也是一个有趣的研究方向①。

5.4.4 应用——同位素分离

同位素是大自然留给人类的一个隐藏宝藏。它们随处都在，但却隐秘不见。它们非常类似的物理性质和化学性质，让我们在日常生活中很难察觉到同位素的存在。但是同位素确实有实实在在的用途。最著名的当属铀的同位素，它是核武器的原料。其实除了核工业，同位素在很多其他领域也有广泛用途。比如在医疗方面可以使用同位素来跟踪人体的新陈代谢，在农业或者生物研究方面，使用同位素示踪来研究生物发育过程，或者使用同位素的比例来纪年等。

同位素分离技术随着同位素的发现而发展起来。工业上大规模量产同位素的方法包括离心法、化学法等。但是这些方法都非常昂贵，这也阻止了同位素应用的进一步发展。在一些实际应用中，有时候需要的同位素量很少，这些工业生产的方法并不适用。因此发展高效的微量同位素分离技术是有广阔市场的。

同位素的物理化学性质非常接近，这是同位素分离的难点。但是在另一方面，同位素会诱导出同位素位移，频率差在 10^2 MHz 量级。现代社会发展出了高度发达的激光技术，这样一个位移在高精度光谱中可以容易地分辨出来。“发现即消灭”，能够分辨就意味着能够想

① 参见 Flambaum V V, Geddes A J, Viatkina A V. Isotope Shift, Nonlinearity of King Plots, and the Search for New Particles. Physical Review A, 97, 032510(2018)。

办法分离出来。这种基于同位素位移的分离技术称为激光分离同位素技术,这一技术在1980年代曾经被广泛研究。其基本思路是利用激光来电离原子,然后加上电场将离子分离出来。由于同位素位移的存在,不同同位素的电离效率不一样,最终达到分离的效果。这一技术在当时得到很大的发展,美国政府甚至投入巨资想规模化生产,但是最终因为成本原因没有持续下去。

但是激光分离同位素这一学术思想却持续存在,科学家也在继续开展研究。一个思路是将光泵浦和施特恩-格拉赫效应结合起来。所谓光泵浦就是用与光有关的方法将原子抽运到某个磁子能级,它是一种极其高效的极化原子的方法。卡斯特勒(Alfred Kastler)教授因为这个方法的研究获得了1966年的诺贝尔物理学奖。对于施特恩-格拉赫实验,我们更熟悉,原子束通过梯度磁场,不同磁矩的原子会在空间上分离开来。由于同位素位移的存在,通过选择不同的激光可以将同位素泵浦到不同的磁子能级,在经过梯度磁场后就会产生空间的分离。激光技术的发展,让光泵浦变得十分容易。随着近几十年来强磁铁技术的发展,高梯度的磁场也容易获得了,因此这种磁光混合的技术又重新受到重视。利用这种方法,科学家成功地在碱金属原子上验证了同位素分离。当然,受限于光子的数目,这种方案的产量往往比较低,跟工业分离方案相比有它的缺点。技术在发展,社会在变化,或许未来激光分离同位素会找到适合的应用场景。

参考文献说明

1. 关于碱金属原子的超精细结构常数的测量,可以参考文献 Arimondo E, Inguscio M, Violino P. Experimental Determinations of the Hyperfine Structure in the Alkali Atoms. Rev. Mod. Phys., 49,31(1977)。
2. 在原子物理研究中,常用到碱金属原子。因此科学家对碱金属原子的性质分别进行了总结,形成了一些汇总文档,在学界广泛流传和使用。它们虽然没有在正式期刊发表,但是在互联网上能够方便地找到。本书中一些数据也来源于这些文档。其中斯泰克(Daniel A. Steck)总结了:

   (1)“Rubidium 87 D Line Data”。
   (2)“Rubidium 85 D Line Data”。
   (3)“Sodium D Line Data”。
   (4)“Cesium D Line Data”。

   廷尼克(T. G. Tiecke)撰写了“Properties of Potassium”。
   格姆(Michael E. Gehm)撰写了“Properties of 6 Li”等。
   例如斯泰克的 Rubidium 87 D Line Data 中对于超精细能级结构的计算以及其他一些光与原子相互作用的过程,给出了很多有用的信息,推荐常常翻开看看。
3. 关于金(King)图和新物理探索的文献,可以参考 Flambaum V V, Geddes A J, Viatkina A V. Isotope Shift, Nonlinearity of King Plots, and the Search for New Particles. Phys. Rev. A, 97,032510(2018)。

习题

5.1　Cs 原子核自旋为 $I=7/2$,D2 线的基态和激发态分别为 $6^2S_{1/2}$ 和 $6^2P_{3/2}$,它们对应的量子数$\{n,L,S,J\}$分别是多少？超精细结构能级劈裂后的量子数 F 为哪些？它们的朗德因子 g_F 分别是多少？基态和激发态分别有多少个能态？

5.2　塞曼效应:在磁场作用下,原子的跃迁谱线产生劈裂。由于历史原因,将劈裂成等间距的三条谱线的现象称为正常塞曼效应,而将其他当时尚不清楚的劈裂现象称为反常塞曼效应。当然,在量子力学框架下理解,利用自旋可以容易地理解。以 Na 原子的双黄线为例,在强磁场(帕邢-巴克区域)作用下,D1 线和 D2 线分别劈裂成四条和六条谱线,请解释,并计算谱线频率和磁场的依赖关系。

5.3　利用图 5.2 给出的常量,数值计算不同磁场情况下^{87}Rb 原子的 $5^2S_{1/2}$ 和 $5^2P_{3/2}$ 态中各个超精细能级在磁场下的能量图。给出三个区域的磁场范围,并思考是什么参量决定了这三个区域的磁场范围。

5.4　习题 5.4 图是^{40}K 的基态超精细能级结构图,其中能级间隔单位是 MHz。请估算,在磁场中处于多大磁场强度,磁子能级移动处于中间区域(非线性区域)?

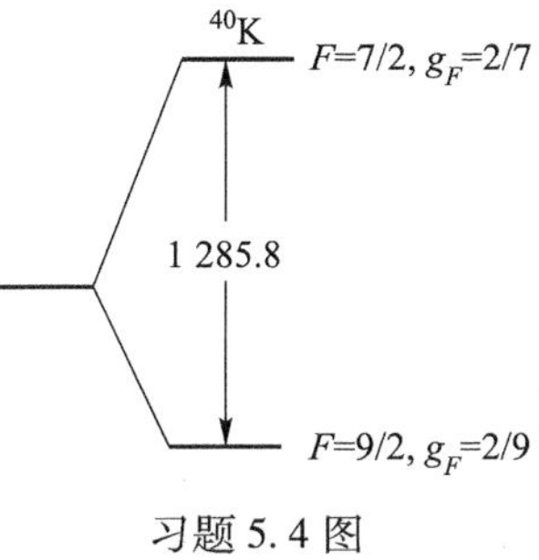

习题 5.4 图

5.5　朗德间隔定则:证明 LS 耦合中,同一多重态中,相邻两能级的能量间隔之比满足如下关系:

$$(E_{|j+1\rangle}-E_{|j\rangle}):(E_{|j\rangle}-E_{|j-1\rangle})=j+1:j \tag{1}$$

5.6　门捷列夫的元素周期表对元素的性质给出了非常重要的总结。元素周期表中第一行有 2 个元素,第二行有 8 个,第三行有 8 个,第四行有 18 个……这些数字称为幻数,可以从电子填充的壳模型结合泡利不相容原理来理解。原子中电子的状态用 n,l,m_l,m_s 四个量子数来描述。主量子数 n 相同的为一个壳层,l 相同代表同一支壳层。并且,当 $l=0,1,2,3,4,\cdots$时分别用 s,p,d,f,g,…来标记。从能量上来说,不同壳层的能量从低到高分别为 1s2s2p3s3p4s3d4p5s4d5p6s…。计算每一壳层所允许的能态数,与幻数联系起来。根据泡利不相容原理,电子不能同处一个量子态,按壳层模型从最低能态往上排列,从中理解元素周期表的排布规律。

第 6 章　角动量和跃迁选择定则

第一章求解氢原子薛定谔方程时，引入了角动量算符 $\hat{L}^2$ 和 $\hat{L}_z$，并求得了其本征态。这些本征态是关于空间角度 (θ,ϕ) 的函数。这种求解方法依赖于薛定谔方程。量子力学中还有一种思路，直接从角动量对易关系出发，求解本征态和本征值。这种思路可以推广到任意满足角动量对易关系的算符。

在讲到原子的精细结构和超精细结构时，我们处理了 *LS* 耦合以及 *IJ* 耦合，巧妙地使用了算符，比如升降算符的一些性质。细心的读者可能隐约察觉到这一方法暗含更基本的性质。如何更一般化地处理角动量的耦合规律？这就是本章的一个重要内容。我们将利用角动量代数结构，一般化地去处理角动量之间的耦合。利用 CG 系数（或者 $3j$ 系数），可以得出这个问题的漂亮的结果。这些结果会让我们对 *LS* 耦合和 *IJ* 耦合有一个更深入的认识。

原子物理中另外一个非常重要，也是极具特色的问题是跃迁选择定则。当光与原子相互作用时，有些能级之间会发生跃迁，有些能级之间不会发生跃迁。跃迁选择定则如何得到？从数学上看，它是不同能态之间跃迁矩阵元何时有非零值的问题。跃迁选择定则的根源是对称性，集中表现在角动量算符的性质上。当轨道角动量、电子自旋角动量和自旋角动量这些耦合形成超精细能级结构，最终的跃迁选择定则是什么？对于这些重要的问题，本章尝试给出一个比较普适的处理方法。

本章结构如下：在第 6.1 节，我们从对易关系出发，重新定义角动量算符，利用对易关系求解其本征值。然后在 6.2 节介绍两角动量耦合理论，引入 CG 系数和 $3j$ 符号。然后在 6.3 节介绍三角动量的耦合，引入 $6j$ 符号。为了获得跃迁选择定则，我们在 6.4 节引入不可以张量算符的概念，然后在 6.5 节获得跃迁选择定则的规律。最后在 6.6 节，我们将跃迁选择定则应用到光抽运上。

6.1　角动量的代数求解

经典物理中，质点相对于参考点的角动量定义为位移和动量的叉乘，

$$\boldsymbol{L}=\boldsymbol{r}\times\boldsymbol{p} \tag{6.1.1}$$

对于质点系，总角动量是所有质点角动量的矢量和。经典力学中，角动量是一个非常有用的物理量，特别是在中心力场的情况下，角动量守恒。即使质点之间有相互作用，角动量守恒保持不变。而中心力场又是一个非常普遍的现象，像万有引力、库仑相互作用都是中心力场。角动量作为一个物理量在使用的方便程度上具有非常大的优势。

在量子力学中,角动量算符定义为

$$\hat{\boldsymbol{L}}=\hat{\boldsymbol{r}}\times\hat{\boldsymbol{p}}=-\mathrm{i}\hbar(\hat{\boldsymbol{r}}\times\nabla) \tag{6.1.2}$$

分量式在直角坐标系下为

$$\begin{aligned}\hat{L}_x&=-\mathrm{i}\hbar\left(y\frac{\partial}{\partial z}-z\frac{\partial}{\partial y}\right)\\ \hat{L}_y&=-\mathrm{i}\hbar\left(z\frac{\partial}{\partial x}-x\frac{\partial}{\partial z}\right)\\ \hat{L}_z&=-\mathrm{i}\hbar\left(x\frac{\partial}{\partial y}-y\frac{\partial}{\partial x}\right)\end{aligned} \tag{6.1.3}$$

它们之间满足对易关系

$$\begin{aligned}[L_x,L_y]&=\mathrm{i}\hbar L_z\\ [L_y,L_z]&=\mathrm{i}\hbar L_x\\ [L_z,L_x]&=\mathrm{i}\hbar L_y\end{aligned} \tag{6.1.4}$$

或者紧凑地写成

$$[L_i,L_j]=\mathrm{i}\hbar\,\varepsilon_{ijk}\,L_k,\quad i,j,k\in\{x,y,z\} \tag{6.1.5}$$

第一章求解氢原子的薛定谔方程时,其本征函数的角向部分就是角动量算符的本征态,满足微分方程$\hat{\boldsymbol{L}}^2Y=bY$。利用微分方程,求得其本征态是球谐函数 $|jm\rangle=\mathrm{Y}_l^m(\theta,\phi)$,本征值为

$$\begin{aligned}&\hat{\boldsymbol{L}}^2\,|jm\rangle=l(l+1)\hbar^2\,|jm\rangle\\ &\hat{L}_z\,|jm\rangle=m\hbar\,|jm\rangle,\quad m=-l,\cdots,l-1,l\end{aligned} \tag{6.1.6}$$

下面从另外一个角度,不求解微分方程,而是直接用代数方法来求解其本征值。

角动量的对易关系实际上是角动量算符最核心的性质。我们可以直接用对易关系来定义角动量。对于一个厄米的矢量算符 $\boldsymbol{J}$,具有三个方向的分量 J_x,J_y,J_z。如果它们满足如下对易关系,我们就称之为角动量算符。

$$[J_i,J_j]=\mathrm{i}\hbar\,\varepsilon_{ijk}\,J_k,\quad i,j,k\in\{x,y,z\} \tag{6.1.7}$$

从这个基本对易关系出发,我们可以用代数方法求解其本征值。由于 $\boldsymbol{J}$ 是矢量算符,我们有

$$J^2=J_x^2+J_y^2+J_z^2 \tag{6.1.8}$$

虽然 J_z 和 J_x,J_y 分别都不对易,但是容易验证

$$[\boldsymbol{J}^2,J_z]=0 \tag{6.1.9}$$

因此可以取它们的共同本征态作为基矢,记为 $|jm\rangle$,对应的本征值为

$$\boldsymbol{J}^2\,|jm\rangle=\lambda\hbar^2\,|jm\rangle,\quad j_z\,|jm\rangle=m\hbar\,|jm\rangle \tag{6.1.10}$$

其中 λ,m 是待定系数,下面用代数方法来确定①。

为了方便,定义角动量升降算符

$$J_\pm\equiv J_x\pm\mathrm{i}J_y \tag{6.1.11}$$

在此定义下,容易证明有如下基本关系式

① 类似的做法我们在求解谐振子本征值也会用到,参见第七章 7.2 节。

$$[J_z, J_\pm] = \pm\hbar J_\pm \tag{6.1.12}$$

$$[J_+, J_-] = 2\hbar J_z \tag{6.1.13}$$

(6.1.12)式告诉我们$J_\pm$是将J_z本征值增加或者减少一个$\hbar$。为了看出这点,将其展开

$$J_zJ_+ = J_+J_z + \hbar J_z \tag{6.1.14}$$

因此

$$J_zJ_+ \mid jm\rangle = (J_+J_z + \hbar J_+) \mid jm\rangle = (m+1)\hbar J_+ \mid jm\rangle \tag{6.1.15}$$

此式说明$J_+ \mid jm\rangle$也是J_z的本征态,且本征值为$(m+1)\hbar$,记为$\mid j, m+1\rangle$态乘上一个系数

$$J_+ \mid jm\rangle = c_+(j,m)\hbar \mid j, m+1\rangle \tag{6.1.16}$$

同样地,可以得到

$$J_- \mid jm\rangle = c_-(j,m)\hbar \mid j, m-1\rangle \tag{6.1.17}$$

这样我们得到,角动量升降算符作用到角动量本征态上会让其磁量子数增加或者减少1,只是前面系数需要确定。

由于J_+和J_-互为厄米共轭,因此

$$\begin{aligned} c_+(j,m) &= \langle j, m+1 \mid J_+/\hbar \mid jm\rangle \\ &= \langle jm \mid J_-/\hbar \mid j, m+1\rangle^* = c_-^*(j, m+1) \end{aligned} \tag{6.1.18}$$

为了使用$J_\pm$,将(6.1.8)式用$J_\pm$改写成

$$J^2 = J_z^2 + \frac{1}{2}[J_+J_- + J_-J_+] \tag{6.1.19}$$

代入(6.1.13)式,得到

$$J_-J_+ = J^2 - J_z^2 - \hbar J_z \tag{6.1.20}$$

计算$\mid jm\rangle$态下的期望值,左边为

$$\begin{aligned} \langle jm \mid J_-J_+ \mid jm\rangle &= c_-(j, m+1)c_+(j,m)\hbar^2 \\ &= \mid c_+(j,m) \mid^2 \hbar^2 \end{aligned} \tag{6.1.21}$$

右边为

$$\langle jm \mid J^2 - J_z^2 - \hbar J_z \mid jm\rangle = [\lambda - m(m+1)]\hbar^2 \tag{6.1.22}$$

于是我们得到

$$\mid c_+(j,m) \mid^2 = \lambda - m(m+1) \tag{6.1.23}$$

同样地,通过计算J_+J_-的期望值,得到

$$\mid c_-(j,m) \mid^2 = \lambda - m(m-1) \tag{6.1.24}$$

由于$\mid c_+(j,m) \mid^2$和$\mid c_-(j,m) \mid^2$都大于或等于零,因此m的取值受到限制,存在着一个下限和一个上限,设为$-j_1$和j_2,

$$-j_1 \leqslant m \leqslant j_2 \tag{6.1.25}$$

由于m每次变化的值均为整数,因此m和j的取值只能是整数或者半整数。

本征态的m取最大值时,再用J_+作用后系数应该为零。否则磁量子数要增加1,这和m已经是最大值矛盾,因此

$$c_+(j, j_2) = 0 \tag{6.1.26}$$

同理,

$$c_-(j, j_1) = 0 \tag{6.1.27}$$

这样得到

$$\lambda = j_1(j_1+1) = j_2(j_2+1) \tag{6.1.28}$$

因此 $j_1 = j_2$，记为 j。于是 $-j \leqslant m \leqslant j$，且

$$|c_\pm(j,m)|^2 = j(j+1) - m(m\pm1) \tag{6.1.29}$$

为方便使用，取其为实数，得到

$$c_\pm(j,m) = \sqrt{j(j+1)-m(m\pm1)} \tag{6.1.30}$$

或者写成

$$\begin{aligned} \boldsymbol{J}^2 |jm\rangle &= j(j+1)\hbar^2 |jm\rangle \\ J_z |jm\rangle &= m\hbar |jm\rangle, \quad -j \leqslant m \leqslant j \end{aligned} \tag{6.1.31}$$

得到的结论与(2.3.12)式和(2.3.15)式一致。

$J_\pm$ 的引入对于代数求解非常有帮助，它的关系式也经常被使用

$$\begin{aligned} J_\pm |jm\rangle &= \sqrt{j(j+1)-m(m\pm1)}\,\hbar\,|j,m\pm1\rangle \\ &= \sqrt{(j\mp m)(j\pm m+1)}\,\hbar\,|j,m\pm1\rangle \end{aligned} \tag{6.1.32}$$

对于任何一个 $|jm\rangle$ 态，可以从 $|jj\rangle$ 态作用 $j-m$ 次 J_- 得到

$$|jm\rangle = \sqrt{\frac{(j+m)!}{(2j)!\ (j-m)!}}\left(\frac{J_-}{\hbar}\right)^{j-m} |jj\rangle \tag{6.1.33}$$

6.2 两角动量耦合——3j 符号

原子中有多种不同类型的角动量，比如电子轨道角动量 $\boldsymbol{L}$、电子自旋角动量 $\boldsymbol{S}$、原子核自旋角动量 $\boldsymbol{I}$。角动量之间会产生耦合，比如前面讲到的 LS 耦合，IJ 耦合。这里我们将从代数角度处理角动量耦合，先看两个角动量耦合的情形。

假设 $\boldsymbol{j}_1, \boldsymbol{j}_2$ 是两个独立的角动量，相互对易

$$[\boldsymbol{j}_1, \boldsymbol{j}_2] = 0 \tag{6.2.1}$$

取 $\{\boldsymbol{j}_1^2, j_{1z}\}$ 和 $\{\boldsymbol{j}_2^2, j_{2z}\}$ 的共同本征态的直积作为未耦合基矢，

$$|j_1m_1; j_2m_2\rangle \equiv |j_1m_1\rangle \otimes |j_2m_2\rangle \tag{6.2.2}$$

于是有

$$\begin{aligned} \boldsymbol{j}_i^2 |j_1m_1; j_2m_2\rangle &= j_i(j_i+1)\hbar^2 |j_1m_1; j_2m_2\rangle \\ j_{iz} |j_1m_1; j_2m_2\rangle &= m_i\hbar |j_1m_1; j_2m_2\rangle \end{aligned} \tag{6.2.3}$$

系统中两个角动量未耦合时，$\{j_1, m_1, j_2, m_2\}$ 是好量子数集。

当两个角动量发生耦合，比如哈密顿量中出现 $\boldsymbol{j}_1 \cdot \boldsymbol{j}_2$ 项，那么它们将合成一个新的角动量 $\boldsymbol{J}$

$$\boldsymbol{J} = \boldsymbol{j}_1 + \boldsymbol{j}_2 \tag{6.2.4}$$

由于 $\boldsymbol{j}_1, \boldsymbol{j}_2$ 都是角动量算符，所以它们都满足(6.1.7)式的对易关系。又因为 $\boldsymbol{j}_1$ 和 $\boldsymbol{j}_2$ 相互对易，因此合成角动量 $\boldsymbol{J}$ 也满足(6.1.7)式的对易关系。重复前面的推导步骤，可以得到合成角动量的本征态和本征值

$$\begin{aligned} \boldsymbol{J}^2 |JM\rangle &= J(J+1)\hbar^2 |JM\rangle \\ J_z |JM\rangle &= M\hbar |JM\rangle \end{aligned} \tag{6.2.5}$$

M 要满足

$$-J \leqslant M \leqslant J \tag{6.2.6}$$

这样通过角动量对易关系这样一个非常强的限定,我们求得了合成角动量的本征态和本征值。

可以证明

$$[\boldsymbol{j}_i^2, \boldsymbol{J}^2] = [\boldsymbol{j}_i^2, J_z] = [\boldsymbol{J}^2, \boldsymbol{j}_1 \cdot \boldsymbol{j}_2] = 0, \quad i \in \{1,2\} \tag{6.2.7}$$

因此系统的好量子数集可以取为 $\{j_1, j_2, J, M\}$。因为 $\boldsymbol{J}$ 是两个矢量算符之和,所以它们的取值满足三角关系

$$|j_1 - j_2| \leqslant J \leqslant j_1 + j_2 \tag{6.2.8}$$

从态的数目看,未耦合基矢下为

$$d = (2j_1+1)(2j_2+1) \tag{6.2.9}$$

在耦合基矢下(不失一般性,假设 $j_2 \leqslant j_1$),对于任何一个 J, M 取值有 $2J+1$ 种,因此

$$d = \sum_{J=j_1-j_2}^{j_1+j_2} 2J+1 = (2j_1+1)(2j_2+1) \tag{6.2.10}$$

两种基矢下量子态数量是一致的。

当然,两种基矢可通过一个幺正变换相互转化,称为克莱布希-高登(Clebsch-Gordan, CG)变换,

$$|JM\rangle = \sum_{m_1=-j_1}^{j_1} \sum_{m_2=-j_2}^{j_2} |j_1 m_1; j_2 m_2\rangle \langle j_1 m_1; j_2 m_2 | JM\rangle \tag{6.2.11}$$

其中 $\langle j_1 m_1; j_2 m_2 | JM\rangle$ 称为 CG 系数。它的逆变换是

$$|j_1 m_1; j_2 m_2\rangle = \sum_{J=|j_1-j_2|}^{j_1+j_2} \sum_{M=-J}^{J} |JM\rangle \langle JM | j_1 m_1; j_2 m_2\rangle \tag{6.2.12}$$

由归一化关系,马上得到

$$\begin{gathered} \sum_{m_1=-j_1}^{j_1} \sum_{m_2=-j_2}^{j_2} \langle J'M' | j_1 m_1; j_2 m_2\rangle \langle j_1 m_1; j_2 m_2 | JM\rangle = \delta_{J'J} \delta_{M'M} \\ \sum_{J=|j_1-j_2|}^{j_1+j_2} \sum_{M=-J}^{J} \langle j_1 m_1'; j_2 m_2' | JM\rangle \langle JM | j_1 m_1; j_2 m_2\rangle = \delta_{m_1' m_1} \delta_{m_2' m_2} \end{gathered} \tag{6.2.13}$$

为方便起见,我们选取 CG 系数为实数。这样我们不仅得到新的合成角动量的本征值,还通过 CG 系数将其本征态和未耦合基矢联系起来。CG 系数会体现系统的对称性,后面讲的跃迁选择定则根源就在于 CG 系数。

为了更好地突出对称性,常常将 CG 系数用维格纳(Wigner)的 $3j$ 符号写出来,

$$\langle j_1 m_1; j_2 m_2 | JM\rangle = (-1)^{j_1-j_2+M} \sqrt{2J+1} \begin{pmatrix} j_1 & j_2 & J \\ m_1 & m_2 & -M \end{pmatrix} \tag{6.2.14}$$

$3j$ 符号的一些性质

$3j$ 符号 $\begin{pmatrix} j_1 & j_2 & j_3 \\ m_1 & m_2 & m_3 \end{pmatrix}$ 具有如下基本性质。

1. 它是实数。
2. j_1, j_2, j_3 必须满足三角关系,如图 6.1 所示。

$$|j_a-j_b|\leqslant j_c\leqslant j_a+j_b \tag{6.2.15}$$

否则其值为零。其中$\{a,b,c\}$分别代表$\{1,2,3\}$的轮转。

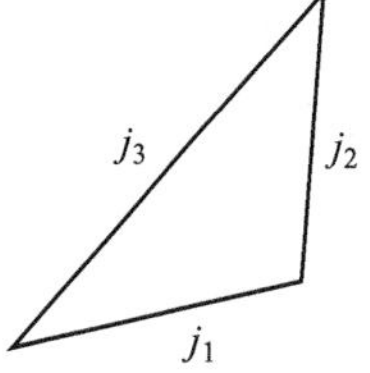

图 6.1 角动量三角关系。

3. $j_1+j_2+j_3$ 必须是整数，否则为零。

$$j_1+j_2+j_3\in\{0,1,2,\cdots\} \tag{6.2.16}$$

4. 角动量在 z 方向的投影守恒，否则为零。

$$m_1+m_2+m_3=0 \tag{6.2.17}$$

5. 角动量之间轮转，其值不变。

$$\begin{pmatrix} j_1 & j_2 & j_3 \\ m_1 & m_2 & m_3 \end{pmatrix}=\begin{pmatrix} j_2 & j_3 & j_1 \\ m_2 & m_3 & m_1 \end{pmatrix}=\begin{pmatrix} j_3 & j_1 & j_2 \\ m_3 & m_1 & m_2 \end{pmatrix} \tag{6.2.18}$$

6. 任意两列交换，多出一个$(-1)^{j_1+j_2+j_3}$。

$$\begin{pmatrix} j_1 & j_2 & j_3 \\ m_1 & m_2 & m_3 \end{pmatrix}=(-1)^{j_1+j_2+j_3}\begin{pmatrix} j_2 & j_1 & j_3 \\ m_2 & m_1 & m_3 \end{pmatrix} \tag{6.2.19}$$

7. 磁量子数统一加负号，多出一个$(-1)^{j_1+j_2+j_3}$。

$$\begin{pmatrix} j_1 & j_2 & j_3 \\ m_1 & m_2 & m_3 \end{pmatrix}=(-1)^{j_1+j_2+j_3}\begin{pmatrix} j_1 & j_2 & j_3 \\ -m_1 & -m_2 & -m_3 \end{pmatrix} \tag{6.2.20}$$

8. 3j 符号的值可以通过拉卡(Racah)公式进行计算。

$$\begin{aligned}\begin{pmatrix} j_1 & j_2 & j_3 \\ m_1 & m_2 & m_3 \end{pmatrix}=&(-1)^{j_1-j_2-m_3}\sqrt{\Delta(j_1j_2j_3)}\times\\ &\sqrt{(j_1+m_1)!\,(j_1-m_1)!\,(j_2+m_2)!\,(j_2-m_2)!\,(j_3+m_3)!\,(j_3-m_3)!}\times\\ &\sum_t\left[\frac{(-1)^t}{t!\,(j_3-j_2+t+m_1)!\,(j_3-j_1+t-m_2)!\,(j_1+j_2-j_3-t)!}\times\right.\\ &\left.\frac{1}{(j_1-t-m_1)!\,(j_2-t+m_2)!}\right]\end{aligned} \tag{6.2.21}$$

其中 $t=0,1,\cdots$。并且

$$\Delta(abc)\equiv\frac{(a+b-c)!\,(b+c-a)!\,(c+a-b)!}{(a+b+c+1)!} \tag{6.2.22}$$

是三角系数。此公式虽然很复杂，但是在数值计算软件的帮助下，可以轻易地获得所需要的结果。建议读者自己编程计算一些典型值。甚至一些软件都内置了这个函数，可以直接调用。比如 Wolfram 语言中定义了维格纳(Winger)3j 符号的函数，ThreeJSymbol[$\{j_1,m_1\},\{j_2,m_2\},\{j_3,m_3\}$]。

虽然通解比较复杂，但是对一些特殊情况，有简单表达式，方便使用。

1. j_3 取最大值 $j_3=j_1+j_2$ 时

$$\begin{pmatrix} j_1 & j_2 & j_3 \\ m_1 & m_2 & m_3 \end{pmatrix}=(-1)^{j_1-j_2-m_3}\sqrt{\frac{(2j_1)!\,(2j_2)!}{(2j_3+1)!}\frac{(j_3+m_3)!\,(j_3-m_3)!}{(j_1+m_1)!\,(j_1-m_1)!\,(j_2+m_2)!\,(j_2-m_2)!}} \tag{6.2.23}$$

2. $j_3=0$ 时

$$\begin{pmatrix} j & j & 0 \\ m & -m & 0 \end{pmatrix}=(-1)^{j-m}\frac{1}{\sqrt{2j+1}} \tag{6.2.24}$$

用 CG 系数表示为

$$\langle jm;00 \mid jm\rangle = 1 \tag{6.2.25}$$

3. 磁量子数都为零时,如果 $j_1+j_2+j_3$ 为奇数,则有

$$\begin{pmatrix} j_1 & j_2 & j_3 \\ 0 & 0 & 0 \end{pmatrix} = 0 \tag{6.2.26}$$

4. 磁量子数都为零时,如果 $l+l'+1$ 为偶数,则有

$$\begin{pmatrix} l & l' & 1 \\ 0 & 0 & 0 \end{pmatrix} = (-1)^{\max(l,l')} \sqrt{\frac{\max(l,l')}{(2l+1)(2l'+1)}}\,\delta_{l',l\pm1} \tag{6.2.27}$$

5. $j_3=1$ 时(电偶极跃迁常用到这个公式)

$$\begin{pmatrix} j & j & 1 \\ m & -m & 0 \end{pmatrix} = (-1)^{j-m} \frac{m}{\sqrt{j(j+1)(2j+1)}} \tag{6.2.28}$$

$$\begin{pmatrix} j & j & 1 \\ m & -m' & \pm1 \end{pmatrix} = (-1)^{j-\min(m,m')} \sqrt{\frac{j(j+1)-mm'}{2j(j+1)(2j+1)}}\,\delta_{m',m\pm1} \tag{6.2.29}$$

6.3 三角动量耦合——6j 符号

上面用 CG 系数和 3j 符号处理了两个角动量的耦合,获得了合成角动量的本征值和本征态。但是原子中角动量不止两种,分子中就更多(增加了转动角动量)。本节介绍如何处理更多角动量的耦合。

对于三个角动量 $\boldsymbol{j}_1,\boldsymbol{j}_2,\boldsymbol{j}_3$,合成总角动量为 $\boldsymbol{J}$,有

$$\boldsymbol{j}_1+\boldsymbol{j}_2+\boldsymbol{j}_3=\boldsymbol{J} \tag{6.3.1}$$

它有不同的耦合顺序。

1. $\boldsymbol{j}_1$ 和 $\boldsymbol{j}_2$ 先耦合生成 $\boldsymbol{J}_{12}$,然后 $\boldsymbol{J}_{12}$ 和 $\boldsymbol{j}_3$ 耦合成 $\boldsymbol{J}$,用矢量式写成

$$\boldsymbol{j}_1+\boldsymbol{j}_2=\boldsymbol{J}_{12},\quad \boldsymbol{J}_{12}+\boldsymbol{j}_3=\boldsymbol{J} \tag{6.3.2}$$

2. 先耦合 $\boldsymbol{j}_2$ 和 $\boldsymbol{j}_3$

$$\boldsymbol{j}_2+\boldsymbol{j}_3=\boldsymbol{J}_{23},\quad \boldsymbol{j}_1+\boldsymbol{J}_{23}=\boldsymbol{J} \tag{6.3.3}$$

3. 先耦合 $\boldsymbol{j}_1$ 和 $\boldsymbol{j}_3$

$$\boldsymbol{j}_1+\boldsymbol{j}_3=\boldsymbol{J}_{13},\quad \boldsymbol{j}_2+\boldsymbol{J}_{13}=\boldsymbol{J} \tag{6.3.4}$$

耦合次序是重要的,如果耦合的顺序不同,即使最后总角动量相同,得到的量子态也是不同的。对于用第一种耦合方式产生的总角动量为 JM 的态,我们记为

$$\psi((j_1 j_2)J_{12} j_3, JM) \tag{6.3.5}$$

其中里面的括号表示了耦合的顺序($j_1 j_2$ 先耦合)。

为了看清楚最终量子态对耦合顺序的依赖关系,将其展开到单个角动量本征态直积 $\phi_{j_1m_1}\phi_{j_2m_2}\phi_{j_3m_3}$ 基矢上。根据两角动量耦合理论,先用 CG 系数将其展开到 $\phi_{j_{12}m_{12}}\phi_{j_3m_3}$ 基矢上,然后再把 $\phi_{j_{12}m_{12}}$ 用 CG 系数展开到 $\phi_{j_1m_1}\phi_{j_2m_2}$ 基矢上。

$$\psi((j_1 j_2)J_{12} j_3, JM) = \sum_{m_3 M_{12}} \psi(j_1 j_2 J_{12} M_{12}) \phi_{j_3 m_3} \langle J_{12} M_{12} j_3 m_3 \mid JM\rangle$$
$$= \sum_{m_1 m_2 m_3 M_{12}} \phi_{j_1 m_1} \phi_{j_2 m_2} \phi_{j_3 m_3} \langle j_1 m_1 j_2 m_2 \mid J_{12} M_{12}\rangle \langle J_{12} M_{12} j_3 m_3 \mid JM\rangle \tag{6.3.6}$$

求和项上有四个系数 m_1, m_2, m_3, M_{12}。但是因为要满足磁量子数守恒条件

$$M_{12} = m_1 + m_2, M = m_3 + M_{12} \tag{6.3.7}$$

实际上只有两个自由参量。当然 CG 系数的性质就包含了这个要求,如果不满足这两个条件,CG 系数为零。

对于第二种耦合方式,合成同样的总角动量 JM,得到的量子态可以展开为

$$\psi(j_1(j_2 j_3)J_{23}, JM) = \sum_{m_1 m_2 m_3 M_{23}} \phi_{j_1 m_1} \phi_{j_2 m_2} \phi_{j_3 m_3} \langle j_2 m_2 j_3 m_3 \mid J_{23} M_{23}\rangle \langle j_1 m_1 J_{23} M_{23} \mid JM\rangle \tag{6.3.8}$$

这两种耦合方式产生的波函数,虽然具有相同的总角动量量子数 JM,但是这两个态是不一样的,它们通过幺正变换联系起来

$$\psi(j_1(j_2 j_3)J_{23}, JM) = \sum_{J_{12}} \psi((j_1 j_2)J_{12} j_3, JM) \langle (j_1 j_2)J_{12} j_3, JM \mid j_1(j_2 j_3)J_{23}, JM\rangle \tag{6.3.9}$$

其中$\langle (j_1 j_2)J_{12} j_3, JM \mid j_1(j_2 j_3)J_{23}, JM\rangle$称为重耦合系数(recoupling coefficient)。可以证明,它与磁量子数 M 无关。

一种更常用的表达方式是用 6j 符号来表示

$$\langle (j_1 j_2)J_{12} j_3, JM \mid j_1(j_2 j_3)J_{23}, JM\rangle = (-1)^{j_1+j_2+j_3+J} \sqrt{(2J_{12}+1)(2J_{23}+1)} \begin{Bmatrix} j_1 & j_2 & J_{12} \\ j_3 & J & J_{23} \end{Bmatrix} \delta_{JJ'} \delta_{MM'} \quad {}_{j_1 m_1} \tag{6.3.10}$$

因此(6.3.9)式可以改写成

$$\psi(j_1(j_2 j_3)J_{23}, JM) = \sum_{J_{12}} (-1)^{j_1+j_2+j_3+J} \sqrt{(2J_{12}+1)(2J_{23}+1)} \times \begin{Bmatrix} j_1 & j_2 & J_{12} \\ j_3 & J & J_{23} \end{Bmatrix} \psi((j_1 j_2)J_{12} j_3, JM) \tag{6.3.11}$$

利用(6.3.6)式和(6.3.8)式,可以将 6j 符号表示成 3j 符号的乘积①。

$$\begin{Bmatrix} j_1 & j_2 & j_3 \\ J_1 & J_2 & J_3 \end{Bmatrix} = \sum_{\substack{m_1, m_2, m_3 \\ M_1, M_2, M_3}} (-1)^{\sigma} \begin{pmatrix} j_1 & j_2 & j_3 \\ m_1 & m_2 & m_3 \end{pmatrix} \begin{pmatrix} J_2 & J_3 & j_1 \\ M_2 & -M_3 & m_1 \end{pmatrix} \times \begin{pmatrix} J_3 & J_1 & j_2 \\ M_3 & -M_1 & m_2 \end{pmatrix} \begin{pmatrix} J_1 & J_2 & j_3 \\ M_1 & -M_2 & m_3 \end{pmatrix} \tag{6.3.12}$$

其中 $\sigma = J_1 + J_2 + J_3 + M_1 + M_2 + M_3$。

---

① 参见曾谨言《量子力学》第二卷的 7.4 节(第五版,科学出版社)。

6j 符号的一些基本性质

由于 6j 符号可以表示成 3j 符号的乘积,因此它的一些基本性质可以从 3j 符号的性质推导出来。常用的一些性质如下:

1. 6j 符号的值为实数。

2. 选择定则。对于 6j 符号

$$\begin{Bmatrix} j_1 & j_2 & j_3 \\ J_1 & J_2 & J_3 \end{Bmatrix}$$

其值不为零,需要 $\{j_1,j_2,j_3\}$, $\{j_1,J_2,J_3\}$, $\{J_1,j_2,J_3\}$, $\{J_1,J_2,j_3\}$ 分别满足

a. 三角不等式关系。

b. 加起来为整数。

3. 任意两列交换,其值不变

$$\begin{Bmatrix} j_1 & j_2 & j_3 \\ J_1 & J_2 & J_3 \end{Bmatrix} = \begin{Bmatrix} j_2 & j_1 & j_3 \\ J_2 & J_1 & J_3 \end{Bmatrix} \tag{6.3.13}$$

4. 同时交换上下行的两个对应元素,其值不变

$$\begin{Bmatrix} j_1 & j_2 & j_3 \\ J_1 & J_2 & J_3 \end{Bmatrix} = \begin{Bmatrix} J_1 & J_2 & j_3 \\ j_1 & j_2 & J_3 \end{Bmatrix} \tag{6.3.14}$$

三个 3j 符号乘积求和

$$\sum_{m_1 m_2 m_3} (-1)^{\sigma} \begin{pmatrix} j_1 & j_2 & j \\ m_1 & -m_2 & m \end{pmatrix} \begin{pmatrix} j_2 & j_3 & j' \\ m_2 & -m_3 & m' \end{pmatrix} \begin{pmatrix} j_3 & j_1 & J \\ m_3 & -m_1 & M \end{pmatrix} = \begin{Bmatrix} j' & J & J \\ j_1 & j_2 & j_3 \end{Bmatrix} \begin{pmatrix} j' & J & j \\ m' & M & m \end{pmatrix} \tag{6.3.15}$$

其中 $\sigma = j_1+j_2+j_3+m_1+m_2+m_3$。因为 $m_1-m_2+m=0$, $m_2-m_3-m'=0$,实际上求和只有一个自变量。

对于 6j 符号其他丰富的性质,请参见常见的量子力学教材。

6.4　不可约张量算符

前面用代数方法求解角动量本征值的方案引入了 $J_{\pm}$。利用它们可以定义不可约张量算符。对于 $2k+1$ 个算符 $T_q^k(q=-k,-k+1,\cdots,k-1,k)$,如果满足如下关系,就称其为一组 k 阶不可约张量算符。

$$\begin{aligned} [J_z, T_q^k] &= q\hbar T_q^k \\ [J_{\pm}, T_q^k] &= \sqrt{k(k+1)-q(q\pm1)}\,\hbar T_{q\pm1}^k \end{aligned} \tag{6.4.1}$$

如果 $k=0$,那么 $q=0$,它就是一个标量算符,这个情况比较平庸。$k=1$,称为一阶球张量,这是我们讨论的重点。

角动量算符可以构成一阶不可约球张量 J_q,定义

$$J_0=J_z,\quad J_{\pm1}=\mp\frac{1}{\sqrt{2}}(J_x\pm iJ_y)=\mp\frac{1}{\sqrt{2}}J_\pm \tag{6.4.2}$$

容易验证

$$\begin{aligned}&[J_z,J_0]=[J_z,J_z]=0\\&[J_z,J_{\pm1}]=\left[J_z,\mp\frac{1}{\sqrt{2}}J_\pm\right]=\pm\hbar J_{\pm1}\end{aligned} \tag{6.4.3}$$

满足(6.4.1)式的第一个式子,对于第二个式子,我们只验算一个,

$$[J_+,J_{-1}]=\left[J_+,-\frac{1}{\sqrt{2}}J_-\right]=\sqrt{2}J_z=\sqrt{2}J_0 \tag{6.4.4}$$

其余的等式也可以类似验证。$\{J_0,J_{\pm1}\}$确实构成一组一阶球张量。

另外一个重要的一阶球张量是由位移算符 $\boldsymbol{r}$ 构建

$$r_0=z,\quad r_{\pm1}=\mp\frac{1}{\sqrt{2}}(x\pm iy) \tag{6.4.5}$$

或者用球谐函数写成

$$r_q=\sqrt{\frac{4\pi}{3}}rY_l^q(\theta,\phi),\quad q=0,\pm1 \tag{6.4.6}$$

其实,可以进一步推广,对于任何一个矢量算符 $\boldsymbol{V}=(V_x,V_y,V_z)$,可构建如下一阶球张量 V_q,

$$V_0=V_z,\quad V_{\pm1}=\mp\frac{1}{\sqrt{2}}(V_x\pm iV_y) \tag{6.4.7}$$

类似地,可以定义一个球坐标基矢。$\hat{x},\hat{y},\hat{z}$ 是笛卡儿坐标上的单位基矢,球坐标基矢定义为

$$\hat{e}_0=\hat{z},\quad \hat{e}_{\pm1}=\mp\frac{1}{\sqrt{2}}(\hat{x}\pm i\hat{y}) \tag{6.4.8}$$

满足归一化条件

$$\hat{e}_{q'}^*\cdot\hat{e}_q=\delta_{q'q} \tag{6.4.9}$$

而任一个矢量可以用球坐标基矢展开,

$$\begin{aligned}\boldsymbol{V}&=V_x\hat{x}+V_y\hat{y}+V_z\hat{z}\\&=\sum_{q=-1}^{+1}V_q\hat{e}_q^*=\sum_{q=-1}^{+1}(-1)^qV_q\hat{e}_{-q}\end{aligned} \tag{6.4.10}$$

其中 V_q 正是(6.4.7)式定义的。在球坐标基矢下,两个矢量的乘积为

$$\boldsymbol{a}\cdot\boldsymbol{b}=\left(\sum_{q=-1}^{+1}a_q\hat{e}_q^*\right)\left(\sum_{q'=-1}^{+1}(-1)^{q'}b_{q'}\hat{e}_{-q'}\right)=\sum_{q=-1}^{+1}(-1)^qa_qb_{-q} \tag{6.4.11}$$

这里引入不可约张量算符的目的是使用维格纳-埃卡特(Wigner-Eckart)定理:任意一个不可约张量算符的矩阵元,可以写成 CG 系数和一个与磁量子数和 q 无关的约化矩阵元的乘积。

$$\langle\alpha',j'm'\mid T_q^k\mid\alpha,jm\rangle=\langle jm;kq\mid j'm'\rangle\frac{\langle\alpha',j'\parallel T^k\parallel\alpha,j\rangle}{\sqrt{2j'+1}} \tag{6.4.12}$$

其中$\langle j'm'\mid kq;jm\rangle$正是 CG 系数,和磁量子数 m,m'有关系,$\langle\alpha,j'\parallel T^k\parallel\alpha,j\rangle$称为约化矩阵

元,和 m,m' 无关。利用不可约张量的代数结构,通过 CG 系数将其与磁量子数的依赖关系剥离出去。这将是我们深入理解跃迁选择定则的基础。用 $3j$ 符号,维格纳-埃卡特定理可以写成

$$\begin{aligned}\langle\alpha',j'm'\mid T_q^k\mid\alpha,jm\rangle&=(-1)^{j-k+m'}\begin{pmatrix}j&k&j'\\m&q&-m'\end{pmatrix}\langle\alpha',j'\parallel T^k\parallel\alpha,j\rangle\\&=(-1)^{j'-m'}\begin{pmatrix}j'&k&j\\-m'&q&m\end{pmatrix}\langle\alpha',j'\parallel T^k\parallel\alpha,j\rangle\end{aligned}\tag{6.4.13}$$

6.5　跃迁选择定则

光与原子相互作用中,最重要是电偶极跃迁。当然也有更高阶的跃迁,比如磁偶极跃迁、电四极跃迁等,只是跃迁强度比电偶极跃迁小得多。本节主要讨论电偶极跃迁的选择定则。

偶极近似下,电偶极跃迁的哈密顿量为

$$H=-\boldsymbol{d}\cdot\boldsymbol{E}\tag{6.5.1}$$

其中 $\boldsymbol{d}=-e\boldsymbol{r}$ 是电偶极矩算符,e 取正值,$\boldsymbol{E}$ 是光的电场分量。

假设原子跃迁的初态为 ψ_{i},末态为 ψ_{f},那么电偶极跃迁的概率幅为

$$A=\langle\psi_{\mathrm{f}}\mid-\boldsymbol{d}\cdot\boldsymbol{E}\mid\psi_{\mathrm{i}}\rangle\tag{6.5.2}$$

将原子波函数写成角动量量子数和其他量子数组合的形式,于是

$$A=\langle\alpha',j'm'\mid-\boldsymbol{d}\cdot\boldsymbol{E}\mid\alpha,jm\rangle\tag{6.5.3}$$

跃迁选择定则就隐含在这个概率幅的表达式中。将电场大小和方向拆开,写成 $\boldsymbol{E}=\mathscr{E}\hat{\boldsymbol{e}}_E$ 的形式。其中 $\hat{\boldsymbol{e}}_E$ 是表示电场方向的单位矢量,利用(6.4.10)式,将其用球坐标基矢展开

$$\hat{\boldsymbol{e}}_E=u_{-1}\hat{e}_{-1}^*+u_0\hat{e}_0^*+u_1\hat{e}_1^*\tag{6.5.4}$$

u_0 是电场沿 z 方向的投影大小①,u_{-1} 是 σ_- 偏振分量大小,u_1 是 σ_+ 偏振分量大小。

$$-\boldsymbol{d}\cdot\boldsymbol{E}=e\mathscr{E}\boldsymbol{r}\cdot\boldsymbol{e}_E=e\mathscr{E}(u_0r_0-u_{-1}r_1-u_1r_{-1})\tag{6.5.5}$$

所以

$$A=e\mathscr{E}\langle\alpha',j'm'\mid(u_0r_0-u_{-1}r_1-u_1r_{-1})\mid\alpha,jm\rangle\tag{6.5.6}$$

只考虑跃迁选择定则,我们将主要关注

$$\langle\alpha',j'm'\mid r_q\mid\alpha,jm\rangle\tag{6.5.7}$$

是否等于零。

由于 r_q 是一阶球张量,利用维格纳-埃卡特定理,

$$\langle\alpha',j'm'\mid r_q\mid\alpha,jm\rangle=\langle jm;1q\mid j'm'\rangle\frac{\langle\alpha',j'\parallel r\parallel\alpha,j\rangle}{\sqrt{2j'+1}}\tag{6.5.8}$$

跃迁选择定则和跃迁强度的比值都隐含在 CG 系数中。下面分不同情况考虑。

6.5.1　只有轨道角动量的情况

先考虑最简单的情况:只存在轨道角动量一个角动量。这时系统的好量子数集为

① 在分解偏振的时候一定要先确定量子化轴 z。实际使用中,常常用磁场方向作为量子化轴。

$\{n,l,m\}$。因此跃迁矩阵元

$$\begin{aligned}\langle n'l'm' \mid r_q \mid nlm\rangle &= \langle lm;1q \mid l'm'\rangle \frac{\langle n'l' \parallel r \parallel nl\rangle}{\sqrt{2l'+1}} \\ &= (-1)^{l-1+m'}\langle n'l' \parallel r \parallel nl\rangle \begin{pmatrix} l & 1 & l' \\ m & q & -m' \end{pmatrix}\end{aligned} \tag{6.5.9}$$

从 $3j$ 符号的性质可以得到跃迁选择定则。$\{l1l'\}$ 要满足三角不等关系，因此轨道角动量量子数的变化要满足

$$|\Delta L| \leqslant 1 \tag{6.5.10}$$

由于轨道角动量决定着波函数的宇称，r 的约化矩阵元需要初末态的宇称相反才不为零。因此角动量量子数的跃迁选择定则是

$$\Delta L = \pm 1 \tag{6.5.11}$$

对于磁量子数，$3j$ 符号要求 $m+q-m'=0$，因此磁量子数的选择定则为

$$\Delta m = m'-m = q \tag{6.5.12}$$

r_q 是一阶球张量，q 的取值为 $\{-1,0,1\}$。所以磁量子数满足的跃迁选择定则为

$$\Delta m = 0, \pm 1 \tag{6.5.13}$$

从(6.5.4)式看出，不同的偏振对应不同的 q 值，导致的磁子能级的跃迁选择定则和光偏振相关，可分成三种情况。

1. π 偏振。光是线偏振，且偏振方向和量子化轴一致，$q=0$。对应跃迁为 π 跃迁，磁子能级量子数不变。

$$\Delta m = 0 \tag{6.5.14}$$

2. σ_+偏振。光是右旋圆偏振，$q=1$，对应的是 σ_+跃迁，磁子能级量子数增加一个单位。

$$\Delta m = 1 \tag{6.5.15}$$

3. σ_-偏振。光是左旋圆偏振，$q=-1$，对应的是 σ_-跃迁，磁子能级量子数减少一个单位。

$$\Delta m = -1 \tag{6.5.16}$$

如果光偏振不是三种情况中的一种，那么需要将光偏振按这三种情况进行分解，它们分别对应不同的磁子能级变化。需要说明的是，我们在分解光的偏振方向时，需要选择一个量子化轴 z 方向。理论上可以任意选择 z 轴，但是在实际实践中，我们常常将磁场 $\boldsymbol{B}$ 的方向选择为 z 方向①。因为这种取法下磁量子数是好量子数，磁子能级还是本征态，不需要考虑其随时间的相互转化。

作为例子，图 6.2 给出了几种情况，我们来分析一下它们遵守的跃迁选择定则。在处理偶极跃迁选择定则的问题中，其实是有三个方向：磁场方向 $\boldsymbol{B}$，光的传播方向 $\boldsymbol{k}$，光的电

① 在考虑磁子能级的时候，磁场一般是存在的。如果磁场为零，那么不同磁子能级是简并的，区分磁子能级意义不大。当然，在实际实验中，要想获得非常好的零磁场是很难的，常常会存在剩余磁场，而且这个磁场的方向很可能是很难确定的。为了避免这种不确定性，研究人员一般会特意加一个取向磁场，这个磁场比剩余磁场大，用来给出一个确定性的方向。

场偏振方向 $\boldsymbol{E}$。跃迁矩阵元的计算跟 $\boldsymbol{k}$ 无关,因此真正重要的方向只有磁场和光偏振这两个。将光的偏振方向按 $\boldsymbol{B}$ 的方向来分解成 π,σ_+ 和 σ_- 就可以判断出磁量子数的选择定则。

1. 在图(a)中,光的偏振方向和磁场成右手旋转方向,因此产生的 σ_+ 的跃迁。磁量子数选择定则为 $\Delta m=1$。

2. 在图(b)中,光的偏振方向和磁场垂直。由于选取磁场方向为 z 方向,这时候电场方向需要分解成左旋和右旋光的叠加,因此会诱导 σ_+ 和 σ_- 的跃迁,$\Delta m=\pm 1$。

3. 在图(c)中,电场方向和磁场方向平行,因此只有 π 跃迁,$\Delta m=0$。

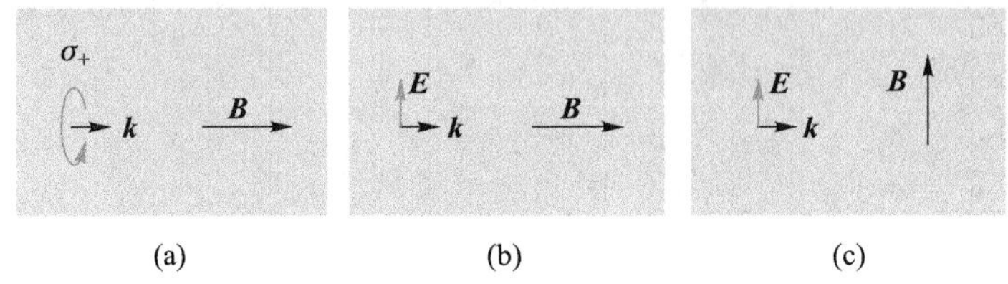

图 6.2　磁场和光的偏振方向排列的几种情况。

6.5.2　考虑电子自旋、精细能级结构的情况

实际原子存在多个角动量,比如电子轨道角动量、电子自旋、核自旋等,导致跃迁选择定则会更复杂一些。这里将电子自旋角动量考虑进来,自旋-轨道耦合导致电子总角动量 $\boldsymbol{J}=\boldsymbol{L}+\boldsymbol{S}$,本征量子态标记为 $|nlsJM\rangle$,不同偏振诱导的电偶极跃迁的矩阵元为

$$A=e\mathscr{E}\langle n'l's'J'M'|r_q|nlsJM\rangle \tag{6.5.17}$$

利用维格纳-埃卡特(Wigner-Eckhard)定理得到

$$A=e\mathscr{E}(-1)^{J-1+M'}\langle n'l's'J'\|r\|nlsJ\rangle\begin{pmatrix} J & 1 & J' \\ M & q & -M' \end{pmatrix} \tag{6.5.18}$$

$3j$ 符号前面的约化矩阵元包含了量子数 lsJ,而 J 是 l,s 两个角动量耦合产生的。实际上涉及三个角动量耦合的问题,需要使用 $6j$ 系数。利用后面附录中的(6.5.37)式,上式可以进一步被约化,

$$\langle n'l's'J'\|r\|nlsJ\rangle=(-1)^{J+l'+s-1}\delta_{ss'}\langle n'l'\|r\|nl\rangle\cdot\sqrt{(2J+1)(2J'+1)}\begin{Bmatrix} l' & J' & s \\ J & l & 1 \end{Bmatrix} \tag{6.5.19}$$

根据 $3j$ 符号和 $6j$ 符号的性质,跃迁选择定则就变成了

$$\begin{aligned} &\Delta J=0,\pm 1, \quad J+J'>0 \\ &\Delta M=0,\pm 1 \\ &\Delta L=\pm 1 \\ &\Delta S=0 \end{aligned} \tag{6.5.20}$$

另外 $\{l,s,J\}$,$\{l',s',J'\}$ 和 $\{J,J',1\}$ 都要满足三角不等式关系,因此

$$J=J'=0 \tag{6.5.21}$$

的跃迁是禁戒的。磁量子数变化和激光偏振的关系和上一节讨论的一致。

6.5.3 考虑核自旋、超精细能级结构的情况

实际原子中还有核自旋角动量 $\boldsymbol{I}$，IJ 耦合生成原子总角动量 $\boldsymbol{F}=\boldsymbol{J}+\boldsymbol{I}$，产生超精细能级结构的劈裂。此时本征态写成 $|nlsJIFM\rangle$。不同偏振引起的电偶极跃迁矩阵元为

$$A=e\mathscr{E}\langle n'l's'J'I'F'M'|r_q|nlsJIFM\rangle \tag{6.5.22}$$

根据维格纳-埃卡特定理，

$$A=e\mathscr{E}(-1)^{F-1+M'}\langle n'l's'J'I'F'\|r\|nlsJIF\rangle\begin{pmatrix}F & 1 & F'\\ M & q & -M'\end{pmatrix} \tag{6.5.23}$$

约化矩阵元 $\langle n'l's'J'I'F'\|r\|nlsJIF\rangle$ 可以被进一步约化

$$\langle n'l's'J'I'F'\|r\|nlsJIF\rangle=(-1)^{F+J'+I-1}\delta_{II'}\times\langle n'l's'J'\|r\|nlsJ\rangle\cdot\sqrt{(2F+1)(2F'+1)}\begin{Bmatrix}J' & F' & I\\ F & J & 1\end{Bmatrix} \tag{6.5.24}$$

约化矩阵元 $\langle n'l's'J'\|r\|nlsJ\rangle$ 还可以进一步约化，最终

$$A=e\mathscr{E}(-1)^{1+l'+s+J+J'+I-M'}\sqrt{\max(l,l')}\langle n'l'\|r\|nl\rangle\times\sqrt{(2J+1)(2J'+1)(2F+1)(2F'+1)}\cdot\begin{Bmatrix}l' & J' & s\\ J & l & 1\end{Bmatrix}\begin{Bmatrix}J' & F' & I\\ F & J & 1\end{Bmatrix}\begin{pmatrix}F & 1 & F'\\ M & q & -M'\end{pmatrix} \tag{6.5.25}$$

根据 $3j$ 符号和 $6j$ 符号性质，跃迁选择定则为

$$\begin{aligned}&\Delta F=0,\pm1,\quad F+F'>0\\&\Delta M=0,\pm1\\&\Delta J=0,\pm1,\quad J+J'>0\\&\Delta L=\pm1\\&\Delta S=0\\&\Delta I=0\end{aligned} \tag{6.5.26}$$

另外，$\{l,s,J\}$，$\{l',s,J'\}$，$\{I,J,F\}$，$\{I,J',F\}$ 和 $\{J,J',1\}$，$\{F,F',1\}$ 都要满足三角不等式关系，因此

$$F'=F=0\quad 和\quad J=J'=0 \tag{6.5.27}$$

是禁戒跃迁的。另外，由(6.2.26)式可知，如果 $F=F'$ 并且是整数，那么 $M=M'=0$ 的跃迁是禁戒的。

6.5.4 跃迁强度——CG 系数

(6.5.24)式实际上给出了不同磁子能级之间跃迁强度的关系。在实际使用中，因为精细结构的能级分裂比外场引起的能级移动大太多，因此 J 是好量子数。一个方便的做法是将电偶极跃迁矩阵元写成

$$\langle Fm_F|-er_q|F'm_F'\rangle=C\langle J\|-e\boldsymbol{r}\|J'\rangle \tag{6.5.28}$$

约化矩阵元 $\langle J\|-e\boldsymbol{r}\|J'\rangle$ 可以由实验测量给出比较精确的结果。C 也称为 CG 系数，根据前面的介绍，我们得到

$$C=(-1)^{I+J'+m_F'}\sqrt{(2F+1)(2F'+1)}\begin{Bmatrix}J' & F' & I\\ F & J & 1\end{Bmatrix}\begin{pmatrix}F & 1 & F'\\ m_F & q & -m_F'\end{pmatrix} \tag{6.5.29}$$

利用此系数就知道不同磁子能级之间跃迁的相对强度。

图 6.3 给出一个例子，是关于 Rb 原子 D1 线跃迁的 CG 系数。

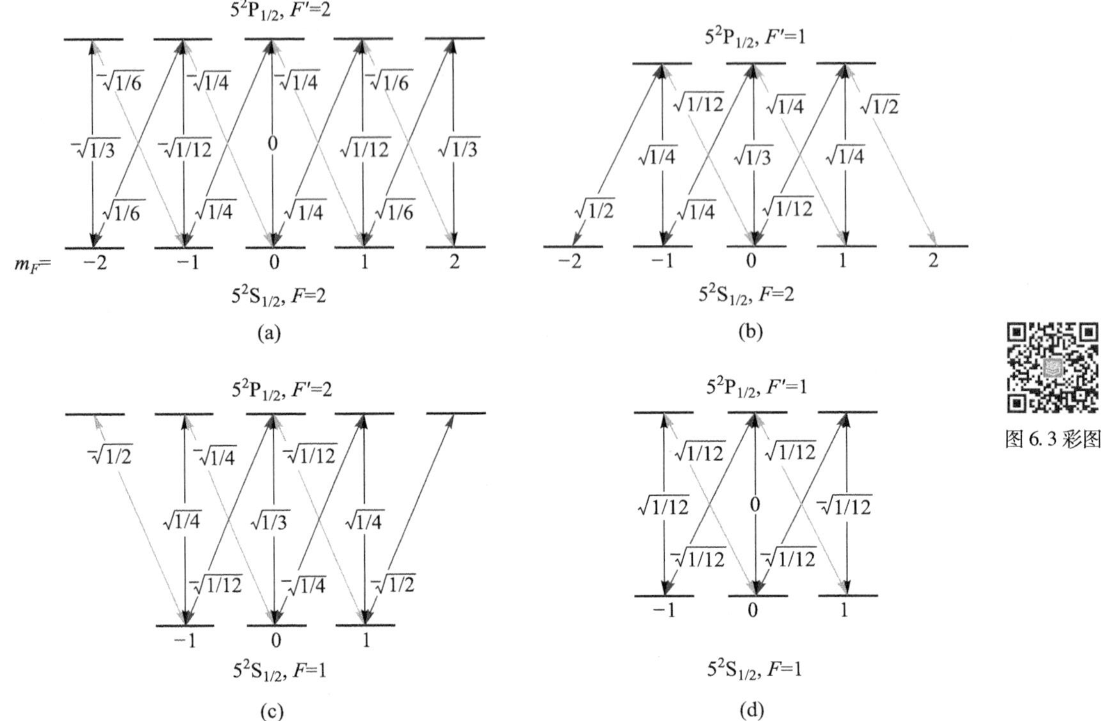

图 6.3　^{87}Rb 原子 D1 线跃迁对应的磁量子的 CG 系数，约化矩阵元为$\langle J=1/2 \| -er \| J'=1/2\rangle = 2.992ea_0$。彩图中，红色代表 σ_+ 跃迁，绿色代表 σ_- 跃迁，紫色代表 π 跃迁。

附录：约化矩阵元再约化

维格纳-埃卡特定理给出了跃迁矩阵元和约化矩阵元之间的关系，将磁量子数的影响划归到 CG 系数部分。如果系统是多个角动量的耦合，比如前面讲的 LS 耦合和 IJ 耦合。这时候约化矩阵元上还是有多个角动量，可以进一步约化。

假设有两个角动量 $\boldsymbol{L}$ 和 $\boldsymbol{S}$（任意角动量都可以，不限于轨道角动量和自旋角动量），合成角动量 $\boldsymbol{J}=\boldsymbol{L}+\boldsymbol{S}$。我们来计算矩阵元$\langle l'sJ'M' | T_q^k | lsJM\rangle$。

首先，根据维格纳-埃卡特定理，有

$$\langle l'sJ'M' | T_q^k | lsJM\rangle = (-1)^{J'-M'}\langle l'sJ' \| T^k \| lsJ\rangle \begin{pmatrix} J' & k & J \\ -M' & q & M \end{pmatrix} \tag{6.5.30}$$

其中约化矩阵元$\langle l's'J' \| T^k \| lsJ\rangle$还包含多个角量子数，可以进一步约化。为了得到约化关系，我们将矩阵元展开到$|lm_lsm_s\rangle$基矢上，

$$\langle l'sJ'M' | T_q^k | lsJM\rangle = \sum_{m_l, m_l', m_s} \langle J'M' | l'm_l'sm_s\rangle \langle l'm_l' | T_q^k | lm\rangle \langle lm_lsm_s | JM\rangle \tag{6.5.31}$$

式中有两个 CG 系数，我们分别用 3j 符号写出来，

$$\langle lm_lsm_s | JM\rangle = (-1)^{l-s+M}\sqrt{2J+1}\begin{pmatrix} l & s & J \\ m_l & m_s & -M \end{pmatrix} \tag{6.5.32}$$

$$\langle l'm_l'sm_s \mid J'M'\rangle=(-1)^{l'-s+M'}\sqrt{2J'+1}\begin{pmatrix} l' & s & J' \\ m_l' & m_s & -M' \end{pmatrix} \tag{6.5.33}$$

中间那部分可以用维格纳-埃卡特定理展开

$$\langle l'm_l' \mid T_q^k \mid lm_l\rangle=(-1)^{l'-m_l'}\langle l' \| T^k \| l\rangle\begin{pmatrix} l' & k & l \\ -m_l' & q & m_l \end{pmatrix} \tag{6.5.34}$$

此时约化矩阵元$\langle l' \| T^k \| l\rangle$就不再包含多个角动量量子数了，不能再约化了。将(6.5.32)式、(6.5.33)式和(6.5.34)式代入(6.5.31)式，得到

$$\begin{aligned}\langle l'sJ'M' \mid T_q^k \mid lsJM\rangle=&\langle l' \| T^k \| l\rangle\sqrt{(2J+1)(2J'+1)}\sum_{m_lm_l'm_s}(-1)^{2l'+l-2s+M'+m_l-m_s+m_l'}\times \\ &\begin{pmatrix} l & s & J \\ m_l & m_s & -M \end{pmatrix}\begin{pmatrix} l' & s & J' \\ m_l' & m_s & -M' \end{pmatrix}\begin{pmatrix} l' & k & l \\ -m_l' & q & m_l \end{pmatrix}\end{aligned} \tag{6.5.35}$$

利用$3j$符号性质和$3j$符号乘积求和公式(6.3.15)，得到一个简化式子

$$\begin{aligned}\langle l'sJ'M' \mid T_q^k \mid lsJM\rangle=&(-1)^{J'+J+k+l'+s-M'}\langle l' \| T^k \| l\rangle\times \\ &\sqrt{(2J+1)(2J'+1)}\begin{Bmatrix} J' & k & J \\ l & s & l' \end{Bmatrix}\begin{pmatrix} J' & k & J \\ -M' & q & M \end{pmatrix}\end{aligned} \tag{6.5.36}$$

将(6.5.36)式和(6.5.30)式相比，我们得到约化矩阵元再约化的表达式

$$\begin{aligned}\langle l'sJ' \| T^k \| lsJ\rangle&=(-1)^{J+k+l'+s}\langle l' \| T^k \| l\rangle\sqrt{(2J+1)(2J'+1)}\begin{Bmatrix} J' & k & J \\ l & s & l' \end{Bmatrix} \\ &=(-1)^{J+l'+s+k}\langle l' \| T^k \| l\rangle\sqrt{(2J+1)(2J'+1)}\begin{Bmatrix} l' & J' & s \\ J & l & k \end{Bmatrix}\end{aligned} \tag{6.5.37}$$

6.6　光抽运

跃迁选择定则一个重要应用是光抽运(optical pumping)。1966年，诺贝尔物理学奖授予法国科学家卡斯特勒(Alfred Kastler)教授，表彰他在研究原子核磁共振时发明的光抽运极化原子的方法。

我们先来看一看原子极化对于光谱学研究的意义。在研究磁共振时，常常使用原子基态超精细能级。以^{87}Rb原子为例，它的基态超精细结构能态($F=1$和$F=2$)频率差为6.8 GHz。要观测磁共振现象，原子布居分布需是不平衡的。因为基态超精细能级都是稳定的能态，如果上下能级的布居一致，那么光(这里是微波)和原子作用对于上下能级刚好抵消，原子的布居不会发生变化，很难探测到磁共振信号。

但是这种布居不平衡在热平衡状态下却难以实现。这里可以估算一下。假设Rb原子a,b两个基态上的原子处于热平衡状态，它们的布居满足玻耳兹曼分布，

$$\frac{N_b}{N_a}=\exp\left(-\frac{E_b-E_a}{k_BT}\right) \tag{6.6.1}$$

在室温情况下$T=300$ K，将温度对应的能量换成频率单位，$k_BT\simeq h\times 6\ 200$ GHz。而^{87}Rb基态$E_b-E_a=h\times 6.8$ GHz，相对于温度的能量来说是小量，$E_b-E_a\ll k_BT$，布居不平衡度为

$$\eta=\frac{N_a-N_b}{N_a+N_b}\simeq\frac{E_b-E_a}{2k_B T} \tag{6.6.2}$$

对于^{87}Rb 原子

$$\eta=4\times10^{-4} \tag{6.6.3}$$

N_a 和 N_b 非常接近,如此小的布居不平衡度使得磁共振信号的观测很困难。如果研究的是同一个超精细能态中的磁子能态,能级频率差将在 MHz 量级,那么布居不平衡度将更小。这也是早期限制磁共振研究的一个重要技术难题。

1930 年代拉比(Rabi)做出突破,使用施特恩-格拉赫实验装置,对原子的磁子能级进行选态。这样就获得了高度极化的原子,使得磁共振信号能够被探测,成功发展出磁共振波谱学,极大地推动了磁共振研究和精密测量的发展。拉比教授也因此获得了 1944 年的诺贝尔物理学奖。

而利用光抽运来产生极化原子则是卡斯特勒(Kastler)教授等人在 1950 年代发展出来的新方法。它巧妙地利用了跃迁选择定则,可以高效地极化原子。当然,在光抽运刚刚发展起来的时候,激光还没有被发明,科学家能用的是单色性较好的热光源,比如汞灯、卤素灯等。由于光源的限制,那时候光抽运实验还不容易做。但是在激光发明后,光源的单色性不再是问题,光抽运变成一个相当容易的操作,在科学研究中被广泛采用。

6.6.1　光抽运的基本原理

光抽运可以方便地将原子制备到某一个超精细能态上,也可以将其制备到某个磁子能级上。我们用图 6.4 来说明光抽运的具体工作原理。为简化起见,认为原子的基态和激发态都只有两个磁子能级。我们的目标是极化原子,把原子制备到其中一个磁子能级上。

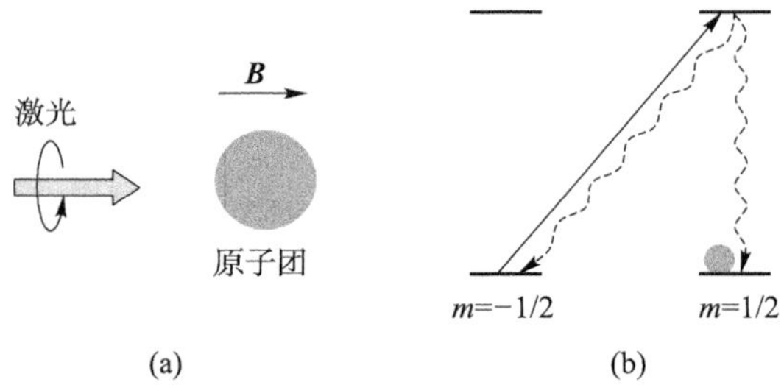

图 6.4　光抽运的基本原理。(a) 选择磁场方向为 z 方向,入射光为 σ_+光,照射原子团。(b) 对应的能级图。σ_+ 的光将原子从基态 $|m=-1/2\rangle$ 激发到激发态 $|m'=1/2\rangle$。原子自发辐射可以回到 $|m=-1/2\rangle$ 和 $|m=1/2\rangle$,但是由于抽运光的存在,最终原子会全部掉到 $|m=1/2\rangle$ 态,实现原子极化。

选择磁场方向为 z 方向,抽运光的偏振为 σ_+,如图 6.4(a)所示。这时候由于跃迁选择定则,σ_+光只能诱导 $\Delta m=1$ 的跃迁,如图 6.4(b)中实线所示。处于 $|m=-1/2\rangle$ 态的基态原子被激发后,跃迁到上能级的 $|m'=1/2\rangle$ 态。但是这个态是激发态,会自发辐射回到基态。跃迁选择定则告诉我们,此时原子可以自发辐射到 $|m=-1/2\rangle$ 和 $|m=1/2\rangle$ 两个态。但是回到 $|m=-1/2\rangle$ 态的原子将再次被 σ_+光抽运激发。而处于 $|m=1/2\rangle$ 的基态原子由于不和σ_+光作用,将保持在这个态上,最终全部原子被抽运到这个态上。整个过程只需要散射数个光

子,因此光抽运效率非常高。

决定光抽运速率的因素有两个:第一个是光激发的速率,由激发光的光强决定;另一个是上能级的自发辐射速率。通常情况下,如果抽运光的光强比饱和光强大,那么最终的抽运速率将由自发辐射的速率决定。一般原子激发态的自发辐射率在 MHz 量级,因此光抽运速率非常快,往往在微秒到毫秒时间尺度内就可以完成光抽运过程,效率非常高。

另外一个需要考虑的因素是多能级的干扰。前面的讨论基于比较简单的能级系统,而实际原子往往有多个超精细能级,这些能级间隔也不大(百 MHz 量级)。如果光源的线宽大于此间隔,那么光抽运对于能级的选择性会变差,效率会大大降低,甚至根本不工作。好在激光技术得到了高度发展,窄线宽激光器容易获得。选择合适的激光频率和功率,多能级的影响可以被大大降低。

下面来考虑两个实际的例子,看一看光抽运是如何工作的。

6.6.2 光抽运应用实例

例 1:在冷原子物理研究中,常常使用到磁阱(利用磁场产生势能极小点来囚禁原子)。而磁阱并不是对原子的所有磁子能态都工作的,需要将原子抽运到某一特定磁子能级上。以 ^{87}Rb 原子为例,考虑其原子初始布居在基态 $5^2S_{1/2}$ 的 $F=1$ 和 $F=2$ 能态上,我们需要将其抽运到 $|F=2,m_F=2\rangle$ 上。请设计光抽运方案。

解答:由于 ^{87}Rb 原子基态 $5^2S_{1/2}$ 有两个超精细能级 $F=1$,$F=2$,并且每一个 F 能态包含多个磁子能级,如图 6.5 所示,所以光抽运方案略为复杂,我们分解一下,具体有两部分。

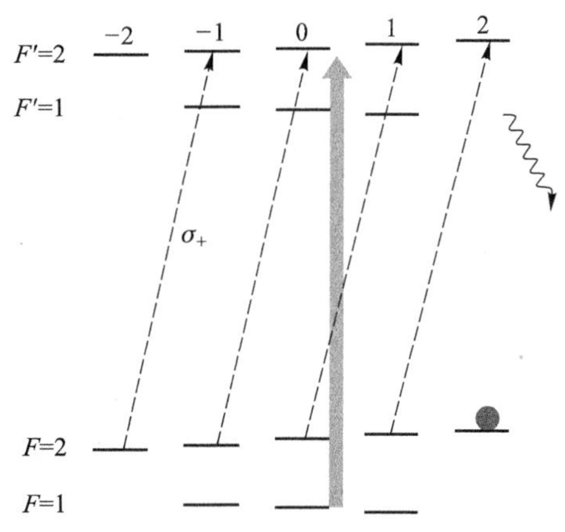

图 6.5 一种将 ^{87}Rb 原子抽运到 $|F=2,m_F=2\rangle$ 的方案。

(1) 从 $F=1$ 态到 $F=2$ 态的抽运

这个抽运过程相对来说比较简单,我们可以选择激光和 D1 线或者 D2 线 $F=1$ 到 $F'=2$ 的跃迁共振,如图 6.5 宽箭头所示。由于自发辐射的存在,处于激发态 $F'=2$ 的原子会自发辐射掉到 $F=2$ 和 $F=1$ 态上。掉到 $F=2$ 态上的原子将不再激发①,但是掉到 $F=1$ 态上的原子将再次被激发,直到所有原子都积累到 $F=2$ 态上。这里的过程和磁子能级没关系,因此对抽运光的偏振没有特别的要求。

(2) $F=2$ 态上磁子能级的抽运

由于涉及磁子能级,这里需要用到特定的偏振光(σ_+)。选择抽运光和 D1 线 $F=2$ 到 $F'=2$ 的跃迁共振。σ_+ 偏振的抽运光只能诱导 $m_F \to m_F' = m_F+1$ 的跃迁,如图 6.5 中虚线所示。如果原子处于 $|F=2,m_F=2\rangle$ 上,由于上能级 $F'=2$ 中没有 $m_F'=3$ 的磁子能级,因此原子将不再和光作用,形成暗态。而在其他磁子能级的原子都将和光作用并被激发,然后发生

① 与 $F=1$ 到 $F'=2$ 共振的光也可以激发 $F=2$ 到 $F'=2$ 的跃迁,只是有一个 6.8 GHz 的失谐,一般可以忽略不计。

自发辐射。最终原子聚集到这个暗态上，完成光抽运过程。

例2：在微波原子钟的研究中，为了减小磁场的影响，常常使用超精细结构中磁不敏态作为跃迁能级。以^{87}Rb原子为例，选择$|F=1,m_F=0\rangle$和$|F=2,m_F=0\rangle$作为钟跃迁。这两个能级的磁量子数都等于零，一阶塞曼效应为零，因此对磁场不那么敏感，称为磁不敏态。而具体实验过程中，需要将原子制备到其中一个态上。请设计一个方案，将原子抽运到$|F=1,m_F=0\rangle$态上.

解答：和例1类似，对于$F=2$上的原子，我们可以通过加一个泵浦光将原子抽运到$F=1$态上。

对于$F=1$态上的原子，则需要利用跃迁选择定则来将原子抽运到$m_F=0$的磁子能级上。图6.6给出两种方案。

(a) 选择D1或者D2线中上能级$F'=1$作为共振激发态，用线偏振光激发π跃迁。由于$\Delta F=0,\Delta m_F=0$的跃迁是禁戒跃迁，因此$|F=1,m_F=0\rangle$是暗态，原子最终被抽运到此态上。

(b) 选择D2线上的$F'=0$能态作为共振激发态，用$\sigma+$和$\sigma-$光同时激发，这样基态$m_F=-1$和$m_F=1$可以被激发到上能级，而由于激光中没有π跃迁的偏振分量，$m_F=0$成为暗态，原子最终被抽运到$|F=1,m_F=0\rangle$态上。

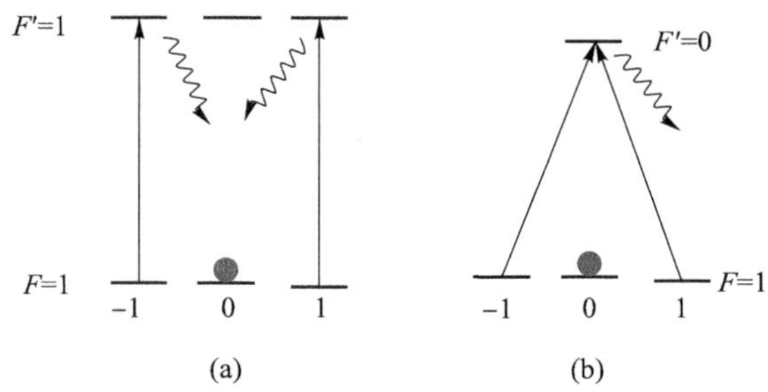

图6.6　两种将^{87}Rb原子抽运到$|F=1,m_F=0\rangle$的方案。简化起见，只画了$F=1$跃迁对应的能级。

参考文献说明

1. 关于角动量理论及维格纳-埃卡特定理，可以参考量子力学教科书的相关章节，例如《量子力学》（高等教育出版社，科恩塔诺季著，刘家谟、陈星奎译）或《量子力学》（科学出版社，曾谨言）。
2. 对于多电子原子的角动量耦合规律，可以参考原子物理学教科书。例如《原子物理学》（高等教育出版社，杨福家）。
3. 关于早期光抽运研究历史，可以参考《原子物理学进展通论》（北京大学出版社，科恩塔诺季、盖里奥德林著，王义遒、周小计等译）。其中对光抽运有一个简要的概述，从一个亲历者角度看待这段历史发展。

习题

6.1 在一些精密测量应用中，需要能级间隔保持稳定。而外场，特别是磁场会引起能级的移动。一种办法是选择磁不敏跃迁，二能级之间的一阶塞曼效应刚好抵消。习题 6.1 图给出了^{87}Rb 原子基态超精细能级结构中的两对磁不敏跃迁，分别是 $|F=1,m_F=0\rangle\to|F=2,m_F=0\rangle$ 和 $|F=1,m_F=-1\rangle\to|F=2,m_F=1\rangle$。

(1) 分别计算基态 $F=1$ 和 $F=2$ 的朗德因子 g_F，解释上述跃迁为磁不敏跃迁的原因。

(2) 对于这两套磁不敏能级，可以用拉曼光进行耦合。假设拉曼光的单光子失谐 Δ 比上能级的超精细能级结构的频率差大很多。图 6.3 给出了对应能级跃迁的 CG 系数。对于本题(a)中的跃迁，请写出涉及的中间态，并找出相应的 CG 系数。计算此时的跃迁概率幅，并说明这种跃迁几乎是禁戒的，不是一个高效的耦合方案。

(3) 对于本题(b)中的跃迁，找出可能的中间态和 CG 系数。并说明，当拉曼光的偏振方向和磁场垂直时，这种跃迁也几乎是禁戒的。如果想产生比较高效的跃迁，如何设计偏振方向和磁场的关系？

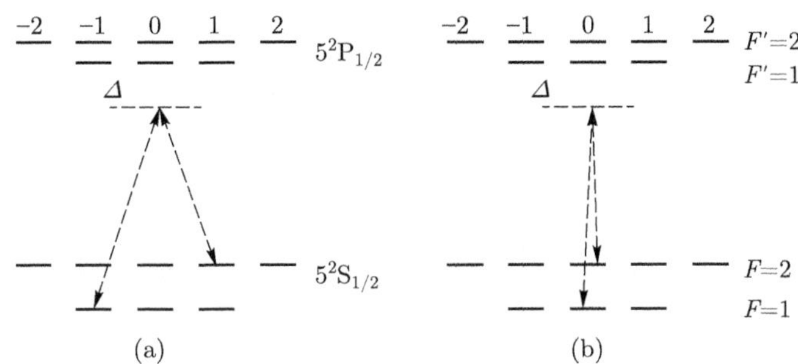

习题 6.1 图 ^{87}Rb 原子的两种磁不敏跃迁。

第7章 光与原子相互作用——二能级体系

光与物质相互作用是原子物理中非常重要的内容,常见的过程有自发辐射、吸收、受激辐射;还有电离、光解离、光催化、高次谐波、四波混频等。光与原子相互作用内容非常丰富,但是梳理源头,会发现最核心的内容就是二能级体系,如图7.1所示。

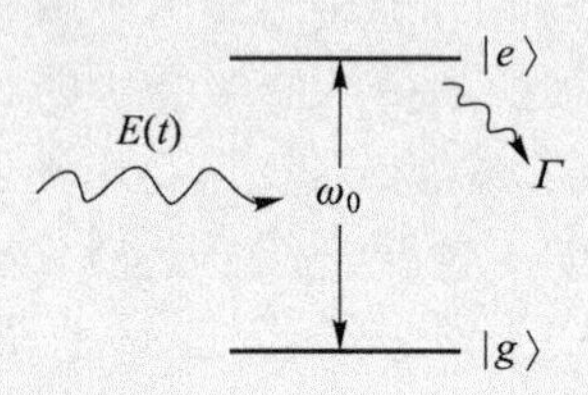

图7.1 光与二能级原子相互作用的图示。其中两条直线表示原子的两个能级,能级差为 $\hbar\omega_0$。上能级是激发态,可能会有自发辐射,用自发辐射率 Γ 来表示。

二能级体系这一简单模型包含了光与原子相互作用的各种基本要素,也是本书重点阐述的一个内容。我们将从不同侧面理解光与原子相互作用最核心的物理图像——拉比振荡。这一现象集中体现了系统的量子特性,也是很多量子技术,比如量子精密测量、量子调控、量子计算的基础。为了让读者能够深入理解二能级体系,我们采用不同的理论方案来处理,并比较各种理论处理方法的异同和适用条件。熟练掌握这些方法和技术是进一步理解更复杂过程的基础。

本章内容如下:首先从爱因斯坦理论(第7.1节)出发,引出自发辐射、受激辐射、吸收等基本概念。然后用薛定谔方程法求解二能级体系(第7.2节),获得最核心的拉比振荡图像。作为一个重要例子,我们研究磁共振(第7.3节),并介绍原子钟的概念。为了方便处理,我们将哈密顿量转到不含时表象中(第7.4节),大大简化了问题。为了处理自发辐射问题,我们引入密度矩阵,获得光学布洛赫方程(第7.5节),并以此为基础引入布洛赫球,讨论多脉冲调控技术。最后引入缀饰态(第7.6节)来理解一些重要物理过程。

7.1 爱因斯坦辐射理论

在辐射的量子理论发展起来之前,爱因斯坦在1917年关于光与原子的相互作用提出了一个非常漂亮的辐射理论。这一理论体现了爱因斯坦科学研究的一贯风格:深刻而简洁。他根据实验现象引入了自发辐射、吸收的概念,然后根据对称性考虑引入受激辐射的概念。这套理论是如此地流行,以至成为讨论辐射现象最常用的“语言”。作为基础,我们将先介绍爱因斯坦的辐射理论。但是后面我们也会看到,自发辐射、受激辐射、吸收这些基本概念,实际上是量子理论在某些情况下的近似。我们将讨论这些近似成立的条件。

7.1.1 理论基本框架

爱因斯坦辐射理论基本框架如图 7.2 所示,是一个二能级体系。$|1\rangle$态是原子的下能级,可以吸收光子跃迁到上能级$|2\rangle$态上,两能级的频率差为 ω。线性近似下,吸收过程发生的概率和入射光场在 ω 处的能量密度(强度)成正比,用 $B_{12}\rho(\omega)$来表示。另外,激发态原子自发辐射率用 A_{21}来表示,和上能级寿命 τ_2 的关系为 $A_{21}=1/\tau_2$。

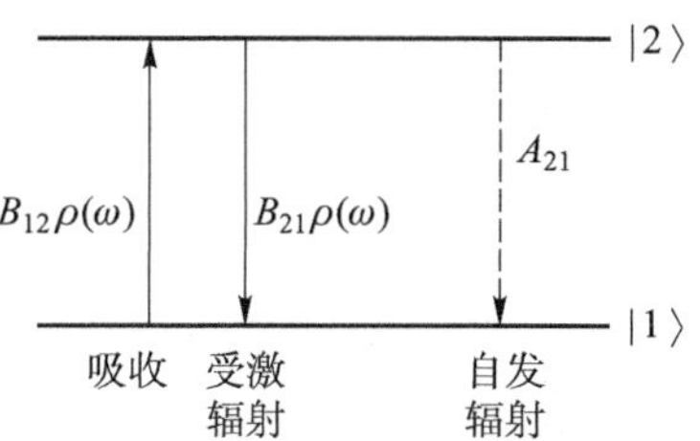

图 7.2 爱因斯坦辐射理论的框架图。

吸收和自发辐射是基本辐射现象,为人熟知。爱因斯坦根据对称性提出,既然原子可以吸收一个光子从$|1\rangle$跃迁到$|2\rangle$态,那么没有理由否认也存在吸收一个光子从$|2\rangle$跃迁到$|1\rangle$态的过程,爱因斯坦将其称为受激辐射。和吸收类似,其发生的概率用 $B_{21}\rho(\omega)$来表示。假设原子在$|1\rangle$ $|2\rangle$两个能级上的布居分别为 N_1, N_2,那么可以写出速率方程

$$\frac{\mathrm{d}N_1}{\mathrm{d}t}=N_2A_{21}-N_1B_{12}\rho(\omega)+N_2B_{21}\rho(\omega) \tag{7.1.1}$$

原子的总布居是守恒的,因此

$$\frac{\mathrm{d}N_1}{\mathrm{d}t}+\frac{\mathrm{d}N_2}{\mathrm{d}t}=0 \tag{7.1.2}$$

考虑一个原子系综,处于稳态,那么 $\mathrm{d}N_1/\mathrm{d}t=0$。于是(7.1.1)式变成

$$N_2A_{21}-N_1B_{12}\rho(\omega)+N_2B_{21}\rho(\omega)=0 \tag{7.1.3}$$

因此得到光功率密度

$$\rho(\omega)=\frac{A_{21}}{(N_1/N_2)B_{12}-B_{21}} \tag{7.1.4}$$

假设系统的稳态温度为 T,原子在两个能级上的布居应该满足玻耳兹曼分布,因此有

$$\frac{N_1}{N_2}=\frac{g_1\exp(-E_1/k_\mathrm{B}T)}{g_2\exp(-E_2/k_\mathrm{B}T)}=\frac{g_1}{g_2}\exp\left(\frac{\hbar\omega}{k_\mathrm{B}T}\right) \tag{7.1.5}$$

其中 g_1,g_2 分别是两个能级的简并度。代入(7.1.4)式,得到温度为 T 时的稳态辐射能量密度

$$\rho(\omega)=\frac{A_{21}}{(g_1/g_2)\exp(\hbar\omega/k_\mathrm{B}T)B_{12}-B_{21}} \tag{7.1.6}$$

将其和普朗克黑体辐射公式进行对比

$$\rho(\omega)=\frac{\hbar\omega^3}{\pi^2c^3}\frac{1}{\exp(\hbar\omega/k_\mathrm{B}T)-1} \tag{7.1.7}$$

于是得到

$$\begin{gathered}g_1B_{12}=g_2B_{21}\\A_{21}=(\hbar\omega^3/\pi^2c^3)B_{21}\end{gathered} \tag{7.1.8}$$

这两个式子称为爱因斯坦系数关系,里面包含着重要的物理内涵:

1. 在考虑能级简并度后,受激辐射和受激吸收的系数相等。假设这两个能级没有简

并，那么 $B_{12}=B_{21}$，受激吸收和受激辐射的概率是一致的。

2. 自发辐射率和频率的三次方成正比，因此跃迁频率越高，自发辐射率越大，上能级寿命越短。表7.1给出了常见的能级类型和相应的能级寿命。

表7.1　常见能级类型及寿命

能级类型	跃迁频率的量级	能级寿命的量级
电子激发态	500 THz	10 ns
分子振动态	1 THz	10 ms
分子转动态	10 GHz	认为无自发辐射
基态的超精细能态	10 GHz	认为无自发辐射

7.1.2　二能级体系

我们也可将自发辐射和受激辐射的关系改写一下

$$A_{21}=\rho_s B_{21} \tag{7.1.9}$$

其中 $\rho_s=\hbar\omega^3/\pi^2c^3$ 称为饱和辐射能量密度。在此能量密度作用下，自发辐射和受激辐射的概率相同。

下面将爱因斯坦辐射理论应用到一个具体的例子，无简并二能级体系的光激发。由于能级没有简并，因此 $B_{12}=B_{21}=B$。(7.1.1)式改写为

$$\frac{\mathrm{d}N_1}{\mathrm{d}t}=-\frac{\mathrm{d}N_2}{\mathrm{d}t}=N_2A+(N_2-N_1)B\rho(\omega) \tag{7.1.10}$$

仍然考虑稳态解，于是

$$N_2A+(N_2-N_1)B\rho=0 \tag{7.1.11}$$

也可以写成

$$N_2\rho_s+(N_2-N_1)\rho=0 \tag{7.1.12}$$

再加上归一化条件 $N_1+N_2=N$。定义 $s=\rho/\rho_s$，求解得到

$$\begin{aligned} N_1&=\frac{\rho_s+\rho}{\rho_s+2\rho}N=\frac{1+s}{1+2s}N \\ N_2&=\frac{\rho}{\rho_s+2\rho}N=\frac{s}{1+2s}N \end{aligned} \tag{7.1.13}$$

图7.3给出了光功率密度和稳态下布居的关系。当激发的光很弱时，原子基本处于下能级。当光功率密度越来越大时，上下能级的布居比都将趋于0.5。这是因为受激辐射和受激吸收速率相等，而当光功率密度很大时($s\gg1$)，它们都比自发辐射的速率快很多，因此布居平均分布。

7.1.3　多能级体系和激光

一般认为，爱因斯坦辐射理论为激光的发明提供了理论基础，其中最核心的就是受激辐射的概念。由于受激辐射的存在，就有可能使得入射光被受激放大，产生激光。但是，

需要注意的是,在爱因斯坦辐射理论中,受激辐射和受激吸收是同时存在的,并且对应的爱因斯坦系数是一致的。入射光会由于吸收而变弱,也会由于受激辐射而变强。如果想有一个总的增益,需要上能级比下能级的布居多,上能级比下能级布居多这一条件也被称为布居反转。而在通常情况下,由于自发辐射的存在,下能级布居总是比上能级的多,布居反转不易实现。

图 7.3 的结果显示,在二能级情况下,布居反转条件不可能实现。为了达到布居反转的效果,需要引入多能级体系,比如三能级或者四能级。

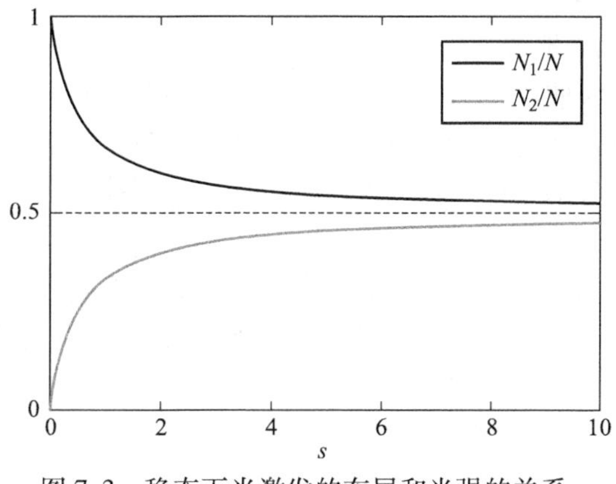

图 7.3 稳态下光激发的布居和光强的关系。

如图 7.4(a)所示的三能级体系,原子从基态 $|1\rangle$ 泵浦到激发态 $|3\rangle$,然后自发辐射到 $|2\rangle$ 态上。而 $|2\rangle$ 态是一个亚稳态,在一定条件下,比如泵浦速率比自发辐射速率快时,原子可以积累到 $|2\rangle$ 态上,从而形成布居反转,达到受激放大的目标。类似的过程也可以在四能级体系中实现,如图 7.4(b)所示。

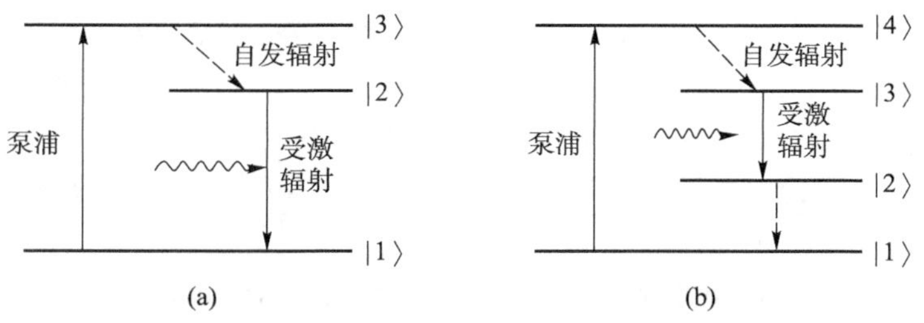

图 7.4 稳态下光激发的布居和光强的关系。

爱因斯坦辐射理论物理图像清晰、简单,是描述光与物质相互作用的基本语言。但需要指出的是,爱因斯坦理论有一个很强的假设:受激吸收和受激辐射的概率和光能量密度成线性关系。这个假设的成立是有条件的。在爱因斯坦发展这个辐射理论的时代,使用的光源往往是热光源,线宽很宽,能量很低,因此吸收和受激辐射都和光能量密度成正比。在激光发展起来后,新的光源带宽窄,能量高,爱因斯坦理论的基本假设将会被破坏,我们后面会详细讨论。另外爱因斯坦理论只是唯象地引入爱因斯坦吸收,对于这些系数的计算,并没有给出结果。对于这些问题,需要用量子力学给出诠释。

7.1.4　历史:从受激辐射到激光发明

激光的基本理论框架非常清晰,在激光已广泛应用的今天大家不会觉得神奇。但是从爱因斯坦提出受激辐射概念,到最终激光的发明,中间却经历了很长时间。为什么科学家没能早发明激光呢?我们从历史发展的角度来解读一下这个问题①。

自从1917年爱因斯坦预言受激辐射后,在1940年以前,人们就已经知道,如果原子全部处于激发态,那么辐射场可以被放大。但是对于光学波段的跃迁,其跃迁能量($\hbar\omega$)相对于室温的能量($k_B T$)来说大太多。热平衡条件下,根据玻耳兹曼分布规律,激发态布居正比于$\exp(-\hbar\omega/k_B T)$,远远小于1。因此对于吸收现象,一般只需要考虑基态布居就可以,受激辐射效应很弱。即使在光激发条件下,布居反转也难以实现。因此在光学波段,即使受激辐射已经广为人知,但是很少有人想过用它来真正做实际的东西。以至在很长一段时间内,有许多人认为受激辐射的概念只是为了理论的完整性而加上去的,实际上并不存在这类现象。

事情在第二次世界大战之后发生了改变。在第二次世界大战中,出于军事目的,有很多科学家被征召到军队,开展雷达项目的研究。雷达使用的是射频波段,已经有非常成熟的工程技术。科学家加入后,他们便脱离工程技术本身,有机会从另外一个高度来看待射频波段的研究工作②。在射频波段,受激辐射的重要性就完全不一样了。由于射频段的频率低,在室温热平衡情况下,$k_B T \gg \hbar\omega$。根据玻耳兹曼分布规律,原子的基态和激发态的布居都被大量占据,研究吸收过程就必须考虑受激辐射。而同时,射频段的自发辐射几乎可以忽略。所谓量变引起质变,是因为射频段的频率比光波段小太多,自发辐射和受激辐射的地位发生了颠倒。科学家意识到,利用分子跃迁的受激辐射,可以放大射频场,产生相干输出。这就是微波激射器(Maser)研究的时代背景。

要产生受激辐射放大效应,必须让原子的布居反转。而这在早前的原子物理实验中已经实现了,利用类似S-G实验的装置,使用不均匀的磁场或者电场可以选择性地保留某激发态的分子,从而实现布居反转。而另一个重要的器件——谐振腔,在射频区域已经广泛使用了。从这些角度来说,研制微波激射器所有重要的元素已经都具备了。1954年,美国的汤斯(Townes)小组和苏联的巴索夫(Basov)、普罗霍夫(Prokhorov)小组几乎同时研制了微波激射器。

微波激射器的成功标志着受激辐射概念的重大胜利。自然地,人们想将其拓展到光波段,它的应用前景也更加广泛。但是拓展到光波段时遇到两个问题:第一个是当时尚无光学谐振腔;第二个是光波段的布居反转不容易实现。对于射频场,谐振腔的尺度差不多是一个波长,在厘米量级,容易加工。而对于光学波段,波长在微米量级,单个波长的谐振腔无法做到。1958年,汤斯和沙罗(Schowlow)、普罗霍夫都提出了用法玻腔来实现光学谐振腔,解决了这一重要问题。对于第二个问题,二能级体系无法实现,可以利用多能级体系来实现。再加上光泵浦技术的发展,最终在1960年梅曼(Maiman)利用钛宝石作为介质实现了第一台激光器。

---

① 普罗霍夫在他的诺贝尔奖报告中对这段历史有一个很好的回顾,参见 *Quantum Electronics*(1964).

② 这些射频技术也为科学家研究工作提供了新的手段。战后,关于微波光谱学的研究掀起了一个高潮,取得了丰硕的成果。

7.2 薛定谔方程求解法

爱因斯坦辐射理论概念清晰，应用方便。当光源是热光源，或者接收介质有非常大的展宽时，爱因斯坦理论和实验现象符合良好。但是作为一个唯象理论，科学家不会满足于此，需要进一步研究给出更深刻的解释。物理学研究讲究还原法，找到最基本的单元，然后再从这个基本单元出发，解释更广泛的物理现象。在光与原子的相互作用中，更基本的单元是二能级体系，光源为单频，接收介质为相干性良好的二能级体系。此时需要用到量子力学来进行求解。这就是我们要讨论的辐射的量子理论，而爱因斯坦辐射理论可以认为是辐射量子理论的一种近似。

在研究光与原子的相互作用时，可以将理论处理方法分成三类：全经典方法、半经典方法和全量子方法。全经典方法中光被看成经典电磁场，而原子被看成偶极振子。这种方法可以处理光被原子吸收、散射等问题。半经典方法中光场还是经典场，但是原子是量子化的，具有能级结构。半经典方法是最常使用的方法，物理图像非常清晰，计算也相对简单。而全量子方法中原子和光都是量子化的。只有在某些情况下，我们才需要使用到全量子方法。本章我们将主要讲述半经典方法。在下一章我们会介绍全量子方法，引入一些量子光学的基本概念。

7.2.1 二能级体系的哈密顿量

电偶极近似下，光与原子相互作用的哈密顿量可写成（参见附录 11.2）

$$H=H_0+H_{\mathrm{I}} \tag{7.2.1}$$

其中 H_0 是未扰动原子的哈密顿量，而

$$H_{\mathrm{I}}=-\boldsymbol{d}\cdot\boldsymbol{E} \tag{7.2.2}$$

是光与原子相互作用的哈密顿量。$\boldsymbol{d}$ 是原子的电偶极矩算符，$\boldsymbol{d}=-e\boldsymbol{r}$。

在半经典理论中，光场还是按经典场来处理，其电场分量为

$$\boldsymbol{E}=\hat{\boldsymbol{e}}_E\mathscr{E}\cos(\omega_{\mathrm{L}}t-\boldsymbol{k}\cdot\boldsymbol{r}+\phi) \tag{7.2.3}$$

其中 $\hat{\boldsymbol{e}}_E$ 是光的电场偏振方向，ω_{L} 是光场的频率，ϕ 是其初相位。由于原子一般比光波长小很多①，可以取原子当地电场值来进行计算，而忽略其随空间的变化，这称为长波近似。取原子位置为坐标原点（$\boldsymbol{r}=0$），于是电场为

$$\boldsymbol{E}(t)=\hat{\boldsymbol{e}}_E\mathscr{E}\cos(\omega_{\mathrm{L}}t+\phi) \tag{7.2.4}$$

对于原子来说，一般会存在很多能级，如果光只跟其中一个跃迁接近共振，而和其他跃迁远离共振，那么就可以只考虑一个二能级体系，如图 7.5 所示。这里我们先忽略自发辐射过程，后面再回过头来处理自发辐射。这时未扰动原子的哈

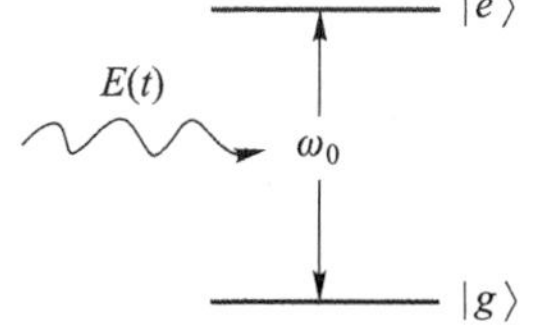

图 7.5 光与二能级原子作用的示意图，这里先忽略上能级的自发辐射。

① 比如氢原子基态的玻尔半径为 0.053 nm，原子序数大的原子半径大些，但是也在这个量级，而可见光波长在 400~700 nm，远大于原子的大小。

密顿量可以写成

$$H_0=\hbar\omega_e\,|e\rangle\langle e|+\hbar\omega_g\,|g\rangle\langle g| \tag{7.2.5}$$

其中 $|g\rangle$, $|e\rangle$ 分别是此二能级原子的基态和激发态。在这两个态作为基矢的表象下，相互作用项可以写成

$$H_{\mathrm{I}}=-(\boldsymbol{d}_{eg}\,|e\rangle\langle g|+\boldsymbol{d}_{ge}\,|g\rangle\langle e|)\boldsymbol{E}(t) \tag{7.2.6}$$

d_{eg} 和 d_{ge} 分别是对应的偶极矩跃迁矩阵元。我们定义拉比频率

$$\Omega_{\mathrm{R}}=\frac{-\boldsymbol{d}_{eg}\cdot\hat{\boldsymbol{e}}_E\mathscr{E}}{\hbar}=\frac{e(\boldsymbol{r}_{eg}\cdot\hat{\boldsymbol{e}}_E)\mathscr{E}}{\hbar} \tag{7.2.7}$$

在二能级体系中，Ω_{R} 是实数，因此系统哈密顿量可以写成

$$H=H_0+H_{\mathrm{I}}=\hbar\begin{bmatrix}\omega_e & \Omega_{\mathrm{R}}\cos(\omega_{\mathrm{L}}t+\phi)\\ \Omega_{\mathrm{R}}\cos(\omega_{\mathrm{L}}t+\phi) & \omega_g\end{bmatrix} \tag{7.2.8}$$

我们可以整体移动能量零点来使得哈密顿量更方便求解。如果取 $|e\rangle$, $|g\rangle$ 两能级中间点为能量零点，则有

$$\omega_e=-\omega_g=\frac{1}{2}(\omega_e-\omega_g)=\frac{1}{2}\omega_0 \tag{7.2.9}$$

这样，系统的哈密顿量写成

$$H=\hbar\begin{bmatrix}\omega_0/2 & \Omega_{\mathrm{R}}\cos(\omega_{\mathrm{L}}t+\phi)\\ \Omega_{\mathrm{R}}\cos(\omega_{\mathrm{L}}t+\phi) & -\omega_0/2\end{bmatrix} \tag{7.2.10}$$

也可以用泡利矩阵写成

$$H=\frac{1}{2}\hbar\omega_0\sigma_z+\hbar\Omega_{\mathrm{R}}(\sigma^++\sigma)\cos(\omega_{\mathrm{L}}t+\phi) \tag{7.2.11}$$

其中

$$\sigma^+=\begin{bmatrix}0&1\\0&0\end{bmatrix},\quad \sigma=\begin{bmatrix}0&0\\1&0\end{bmatrix},\quad \sigma_z=\begin{bmatrix}1&0\\0&-1\end{bmatrix} \tag{7.2.12}$$

是泡利矩阵。(7.2.11)式将是我们处理光与二能级体系相互作用的出发点。下面将用不同的理论方法来求解这个问题。

7.2.2 用薛定谔方程求解

首先我们用薛定谔方程来求解二能级体系。在 $|e\rangle$, $|g\rangle$ 基矢下，原子的波函数可以写成

$$|\psi(t)\rangle=C_e(t)\,|e\rangle+C_g(t)\,|g\rangle \tag{7.2.13}$$

代入薛定谔方程，得到

$$\mathrm{i}\begin{bmatrix}\dot{C}_e\\ \dot{C}_g\end{bmatrix}=\begin{bmatrix}\omega_0/2 & \Omega_{\mathrm{R}}\cos(\omega_{\mathrm{L}}t+\phi)\\ \Omega_{\mathrm{R}}\cos(\omega_{\mathrm{L}}t+\phi) & -\omega_0/2\end{bmatrix}\begin{bmatrix}C_e\\ C_g\end{bmatrix} \tag{7.2.14}$$

代入，得到

$$\begin{aligned}\dot{C}_e&=-\mathrm{i}\frac{\omega_0}{2}C_e-\mathrm{i}\Omega_{\mathrm{R}}\cos(\omega_{\mathrm{L}}t+\phi)C_g\\ \dot{C}_g&=\mathrm{i}\frac{\omega_0}{2}C_g-\mathrm{i}\Omega_{\mathrm{R}}\cos(\omega_{\mathrm{L}}t+\phi)C_e\end{aligned} \tag{7.2.15}$$

对于这个微分方程组,常常做一个变换

$$
\begin{aligned}
c_e &= C_e e^{i\omega_0 t/2} \\
c_g &= C_g e^{-i\omega_0 t/2}
\end{aligned}
\tag{7.2.16}
$$

得到

$$
\begin{aligned}
\dot{c}_e &= -i\frac{\Omega_R}{2}c_g\left[e^{i(\omega_0-\omega_L)t-i\phi}+e^{i(\omega_0+\omega_L)t+i\phi}\right] \\
\dot{c}_g &= -i\frac{\Omega_R}{2}c_e\left[e^{-i(\omega_0-\omega_L)t+i\phi}+e^{-i(\omega_0+\omega_L)t-i\phi}\right]
\end{aligned}
\tag{7.2.17}
$$

方程右边包含两个指数项。一个频率为 $\omega_0-\omega_L$,一个频率为 $\omega_0+\omega_L$。

我们常常遇到的情况是激光频率和原子跃迁频率接近共振。而(7.2.17)式中另外一个频率 $\omega_0+\omega_L$ 与之相比就非常大。如此高频率的振荡原子没有办法响应,可以略去。这一处理方法称为旋波近似,是处理光与原子相互作用时极为重要的一个近似。其中高频项也称为非旋波项,会对能级产生一个小的修正,我们在后面介绍。

旋波近似下,方程变为

$$
\begin{aligned}
\dot{c}_e &= -i\frac{\Omega_R}{2}c_g e^{-i\Delta t-i\phi} \\
\dot{c}_g &= -i\frac{\Omega_R}{2}c_e e^{i\Delta t+i\phi}
\end{aligned}
\tag{7.2.18}
$$

其中,

$$
\Delta = \omega_L-\omega_0 \tag{7.2.19}
$$

称为失谐量。如果 $\Delta<0$,称为红失谐。如果 $\Delta>0$,称为蓝失谐。

7.2.3 共振情况

首先考虑共振情况,$\Delta=0$。假设原子初始布居在基态上①,$c_e(0)=0$,$c_g(0)=1$。为了简化,假设光场的初相位 $\phi=0$。于是(7.2.18)式变成更简化的形式

$$
\begin{aligned}
\dot{c}_e &= -i\frac{\Omega_R}{2}c_g \\
\dot{c}_g &= -i\frac{\Omega_R}{2}c_e
\end{aligned}
\tag{7.2.20}
$$

这是最简单的线性微分方程组,代入初始条件,求解得到

$$
\begin{aligned}
c_e(t) &= -i\sin\left(\frac{\Omega_R t}{2}\right) \\
c_g(t) &= \cos\left(\frac{\Omega_R t}{2}\right)
\end{aligned}
\tag{7.2.21}
$$

它们对应的布居分别为

① 布居在基态的条件是 $|c_g(0)|^2=1$,这里为了方便,取概率幅的相位为零,$c_g(0)=1$。

$$P_e(t)=\sin^2\left(\frac{\Omega_R t}{2}\right)$$
$$P_g(t)=\cos^2\left(\frac{\Omega_R t}{2}\right) \tag{7.2.22}$$

图7.6给出了二能级体系原子布居随时间的变化。它们是频率为 Ω_R 的振荡函数，原子布居在两个态之间来回振荡①，这一现象称为**拉比振荡**，是量子体系区别经典体系的重要特征，也是光与原子相互作用的“元图像”。丰富多彩的量子调控技术大多以此作为基础。下面我们将详细考察一下它的特征，并介绍一些常用的名词。

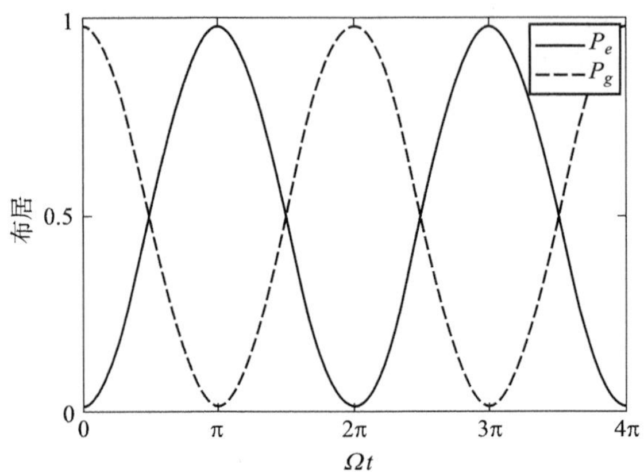

图7.6　共振情况下，二能级体系的布居在光的作用下形成拉比振荡。

1. π 脉冲——布居反转

原子的布居随时间周期振荡，当光场的作用时间 T 满足 $\Omega_R T=\pi$ 时，原子的布居刚好反转。比如原子原来处于 $|g\rangle$ 态，经过一个 π 脉冲后，原子全部变到 $|e\rangle$ 态上了。这样一个脉冲称为 π 脉冲，作用时间 $T=\pi/\Omega_R$ 也称为 π 脉冲时间。我们常用图7.7(a)来表示。

2. π/2 脉冲——等布居叠加态

当脉冲的作用时间 T 满足 $\Omega_R T=\pi/2$ 时，我们称之为 π/2 脉冲。如果原子开始时处于 $|g\rangle$ 态，经过 π/2 脉冲后变到 $\psi=1/\sqrt{2}(|g\rangle-\mathrm{i}|e\rangle)$ 态上。这时原子处于两个态的相干叠加态，它们之间的相位变得重要起来。π/2 脉冲在干涉实验中被广泛使用。

3. θ 脉冲

在一般情况下，光场作用一段时间 t。定义 $\theta=\Omega_R t$，是为拉比振荡转过的角度。我们常用图7.7(b)来表示这样一个过程，也可以在时间域上用图7.7(c)来表示。

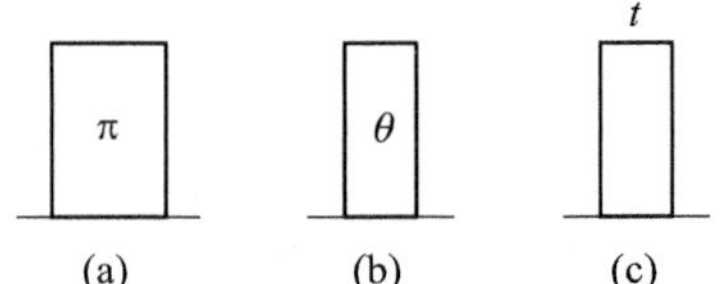

图7.7　不同作用时间下的拉比脉冲的常用表示方式。(a) 表示 π 脉冲。(b) 脉冲作用时间为 t 的表示，$\theta=\Omega_R t$。(c) 也有把作用时间 t 表示在脉冲上的。

① 当然，这里没有考虑任何退相干因素，拉比振荡是完美的。当考虑各种退相干后，拉比振荡将振荡衰减，我们将在后面具体讲述。

7.2.4 近共振情况

前面求解了共振情况，得到了最核心的物理图像——拉比振荡。共振是特殊情况，近共振是更常见的，失谐量的存在会对系统演化会起到重要的作用。

$\Delta \neq 0$ 时，方程的解会复杂一些，其通解为

$$c_e(t)=\left\{c_e(0)\left[\cos\left(\frac{\Omega_{\text{eff}}t}{2}\right)+\frac{\mathrm{i}\Delta}{\Omega_{\text{eff}}}\sin\left(\frac{\Omega_{\text{eff}}t}{2}\right)\right]-c_g(0)\,\mathrm{i}\,\frac{\Omega_{\mathrm{R}}}{\Omega_{\text{eff}}}\mathrm{e}^{-\mathrm{i}\phi}\sin\left(\frac{\Omega_{\text{eff}}t}{2}\right)\right\}\mathrm{e}^{-\mathrm{i}\Delta t/2}$$
$$c_g(t)=\left\{c_g(0)\left[\cos\left(\frac{\Omega_{\text{eff}}t}{2}\right)-\frac{\mathrm{i}\Delta}{\Omega_{\text{eff}}}\sin\left(\frac{\Omega_{\text{eff}}t}{2}\right)\right]-c_e(0)\,\mathrm{i}\,\frac{\Omega_{\mathrm{R}}}{\Omega_{\text{eff}}}\mathrm{e}^{\mathrm{i}\phi}\sin\left(\frac{\Omega_{\text{eff}}t}{2}\right)\right\}\mathrm{e}^{\mathrm{i}\Delta t/2} \tag{7.2.23}$$

这里定义了一个等效拉比频率，

$$\Omega_{\text{eff}}=\sqrt{\Omega_{\mathrm{R}}^2+\Delta^2} \tag{7.2.24}$$

并且为了一般起见，我们保留了初相位 ϕ，这在一些相位敏感的测量中非常重要。

一种更紧凑的写法是使用矩阵形式

$$\begin{bmatrix} c_e(t) \\ c_g(t) \end{bmatrix}=M(\Omega_{\mathrm{R}},\Delta,\phi,t)\begin{bmatrix} c_e(0) \\ c_g(0) \end{bmatrix} \tag{7.2.25}$$

其中传输矩阵为

$$M(\Omega_{\mathrm{R}},\Delta,\phi,t)=$$
$$\begin{bmatrix} \left[\cos\left(\frac{\Omega_{\text{eff}}t}{2}\right)+\frac{\mathrm{i}\Delta}{\Omega_{\text{eff}}}\sin\left(\frac{\Omega_{\text{eff}}t}{2}\right)\right]\mathrm{e}^{-\mathrm{i}\Delta t/2} & -\mathrm{i}\frac{\Omega_{\mathrm{R}}}{\Omega_{\text{eff}}}\mathrm{e}^{-\mathrm{i}\phi}\sin\left(\frac{\Omega_{\text{eff}}t}{2}\right)\mathrm{e}^{-\mathrm{i}\Delta t/2} \\ -\mathrm{i}\frac{\Omega_{\mathrm{R}}}{\Omega_{\text{eff}}}\mathrm{e}^{\mathrm{i}\phi}\sin\left(\frac{\Omega_{\text{eff}}t}{2}\right)\mathrm{e}^{\mathrm{i}\Delta t/2} & \left[\cos\left(\frac{\Omega_{\text{eff}}t}{2}\right)-\frac{\mathrm{i}\Delta}{\Omega_{\text{eff}}}\sin\left(\frac{\Omega_{\text{eff}}t}{2}\right)\right]\mathrm{e}^{\mathrm{i}\Delta t/2} \end{bmatrix} \tag{7.2.26}$$

转换到(7.2.16)式变换前的系数，则有

$$\begin{bmatrix} C_e(t) \\ C_g(t) \end{bmatrix}=E(\omega_0,t)M(\Omega_{\mathrm{R}},\Delta,\phi,t)\begin{bmatrix} c_e(0) \\ c_g(0) \end{bmatrix} \tag{7.2.27}$$

其中 $E(\omega_0,t)$ 是(7.2.16)式决定的变换矩阵，为

$$E(\omega_0,t)=\begin{bmatrix} \mathrm{e}^{-\mathrm{i}\omega_0 t/2} & 0 \\ 0 & \mathrm{e}^{\mathrm{i}\omega_0 t/2} \end{bmatrix} \tag{7.2.28}$$

如果初态 $c_e(0)=0, c_g(0)=1$，那么我们可以得到布居的演化

$$P_e(t)=\frac{\Omega_{\mathrm{R}}^2}{\Omega_{\text{eff}}^2}\sin^2\left(\frac{\Omega_{\text{eff}}t}{2}\right)$$
$$P_g(t)=\cos^2\left(\frac{\Omega_{\text{eff}}t}{2}\right)+\frac{\Delta^2}{\Omega_{\text{eff}}^2}\sin^2\left(\frac{\Omega_{\text{eff}}t}{2}\right) \tag{7.2.29}$$

可以验证，它们满足布居归一化条件，为

$$P_e(t)+P_g(t)=1 \tag{7.2.30}$$

它们仍然表现出振荡的形式，只是振荡的频率变快了，为等效拉比频率 Ω_{eff}。同时振荡的幅度从共振时的100%降低到失谐情况下的 $\Omega_{\mathrm{R}}^2/\Omega_{\text{eff}}^2$。图 7.8 展示了不同失谐下拉比振荡的情况。

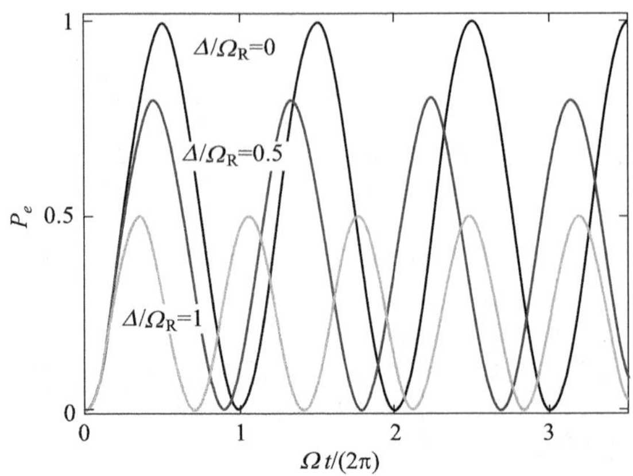

图 7.8　近共振情况下的拉比振荡。失谐越大,振荡的频率越高,振荡的幅度越小。

7.2.5　弱耦合极限

前面介绍爱因斯坦辐射理论时,假设了光的吸收和受激辐射跟光功率密度成正比。如果换到拉比振荡的图像上看,显然这个假设是不正确的。从物理上来看,爱因斯坦辐射理论是在弱耦合极限下的一种近似。下面从含时微扰论的角度出发,推导弱耦合极限下的情况,并和爱因斯坦辐射理论进行比较。

长波近似下,电偶极相互作用的哈密顿量写成

$$H_{\mathrm{I}}=e\boldsymbol{r}\cdot\hat{\boldsymbol{e}}_{\mathrm{E}}\mathscr{E}\left[\frac{1}{2}\left(\mathrm{e}^{\mathrm{i}\omega_{\mathrm{L}}t}+\mathrm{e}^{-\mathrm{i}\omega_{\mathrm{L}}t}\right)\right] \tag{7.2.31}$$

弱耦合情况下,用含时微扰处理。假设原子初态在 $|g\rangle$ 态,吸收光子从一个 $|g\rangle$ 态跃迁到 $|e\rangle$ 态的概率幅为

$$C_e(t)=\frac{1}{\mathrm{i}\hbar}\int_0^t \mathrm{e}^{\mathrm{i}\omega_0 t'}\langle e\,|\,H_{\mathrm{I}}(t')\,|\,g\rangle\mathrm{d}t' \tag{7.2.32}$$

其中 $\omega_0=(E_e-E_g)/\hbar$,为两能级频率差。代入(7.2.31)式,得到

$$C_e(t)=\frac{\Omega_{\mathrm{R}}}{2}\left(\frac{1-\mathrm{e}^{\mathrm{i}(\omega_{\mathrm{L}}+\omega_0)t}}{\omega_{\mathrm{L}}+\omega_0}-\frac{1-\mathrm{e}^{\mathrm{i}(\omega_{\mathrm{L}}-\omega_0)t}}{\omega_{\mathrm{L}}-\omega_0}\right) \tag{7.2.33}$$

同样,采取旋波近似,忽略分母为 $\omega_{\mathrm{L}}+\omega_0$ 的那一项。于是从 $|g\rangle$ 态跃迁到 $|e\rangle$ 态的概率

$$P_e(t)=|C_e(t)|^2=\left(\frac{\Omega_{\mathrm{R}}}{2}\right)^2\frac{\sin^2(\omega_{\mathrm{L}}-\omega_0)t/2}{[(\omega_{\mathrm{L}}-\omega_0)/2]^2} \tag{7.2.34}$$

如果光是单模激光,并且和原子跃迁频率共振,我们得到

$$P_e(t)=|C_e(t)|^2=\left(\frac{\Omega_{\mathrm{R}}}{2}\right)^2t^2 \tag{7.2.35}$$

刚好是拉比振荡(7.2.22)式在 $\Omega_{\mathrm{R}}t\ll1$ 情况下的一阶展开。原子的跃迁概率和时间的二次方成正比。而在爱因斯坦辐射理论中,其基本假设是跃迁概率和时间成线性关系。这两者显然是不同的。

而理解其中差异的关键在于光源的模式和线宽。在推导(7.2.35)式时,我们假设激光是单模,并且和原子跃迁频率共振。而在爱因斯坦辐射理论中,处理的光源是有一定宽度

的，并且光源的线宽比原子本身的线宽（包括自然线宽、多普勒展宽等）要大得多，等效于各种不同失谐的光同时作用，于是不同失谐量引起了不同的等效拉比振荡并叠加起来，使跃迁概率和时间成线性关系。下面进行定量说明。

假设光源的功率谱密度为 $\rho(\omega)$，线宽为 $\Delta\omega$，那么它满足

$$\frac{1}{2}\epsilon_0\mathscr{E}^2=\int\rho(\omega)\,\mathrm{d}\omega \tag{7.2.36}$$

而 $\Omega_{\mathrm{R}}^2=d_{eg}^2\mathscr{E}^2/\hbar^2$，将其中 $\mathscr{E}^2$ 部分用(7.2.36)式代替，得到跃迁概率

$$|C_e(t)|^2=\frac{d_{eg}^2}{2\epsilon_0\hbar^2}\int_{\omega_0-\Delta\omega/2}^{\omega_0+\Delta\omega/2}\rho(\omega)\frac{\sin^2(\omega-\omega_0)t/2}{[(\omega-\omega_0)/2]^2}\mathrm{d}\omega \tag{7.2.37}$$

其中 d_{eg} 是 e,g 两态之间的偶极矩的跃迁矩阵元。在长时间下极限下，利用下面的关系式

$$\lim_{t\to\infty}\frac{\sin^2 xt}{x^2}=\pi t\delta(x) \tag{7.2.38}$$

得到跃迁概率

$$P_e(t)=\frac{\pi}{\epsilon_0\hbar^2}d_{eg}^2\rho(\omega_0)t \tag{7.2.39}$$

跃迁的概率和时间成正比，因此可以定义一个跃迁速率

$$w_{eg}=P_e/t=\frac{\pi}{\epsilon_0\hbar^2}d_{eg}^2\rho(\omega_0) \tag{7.2.40}$$

在处理过程中，我们假设了光是有固定偏振的。但是一般宽带光源的偏振是随机的，因此需要对这个量做一个平均，假设电场偏振方向和原子电偶极矩方向夹角为 θ，

$$d_{eg}^2\to\overline{d_{eg}^2}=\overline{\cos^2\theta}d_{eg}^2=\frac{1}{3}d_{eg}^2 \tag{7.2.41}$$

利用爱因斯坦辐射理论中，跃迁速率和爱因斯坦系数关系为

$$w_{eg}=B_{eg}\rho(\omega_0) \tag{7.2.42}$$

于是我们得到爱因斯坦系数为

$$B_{eg}=\frac{\pi d_{eg}^2}{3\epsilon_0\hbar^2} \tag{7.2.43}$$

我们看到，当使用宽带激光激发进行弱激化时，爱因斯坦辐射理论是一个有效的近似。利用量子力学理论我们计算出了爱因斯坦辐射理论中的 B 系数。

对于自发辐射率，前述二能级体系的处理并不涉及，因此无法给出结果。但是从爱因斯坦系数关系，可以得到

$$A_{ge}=\frac{\hbar\omega_0^3 g_e}{\pi^2c^2g_g}B_{eg}=\frac{\omega_0^3d_{eg}^2g_e}{3\pi\epsilon_0\hbar c^3g_g} \tag{7.2.44}$$

数值估算

对于铷原子 D2 线中 $F=2\to F'=3$ 的跃迁，$\lambda=780$ nm，$d_{\mathrm{eff}}\simeq 3ea_0=2.5\times10^{-29}$ C · m。代入(7.2.44)式计算得到自发辐射率 $A=38$ MHz。

7.3　磁共振与原子钟

前面用薛定谔方程法求解了光与二能级原子相互作用的过程,得到了拉比振荡的物理图像。其中采用的相互作用形式是电偶极相互作用。当然,电偶极相互作用是非常重要的,但却也不是唯一的。二能级模型本身并不依赖于具体的作用机制。在原子的基态中,常采用微波或者射频来耦合不同超精细能级,使用到的是磁偶极相互作用。我们将具体介绍一下磁偶极相互作用,以及相对应的一个二能级体系的重要应用——原子钟。了解原子钟的基本原理,特别是拉姆齐的分离振荡场方案是一件非常有趣的事情。基于此而发展起来的精密测量的理论和技术,极大地推动了现代原子物理的发展。

7.3.1　磁共振

原子电子态之间的跃迁中,电偶极跃迁占主导地位。但是对于某个特定电子态,特别是基态的各个超精细能级,它们都具有相同的宇称,无法使用电偶极跃迁来耦合。这时候就必须考虑更高阶的过程:磁偶极跃迁。它使用电磁波中的磁场分量来产生耦合。第一章1.3.2节介绍的磁共振实验就是这样一个例子。图7.9展示了另外一个例子,使用的是铯原子基态超精细能级,加入偏置磁场将磁子能级的简并打破,通过选择微波频率耦合两个超精细能级的磁子能态,产生一个等效二能级体系①。

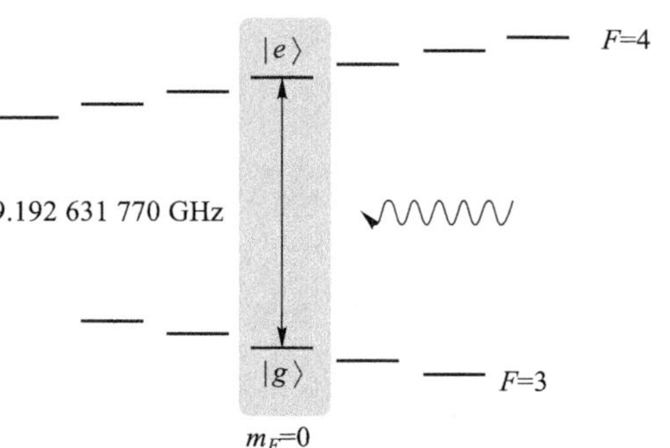

图7.9　磁偶极跃迁示意图。以铯原子的基态 $6^2S_{1/2}$ 为例,加上偏置磁场使得不同磁子能级产生劈裂,然后用微波耦合不同磁子能级。图中选择微波频率跟 $|F=3,m_F=0\rangle\to|F=4,m_F=0\rangle$ 近共振,也等效为一个二能级体系。这两个能级的磁量子数都为零,因此能级对磁场不敏感,称为磁不敏态。它们适合作为钟跃迁,因此这两个能态也称为钟态。

对于这样一个二能级体系,磁偶极相互作用的哈密顿量为

$$H=-\boldsymbol{\mu}\cdot\boldsymbol{B}(\boldsymbol{r},t) \tag{7.3.1}$$

对于射频场中的磁场分量

$$\boldsymbol{B}=B_0\hat{\boldsymbol{e}}_B\cos(\boldsymbol{k}\cdot\boldsymbol{r}-\omega t) \tag{7.3.2}$$

和电偶极跃迁处理过程类似,我们采取长波近似和旋波近似,并且定义

$$\Omega_{\mathrm{R}}=\frac{-(\boldsymbol{\mu}_{eg}\cdot\hat{\boldsymbol{e}}_B)B_0}{\hbar} \tag{7.3.3}$$

就可以得到此二能级体系的哈密顿量,正是(7.2.8)式。和电偶极跃迁情况相比,除却拉比频率的定义不一样,其他完全一样,因此前面讨论的二能级系统的处理方案完全适用。

射频波段除了可以引起超精细能级之间的

① 微波原子钟正是使用原子的基态超精细能级的跃迁频率来定义时间。国际单位制中一秒的定义为"铯-133原子不受干扰的基态的两个超精细能级间跃迁对应辐射的9 192 631 770个周期的持续时间"。

跃迁,也可以让同一能级的不同磁子能级之间发生跃迁。仍然以图 7.9 为例,加入偏置场后,不同磁子能级之间发生劈裂。如果射频场频率刚好和相邻磁子能级差共振,那么它们之间也会发生跃迁。

7.3.2 拉比光谱

扫描辐射场的频率(也即是失谐量)来看布居的响应是常用的光谱手段。对于二能级原子,假设初始处于基态,在辐射场的作用下将按拉比振荡进行演化。选择一个比较小的固定演化时间 $t=T(\Omega_R T\leqslant\pi)$,布居对频率的依赖关系由(7.2.29)式给出

$$P_e(\Delta)=\left(\frac{\Omega_R}{\Omega_{eff}}\right)^2\sin^2\left(\frac{\Omega_{eff}T}{2}\right)=\left(\frac{\Omega_R T}{2}\right)^2\operatorname{sinc}^2\left(\frac{\Omega_{eff}T}{2}\right) \tag{7.3.4}$$

这是一个 sinc 函数的形式。图 7.10 展示了 $\Omega_R T=\pi/2$ 情况下扫描失谐获得的光谱形状,也称为拉比光谱。共振时,激发态上的布居最大,由此可用来确定原子的跃迁频率。谱线的线宽可以用第一个零点对应的横轴值 Δ_0 来描述。由

$$\frac{\Omega_{eff}T}{2}=\pi \tag{7.3.5}$$

计算得到

$$\Delta_0=\frac{2\pi}{T}\sqrt{1-\left(\frac{\Omega_R T}{2\pi}\right)^2}\sim\frac{2\pi}{T} \tag{7.3.6}$$

可见其光谱的宽度依赖于作用时间。作用时间越长,光谱的线宽越窄,共振频率测量的准确性也就越高。

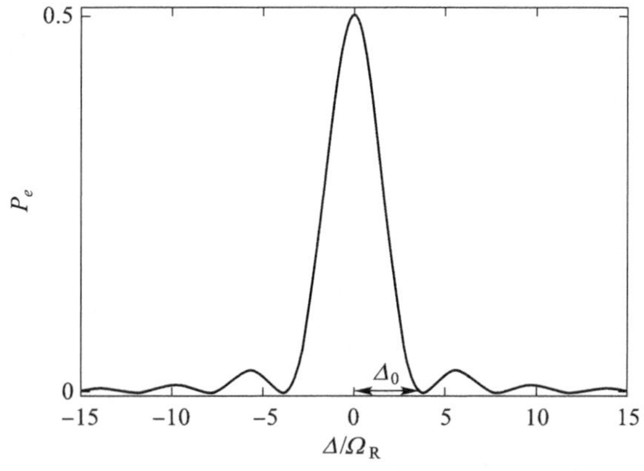

图 7.10 拉比光谱,参量选择为 $\Omega_R T=\pi/2$。谱线的宽度 $\Delta_0/\Omega_R\simeq 2\pi/(\Omega_R T)=4$。

当然,(7.3.6)式其实也暗含了功率展宽。上面说拉比光谱的线宽是作用时间决定的,如果想要线宽变窄,那么作用时间需要变长。但是如果拉比频率很大的话,作用时间不能太长,因为要满足 $\Omega_R T\leqslant\pi$ 的条件,否则会出现多峰情况。这也意味着功率对光谱的宽度给出一个限制,实际上也是功率展宽。

为了看清楚这一点,记 $\Omega_R T=\theta$,由(7.3.6)式得到

$$\Delta_0=\Omega_R\sqrt{\left(\frac{2\pi}{\theta}\right)^2-1} \tag{7.3.7}$$

如果 θ 取到最大值 $\theta=\pi$,对应展宽最小值为 $\Delta_0=\sqrt{3}\Omega_R$。可以看到,其实它是由功率展宽决定的。

拉比最早提出的微波原子钟方案就是基于拉比光谱的原理①。通过拉比光谱确定原子的跃迁频率,将微波频率锁定在此频率上,并以此来构建稳定的原子钟。其中二能级体系使用的是碱金属(铯)原子基态的超精细劈裂的两个能级。以原子的跃迁频率作为标准可以避免机械钟或者石英钟中由于机械原因发生老化,出现频率稳定度变差的情况,从而实现非常高的稳定度和准确度。

上述讨论中使用了理想的二能级体系,没有考虑原子的运动、频移、展宽、退相干等。现实世界要实现这样一种装置,往往有其限制。考察这些技术的边界是一件有趣的事情。在拉比那个时代,还没有冷原子技术,一般使用热原子束。图 7.11 画出了原子钟工作方案的示意图。原子从原子炉中喷出后,准直后经过一个态制备腔,将原子制备到二能级中一个特定能态上。然后经过微波腔,和微波作用进行拉比振荡的演化,最后经过探测腔来探测原子的布居分布。使用原子束的好处是减少多普勒频移,但同时快速运动的原子带来了一个新的限制,微波和原子的作用时间难以很长。

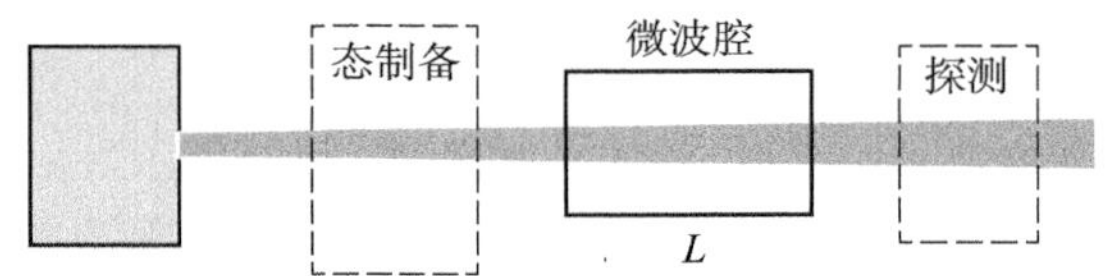

图 7.11　单微波腔原子钟示意图。

数值估算

现在的时间标准是定义在铯原子的基态超精细能级跃迁上的,其跃迁频率约为 $\omega_0=2\pi\times9.2$ GHz。一般铯原子束中原子的纵向速度在 $v=150$ m/s 左右,而微波腔典型的长度为 $L=30$ cm,估算此时拉比光谱的线宽。我们称跃迁频率和谱线宽度的比值为 Q 值,计算此时的 Q 值。

解:原子在微波腔内的作用时间

$$T=\frac{L}{v}=\frac{30\ \text{cm}}{150\ \text{m/s}}=2\ \text{ms} \tag{7.3.8}$$

因此对应的拉比光谱的线宽为

$$\Delta\omega=2\pi\times\frac{1}{T}=2\pi\times500\ \text{Hz} \tag{7.3.9}$$

计算得到此时的 Q 值

$$Q=\frac{\omega_0}{\Delta\omega}=\frac{9.2\ \text{GHz}}{500\ \text{Hz}}\simeq2\times10^7 \tag{7.3.10}$$

Q 值越大,原子钟的精度越高。

---

① 拉比在发明分子束磁共振技术后,就思考用原子跃迁频率作为时间基准。1945 年,他在美国物理学会和美国教师协会的演讲中公开提出了原子钟的想法。隔天纽约时报报道了这一新闻,因此第一篇公开的原子钟文献出现在一家商业报纸上。这也是原子钟发展史上一个有趣的细节。

从上面的数值估算中可以看到,在拉比光谱的测量中,谱线的线宽还是太宽。这不利于制造更高精度的原子钟。如何在技术边界范围内获得更窄的谱线?解决这一问题的思路就是下一节讲的拉姆齐方案。

7.3.3 拉姆齐(Ramsey)光谱

一般来说,频谱宽度越窄,中心频率就可以确定得更准确。在拉比光谱中,频谱的宽度

$$\Delta\omega/2\pi \sim 1/T \tag{7.3.11}$$

要想谱线宽度变窄,就需要作用时间变长。但是在早期的实验中,为了消除多普勒效应的影响,使用的是样品炉中喷出来的原子束。原子和微波的作用时间将受限于原子的运动速度和微波腔的长度。原子的运动速度很难改变,为了增加作用时间,就必须加长微波腔的长度。但是微波腔内微波的分布是由腔的边界决定的。要想在很长一个范围内(比微波波长大很多)保持微波分布均匀是很难的。因此微波和原子的作用时间往往被限制在毫秒量级,最终限制了原子钟的精度。

为了解决这个问题,拉姆齐发明了分离振荡场方案。其基本物理图像如图 7.12 所示,其核心思想是将一个长腔分成两个短腔。两个短腔内产生均匀微波场是容易的,两个腔之间相距一段比较长的距离 L,那里没有微波场。而最终的谱线宽度和这个距离 L 有关系(物理上看是两个微波脉冲间隔),而和微波腔的长度(微波作用时间)关系不大,这样就大大压窄了光谱的线宽,提高了测量的精度。

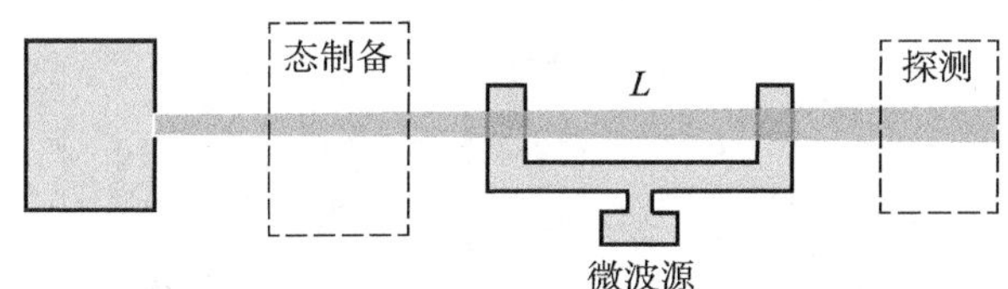

图 7.12 拉姆齐方案的示意图。它和拉比方案的区别在于微波分布在空间两个不同的位置。

下面具体求解一下拉姆齐方案的结果。从单粒子图像出发①,并且将计算转换到原子本身的参考系上。在原子看来,它受到的是两个不同时间的微波脉冲作用。因此可用图 7.13 的脉冲序列来表示拉姆齐的方案,也称为拉姆齐脉冲。

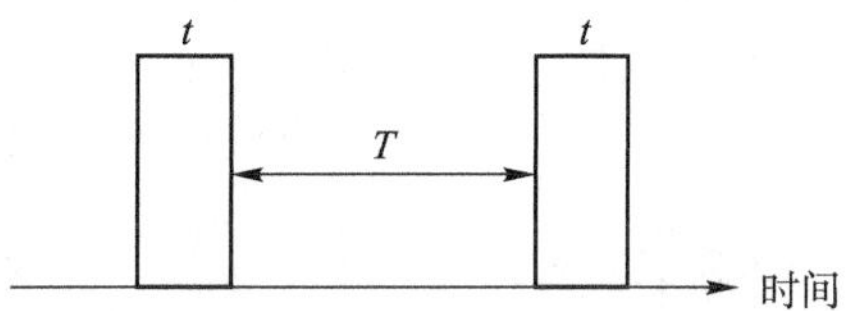

图 7.13 拉姆齐脉冲示意图。两个脉冲的作用时间都是 t,两个脉冲的时间间隔为 T。

利用(7.2.27)式,经过 $t-T-t$ 的拉姆齐脉冲后的原子布居分布为

$$\begin{bmatrix} C_e(T+2t) \\ C_g(T+2t) \end{bmatrix} = E(\omega_0,t)M(\Omega_\mathrm{R},\Delta,\phi_3,t)E(\omega_0,T)E(\omega_0,t)M(\Omega_\mathrm{R},\Delta,\phi_1,t_1)\begin{bmatrix} c_e(0) \\ c_g(0) \end{bmatrix} \tag{7.3.12}$$

① 一般来说,原子束中原子的密度不是很高,作用时间内原子的相互碰撞效应可忽略,单粒子图像是一个良好的近似。

其中脉冲作用时间由两个小腔的尺寸和原子飞行速度决定。两个脉冲间隔由两小腔间隔和原子飞行速度决定，于是

$$T=\frac{L}{v} \tag{7.3.13}$$

在计算拉比振荡的时候，我们假设了光场的初相位 $\phi=0$。这一假设是合理的，初相位的出现会让 $c_e(t)$ 和 $c_g(t)$ 上也有一个相位，但是最后计算布居时相位将消失，因此一般来说初相位的绝对值是不重要的。但是在计算拉姆齐脉冲的过程中，相位是一个重要的变量，要小心对待。

拉姆齐脉冲中各阶段微波的初相位为 $\phi_i(i=1,2,3)$。微波初始相位的绝对值不重要，设为 $\phi_1=0$。第二阶段微波被关闭了，ϕ_2 最终不出现在公式中，所以没关系。最重要的是第三个阶段的相位 ϕ_3。虽然在 T 时间内微波是关闭的，但是微波的相位还是在演化的①。实际上

$$\phi_3-\phi_1=\omega_L(T+t) \tag{7.3.14}$$

是微波相位演化到 $T+t$ 时刻相对于初始时刻的相位差。这个相位必须计入公式计算，它对拉姆齐光谱的性质有重大影响。

下面以一个例子来具体计算拉姆齐光谱的结构。

例题：假设原子经过态制备后处于基态，$C_g(0)=1, C_e(0)=0$。微波拉比频率 $\Omega_R=2\pi\times 100\ \text{Hz}$。选取合适的实验参量，使得微波作用刚好为 $\pi/2$ 脉冲。脉冲间隔 $T=0.1\ \text{s}$。请画出 P_e 随失谐 Δ 变化的拉姆齐条纹。

解：因为微波脉冲为 $\pi/2$ 脉冲，因此作用时间

$$t=\pi/(2\Omega_R)=2.5\ \text{ms} \tag{7.3.15}$$

将这些参量代入(7.3.12)式，数值计算拉姆齐脉冲的结果，如图 7.14 所示。它的包络线是拉比光谱。相比于拉比光谱，拉姆齐条纹出现了随失谐的剧烈变化，其线宽比拉比光谱要窄很多。

为了更好地理解这个过程，我们在失谐为零附近求一个近似解析式。取近似 $\Omega_{\text{eff}}\simeq\Omega_R$，第一个 $\pi/2$ 脉冲将原子制备到 $|g\rangle$ 和 $|e\rangle$ 的叠加态

$$\begin{bmatrix} C_e(t) \\ C_g(t) \end{bmatrix}=E(\omega_0,t)M(\Omega_R,\Delta,0,t)\begin{bmatrix} C_e(0) \\ C_g(0) \end{bmatrix}\simeq\frac{\sqrt{2}}{2}\begin{bmatrix} -\mathrm{i}e^{-\mathrm{i}\omega_0 t/2} \\ e^{\mathrm{i}\omega_0 t/2} \end{bmatrix} \tag{7.3.16}$$

第二阶段，在 T 时间内微波关闭，这两个态自由演化。由于这两个态的能量不一样，因此相位出现一个 $\exp(-\mathrm{i}\omega_0 T)$ 的差别。

$$\begin{bmatrix} C_e(T+t) \\ C_g(T+t) \end{bmatrix}=E(\omega_0,T)\begin{bmatrix} C_e(t) \\ C_g(t) \end{bmatrix}\simeq\frac{\sqrt{2}}{2}\begin{bmatrix} -\mathrm{i}e^{-\mathrm{i}\omega_0 (T+t)/2} \\ e^{\mathrm{i}\omega_0 (T+t)/2} \end{bmatrix} \tag{7.3.17}$$

另一方面，微波的相位也随时间在变化，在第二个微波脉冲开启前，它的相位相对于初始相位变化了 $\phi_3=\exp[\mathrm{i}\omega_L(T+t)]$。这时候原子两个态之间的相位差和微波的相位相比多出一个相位差 $\Delta\cdot(T+t)$。

① 读者可以想象一个实际工作过程，微波源是一直开的。微波脉冲是由微波源外面的微波开关控制，因此微波相位一直在跑。

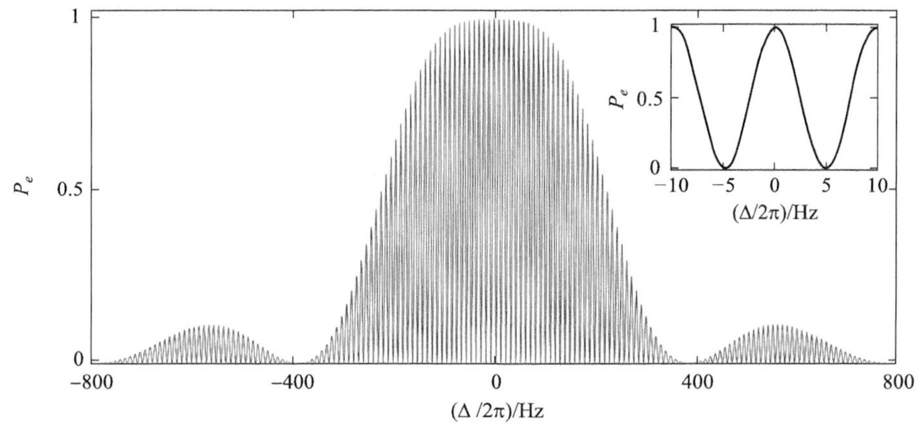

图 7.14 拉姆齐条纹。计算参量是例题中给出的参量。插图是在中心频率附近的展开。

第三阶段,第二个 π/2 脉冲把这个相位差最终转化到布居上了,

$$\begin{bmatrix} C_e(T+2t) \\ C_g(T+2t) \end{bmatrix} = E(\omega_0,t)M(\Omega_{\rm R},\Delta,\phi_3,t)\begin{bmatrix} C_e(T+t) \\ C_g(T+t) \end{bmatrix} \simeq \frac{1}{2}\begin{bmatrix} -{\rm i}{\rm e}^{-{\rm i}\omega_0(T+2t)/2-{\rm i}\Delta t/2}(1+{\rm e}^{-{\rm i}\Delta(T+t)}) \\ {\rm e}^{{\rm i}\omega_0(T+2t)/2+{\rm i}\Delta t/2}(1-{\rm e}^{{\rm i}\Delta(T+t)}) \end{bmatrix} \tag{7.3.18}$$

如果测量 $|e\rangle$ 态上的布居,

$$P_e(\Delta)=\frac{1}{2}[1+\cos\Delta(T+t)] \tag{7.3.19}$$

由于 $T\gg t$,最终拉姆齐条纹的线宽是由 T(而不是 t)决定。从图 7.14 中插图验证这一点,拉姆齐条纹的线宽约为 $2\pi\times5$ Hz,比对应拉比光谱的线宽窄很多。

拉姆齐方案应用了量子态相干性,极大地压窄了线宽,提高了原子钟的精确度,成为原子钟以及干涉仪等领域的标准技术。拉姆齐教授也因此获得了 1989 年诺贝尔物理学奖。

拉姆齐条纹的宽度由自由演化时间 T 决定,而 T 由微波腔之间的距离和原子运动速度决定。在热原子束方案中,原子的运动速度很快,在 100 m/s 的量级,很难做到比较慢。增加 T 意味着要增加微波腔之间的距离,装置变大,从而带来新的技术挑战。因此 T 一般限制在毫秒量级。冷原子物理的发展带来了新的技术革新。在冷原子钟中,普遍采用喷泉结构,如图 7.15(a)所示。冷原子在竖直方向被上抛,经过微波腔,完成第一个拉姆齐脉冲;然后在重力作用下下落,第二次经过微波腔,完成第二个拉姆齐脉冲;最后被探测,完成整个拉姆齐过程。原子在喷射时的速度可以精确控制,T 只和上抛和下落的距离 L 有关系,1 m 的距离可以做到 $T=2\sqrt{2L/g}\simeq1$ s 的自由演化时间,相比热原子束的 T 提高两到三个量级,从而大大提高原子钟的精度。而在微重力的情况下,T 可以做到更长,有望进一步提高原子钟的精度。2016 年,我国发射了天宫二号,其上搭载了一台冷原子钟,也是全世界第一台空间冷原子钟,代表了人类在此方向新的征程。

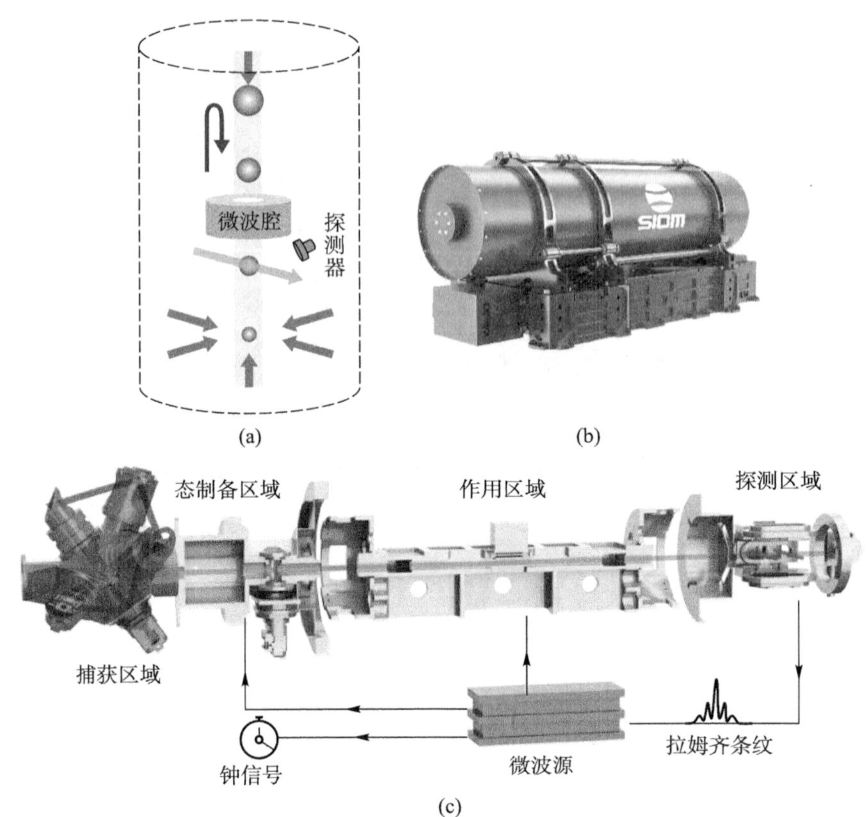

图 7.15　(a) 冷原子钟的示意图。(b) 世界第一台空间冷原子钟图片,由上海光机所研制。(c) 空间原子钟内部原理示意图,参见 Nat. Comm.,9,2760 (2018)。

附录:原子钟怎么就是个钟?

没有接触过原子钟的读者可能会疑惑,为什么测量原子的能级就可以称为原子钟。我们印象中的钟可能是一个钟表,有时针、分针、秒针。滴答滴答,时间流逝。原子钟怎么和这个联系起来呢?

钟表利用了复杂的机械结构构建了一个比较稳定的周期性运动装置,而一秒一秒的滴答声则是将这种周期运动通过齿轮等转换而呈现出来的。其实,一切周期性的现象都可以作为一种时钟信号来利用。比如利用太阳的东升西落来计时,摆钟利用单摆的等时性来构建,机械表是用机械振动的周期,石英钟是利用石英振动来计时。时钟的稳定性依赖于周期性运动的稳定性,运动周期越稳定,时钟越稳定。但是机械装置不可避免会有老化、磨损等现象,造成运动周期的漂移,影响计时的精度。原子钟由于利用的是原子的固有跃迁频率,可以克服这些问题,做到更精确、更稳定。

要将原子钟和我们生活经验联系起来,中间存在一些过渡。图 7.16 给出一种原子钟输入输出信号的简单示意图。具体来讲,本书所讨论的拉比光谱、拉姆齐光谱等是在原子钟的物理部分。通过扫描光谱,可以确定原子的共振频率,利用它可以稳定微波源的频率。而微波频率是通过一个叫“频率链”的电子电路模块和 10 MHz 信号连接起来的。微波频率稳定,意味着 10 MHz 信号稳定。而 10 MHz 信号是工业时钟的标准信号之一。在实验室工作过的读者可能会有印象，很多电子仪器后面都有 10 MHz 信号接口，可以接入外部时钟。当然，如果需要将 10 MHz 信号转化为我们日常使用的一秒一秒的信号，只需要再通过一些频率转化电路就能实现。这些过渡当然也是非常重要的，只是在物理学教材中往往只讲物理部分，对于偏工程部分忽略不讲。

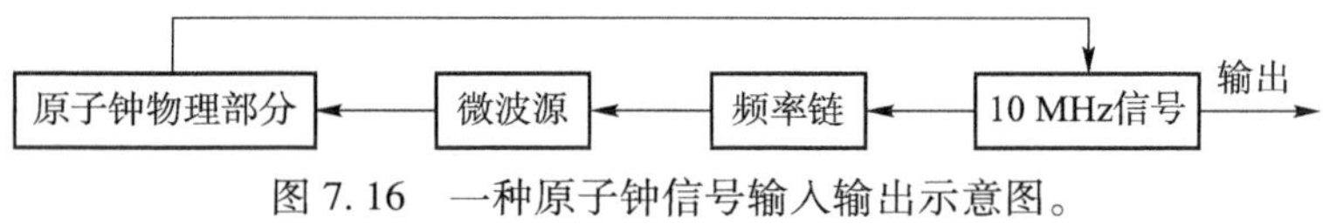

图 7.16 一种原子钟信号输入输出示意图。

7.4 表象变换与不含时哈密顿量

用半经典理论处理光与原子相互作用时，将光看成经典电磁场，因此哈密顿量(7.4.8)式是含时的。虽然我们也可以求解含时哈密顿量对应的薛定谔方程，但是如能通过表象变换获得不含时哈密顿量，那会方便很多。

实际上在求解含时薛定谔方程时，我们在数学上对微分方程进行了(7.2.16)式的变换，获得的微分方程(7.2.20)式中就不显含时间了，因此获得不含时的哈密顿量是可行的。从物理上看，(7.2.16)式的变换实际上是进行了表象变换。

7.4.1 表象变换

考虑一个哈密顿量

$$H=H_0+H_I \tag{7.4.1}$$

其中 H_I 是相互作用部分。波函数 $|\psi(t)\rangle$ 满足薛定谔方程

$$\frac{\partial}{\partial t}|\psi(t)\rangle=-\frac{i}{\hbar}H|\psi(t)\rangle \tag{7.4.2}$$

可以转到 H_0 对应的表象。为此，引入幺正算符

$$U_0(t)=\exp\left(-\frac{i}{\hbar}H_0 t\right) \tag{7.4.3}$$

新表象下态矢量为

$$|\psi_I(t)\rangle=U_0^+(t)|\psi(t)\rangle \tag{7.4.4}$$

计算此态的微分

$$\begin{aligned}i\hbar\frac{\partial}{\partial t}|\psi_I(t)\rangle&=i\hbar\left[\left(\frac{\partial}{\partial t}U_0^+(t)\right)|\psi(t)\rangle+U_0^+(t)\frac{\partial}{\partial t}|\psi(t)\rangle\right]\\&=-H_0|\psi_I(t)\rangle+U_0^+(t)HU_0(t)|\psi_I(t)\rangle\\&=U_0^+(t)H_IU_0(t)|\psi_I(t)\rangle\end{aligned} \tag{7.4.5}$$

因此新表象下的哈密顿量为

$$V_I(t)=U_0^+(t)H_IU_0(t) \tag{7.4.6}$$

满足薛定谔方程

$$i\hbar\frac{\partial}{\partial t}|\psi_I(t)\rangle=V_I(t)|\psi_I(t)\rangle \tag{7.4.7}$$

(7.4.3)式、(7.4.4)式和(7.4.6)式给出了表象变换的基本公式。

7.4.2　相互作用表象

相互作用表象是一个常用而重要的表象。将表象变换理论应用到二能级体系，将哈密顿量(7.4.8)式重新写出来，

$$H=H_0+H_1=\frac{1}{2}\hbar\omega_0\sigma_z+\hbar\Omega_R(\sigma^++\sigma)\cos(\omega_L t+\phi) \tag{7.4.8}$$

幺正变换为

$$U_0(t)=\exp\left(-\frac{i}{\hbar}H_0 t\right)=\exp\left(-i\frac{1}{2}\omega_0\sigma_z t\right) \tag{7.4.9}$$

其矩阵形式为

$$U_0(t)=\begin{bmatrix} e^{-i\omega_0 t/2} & 0 \\ 0 & e^{i\omega_0 t/2} \end{bmatrix} \tag{7.4.10}$$

相互作用表象下的哈密顿量为

$$\begin{aligned} V_1 &=U_0^+(t)H_1U_0(t)=\frac{1}{2}\hbar\Omega_R(\sigma^+e^{i\omega_0 t}+\sigma e^{-i\omega_0 t})\left[e^{i(\omega_L t+\phi)}+e^{-i(\omega_L t+\phi)}\right] \\ &=\frac{1}{2}\hbar\Omega_R\{\sigma^+\{e^{i[(\omega_0+\omega_L)t+\phi]}+e^{i[(\omega_0-\omega_L)t-\phi]}\}+\sigma\{e^{-i[(\omega_0-\omega_L)t-\phi]}+e^{-i[(\omega_0+\omega_L)t+\phi]}\}\} \end{aligned} \tag{7.4.11}$$

取旋波近似，忽略 $\omega_L+\omega_0$ 的高频项，得到相互作用表象下的哈密顿量

$$V_1=\frac{1}{2}\hbar\Omega_R(\sigma^+e^{-i\Delta t-i\phi}+\sigma e^{i\Delta t+i\phi}) \tag{7.4.12}$$

这个哈密顿量和微分方程(7.2.18)式是相对应的。和薛定谔表象相比，其波函数的系数满足(7.2.16)式的变换关系。

相互作用表象下态矢量的演化只和相互作用能量相关，因此使用非常方便。但是它的哈密顿量只在失谐为零的情况下才是不含时的。

7.4.3　光频旋转表象

为了获得不含时哈密顿量，常用的变换是转到光频旋转表象，取

$$H_L=\frac{1}{2}\hbar\omega_L\sigma_z \tag{7.4.13}$$

对应幺正变换

$$U(t)=\exp\left(-\frac{i}{\hbar}H_L t\right)=\exp\left(-i\frac{1}{2}\omega_L\sigma_z t\right) \tag{7.4.14}$$

类似地，做旋波近似，新表象下哈密顿量变成不含时的形式

$$H'=U^+(t)(H-H_L)U(t)=\hbar\left[-\frac{\Delta}{2}\sigma_z+\frac{\Omega_R}{2}(\sigma^+e^{-i\phi}+\sigma e^{i\phi})\right] \tag{7.4.15}$$

在单个脉冲中，初相位的绝对值是不重要的。但是对于多脉冲技术，脉冲之间的相对相位是非常重要的。为了处理相位问题，定义拉比频率

$$\Omega/2=\langle g|H'|e\rangle/\hbar \tag{7.4.16}$$

这样激光相位被吸收到拉比频率上去，

$$\Omega=\Omega_{\mathrm{R}}\mathrm{e}^{\mathrm{i}\phi} \tag{7.4.17}$$

于是光频旋转表象中不含时哈密顿量在$\{|e\rangle,|g\rangle\}$基矢下为

$$H'=\hbar\begin{bmatrix}-\Delta/2 & \Omega^*/2\\ \Omega/2 & \Delta/2\end{bmatrix} \tag{7.4.18}$$

在光频旋转表象中,可以认为$|g\rangle$态是“基态原子+ 一个光子”的状态，$|e\rangle$态只是纯原子激发态。这样不含时哈密顿量各项的物理意义非常清晰。对角项分别是$|g\rangle$态和$|e\rangle$态的能量，非对角项是它们之间的耦合,按(7.4.16)式定义,激光相位项$\mathrm{e}^{\mathrm{i}\phi}$被吸收到拉比频率中了。也可以将能级零点移动$\Delta/2$,取$|e\rangle$态能量为零,因此$|g\rangle$态能量为$\hbar\Delta$,得到如下形式的不含时哈密顿量

$$H'=\hbar\begin{bmatrix}0 & \Omega^*/2\\ \Omega/2 & \Delta\end{bmatrix} \tag{7.4.19}$$

或者取$|g\rangle$态能量为零,因此$|e\rangle$态能量为$-\hbar\Delta$,得到

$$H'=\hbar\begin{bmatrix}-\Delta & \Omega^*/2\\ \Omega/2 & 0\end{bmatrix} \tag{7.4.20}$$

在半经典理论中,通过转到光频旋转表象来获得不含时哈密顿量,实际上是个巧合。当光场更复杂,比如多个激光频率作用在同一个二能级体系时,转到其中某个光频旋转并不能消除所有的含时项。

7.4.4 拉曼-拉比跃迁

二能级体系是光与原子相互作用最基本的单元,它有许多变种。在实际工作中,常常会用到一类拉曼-拉比(Raman-Rabi)跃迁。如图7.7(a)所示,它利用一对单光子失谐很大、双光子失谐很小的拉曼光耦合一个三能级体系。由于拉曼光的单光子失谐比较大,上能级布居很小,因此可以绝热消去上能级,将其等效为一个二能级体系。这种情况下在二能级之间不存在跃迁,或者在很难耦合的情况下,可以借助第三个能级来耦合起来,因此十分有用。

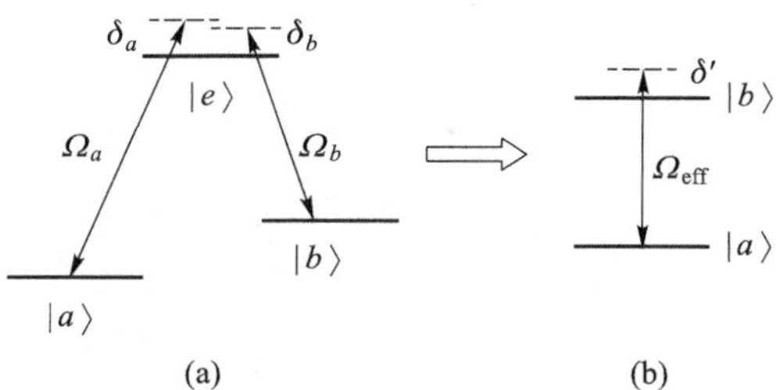

图7.17 拉曼-拉比跃迁。(a) 三能级体系下的耦合示意图。(b) 等效出来的二能级体系。

按图7.17的标记,三个能级分别为$|a\rangle$,$|b\rangle$,$|e\rangle$,拉曼光对应的失谐量分别记为$\delta_a=\omega_{\mathrm{L}}^{ae}-\omega_{ae}$,$\delta_b=\omega_{\mathrm{L}}^{be}-\omega_{be}$。定义双光子失谐量$\delta$和单光子失谐量$\Delta$,

$$\begin{aligned}\delta&=\delta_a-\delta_b\\ \Delta&=(\delta_a+\delta_b)/2\end{aligned} \tag{7.4.21}$$

使用不含时哈密顿量,取$E_{|e\rangle}+\hbar\Delta$为能量零点,旋波近似下,在$\{|a\rangle,|b\rangle,|e\rangle\}$基矢下可

以写出系统的哈密顿量

$$\hat{H}=\hbar\begin{bmatrix}\frac{\delta}{2} & 0 & \frac{\Omega_a}{2}\\ 0 & -\frac{\delta}{2} & \frac{\Omega_b}{2}\\ \frac{\Omega_a^*}{2} & \frac{\Omega_b^*}{2} & -\Delta\end{bmatrix} \tag{7.4.22}$$

其中拉比频率是按(7.4.16)式的思路进行了定义，

$$\Omega_a=2\langle a\mid\hat{H}\mid e\rangle/\hbar,\qquad \Omega_b=2\langle b\mid\hat{H}\mid e\rangle/\hbar, \tag{7.4.23}$$

一般情况下，需要求解三能级体系在此哈密顿量下的演化。但是当单光子失谐很大，$\Delta\gg\delta_a,\delta_b,\Gamma_e,\Omega_a,\Omega_b$时，它可以近似为一个二能级体系。

对于任意一个波函数，取$\{\mid a\rangle,\mid b\rangle,\mid e\rangle\}$为基矢展开，将前面的系数组合起来标记此波函数，写成$\mid\psi\rangle=[\alpha,\beta,\gamma]^T$，代入薛定谔方程，系统的演化方程可以写为

$$\begin{aligned}\mathrm{i}\dot{\alpha}(t)&=\frac{\delta}{2}\alpha+\frac{\Omega_a}{2}\gamma\\ \mathrm{i}\dot{\beta}(t)&=-\frac{\delta}{2}\beta+\frac{\Omega_b}{2}\gamma\\ \mathrm{i}\dot{\gamma}(t)&=\frac{\Omega_a^*}{2}\alpha+\frac{\Omega_b^*}{2}\beta-\Delta\gamma\end{aligned} \tag{7.4.24}$$

由于单光子失谐很大，激发态上的布居很少，$\gamma(t)$随着$\alpha(t)$，$\beta(t)$的变化容易达到稳态。因此引入绝热消除条件，$\dot{\gamma}(t)=0$。由第三个等式得到

$$\gamma=\frac{\Omega_a^*}{2\Delta}\alpha+\frac{\Omega_b^*}{2\Delta}\beta \tag{7.4.25}$$

将其代入前面两个式子，得到关于α,β的微分方程组

$$\mathrm{i}\hbar\partial_t\begin{bmatrix}\alpha\\ \beta\end{bmatrix}=H_{\mathrm{eff}}\begin{bmatrix}\alpha\\ \beta\end{bmatrix} \tag{7.4.26}$$

等效的二能级哈密顿量

$$H_{\mathrm{eff}}=\hbar\begin{bmatrix}\frac{\delta}{2}+\frac{\mid\Omega_a\mid^2}{4\Delta} & \frac{\Omega_{\mathrm{eff}}}{2}\\ \frac{\Omega_{\mathrm{eff}}^*}{2} & -\frac{\delta}{2}+\frac{\mid\Omega_b\mid^2}{4\Delta}\end{bmatrix} \tag{7.4.27}$$

其中

$$\Omega_{\mathrm{eff}}=\frac{\Omega_a\Omega_b^*}{2\Delta} \tag{7.4.28}$$

是等效的双光子拉比频率。H_{eff}的对角项上的

$$\mid\Omega_a\mid^2/4\Delta,\qquad \mid\Omega_b\mid^2/4\Delta \tag{7.4.29}$$

分别是$\mid a\rangle$，$\mid b\rangle$两能级由于拉曼光单光子耦合造成的频移，它们的差别会造成等效二能级中的失谐量的变化。等效二能级体系中新的失谐量为

$$\delta' = \delta + \frac{|\Omega_a|^2 - |\Omega_b|^2}{4\Delta} \tag{7.4.30}$$

对此问题的处理,也可以使用等效哈密顿量方法,将其投影到$\{|a\rangle, |b\rangle\}$构成的子空间,推导得出同样的结论,具体参见附录 11.5.3 节。

图 7.18 给出了一个具体的例子的数值模拟图,其中参量选择为

$$\Omega_a = \Omega_b = \Omega, \quad \Delta = -10\Omega, \quad \delta = -0.02\Omega \tag{7.4.31}$$

我们分别数值求解了三能级体系和等效二能级体系。可以看到在三能级模型的数值结果中,激发态$|e\rangle$一直处于很低的布居。而基态的演化和等效二能级非常接近。这里我们选择$\Delta = -10\Omega$,实际上失谐相对于拉比频率来说不是特别大,因此在长时间演化后,可以看到三能级模型结果和等效二能级还是略有差别。单光子失谐越大,两者越接近。

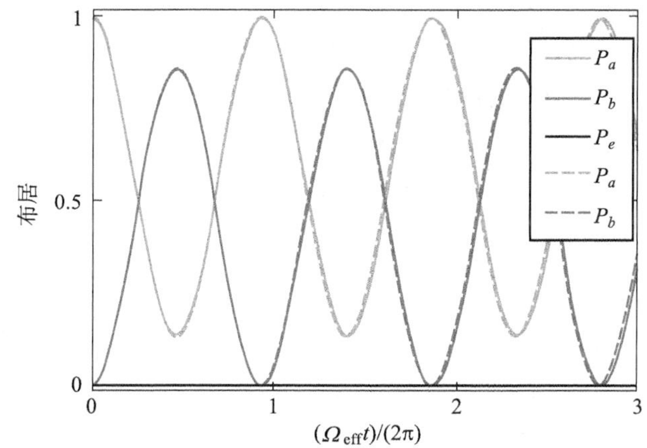

图 7.18　拉曼-拉比振荡。具体参量为$\Omega_a = \Omega_b = \Omega, \Delta = -10\Omega, \delta = -0.02\Omega$。实线是数值求解三能级体系获得的布居演化,虚线是等效二能级体系给出的结果。

7.5　光学布洛赫方程法

前面用薛定谔方程法求解了光与二能级原子相互作用的问题,得到了最核心的物理图像:拉比振荡。但是其中二能级原子没有考虑衰减。对于某些系统,比如基态超精细结构能级,或者基态的塞曼子能级构成的二能级体系,这种处理是合理的。但是,当处理光频段的跃迁时(比如基态和电子激发态之间的跃迁),这一假设就不成立了。处于电子激发态的原子会自发辐射回到基态,并且这一过程非常重要,无法忽略,理论方案必须包含这一重要物理过程。

1927 年,朗道意识到很多过程(比如激发态的耗散)是一个不可逆过程。而薛定谔方程本质上是可逆的。为了引入非可逆过程,可以从一个更大的系统约化而得到。为此需要用一个矩阵来描述系统的状态,这一方法后来被称为密度矩阵法。密度矩阵为处理激发态的自发辐射提供了一个良好的理论框架。我们将先以二能级体系为例,简要介绍密度矩阵的概念和运算法则。然后再用密度矩阵来处理光与原子相互作用的问题。

7.5.1　密度矩阵

对于一个量子态$|\psi\rangle$，定义密度矩阵为

$$\rho=|\psi\rangle\langle\psi| \tag{7.5.1}$$

对于二能级体系，在$\{|e\rangle,|g\rangle\}$基矢下，任一状态可以写成

$$|\psi(t)\rangle=C_e(t)|e\rangle+C_g(t)|g\rangle \tag{7.5.2}$$

因此密度矩阵为

$$\rho=\begin{bmatrix}\rho_{ee} & \rho_{eg}\\ \rho_{ge} & \rho_{gg}\end{bmatrix}=\begin{bmatrix}C_eC_e^* & C_eC_g^*\\ C_gC_e^* & C_gC_g^*\end{bmatrix} \tag{7.5.3}$$

其对角项刚好是原子的布居，非对角项描述的是相干性。这一定义可以推广到多能级原子，其密度矩阵的矩阵元定义为

$$\rho_{ij}=C_iC_j^* \tag{7.5.4}$$

如果系统可以用一个波函数来描述，那么它处于纯态。如果系统不能用一个波函数来描述，那么系统处于混态。(7.5.2)式描述的系统就是纯态，对于纯态，可以验证

$$\rho^2=\rho \quad \text{仅对纯态成立} \tag{7.5.5}$$

另外，不管系统是处于纯态还是混态，都有

$$\begin{aligned}\rho^+=\rho &\quad \text{厄米性}\\ \mathrm{Tr}\rho=1 &\quad \text{归一性}\end{aligned} \tag{7.5.6}$$

假设系统有N个原子，但并不处于同一个量子态，因此不能用一个波函数来描述，系统处于混态。比如说其中N_i个原子处于$|\psi_i\rangle$态，那么对于任意一个原子，处于$|\psi_i\rangle$态的概率为$p_i=N_i/N$，其密度矩阵写成

$$\rho=\sum_i p_i|\psi_i\rangle\langle\psi_i| \tag{7.5.7}$$

对于混态，密度矩阵的厄米性和归一性还是成立的。但是

$$\rho^2=\sum_i\sum_j|\psi_i\rangle\langle\psi_i|\psi_j\rangle\langle\psi_j|=\sum_i p_i^2|\psi_i\rangle\langle\psi_i| \tag{7.5.8}$$

对于混态$0\leqslant p_i<1$，因此$p_i^2\neq p_i$。所以

$$\rho^2\neq\rho \quad \text{对混态} \tag{7.5.9}$$

这个性质很好地区分了纯态和混态，也可以作为它们的定义。对于一个纯态来说，系统可以被一个波函数所描述，密度矩阵并不给出更多的信息。但是对于混态，系统无法用一个波函数来描述，密度矩阵对系统的描述更全面。

我们来看一个具体的例子。对于二能级体系，如果处于纯态，那么可以用一个标准的波函数形式来描述，

$$|\psi(t)\rangle=\cos\frac{\theta}{2}|g\rangle+\sin\frac{\theta}{2}\mathrm{e}^{\mathrm{i}\phi}|e\rangle \tag{7.5.10}$$

包含了两个变量θ,ϕ。用密度矩阵写出来就是

$$\rho=\begin{bmatrix}\cos^2\dfrac{\theta}{2} & \sin\dfrac{\theta}{2}\cos\dfrac{\theta}{2}\mathrm{e}^{\mathrm{i}\phi}\\ \sin\dfrac{\theta}{2}\cos\dfrac{\theta}{2}\mathrm{e}^{-\mathrm{i}\phi} & \sin^2\dfrac{\theta}{2}\end{bmatrix} \tag{7.5.11}$$

如果取 $\theta=\pi/2,\phi=0$,密度矩阵就为

$$\rho=\begin{bmatrix}1/2 & 1/2\\1/2 & 1/2\end{bmatrix} \tag{7.5.12}$$

此情况下,容易验证,$\rho^2=\rho$,这是纯态特有的性质。

再来看二能级体系处于混态的情况。这时每个原子 i 可分别用一个波函数 $|\psi_i\rangle$ 来描述,但是整体不能用一个波函数来描述,密度矩阵为

$$\rho=\frac{1}{N}\sum_{i=1}^{N}|\psi_i\rangle\langle\psi_i|=\frac{1}{N}\sum_{i=1}^{N}\begin{bmatrix}\cos^2\frac{\theta_i}{2} & \sin\frac{\theta_i}{2}\cos\frac{\theta_i}{2}\mathrm{e}^{\mathrm{i}\phi_i}\\ \sin\frac{\theta_i}{2}\cos\frac{\theta_i}{2}\mathrm{e}^{-\mathrm{i}\phi_i} & \sin^2\frac{\theta_i}{2}\end{bmatrix} \tag{7.5.13}$$

如果系统中原子的状态是随机的,θ_i, ϕ_i取随机值。大量原子的叠加等效于取一个平均。对角项由于平方项的存在,平均值为 1/2,非对角项的平均值为 0,因此

$$\rho=\begin{bmatrix}1/2 & 0\\0 & 1/2\end{bmatrix} \tag{7.5.14}$$

容易验证 $\rho^2\neq\rho$,它确实是一个混态。这时候密度矩阵的非对角项等于 0,意味着系统没有相干性。

密度矩阵的基本性质

下面给出密度矩阵最基本两个性质。这里只用纯态来证明。对于混态情况,读者可以自己证明。

1. **演化方程**:证明密度矩阵的演化满足刘维尔(Liouville)方程

$$\mathrm{i}\hbar\dot{\rho}=[H,\rho] \tag{7.5.15}$$

证明:薛定谔方程可以写成

$$\mathrm{i}\hbar\dot{C}_i=\sum_k H_{ik}C_k \tag{7.5.16}$$

因此

$$\begin{aligned}\mathrm{i}\hbar\dot{\rho}_{ij}&=\mathrm{i}\hbar\dot{C}_iC_j^*+\mathrm{i}\hbar C_i\dot{C}_j^*\\&=\sum_k H_{ik}C_kC_j^*-C_i\sum_k H_{jk}^*C_k^*\\&=\sum_k H_{ik}\rho_{kj}-\sum_k\rho_{ik}H_{kj}\end{aligned} \tag{7.5.17}$$

写成矩阵形式,就证明了刘维尔方程。

2. **可观测量**:证明对于一个可观测量 O,它的期望值为

$$\langle O\rangle=\mathrm{Tr}(\rho O) \tag{7.5.18}$$

证明:对于一个纯态 $|\psi\rangle=\sum_i C_i|i\rangle$,$O$ 的期望值为

$$\langle\psi|O|\psi\rangle=\sum_{ij}C_i^*O_{ij}C_j=\sum_{ij}\rho_{ji}O_{ij}=\sum_j(\rho O)_{jj}=\mathrm{Tr}(\rho O) \tag{7.5.19}$$

7.5.2 光学布洛赫方程

对于系综的描述,密度矩阵比波函数更全面、更准确。另外,使用密度矩阵的一大好处是可以方便地引入衰减,这对于处理光与原子相互作用非常重要。下面将其应用到二能级

体系，求解密度矩阵的运动方程。暂时先不考虑衰减，选择 $|e\rangle$ 态能量为能量零点，在 $\{|e\rangle, |g\rangle\}$ 基矢下写出不含时哈密顿量

$$H=\hbar\begin{bmatrix} 0 & \Omega^*/2 \\ \Omega/2 & \Delta \end{bmatrix} \tag{7.5.20}$$

其中 $\Delta=\omega_L-\omega_0$ 是失谐量，Ω 是拉比频率。将哈密顿量代入刘维尔方程，得到密度矩阵的演化方程

$$\begin{aligned} \mathrm{i}\begin{pmatrix} \dot{\rho}_{ee} & \dot{\rho}_{eg} \\ \dot{\rho}_{ge} & \dot{\rho}_{gg} \end{pmatrix} &= \begin{pmatrix} 0 & \Omega^*/2 \\ \Omega/2 & \Delta \end{pmatrix}\begin{pmatrix} \rho_{ee} & \rho_{eg} \\ \rho_{ge} & \rho_{gg} \end{pmatrix} - \begin{pmatrix} \rho_{ee} & \rho_{eg} \\ \rho_{ge} & \rho_{gg} \end{pmatrix}\begin{pmatrix} 0 & \Omega^*/2 \\ \Omega/2 & \Delta \end{pmatrix} \\ &= \begin{pmatrix} \dfrac{\Omega^*}{2}\rho_{ge}-\dfrac{\Omega}{2}\rho_{eg} & \dfrac{\Omega^*}{2}(\rho_{gg}-\rho_{ee})-\Delta\rho_{eg} \\ \dfrac{\Omega}{2}(\rho_{ee}-\rho_{gg})+\Delta\rho_{ge} & \dfrac{\Omega}{2}\rho_{eg}-\dfrac{\Omega^*}{2}\rho_{ge} \end{pmatrix} \end{aligned} \tag{7.5.21}$$

将密度矩阵的矩阵元分别列出微分方程。由于密度矩阵具有厄米性，实际上只有三个独立方程

$$\begin{aligned} \dot{\rho}_{ee} &= \frac{\mathrm{i}}{2}(\Omega\rho_{eg}-\Omega^*\rho_{ge}) \\ \dot{\rho}_{gg} &= \frac{\mathrm{i}}{2}(\Omega^*\rho_{ge}-\Omega\rho_{eg}) \\ \dot{\rho}_{eg} &= \mathrm{i}\Delta\rho_{eg}+\frac{\mathrm{i}}{2}\Omega^*(\rho_{ee}-\rho_{gg}) \end{aligned} \tag{7.5.22}$$

这个方程组称为光学布洛赫方程(optical Bloch equations)。它可以代替薛定谔方程给出二能级体系演化的性质。如果 Ω 为实数，那么方程简化为

$$\begin{aligned} \dot{\rho}_{ee} &= \frac{\mathrm{i}}{2}\Omega(\rho_{eg}-\rho_{ge}) \\ \dot{\rho}_{gg} &= \frac{\mathrm{i}}{2}\Omega(\rho_{ge}-\rho_{eg}) \\ \dot{\rho}_{eg} &= \mathrm{i}\Delta\rho_{eg}+\frac{\mathrm{i}}{2}\Omega(\rho_{ee}-\rho_{gg}) \end{aligned} \tag{7.5.23}$$

光学布洛赫方程有一个非常好的几何图像，可以对应到一个布洛赫球(Bloch sphere)上，这在实际处理问题中非常方便，物理图像清晰。

7.5.3　布洛赫球及图示法

为了使用布洛赫球的图像，我们先定义几个参量

$$\begin{aligned} u &= \rho_{ge}+\rho_{eg} = 2\mathrm{Re}(\rho_{ge}) \\ v &= -\mathrm{i}(\rho_{ge}-\rho_{eg}) = 2\mathrm{Im}(\rho_{ge}) \\ w &= \rho_{ee}-\rho_{gg} \end{aligned} \tag{7.5.24}$$

这三个参量的物理意义很清晰。由于 $\rho_{ge}=\rho_{eg}^*$，u 其实表征 ρ_{ge} 的实部，v 表征 ρ_{ge} 的虚部，w 是两个能级的布居差。代入(7.5.22)式，方程改写为

$$\dot{u}=\Delta v+\Omega_i w$$

$$\dot{v}=-\Delta u-\Omega_r w \tag{7.5.25}$$
$$\dot{w}=-\Omega_i u+\Omega_r v$$

这里

$$\Omega=\Omega_r+\mathrm{i}\Omega_i \tag{7.5.26}$$

我们将拉比频率的实部和虚部分别写出来了，为后面处理相位相关的问题提供便利。方程组(7.5.25)式可以写成更紧凑的形式。为此定义一个布洛赫矢量

$$\boldsymbol{R}=(u,v,w) \tag{7.5.27}$$

和一个频率量组合成的新矢量

$$\boldsymbol{W}=(\Omega_r,\Omega_i,-\Delta) \tag{7.5.28}$$

得到

$$\dot{\boldsymbol{R}}=\boldsymbol{W}\times\boldsymbol{R} \tag{7.5.29}$$

回忆一下，在普通物理中学过的刚体转动的转动方程

$$\boldsymbol{v}=\dot{\boldsymbol{r}}=\boldsymbol{\omega}\times\boldsymbol{r} \tag{7.5.30}$$

它的物理含义是：以刚体上某点绕 $\boldsymbol{\omega}$ 的方向为转轴，以 $|\boldsymbol{\omega}|$ 为角速度旋转，转动方向和转轴满足右手螺旋定则。因此(7.5.29)式也是一个转动方程。而 $|\boldsymbol{W}|$ 刚好等于失谐情况下的等效拉比频率

$$|\boldsymbol{W}|=\sqrt{\Omega_r^2+\Omega_i^2+\Delta^2}=\sqrt{\Omega^2+\Delta^2}=\Omega_{\mathrm{eff}} \tag{7.5.31}$$

因此(7.5.29)式的物理含义是：布洛赫矢量 $\boldsymbol{R}$ 以 $\boldsymbol{W}$ 为转轴，Ω_{eff} 为转速旋转。转动方向和转轴满足右手螺旋定则。作用时间 T 后，转过的角度为 $\Omega_{\mathrm{eff}}T$。

几点说明

1. 关于(7.5.24)式，不同教科书中有一些不同的定义。具体包括 Ω 的定义可能会差一个负号。有时人们用 $H_{\mathrm{I}}=\boldsymbol{d}\cdot\boldsymbol{E}$ 而不是 $\boldsymbol{H}_{\mathrm{I}}=-\boldsymbol{d}\cdot\boldsymbol{E}$。这样 $\boldsymbol{d}$ 的定义差一个负号，然后传导到拉比频率定义上。Δ 的定义也不一样，我们采用的是 $\Delta=\omega_{\mathrm{L}}-\omega_0$，如果采用 $\Delta=\omega_0-\omega_{\mathrm{L}}$，则差一个负号。$u$ 的定义基本上一致。v 的定义可能差个负号，依赖于定义在 ρ_{ge} 的虚部还是 ρ_{eg} 的虚部上。w 的定义也可能差个负号。我们所采用的 w 定义，是让垂直向上的单位布洛赫矢量刚好表示 $|e\rangle$ 态。当然，不管是哪套定义标准，只要本身是逻辑完备的，都可以使用，只是要注意不要混用。

2. 通过变换，二能级体系密度矩阵的运动方程最终转化成布洛赫矢量在布洛赫球上的转动问题。比如说作用一个 π 脉冲，那么布洛赫矢量在布洛赫球上转动的角度刚好是 π。

3. 当 Ω 是实数时，$\boldsymbol{W}$ 变成 $(\Omega,0,-\Delta)$，这是最常见的一种形式。我们这里引入虚部，是为了处理多脉冲的相位问题。如果失谐量为零，且 Ω 是正实数，那么 $\boldsymbol{W}$ 沿着 x 轴正方形。如果失谐量为零，且 Ω 是纯虚数，那么 $\boldsymbol{W}$ 沿着 y 轴。通过调控光的相位可以控制转轴的方向。

4. 一个特殊情况是 $\Omega=0$，此时 $\boldsymbol{W}=(0,0,-\Delta)$，布洛赫矢量还是在旋转。读者可能会问，为什么没有耦合了，系统还要按 Δ 参量来进行演化。理解这个问题的关键在于，我们使用的不含时哈密顿量定义在光频旋转表象中。即使没有任何耦合，本征态矢的演化和薛定谔表象中本征态的演化也要差一个 $\mathrm{e}^{-\mathrm{i}\omega_{\mathrm{L}}t}$ 的因子。而原子本身两个能态演化的相位差

为 $e^{-i\omega_0 t}$，这两者的差别刚好由 Δ 决定。

5. 布洛赫矢量的模，$u^2+v^2+w^2\leqslant 1$。当 $u^2+v^2+w^2=1$，态矢刚好定义在布洛赫球上，对应的是一个纯态。而 $u^2+v^2+w^2<1$ 对应的是混态。

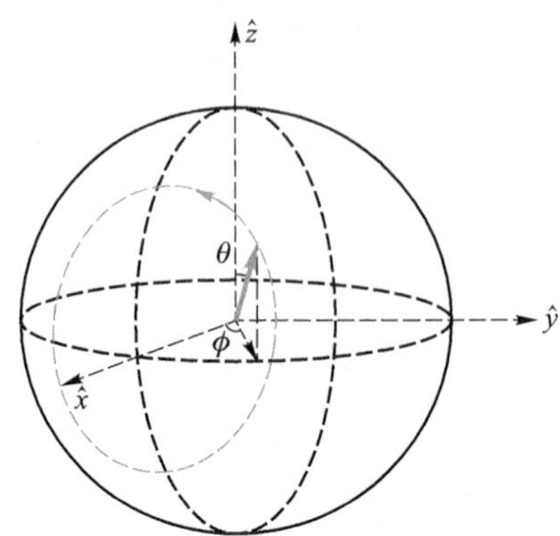

图 7.19　布洛赫球和布洛赫矢量。布洛赫矢量在布洛赫球上的方位角分别为 $\{\theta,\phi\}$。这里选择了失谐量为零，Ω 是正实数，因此 $\boldsymbol{W}$ 方向沿 x 轴正方向，布洛赫矢量将沿虚线圆环运动。

我们可以从另外一个角度来看布洛赫矢量的物理意义。考察纯态情况，对于一个二能级原子的任意状态，可以用原子裸态基矢展开，前面系数是复数，可写为

$$|\psi\rangle=r_e e^{i\phi_e}|e\rangle+r_g e^{i\phi_g}|g\rangle \tag{7.5.32}$$

因此总共有四个可变参量 r_e,r_g,ϕ_e,ϕ_g。归一化要求

$$r_e^2+r_g^2=1 \tag{7.5.33}$$

因此可以写成

$$r_e=\cos(\theta/2),\quad r_g=\sin(\theta/2) \tag{7.5.34}$$

波函数变成

$$|\psi\rangle=e^{i\phi_e}[\cos(\theta/2)|e\rangle+\sin(\theta/2)e^{i(\phi_g-\phi_e)}|g\rangle] \tag{7.5.35}$$

波函数的整体相位并不会影响物理结果，重要的是它们之间的相位差 $\phi=\phi_g-\phi_e$。去掉整体相位，可用(7.5.10)式来表示其二能级原子波函数

$$|\psi\rangle=\cos\frac{\theta}{2}|e\rangle+\sin\frac{\theta}{2}e^{i\phi}|g\rangle \tag{7.5.36}$$

利用(7.5.24)式，于是有

$$u=\sin\theta\cos\phi,\quad v=\sin\theta\sin\phi,\quad w=\cos\theta \tag{7.5.37}$$

从中可以看出，布洛赫矢量在布洛赫球上的方位角 $\{\theta,\phi\}$ 刚好对应二能级体系波函数表示(7.5.36)式中的方位角，如图 7.19 所示。对于任何一个纯态布洛赫矢量，知道它的方位角，按照(7.5.36)式马上可以写出它的波函数。

还有一种常用写法，记布洛赫矢量为 $\boldsymbol{s}=[s_1,s_2,s_3]$，那么密度矩阵可以写成

$$\rho=\begin{bmatrix}1/2+s_1 & s_2-is_3\\ s_2+is_3 & 1/2-s_1\end{bmatrix}=\frac{1}{2}\boldsymbol{I}+\boldsymbol{s}\cdot\boldsymbol{\sigma} \tag{7.5.38}$$

我们也可以求其逆运算，知道布洛赫矢量(u,v,w)，可以写成二能级的波函数形式，其系数为

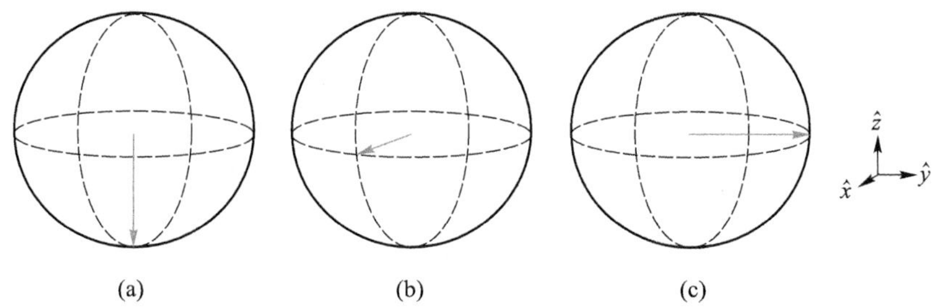

图 7.20　布洛赫球上的不同态矢，它们分别代表不同的状态。

$$C_e=\sqrt{\frac{1+w}{2}},\quad C_g=\frac{u+\mathrm{i}v}{\sqrt{2(1+w)}} \tag{7.5.39}$$

对于一个纯态二能级体系，我们来看几个常见的布洛赫矢量和波函数的对应关系。

1. 布洛赫矢量沿 z 轴负方向。如图 7.20(a)所示，$\boldsymbol{R}=(0,0,-1)$。方位角 $\theta=\pi,\phi=0$，按(7.5.36)式的标准写法，波函数为 $|\psi\rangle=|g\rangle$。相反，如果布洛赫矢量沿 z 轴正方向，那么 $\boldsymbol{R}=(0,0,1)$，波函数为 $|\psi\rangle=|e\rangle$。

2. 布洛赫矢量沿 x 轴方向。如图 7.20(b)所示，$\boldsymbol{R}=(1,0,0)$。方位角 $\theta=\pi/2,\phi=0$，因此波函数为 $|\psi\rangle=\sqrt{2}/2(|e\rangle+|g\rangle)$。

3. 布洛赫矢量沿 y 轴方向。如图 7.20(c)所示，$\boldsymbol{R}=(0,1,0)$。方位角 $\theta=\pi/2,\phi=\pi/2$，因此波函数为 $|\psi\rangle=\sqrt{2}/2(|e\rangle+\mathrm{i}|g\rangle)$。

7.5.4　用布洛赫方程求解

前面提到，在光学布洛赫方程中，光与二能级原子相互作用的演化最终转变成布洛赫矢量的转动问题。下面利用布洛赫球图示法来求解几个简单动力学过程。

1. π 脉冲过程

假设原子初态为 $|g\rangle$，激光与原子跃迁频率共振，刚好作用一个 π 脉冲，求末态。

在用薛定谔方程法求解时，我们得到拉比振荡，知道其末态应该是 $|e\rangle$ 态。从布洛赫球上来看这个过程，初态布洛赫矢量为

$$\boldsymbol{R}(0)=(0,0,-1) \tag{7.5.40}$$

而转轴

$$\boldsymbol{W}=(\Omega,0,0) \tag{7.5.41}$$

沿 x 轴[①]。π 脉冲的效果就是 $\boldsymbol{R}$ 绕 $\boldsymbol{W}$ 轴方向转动 180°，得到 $\boldsymbol{R}(\pi)=(0,0,1)$。这意味着原子全部跃迁到 $|e\rangle$ 态上，如图 7.21(a)所示，和薛定谔方程法求解结果一致。

当然，初态也可以选择其他任意状态。如图 7.21(b) 所示，初态为 $\boldsymbol{R}(0)=(0,1,0)$，经过 π 脉冲后，变成 $\boldsymbol{R}(\pi)=(0,-1,0)$。从波函数上看，就是从 $|\psi_{\mathrm{i}}\rangle=\sqrt{2}/2(|e\rangle+\mathrm{i}|g\rangle)$ 变到 $|\psi_{\mathrm{f}}\rangle=\sqrt{2}/2(|e\rangle-\mathrm{i}|g\rangle)$。

---

① 这里假设 Ω 是正实数。实际上，对于单个脉冲的情况，Ω 上的初相位不重要。总是可以转动坐标系，让转轴沿 x 方向。

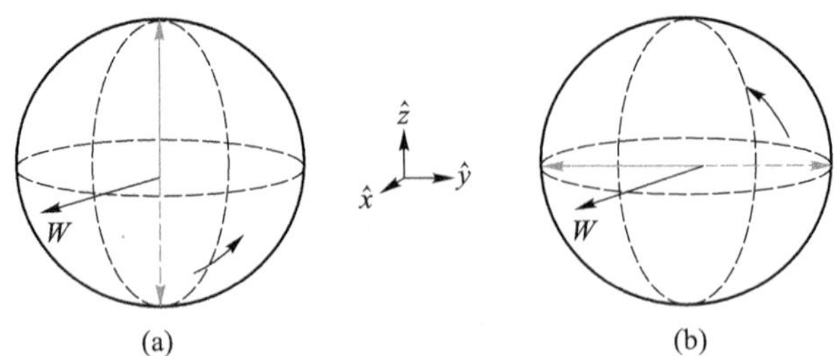

图7.21　共振情况下，布洛赫球上π脉冲对应的态矢演化。虚线为初态，实线为末态。

2. π/2 脉冲过程

假设原子初态在 $|g\rangle$ 上，激光与原子跃迁频率共振，作用 π/2 脉冲，求末态。

如图 7.22(a)所示，$\boldsymbol{R}(0)=(0,0,-1)$，绕 x 轴转动 π/2 的角度，转到 y 轴上，$\boldsymbol{R}(\pi/2)=(0,1,0)$，对应的波函数为 $|\psi_{\mathrm{f}}\rangle=\sqrt{2}/2(|e\rangle+\mathrm{i}|g\rangle)$，$|e\rangle$ 态和 $|g\rangle$ 态上的布居相等。此结果和(7.2.21)式的结果比较，相差 $\exp(-\mathrm{i}\pi/2)$ 的整体相位。

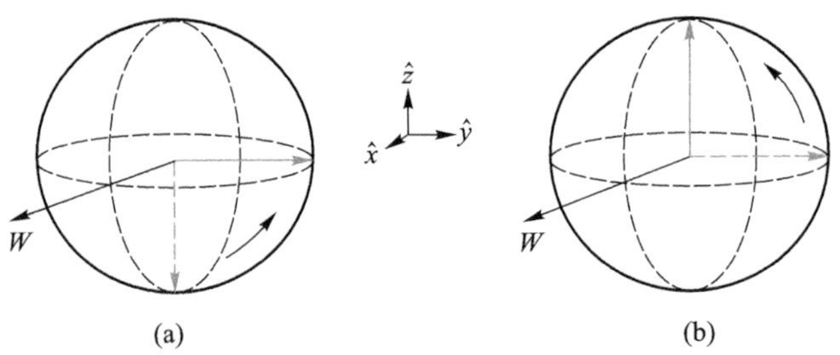

图7.22　两个作用π/2脉冲过程对应布洛赫球上态矢的演化，虚线是初态，实线是末态。

如果初态选择 $\boldsymbol{R}(0)=(0,1,0)$，如图 7.22(b)所示，那么 $\boldsymbol{R}(\pi/2)=(0,0,1)$。波函数从 $|\psi_{\mathrm{i}}\rangle=\sqrt{2}/2(|e\rangle+\mathrm{i}|g\rangle)$ 变到 $|\psi_{\mathrm{f}}\rangle=|e\rangle$。

3. 旋转轴的改变

有时候会遇到需要改变旋转轴的情况。如图 7.23 所示，第一个脉冲绕 x 轴旋转角度 π，第二个脉冲绕 y 轴旋转角度 π，我们分别用 π_x，π_y 来表示。

以共振情况为例，旋转矢量 $\boldsymbol{W}=(\Omega_r,\Omega_i,0)$，包含拉比频率的实部和虚部。对于第一个脉冲，我们可以选择某个相位，定义 Ω 为正实数，那么 $\boldsymbol{W}$ 就沿 x 方向。对于第二个脉冲，需要将旋转轴转到 y 方向，因此需要将 Ω 变成纯虚数 $\boldsymbol{W}=(0,|\Omega|,0)$。实际工作中，可以让辐射场在两脉冲之间改变 π/2 相位。比如在微波和原子超精细能级作用，在第一个脉冲过后，用移相器将微波相位移动 π/2。

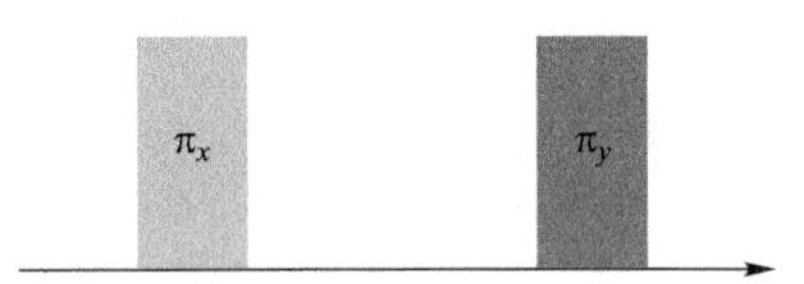

图7.23　两个脉冲过程，第二脉冲改变了旋转轴。为此，只要在光场上改变 π/2 的相位就可实现。

7.5.5　多脉冲技术

在核磁共振领域，为了解决具体问题，人们发展出来很多多脉冲技术。下面介绍常用的几个多脉冲技术。

1. 拉姆齐(Ramsey)脉冲过程

假设光与原子共振,初态在$|g\rangle$上。作用$\pi/2$脉冲后等待T时间,然后再作用$\pi/2$脉冲。这是典型的拉姆齐脉冲过程。从布洛赫球上看,开始时布洛赫矢量$\boldsymbol{R}$垂直向下,第一个$\pi/2$脉冲让$\boldsymbol{R}$先绕x轴转动$\pi/2$,变到y轴上。经过一段时间T,第二个脉冲再转$\pi/2$,变到竖直向上,布居全部在$|e\rangle$态。

拉姆齐脉冲过程中有一个重要的问题,就是退相干。退相干主要发生在T时间内,可以从布洛赫球上的矢量演化来理解。在T时间段内,不存在光与原子的耦合。但是如果不同原子由于存在某种不均匀性(比如空间不均匀的光频移),产生一个小的等效失谐Δ,那么$\boldsymbol{W}=(0,0,-\Delta)$,$\boldsymbol{R}$绕$z$轴以转速$\Delta$旋转。由于不均匀性,每个原子的$\Delta$不一样,原来统一的$\boldsymbol{R}$就会沿赤道弥散开来,如图7.24所示。最终测量的$|e\rangle$态布居时,平均值要变小。测量$|e\rangle$态布居和$T$的关系可以拟合出系统退相干时间。这是测量系统退相干时间的常用方法之一。

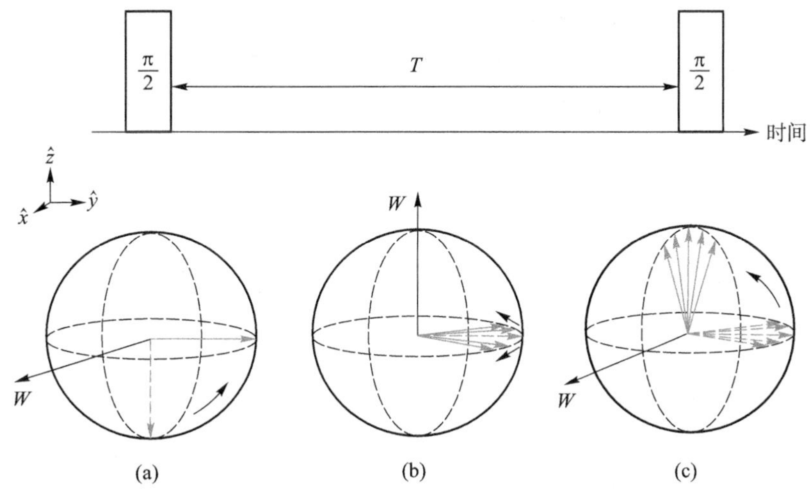

图7.24 拉姆齐脉冲对应在布洛赫球上的运动。在两个脉冲间隔时间T内,系统会发生退相干,表现出来是布洛赫矢量在布洛赫球上弥散开来,最终导致系统的退相干。

2. 自旋回波过程

退相干是阻碍量子效应应用的重要因素之一,因此发展退相干技术是非常重要的。一种常用的手段是使用自旋回波技术(spin echo)。其脉冲构造如图7.25所示,在拉姆齐脉冲中间时刻插入一个π脉冲(回波脉冲)。

在布洛赫球上看,布洛赫矢量初态为$\boldsymbol{R}(0)=(0,0,-1)$,第一个$\pi/2$脉冲将$\boldsymbol{R}$转到$y$轴上,变成$(0,-1,0)$。接下来,它在$T/2$自由演化时间内发生退相干,$\boldsymbol{R}$沿赤道弥散开来。然后作用一个$\pi$脉冲,将整个$\boldsymbol{R}$转到$-y$轴那边。在第二个$T/2$的自由演化时间,退相干仍然发生,$\boldsymbol{R}$沿同方向继续旋转,只是由于整个系统已经在布洛赫球上旋转了π相位,$\boldsymbol{R}$将从弥散状态重新走向聚焦。刚好经过$T/2$时间,$\boldsymbol{R}$重新聚焦回来,最后一个$\pi/2$脉冲将其转到z轴,测量其布居分布。图7.25展示了这个过程。这个技术的核心是回波脉冲,让退相干的弥散过程在布洛赫球上反演回来。此方案对于单粒子空间不均匀性造成的退相干可以非常好地消除。

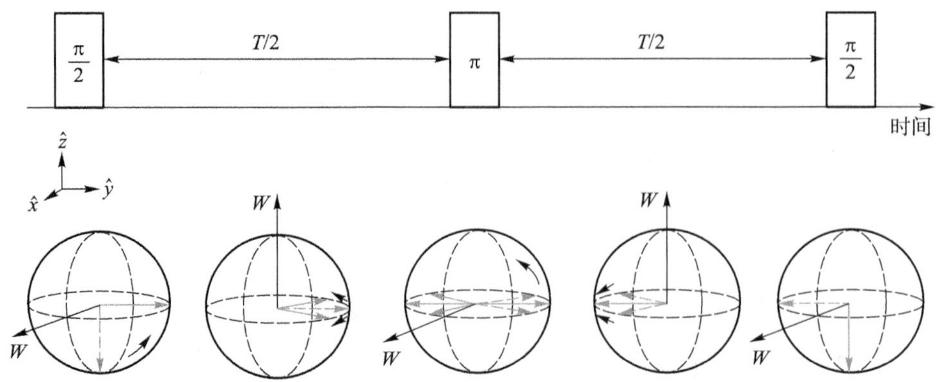

图 7.25 自旋回波脉冲过程及布洛赫矢量在布洛赫球上的态矢演化过程。

3. 多脉冲技术

作为自旋回波技术的推广,为了更好地消除系统的退相干,人们发展了多脉冲技术。具体脉冲构型有很多种,比如在里面插入多个 π 脉冲,如图 7.26 所示。从布洛赫球的图像上看,π 脉冲序列就是让 $\boldsymbol{R}$ 在布洛赫球上来回翻转,不断反演退相干过程。一般来说,脉冲越多,退相干效果越好。这种多脉冲技术称为卡尔-珀塞尔(Carr-Purcell)脉冲,对于时域上的噪声导致的退相关抑制效果更好。

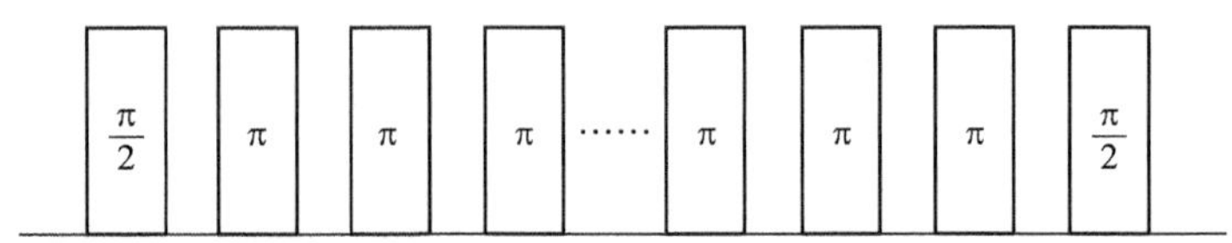

图 7.26 卡尔-珀塞尔(Carr-Purcell)脉冲回波技术。

另外一种类似的多脉冲技术称为梅布尔-吉尔(Meiboom-Gill)脉冲,如图 7.27 所示,是用{π,-π}脉冲重复而来[①]。它解决的问题是 π 脉冲不完美的问题。如果 π 脉冲有一些误差,那么上面的卡尔-珀塞尔脉冲序列会将这个误差累积起来,利用{π,-π}脉冲构型可以抑制这个误差。

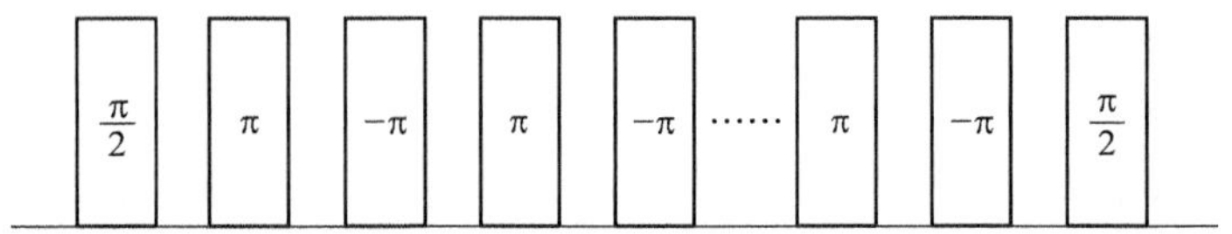

图 7.27 梅布尔-吉尔(Meiboom-Gill)脉冲回波技术。

4. WAHUHA 脉冲

自旋回波或者多脉冲的自旋回波技术对于抑制单粒子退相干有非常好的效果。但是如果涉及相互作用,它们的作用就要打折扣。而在自然界中,相互作用又是非常常见的。比如分子之间的偶极相互作用,这在很多实际应用场景会遇到,比如细胞、组织内部等。为了抑制相互作用导致的退相干,科学家发展了一种专门的脉冲序列——WAHUHA 脉冲。这个名字由三位科学家名字的前面两个字母组合而来。

---

① 所谓-π 脉冲,就是在做 π 脉冲的时候,将辐射场的相位切换 180°。

WAHUHA 脉冲的基本构型如图 7.28 所示。我们从二能级原子来看这个脉冲序列是如何工作的。假设粒子之间存在相互作用，比如两个分子在没有电场情况下，相互作用的形式为

$$H_{\mathrm{I}}=J(S_1^+S_2^-+S_2^-S_1^+) \tag{7.5.42}$$

其中

$$S|\uparrow\rangle=|\downarrow\rangle,\quad S^+|\downarrow\rangle=|\uparrow\rangle \tag{7.5.43}$$

对于脉冲变换，我们使用变换矩阵(7.2.26)式，在共振情况下

$$M(\theta,\varphi)=\begin{bmatrix}\cos\dfrac{\theta}{2} & -\mathrm{i}\mathrm{e}^{-\mathrm{i}\varphi}\sin\dfrac{\theta}{2}\\ -\mathrm{i}\mathrm{e}^{\mathrm{i}\varphi}\sin\dfrac{\theta}{2} & \cos\dfrac{\theta}{2}\end{bmatrix} \tag{7.5.44}$$

这里 φ 是光的相位。当 $\varphi=0$ 时，转轴沿 x 轴；当 $\varphi=\pi/2$ 时，转轴沿 y 轴。

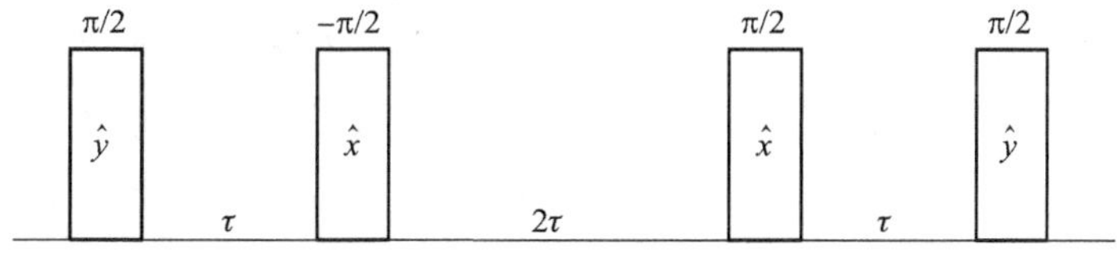

图 7.28 一种 WAHUHA 脉冲序列结构。

考虑粒子初始时刻都处于基态 $|\downarrow\rangle=[0,1]^{\mathrm{T}}$，经过一个 $(\pi/2)_y$ 脉冲后，变成

$$|\phi\rangle=M(\pi/2,\pi/2)\begin{bmatrix}0\\1\end{bmatrix}=\frac{\sqrt{2}}{2}\begin{bmatrix}-1\\1\end{bmatrix} \tag{7.5.45}$$

即 $1/\sqrt{2}(|\downarrow\rangle-|\uparrow\rangle)$ 态。这个态不是 H_{I} 的本征态。考虑两粒子波函数，将其改写为

$$|\psi\rangle_1=\frac{1}{\sqrt{2}}(|\downarrow\rangle-|\uparrow\rangle)\otimes\frac{1}{\sqrt{2}}(|\downarrow\rangle-|\uparrow\rangle)=\frac{1}{2}(|\downarrow\downarrow\rangle+|\uparrow\uparrow\rangle-|\downarrow\uparrow\rangle-|\uparrow\downarrow\rangle) \tag{7.5.46}$$

其中 $|\downarrow\uparrow\rangle+|\uparrow\downarrow\rangle$ 是 H_{I} 的本征态(单重态)，本征能量 J。$|\downarrow\uparrow\rangle-|\uparrow\downarrow\rangle$，$|\downarrow\downarrow\rangle$ 和 $|\uparrow\uparrow\rangle$ 也是 H_{I} 的本征态，称为三重态，本征能量为 0。所以经过 τ 的时间后，系统演化成

$$|\psi\rangle_2=\frac{1}{2}[(|\downarrow\downarrow\rangle+|\uparrow\uparrow\rangle)-\mathrm{e}^{-\mathrm{i}J\tau/\hbar}(|\downarrow\uparrow\rangle+|\uparrow\downarrow\rangle)] \tag{7.5.47}$$

再经过一个 $\left(-\dfrac{\pi}{2}\right)_x$ 脉冲，它的作用是将三重态和单重态互换

$$\begin{aligned}M(-\pi/2,0)(|\downarrow\downarrow\rangle+|\uparrow\uparrow\rangle)&=\frac{1}{2}[(|\downarrow\rangle+\mathrm{i}|\uparrow\rangle)(|\downarrow\rangle+\mathrm{i}|\uparrow\rangle)+(\mathrm{i}|\downarrow\rangle+|\uparrow\rangle)(\mathrm{i}|\downarrow\rangle+|\uparrow\rangle)]\\&-\mathrm{i}(|\downarrow\uparrow\rangle+|\uparrow\downarrow\rangle)\end{aligned} \tag{7.5.48}$$

同理

$$M(-\pi/2,0)(|\downarrow\uparrow\rangle+|\uparrow\downarrow\rangle)=\mathrm{i}(|\downarrow\downarrow\rangle+|\uparrow\uparrow\rangle) \tag{7.5.49}$$

于是经过 $\left(-\dfrac{\pi}{2}\right)_x$ 脉冲后，单重态上的相位变到了三重态上，系统变成

$$|\psi\rangle_3=\frac{\mathrm{i}}{2}[(|\downarrow\uparrow\rangle+|\uparrow\downarrow\rangle)-\mathrm{e}^{-\mathrm{i}J\tau/\hbar}(|\downarrow\downarrow\rangle+|\uparrow\uparrow\rangle)] \tag{7.5.50}$$

再经过 2τ 的时间，单重态上积累一个相应的相位，于是系统变成

$$|\psi\rangle_4=\frac{\mathrm{i}}{2}\left[\mathrm{e}^{-\mathrm{i}2J\tau/\hbar}(|\downarrow\uparrow\rangle+|\uparrow\downarrow\rangle)-\mathrm{e}^{-\mathrm{i}J\tau/\hbar}(|\downarrow\downarrow\rangle+|\uparrow\uparrow\rangle)\right] \tag{7.5.51}$$

又经过一个$\left(\frac{\pi}{2}\right)_x$脉冲，单重态和三重态互换，系统变成

$$|\psi\rangle_5=\frac{1}{2}\left[\mathrm{e}^{-\mathrm{i}2J\tau/\hbar}(|\downarrow\downarrow\rangle+|\uparrow\uparrow\rangle)-\mathrm{e}^{-\mathrm{i}J\tau/\hbar}(|\downarrow\uparrow\rangle+|\uparrow\downarrow\rangle)\right] \tag{7.5.52}$$

最后再经过 τ，单重态再次积累 $\mathrm{e}^{-\mathrm{i}J\tau/\hbar}$ 的相位，这样单重态和三重态的相位相等了，系统变成

$$|\psi\rangle_6=\frac{1}{2}\mathrm{e}^{-\mathrm{i}2J\tau/\hbar}\left[(|\downarrow\downarrow\rangle+|\uparrow\uparrow\rangle)-(|\downarrow\uparrow\rangle+|\uparrow\downarrow\rangle)\right]=\mathrm{e}^{-\mathrm{i}2J\tau/\hbar}|\psi\rangle_1 \tag{7.5.53}$$

除了一个整体的相位 $\mathrm{e}^{-\mathrm{i}2J\tau/\hbar}$，系统和初态是一致的。通过这种方法，可以大大抑制相互作用造成的退相干。最后一个$(\pi/2)_y$ 脉冲再将相干项转化为布居项进行测量。

图 7.29 给出了一个光晶格中超冷分子的例子。当使用拉姆齐脉冲时，退相干最快。加上回波脉冲后，单粒子空间不均匀性（光位移）得到抑制，退相干时间大大增加。此时分子间偶极相互作用能量变成了占主导地位。由于光晶格间距是离散的，导致偶极交换作用的

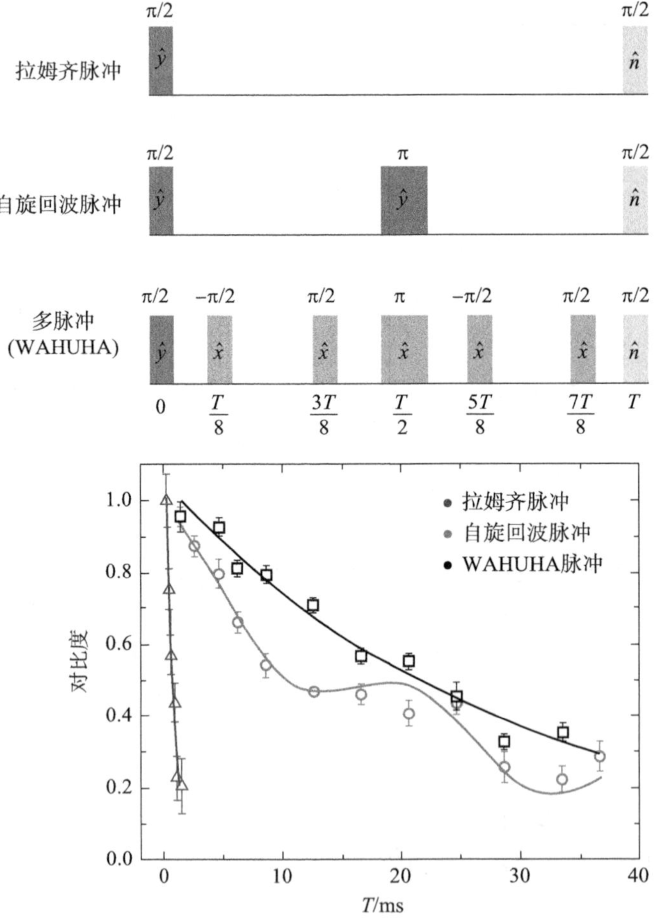

图 7.29　光晶格中超冷分子在不同脉冲序列下的退相干测量。参见 Bo Yan, et al., Nature, 501, 521 (2013)。

能量也是离散的,因此出现了振荡行为。在加上多脉冲的 WAHUHA 序列后,振荡行为得到抑制。此例中的多脉冲序列是将 WAHUHA 脉冲和自旋回波脉冲结合起来了,同时抑制单粒子的空间不均匀性和偶极相互作用导致的退相干。

7.5.6 引入衰减

使用密度矩阵而不是波函数来描述系统的一个重要原因就是方便引入衰减。严格的处理方案可以从 Lindblad 理论出发,但是对于二能级,它相对简单。我们直接引入两个衰减时间 T_1 和 T_2,分别描述布居和相干项的衰减。在 Ω 为实数的情况下,将光学布洛赫方程改写成

$$\begin{aligned}\dot{\rho}_{ee}&=\frac{\mathrm{i}}{2}\Omega(\rho_{eg}-\rho_{ge})-\frac{\rho_{ee}}{T_1}\\ \dot{\rho}_{gg}&=\frac{\mathrm{i}}{2}\Omega(\rho_{ge}-\rho_{eg})+\frac{\rho_{ee}}{T_1}\\ \dot{\rho}_{eg}&=\mathrm{i}\Delta\rho_{eg}+\frac{\mathrm{i}}{2}\Omega(\rho_{ee}-\rho_{gg})-\frac{\rho_{eg}}{T_2}\end{aligned}\tag{7.5.54}$$

第一个方程减去了 $|e\rangle$ 态的衰减。损耗的原子增加到了 $|g\rangle$ 态上,因此在第二个方程加上了这一项。第三个方程增加了相干项的衰减项。如果上能级寿命很短,自发辐射是造成布居和退相干的主要原因①,则有

$$\frac{1}{T_1}=\Gamma,\quad \frac{1}{T_2}=\frac{\Gamma}{2}\tag{7.5.55}$$

Γ 是上能级的自发辐射率。另外布居之间还存在归一化条件

$$\rho_{ee}+\rho_{gg}=1\tag{7.5.56}$$

图 7.30 给出了不同的上能级自发辐射率下的布洛赫演化过程。当没有自发辐射时,它表现出完美的拉比振荡。当自发辐射率增加,布居的振荡会出现衰减,趋于稳态。当自发辐射率和拉比振荡差不多时,拉比振荡几乎消失,很快达到稳态。

衰减项存在时,布洛赫方程会演化到稳态,我们可以求它的稳态解。稳态情况下,$\dot{\rho}=0$,(7.5.54)式中第三式变成

$$\mathrm{i}\Delta\rho_{eg}+\frac{\mathrm{i}}{2}\Omega(\rho_{ee}-\rho_{gg})-\frac{\Gamma}{2}\rho_{eg}=0\tag{7.5.57}$$

求得

$$\rho_{eg}=\frac{\Omega/2(1-2\rho_{ee})}{\Delta+\mathrm{i}\Gamma/2}=\frac{\Omega/2(1-2\rho_{ee})(\Delta-\mathrm{i}\Gamma/2)}{\Delta^2+(\Gamma/2)^2}\tag{7.5.58}$$

取其虚部,代入(7.5.54)式第一式,得到

$$\frac{\Omega}{2}\times2\times\frac{\Omega/2(1-2\rho_{ee})\Gamma/2}{\Delta^2+(\Gamma/2)^2}=\Gamma\rho_{ee}\tag{7.5.59}$$

---

① 当然,这个情况不一定都对,比如在充缓冲气体的气室中,缓冲气体压强很大,导致碰撞展宽比上能级宽度大很多,这时自发辐射导致的退相干就不占主导地位了。

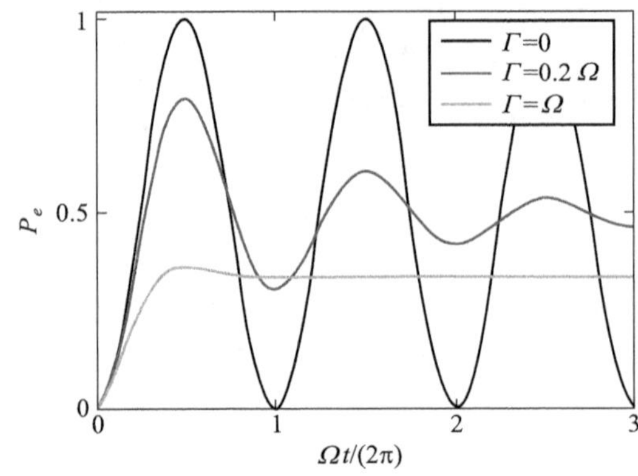

图7.30　不同自发辐射寿命下的布洛赫方程演化过程。这里 $\Delta=0$。纵轴是激发态原子布居。初始原子布居在基态。随着自发辐射率的增加，拉比振荡逐渐消失。

于是得到稳态解

$$\rho_{ee}=\frac{\Omega^2}{\Gamma^2+4\Delta^2+2\Omega^2} \tag{7.5.60}$$

为了清楚看出此式的物理含义，定义一个饱和参量

$$S=\frac{\Omega^2/2}{\Delta^2+\Gamma^2/4}=\frac{S_0}{1+[\Delta/(\Gamma/2)]^2} \tag{7.5.61}$$

其中

$$S_0=\frac{2\Omega^2}{\Gamma^2} \tag{7.5.62}$$

称为共振饱和参量。在实际工作中常写成另一种更为方便的形式，$S_0=I/I_s$。其中 I 是光强，I_s 是饱和光强，二能级情况下

$$I_s=\frac{c\epsilon_0\Gamma^2\hbar^2}{4|\hat{\boldsymbol{e}}\cdot\boldsymbol{d}|^2} \tag{7.5.63}$$

跟具体原子的相关一个性质，和 Γ^2 成正比。其中 $\hat{\boldsymbol{e}}$ 是光场的偏振，$\boldsymbol{d}$ 是原子的电偶极矩。

量级估算：铷原子的饱和光强

我们以 ^{87}Rb 原子的 D2 线（$5^2S_{1/2}\to5^2P_{3/2}$）为例，$\sigma^{\pm}$ 偏振光诱导的偶极共振跃迁的矩阵元 $d=2.989\ ea_0=2.534\times10^{-29}$ C·m。上能级的衰减率 $\Gamma=38.11$ MHz。代入公式，得到圆偏振光的饱和光强为

$$\begin{aligned}I_s&=\frac{3\times10^8\times8.85\times10^{-12}\times(38.11\times10^6)^2\times(1.05\times10^{-34})^2}{4\times(2.534\times10^{-29})^2}\ (\text{mW/cm}^2)\\&=1.66\ \text{mW/cm}^2\end{aligned} \tag{7.5.64}$$

这是典型的基态和电子激发态之间跃迁的饱和光强值，在 1 mW/cm^2 的量级。即使使用的激光功率比较小，比如说 1 mW，通过使用小的光斑（半径在 mm 量级），也容易达到饱和光强。由于 I_s 的单位是功率密度，这个量在实际使用中非常方便。

光的力学效应

在此定义下，激发态的稳态布居可以写成

$$\rho_{ee}=\frac{S}{2(1+S)}=\frac{1}{2}\frac{S_0}{1+S_0+\left(\frac{\Delta}{\Gamma/2}\right)^2} \tag{7.5.65}$$

由布居归一化条件，可以得到

$$\rho_{gg}=\frac{2+S}{2(1+S)} \tag{7.5.66}$$

当光强增加，S 增大，在 $S\gg1$ 时进入饱和状态，$\rho_{ee}\to1/2$，$\rho_{gg}\to1/2$，如图 7.31 所示。这个现象也可以从另外一个角度理解。当 $S\gg1$ 时，有 $\Omega\gg\Gamma$。两能级之间的耦合速率远大于自发辐射率，而耦合对两个能级来说是对称的，因此稳态情况下，两者的布居趋于一致。

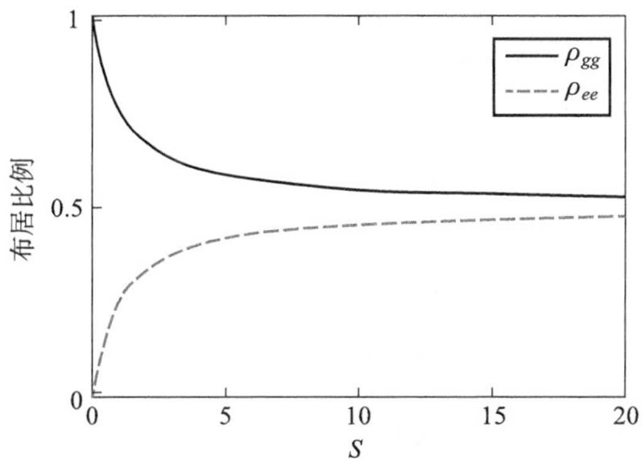

图 7.31 随着光强（饱和参量）的增加，原子两个能级上的稳态布居趋于相等，各占一半。

下面计算一下光对原子的力学效应。当原子吸收一个光子时，获得一个光子的反冲动量 $\hbar k$，然后再自发辐射一个光子。由于自发辐射是各向同性的，所以自发辐射的反冲动量相互抵消。整个过程就是原子获得一个光子的反冲动量。而光对原子的作用力，等于单位时间吸收光子的数目乘上反冲动量。由于处于平衡状态，原子单位时间吸收的光子数目，等于单位时间自发辐射的光子数目，因此

$$F=\hbar k\rho_{ee}\Gamma=\frac{\hbar k\Gamma}{2}\frac{S_0}{1+S_0+\left(\frac{\Delta}{\Gamma/2}\right)^2} \tag{7.5.67}$$

当光强足够强时，进入饱和状态，原子一半布居在激发态，因此

$$F\simeq\frac{\hbar k\Gamma}{2} \tag{7.5.68}$$

以 ^{87}Rb 原子为例。$\Gamma=2\pi\times6$ MHz，$\lambda=780$ nm，$m=87$ u。饱和情况下，光对原子的加速度为 $a=F/m\simeq10^5\ \mathrm{m/s^2}$。从中可以看到，光对原子的作用力非常强。对于室温下的原子，速度在 300 m/s 的量级。利用此作用力可以在毫秒量级的时间内将其减速到零，这就是激光冷却能够成立的物理原因。

光谱与功率展宽

(7.5.65)式也可以用来解释光谱的功率展宽。对于吸收光谱,根据朗伯-比尔(Lambert-Beer)定律,光强传播满足

$$\frac{\mathrm{d}I}{\mathrm{d}z}=-k(\omega)I=-N\sigma(\omega)I \tag{7.5.69}$$

其中 N 是作用区域的原子数,$\sigma(\omega)$ 是原子的吸收截面,和探测光频率 ω 有关。光在介质中传播,被吸收的光子数等于散射的光子数,因此光的能量损耗为

$$\begin{aligned}\frac{\mathrm{d}I}{\mathrm{d}z}&=-N\rho_{ee}\Gamma\hbar\omega\\&=-N\Gamma\hbar\omega\frac{\Omega^2}{\Gamma^2+4\Delta^2+2\Omega^2}\end{aligned} \tag{7.5.70}$$

利用共振饱和参量的定义(7.5.62)式,有 $I/I_s=2\Omega^2/\Gamma^2$,整理得到

$$\sigma(\omega)=\sigma_0\frac{\Gamma^2/4}{\Delta^2+(\Gamma^2/4)(1+I/I_s)} \tag{7.5.71}$$

其中

$$\sigma_0=\frac{\Gamma\hbar\omega}{2I_s} \tag{7.5.72}$$

称为共振吸收截面。代入(7.2.44)式和(7.5.63)式,得到二能级情况下

$$\sigma_0=3\frac{\lambda^2}{2\pi} \tag{7.5.73}$$

跟原子的跃迁波长有关,波长越长,吸收截面越大。而

$$f(\omega)=\frac{\Gamma^2/4}{\Delta^2+(\Gamma^2/4)(1+I/I_s)} \tag{7.5.74}$$

给出了光谱的线型,为洛伦兹线型,半高全宽为

$$\Delta\omega_{\mathrm{FWHM}}=\Gamma\left(1+\frac{I}{I_s}\right)^{1/2} \tag{7.5.75}$$

探测光功率越大,展宽越大,称为功率展宽。探测光很弱时回到自然线宽。

7.5.7　光学布洛赫方程和速率方程比较

第一节提到的爱因斯坦速率方程,是布居演化的微分方程组,比较简单,物理意义也很清晰。而光学布洛赫方程则应用范围更广泛。这两者有什么联系和区别?

简而言之,速率方程是布洛赫方程忽略相干项演化下的近似。其前提条件是相干项的演化比布居演化快得多。在每一时刻,相干项迅速达到一个稳态,是布居项的函数。然后代入方程消去了相干项,获得只有布居项的演化方程,即速率方程。一般而言,由于忽略了相干项的演化,速率方程的计算比较简单,计算量小。但是对于由相干性引起的效应,速率方程则无能为力,光学布洛赫方程可以给出更准确的结果。

以二能级为例来说明这个过程。从光学布洛赫方程(7.5.54)式出发(假设 Ω 为实数)。

$$\dot{\rho}_{ee}=\frac{\mathrm{i}}{2}\Omega(\rho_{eg}-\rho_{ge})-\frac{\rho_{ee}}{T_1}$$

$$\dot{\rho}_{gg}=\frac{\mathrm{i}}{2}\Omega(\rho_{ge}-\rho_{eg})+\frac{\rho_{ee}}{T_1}$$
$$\dot{\rho}_{eg}=\mathrm{i}\Delta\rho_{eg}+\frac{\mathrm{i}}{2}\Omega(\rho_{ee}-\rho_{gg})-\frac{\rho_{eg}}{T_2} \tag{7.5.76}$$

假设系统中有一个比较快的退相干过程,比如原子和缓冲气体的碰撞导致退相干,但是其能量并不引起布居的变换。那么可以在相干项的演化中加入一项$-\gamma\rho_{eg}$,

$$\frac{1}{T_2}=\frac{\Gamma}{2}+\gamma \tag{7.5.77}$$

其中 Γ 是上能级的自发辐射率。于是方程变为

$$\dot{\rho}_{eg}=\mathrm{i}\Delta\rho_{eg}+\frac{\mathrm{i}}{2}\Omega(\rho_{ee}-\rho_{gg})-\frac{\Gamma}{2}\rho_{eg}-\gamma\rho_{eg} \tag{7.5.78}$$

如果退相干速率远大于布居变化的速率,我们求一个稳态解,$\mathrm{d}\rho_{eg}/\mathrm{d}t=0$,

$$\rho_{eg}=\frac{-\mathrm{i}(\Omega/2)(\rho_{gg}-\rho_{ee})}{\gamma+\Gamma/2-\mathrm{i}\Delta} \tag{7.5.79}$$

然后把相干项的稳态解代入(7.5.76)式,得到

$$\frac{\mathrm{d}\rho_{gg}}{\mathrm{d}t}=\Gamma'(\rho_{ee}-\rho_{gg})+\Gamma\rho_{gg}$$
$$\frac{\mathrm{d}\rho_{ee}}{\mathrm{d}t}=\Gamma'(\rho_{gg}-\rho_{ee})-\Gamma\rho_{ee} \tag{7.5.80}$$

其中

$$\Gamma'=\frac{\Omega^2}{2}\frac{\gamma+\Gamma/2}{(\gamma+\Gamma/2)^2+\Delta^2}=\frac{\Omega^2}{2}\frac{\gamma}{\gamma^2+\Delta^2} \tag{7.5.81}$$

这样就得到了速率方程。这里用到的近似是相干项衰减比布居变化快得多

$$\Omega^2\frac{\gamma}{\gamma^2+\Delta^2}\ll\gamma \tag{7.5.82}$$

即

$$\Omega^2\ll\gamma^2+\Delta^2 \tag{7.5.83}$$

可以看出,在弱激发、宽带光源或者原子有快速退相干的情况下,这个近似条件容易得到满足。这些就是爱因斯坦辐射理论成立的前提条件。

7.6 缀饰态原子法

缀饰态原子法是20世纪70、80年代发展起来的处理光与原子相互作用的方法。那时候激光器已经发明并获得广泛应用,人们拥有了高功率、单色性好的光源。这时光与原子的相互作用项不可以再看成微扰,需要更全面的处理方法。于是缀饰态原子方法应运而生。其最核心思想就是将原子、光场和相互作用项作为整体来统一考虑。具体而言,将“原子+光子+相互作用”的哈密顿量重新对角化,使用它的本征态作为基矢来处理问题。这样一个新的本征态既包含了原子的量子态,也包含了光的状态,就像原子穿了光子“衣服”一样,因

此称为缀饰态。这一方法可为很多问题给出清晰的物理图像，被广泛地使用。

在光与原子相互作用体系中，系统的哈密顿量可以写成

$$H=H_A+H_L+H_R+V_{AL}+V_{AR} \tag{7.6.1}$$

其中 H_A 是原子的哈密顿量，H_L 是激光的哈密顿量，H_R 是热库的哈密顿量。V_{AL} 是光与原子的相互作用项，V_{AR} 是原子与热库的相互作用项。如果我们使用 H_A+H_L 的本征态作为基矢来开展计算，就会得到光学布洛赫方程。如果我们选择 $H_{AL}=H_A+H_L+V_{AL}$ 的本征态作为基矢，这种方法就称为缀饰态原子法。H_{AL} 的本征态称为缀饰态。换句话说，我们是换了一个表象来讨论问题。

本节将在半经典理论理论框架下讨论缀饰态原子法，处理几个简单的问题，获得对于缀饰态原子法的直观印象。更全面的缀饰态原子法，需要对电磁场进行二次量子化，使用全量子化的理论。后面引入全量子化的哈密顿量时，再进一步说明和解释。在半经典理论中，出发点是光频旋转表象下的不含时哈密顿量。此时，可认为 $|g\rangle$ 态实际上是“原子基态+一个光子”的状态，$|e\rangle$ 态是原子激发态。从后面的全量子理论的 JC 模型可以看到，光频旋转表象实际上和 JC 模型在退耦子空间的哈密顿量非常类似，可以认为是 JC 模型的一种简化。

7.6.1 光频移

作为缀饰态应用的第一个例子，我们来讨论一下光频移①。顾名思义，光频移说的是由于光的存在导致原子能级移动。它是实验物理研究中常常碰到的一个概念。比如在冷原子实验中，原子被光阱囚禁，激光会给原子能级带来光频移。而在光钟实验中，囚禁原子的光场会导致光频移，从而引起能级跃迁的频率变化，是钟频率重要的误差项，因此需要选择特定的“魔术”波长来消除光频移的影响。

我们讨论的模型如图 7.32(a) 所示，一个大失谐的光与二能级原子相互作用。不含时哈密顿量在 $\{|e\rangle,|g\rangle\}$ 基矢下为

$$H_I=\hbar\begin{pmatrix}-\Delta/2 & \Omega_R/2\\ \Omega_R/2 & \Delta/2\end{pmatrix} \tag{7.6.2}$$

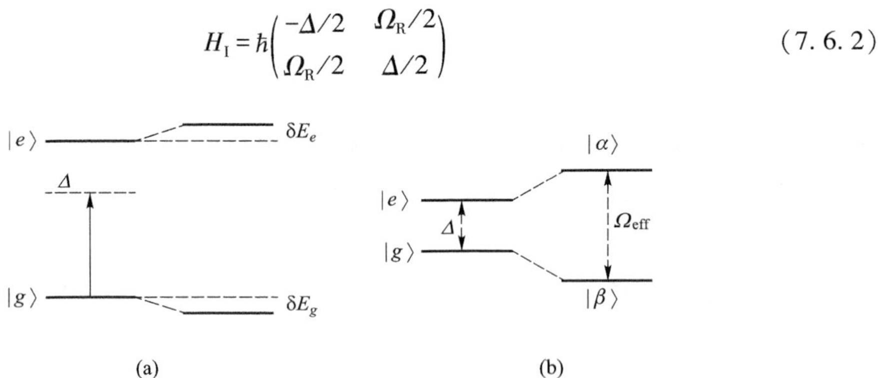

图 7.32 (a) 在薛定谔表象下用微扰论计算光位移。(b) 从非含时哈密顿量得到的缀饰态表象下的光位移示意图。

① 我们常常说光频移，也说光位移。这是因为我们讨论能量时，有时候直接用能量，有时候用频率来表示能量(相差一个普朗克常量)。当使用能量值时，就说光位移；当使用频率值来表示能量时，则说光频移。

由于大失谐,光场引起的跃迁概率很低,最主要的物理效应是使得原子能级有一个移动。这个移动可以用微扰论计算出来,近似到二阶

$$\delta E_i=\langle\psi_i\mid V\mid\psi_i\rangle+\sum_{n\neq i}\frac{\langle\psi_i\mid V\mid\psi_n\rangle\langle\psi_n\mid V\mid\psi_i\rangle}{E_i-E_n}+\cdots \tag{7.6.3}$$

其中 V 是光与原子相互作用项,在这里为

$$V=\frac{\hbar\Omega_{\mathrm{R}}}{2}\mid e\rangle\langle g\mid+\mathrm{c.c.} \tag{7.6.4}$$

一般而言,由于存在跃迁选择定则,(7.6.3)式第一项一般为零。这样,两个态的光位移分别为

$$\begin{aligned}\delta E_g&=\frac{\mid V_{ge}\mid^2}{E_g-E_e}=\hbar\frac{\Omega_{\mathrm{R}}^2}{4\Delta}\\ \delta E_e&=\frac{\mid V_{ge}\mid^2}{E_e-E_g}=-\hbar\frac{\Omega_{\mathrm{R}}^2}{4\Delta}\end{aligned} \tag{7.6.5}$$

其对应能级变化如图 7.32(b)所示。红失谐时($\Delta<0$),能级间隔变大。蓝失谐时,能级间隔变小。显然,因为使用的是微扰论,上述公式的结论只在光强比较小、失谐比较大的情况下才成立。对于近共振情况,需要超越微扰论,使用缀饰态原子法。

转换到缀饰态基矢,将哈密顿量(7.6.2)式重新对角化,得到缀饰态的本征态为

$$\begin{aligned}\mid\alpha\rangle&=\sin\theta\mid e\rangle+\cos\theta\mid g\rangle\\ \mid\beta\rangle&=\cos\theta\mid e\rangle-\sin\theta\mid g\rangle\end{aligned} \tag{7.6.6}$$

其中

$$\tan 2\theta=\frac{\Omega_{\mathrm{R}}}{\Delta},0\leqslant2\theta<\pi \tag{7.6.7}$$

对应的本征能量分别为

$$E=\pm\frac{\hbar\Omega_{\mathrm{eff}}}{2}=\pm\frac{\hbar}{2}\sqrt{\Delta^2+\Omega_{\mathrm{R}}^2} \tag{7.6.8}$$

我们将能量高的态标记为 $\mid\alpha\rangle$ 态,如图 7.32 (b)所示。

在这个图像中,所谓光位移就是缀饰态能量和未耦合本征态能量之差,以基态能级移动为例,光位移为

$$\delta E_g=\frac{\hbar}{2}(\sqrt{\Delta^2+\Omega_{\mathrm{R}}^2}-\Delta) \tag{7.6.9}$$

在大失谐、小光强的情况下,展开到 $\Omega_{\mathrm{R}}/\Delta$ 的二阶项

$$\delta E_g=\frac{\hbar}{2}\Delta\left[\left(1+\frac{1}{2}\frac{\Omega_{\mathrm{R}}^2}{\Delta^2}\right)-1\right]=\hbar\frac{\Omega_{\mathrm{R}}^2}{4\Delta} \tag{7.6.10}$$

等于二阶微扰下的结果。但是在近共振、大光强的情况下,缀饰态给出更准确的结论。

7.6.2 拉比振荡

我们也可以用缀饰态原子法来计算二能级体系的拉比振荡。假设光与原子共振,原子初始布居在基态,$\Delta=0,c_e(0)=0,c_g(0)=1$,求其演化的波函数。

为了使用缀饰态原子法,我们先求出缀饰态基矢,利用(7.6.7)式,

$$\theta=\frac{1}{2}\arctan\frac{\Omega_{\mathrm{R}}}{\Delta}=\frac{\pi}{4} \tag{7.6.11}$$

代入(7.6.6)式,得到缀饰态基矢为

$$\begin{aligned}|\alpha\rangle&=\frac{\sqrt{2}}{2}(|e\rangle+|g\rangle)\\|\beta\rangle&=\frac{\sqrt{2}}{2}(|e\rangle-|g\rangle)\end{aligned} \tag{7.6.12}$$

本征能量为

$$\begin{aligned}E_{\alpha}&=\hbar\Omega_{\mathrm{R}}/2\\E_{\beta}&=-\hbar\Omega_{\mathrm{R}}/2\end{aligned} \tag{7.6.13}$$

将初态 $\psi(0)=|g\rangle$ 用缀饰态基矢展开

$$\psi(0)=\frac{\sqrt{2}}{2}|\alpha\rangle-\frac{\sqrt{2}}{2}|\beta\rangle \tag{7.6.14}$$

因为缀饰态是系统的本征态,它保持不变,只有相位在按本征频率随时间演化,经过时间 t 后,波函数变成

$$\psi(t)=\frac{\sqrt{2}}{2}|\alpha\rangle\ \mathrm{e}^{-\mathrm{i}E_{\alpha}t/\hbar}-\frac{\sqrt{2}}{2}|\beta\rangle\ \mathrm{e}^{-\mathrm{i}E_{\beta}t/\hbar} \tag{7.6.15}$$

代入缀饰态的波函数和本征能量得到

$$\begin{aligned}\psi(t)&=\frac{1}{2}(|e\rangle+|g\rangle)\ \mathrm{e}^{-\mathrm{i}\Omega_{\mathrm{R}}t/2}-\frac{1}{2}(|e\rangle-|g\rangle)\ \mathrm{e}^{\mathrm{i}\Omega_{\mathrm{R}}t/2}\\&=-\mathrm{i}\sin\left(\frac{\Omega_{\mathrm{R}}t}{2}\right)|e\rangle+\cos\left(\frac{\Omega_{\mathrm{R}}t}{2}\right)|g\rangle\end{aligned} \tag{7.6.16}$$

和(7.2.21)式结果一致。我们用缀饰态原子法重新得到了拉比振荡。

7.6.3　绝热布居转移

上面虽然用缀饰态原子法也求得了拉比振荡,但是这种方法用起来更复杂,并不是缀饰态方法所擅长的。实际上,缀饰态表象特别适合处理一些准静态过程,其中一个经典的例子就是绝热布居转移。

具体而言,在二能级原子系统中,初始布居都在 $|g\rangle$,如何把原子布居转移到 $|e\rangle$? 这里暂不考虑上能级的自发辐射。

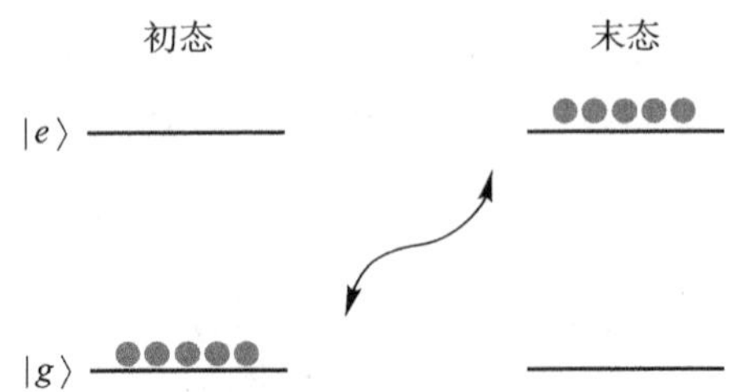

图7.33　如何将一个态上的布居转移到另外一个态上?

对于这个问题，最直接的一个答案是做一个 π 脉冲，原子布居将反转。π 脉冲是转移速度最快的方案。但是在实际实验过程中，π 脉冲抗扰性并不特别好，当有噪声的时候，比如说磁场噪声导致能级抖动，有时候 π 脉冲的布居反转效率并不是 100%。这时候使用绝热布居转移是一个很好的方案。

一种绝热布居转移的具体过程如图 7.34(a)所示。原子初始布居在 $|g\rangle$ 上。我们加上耦合场，此时耦合场蓝失谐 $|\Delta_i|\gg\Omega$，然后扫描失谐量，经过共振点，最后达到一个比较大的正值 $\Delta_f\gg|\Omega|$。经过这个过程，布居就从 $|g\rangle$ 态转移到了 $|e\rangle$ 态。

这一过程用缀饰态来理解，其物理图像就非常清晰。图 7.34(b)是二能级的缀饰态能级图，画出了本征能量和失谐的依赖关系。虚线代表未耦合基矢下 $|g\rangle$ 和 $|e\rangle$ 两个态的能量。实线是缀饰态的能量，由(7.6.8)式给出。当失谐量绝对值很大时，虚线分别是实线的渐进线，说明它们之间的本征能量很接近。能量接近意味着波函数几乎重叠，因此这时候裸态和缀饰态几乎相同。

从这个观点来看，原子初始处于 $|g\rangle$ 态，加上耦合场后，由于失谐 $\Delta_i\ll-|\Omega|$，因此它基本投影到缀饰态 $|\beta\rangle$ 态。然后我们缓慢地改变失谐，使其经过共振点，然后到 Δ_f。由于是绝热变化，原子的演化一直沿着 E_β 这条线。在失谐量变到 Δ_f 时，关闭耦合场，原子将从 $|\beta\rangle$ 态投影到裸态 $|e\rangle$ 上。这样就完成了一次绝热布居转移。

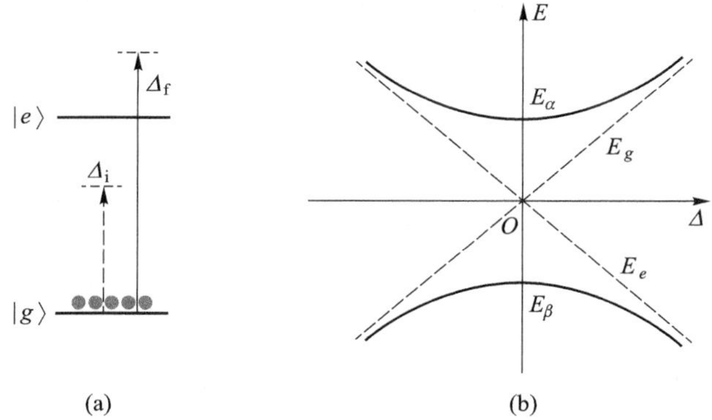

图 7.34 (a) 通过扫描激光频率，失谐量从负到正，从而绝热地使得布居从下能级转移到上能级。(b) 能级示意图，实线为缀饰态，虚线为裸态。

从波函数上看，使用(7.6.6)式。在扫描失谐过程中，$2\theta=\arctan(\Omega_R/\Delta)$，$\theta$ 从接近 $\pi/2$ 慢慢变到共振时的 $\pi/4$，然后变到接近 0。因此 $|\beta\rangle$ 是从 $|g\rangle\to|e\rangle$。

为了达到绝热条件，一般要求失谐扫描的速度不太大，如果扫描时间为 T，那么

$$\frac{\Delta_f/\Omega-\Delta_i/\Omega}{T}\ll\Omega \tag{7.6.17}$$

即

$$\frac{\Delta_f-\Delta_i}{T}\ll\Omega^2 \tag{7.6.18}$$

绝热布居转移的优势是抗扰性非常好，对各种参量不敏感，缺点是需要比较长的转移时间。它是实际实验中常采用的一种手段。

7.6.4 朗道-齐纳(Landau-Zener)跃迁

绝热布居转移成立的前提条件是系统参量的改变足够缓慢，在每一时刻，原子都处于同

一个瞬时本征态。但如果参量改变速度不那么慢，系统就不会那么“绝热”，部分原子会偏离绝热路径，跃迁到其他路径上，从而发生态反转。这样一个过程称为朗道-齐纳跃迁。

具体到一个二能级体系上，光频旋转表象下系统的哈密顿量为（假设 Ω 为实数）

$$H=\hbar\begin{bmatrix}\omega_e & \Omega/2\\ \Omega/2 & \omega_g\end{bmatrix} \tag{7.6.19}$$

如果我们线性改变失谐量 $\Delta=\alpha t$，那么能量项 $\omega_e=-\alpha t/2$，$\omega_g=\alpha t/2$ 随时间线性变化，如图 7.35 所示。我们关心的问题是，如果扫描速度比较快，系统的演化是否能保持在绝热基矢上。如果发生跃迁，跃迁的概率多大。

一般地，对于任意波函数，可以用裸态基矢 $\{|e\rangle,|g\rangle\}$ 展开

$$\psi=A\mathrm{e}^{-\mathrm{i}\int\omega_e\mathrm{d}t}|e\rangle+B\mathrm{e}^{-\mathrm{i}\int\omega_g\mathrm{d}t}|g\rangle \tag{7.6.20}$$

其中系数 A,B 待定。将此尝试波函数形式代入薛定谔方程，得到

$$\begin{aligned}\dot{A}&=-\mathrm{i}\frac{\Omega}{2}B\mathrm{e}^{\mathrm{i}\int\omega_{eg}\mathrm{d}t}\\ \dot{B}&=-\mathrm{i}\frac{\Omega}{2}A\mathrm{e}^{-\mathrm{i}\int\omega_{eg}\mathrm{d}t}\end{aligned} \tag{7.6.21}$$

其中 $\omega_{eg}=-\omega=\omega_e-\omega_g$。为了得到单一参量的微分方程，我们可以将其中一个式子再次微分，将另外一个式子代入，得到

$$\begin{aligned}\ddot{A}-\mathrm{i}\,\omega\dot{A}+\frac{\Omega^2}{4}A&=0\\ \ddot{B}+\mathrm{i}\,\omega\dot{B}+\frac{\Omega^2}{4}B&=0\end{aligned} \tag{7.6.22}$$

如图 7.35 所示，当原子在 $t\to-\infty$ 从初态 $|g\rangle$ 态（也即是 $|\beta\rangle$ 态）出发，一直沿 $E_\beta(t)$ 这条路径演化，长时间后（$t\to+\infty$）全部投影到 $|e\rangle$ 态，那么这个过程为绝热跟随过程。如果改变速度过快，部分原子会非绝热地跃迁到 $E_\alpha(t)$ 路径上。非绝热导致的跃迁可以由这个二阶微分方程组求得①。由于是二阶微分方程组，一般来说需要数值球解。

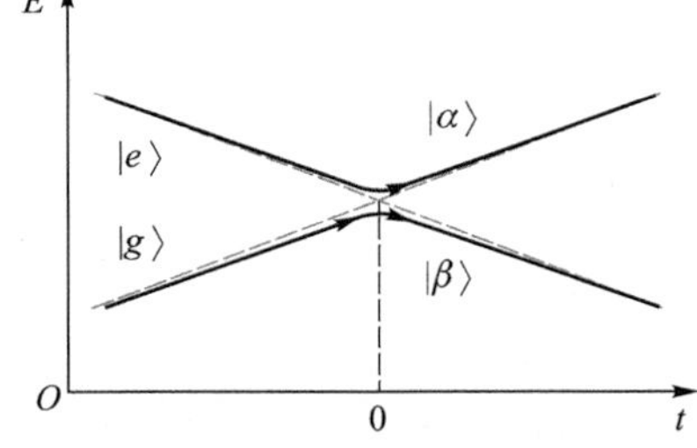

图 7.35　朗道-齐纳（Landau-Zener）跃迁的能级示意图。二能级系统的失谐随时间变化，$t=0$ 时达到共振。它们的瞬时本征态构成两支曲线。如果失谐扫描速度过快，原子会发生非绝热跃迁，从一支跃迁到另外一支上。

但是对于线性扫描失谐量的简单过程②，我们可以求得一个解析解。此时

$$\omega_{eg}=-\alpha t \tag{7.6.23}$$

α 表征扫描的速度。原子初始处于 $|g\rangle$ 态，在微扰极限下（Ω 很小），原子基本上处于同一个裸态，$B\simeq1$。代入(7.6.21)式，得到

---

① 详细求解可以参考一些文献，比如 Wittig C. J. Phys. Chem. B，109，8428（2005）。

② 比如系统涉及磁子能级，我们线性改变外部磁场，就可以线性改变塞曼能量。

$$\dot{A}=-\mathrm{i}\,\frac{\Omega}{2}\mathrm{e}^{-\mathrm{i}\alpha t^2/2}\tag{7.6.24}$$

定义 $x=(\alpha/2)^{1/2}t$,得到

$$A_{\mathrm{f}}=-\mathrm{i}\,\frac{\Omega}{2}(2/\alpha)^{1/2}\int_{-\infty}^{+\infty}\mathrm{d}x\mathrm{e}^{-\mathrm{i}x^2}=\frac{\Omega}{2}(2\pi/\alpha)^{1/2}\mathrm{e}^{\mathrm{i}\pi/4}\tag{7.6.25}$$

$|A_{\mathrm{f}}|^2$ 表征的是长时间后处于 $|e\rangle$ 态的概率,这部分是属于绝热跟随的。这样非绝热跃迁的概率为

$$P=1-|A_{\mathrm{f}}|^2=1-2\pi\eta\tag{7.6.26}$$

其中

$$\eta=\Omega^2/4\alpha\tag{7.6.27}$$

或者用

$$\tau_{\mathrm{d}}=\Omega/2\alpha\tag{7.6.28}$$

来描述相互作用时间间隔。物理意义上可以这样理解,$\Omega/2$ 表示功率展宽。激光频率在共振点附近 $\Omega/2$ 的范围内都可以近似认为是共振的。由于存在扫描,处于近共振范围的时间刚好由 τ_{d} 描述。那么

$$\eta=\frac{\Omega}{2}\tau_{\mathrm{d}}\tag{7.6.29}$$

其中 Ω 是两个缀饰态在共振时的能量间隔。能级间隔越大,发生非绝热跃迁的概率也更低了。在微扰极限下,Ω 很小,η 也就很小,因此发生非绝热跃迁的概率很大。

非微扰情况下,计算过程比较复杂,需要使用韦伯(Weber)方程。这里我们直接给出结果,非绝热跃迁的概率在 $t\to\infty$ 下为

$$P=\mathrm{e}^{-2\pi\eta}\tag{7.6.30}$$

η 越大,发生非绝热跃迁的概率越小。绝热近似成立的条件为

$$\eta\gg 1\tag{7.6.31}$$

对于在时间 T 内从 Δ_{i} 到 Δ_{f} 线性扫描失谐量,有

$$\alpha=\frac{\Delta_{\mathrm{f}}-\Delta_{\mathrm{i}}}{T}\tag{7.6.32}$$

代入(7.6.27)式,得到绝热近似条件为

$$\eta=\frac{\Omega^2}{4}\frac{T}{\Delta_{\mathrm{f}}-\Delta_{\mathrm{i}}}\gg 1\tag{7.6.33}$$

变换一下,除相差一个系数外,结果类似(7.6.18)式。

图 7.36 给出了具体的朗道-齐纳(Landau-Zener)跃迁动力学过程的数值结果。原子初始布居处于 $|g\rangle$ 态。扫描失谐量,在 $t=0$ 时发生共振,原子的布居快速从 $|g\rangle$ 态转移到 $|e\rangle$ 态。根据扫描速度的不同,最终留在 $|g\rangle$ 态的布居是不同的。扫描速度越慢,η 越大,留在 $|g\rangle$ 态的布居

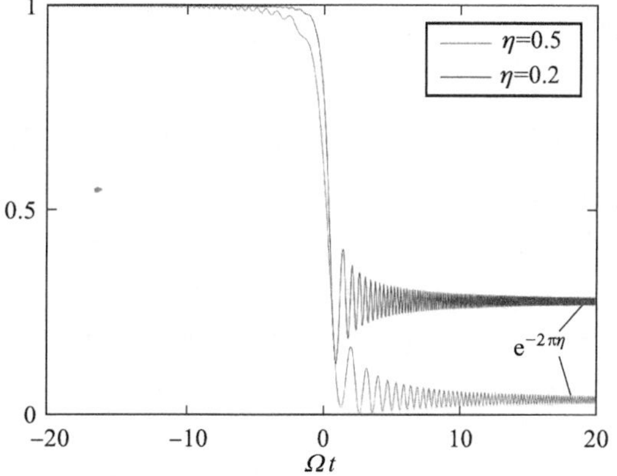

图 7.36 朗道-齐纳跃迁动力学过程。浅线和深线分别代表 $\eta=0.2$ 和 $\eta=0.5$。η 越大,绝热跟随效果越好,扫描过共振点后态转移越彻底。

越少,绝热跟随效果越好。

参考文献说明

1. 对于爱因斯坦理论的回顾文章,可以参考 Daniel Kleppner. Rereading Einstein on Radiation. Physics Today,58,2,30 (2005).

2. 对于二能级原子的理论处理,推荐参考 *Atom-photon Interaction: Basic Processes and Applications*,这是光与原子相互作用方面非常经典的一本书。中译本为《原子与光子相互作用:基本过程和应用》(科恩塔诺基等著,颜波、景俊译,清华大学出版社)。其中对于二能级体系给出了详尽的理论处理过程,在很有深度的同时,和实验结合紧密。

3. 对于原子钟的早期发展历史,可以参考拉姆齐的诺贝尔奖报告 Norman F. Ramsey. Experiments with Separated Oscillatory Fields and Hydrogen Masers. Rev. Mod. Phys., 62, 541 (1990)和他的回忆文章 *History of Atomic Clocks*(J Res Natl Bur Stand,1977)。

4. 关于多脉冲技术,可以参考综述文献 Vandersypen L M K,Chuang I L. NMR Techniques for Quantum Control and Computation. Rev. Mod. Phys.,76,1037 (2005)。

5. 对于绝热布居转移,可以参考综述文献 Bergmann K,Theuer H,Shore B W. Coherent Population Transfer among Quantum States of Atoms and Molecules. Rev. Mod. Phys.,70, 1003 (1998) 和 Nikolay V. Vitanov,Andon A. Rangelov,Bruce W. Shore,Klaas Bergmann. Stimulated Raman Adiabatic Passage in Physics,Chemistry,and Beyond. Rev. Mod. Phys., 89,015006 (2017)。这是同一个领域相差 20 年的综述,可以作为学科发展的一个有趣观察窗口。

6. 对于 Landau-Zener 问题的处理,可以参考 Curt Wittig. The Landau-Zener Formula. J. Phys. Chem. B,109,8428 (2005) 和 Amar C Vutha. A Simple Approach to the Landau-Zener Formula. Eur. J. Phys.,31,389 (2010)。

习题

7.1 原子干涉仪是一类重要仪器,它可以用干涉的方法对绝对重力值进行精确测量。如习题 7.1 图所示,冷原子在重力下下落,两束激光 L_1,L_2 构成拉曼激光,频率分别为 ω_1,ω_2,耦合原子基态的两个超精细能级。这个三能级体系可以等效为二能级体系。在原子的下落过程中,分别作用 $\pi/2-\pi-\pi/2$ 三个脉冲,脉冲时间间隔为 T。

(1) 假设原子静止时,等效二能级后的失谐 $\delta_0=0$。以原子开始下落的时刻为时间零点,在时间为 t 时,原子受到的等效二能级失谐量 $\delta_g(t)$ 为多少?

(2) 在实际操作过程中,会扫描拉曼激光的频率,使得等效二能级失谐量 $\delta(t)=\delta_g(t)-\alpha t$ 非常小。这样 $\delta(t)$ 的影响可以用微扰论的方法考虑。假设原子初始处于 $|1\rangle$ 态,经过三个脉冲后,$|2\rangle$ 态上的布居为多少?

(3) 确定重力值的方案是扫描 α 值,找到完全抵消重力产生的相位影响的值,记为 α_0。写出重力和 α_0 的关系。由于 α 的变化会导致布居出现周期振荡,为了确定 α_0,需要测量不

同 T 条件布居和 α 的曲线。画出 $T=15$ ms,20 ms,25 ms 的情况下,布居和 α 的关系图,并由此确定 α_0 值。假设 $\lambda=780$ nm,脉冲作用时间比 T 小很多。

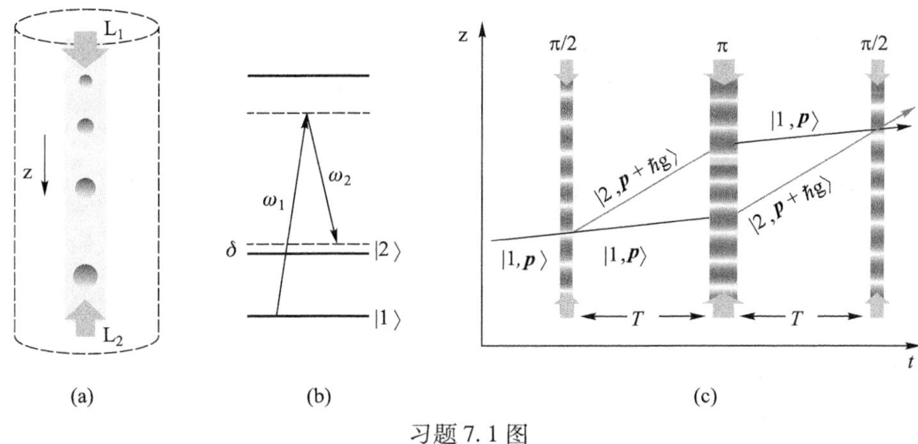

习题 7.1 图

7.2 光与二能级原子相互作用,拉比频率为 Ω,失谐为零,忽略衰减项。原子初始处于下能态。

(1) 如果做一个 π 脉冲,原子布居如何变化?

(2) 如果做一个 $\pi/4$ 脉冲,原子布居如何变化?

(3) 如果经过如习题 7.2 图所示的三个脉冲,满足 $\Omega t_1=\pi/6$,$\Omega t_2=\pi$ 和 $\Omega t_3=\pi/6$,假设 $T\gg t_1,t_2,t_3$,求这时原子在两个能态上的布居差。

7.3 在单光子大失谐的情况下,拉曼过程可以等效成二能级体系。当单光子失谐量很小时,这种等效将不再成立;如习题 7.3 图所示。

(1) 写出此系统的哈密顿量;

(2) 求解其本征态。证明在单光子共振 $\Delta=0$ 和双光子共振 $\delta=0$ 的情况下,有一个本征态本征能量为零,不包含上能级,因此不会衰减。这个现象称为相干布居囚禁。

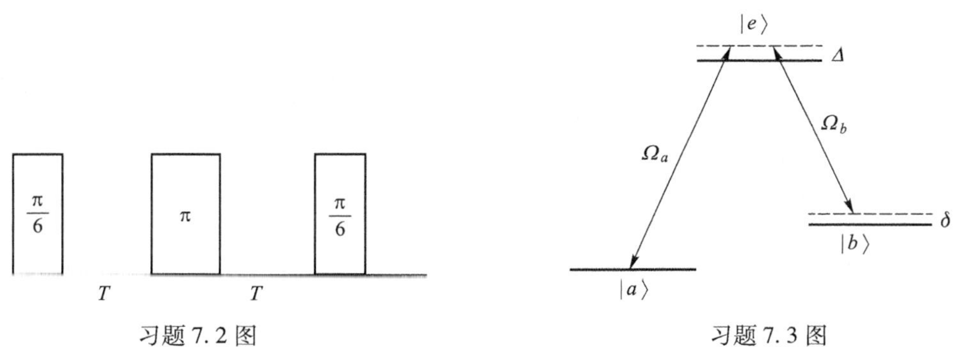

习题 7.2 图

习题 7.3 图

7.4 利用聚焦的高斯光束就可以形成光阱来囚禁冷原子。对于二能级原子,在大失谐的情况下,证明光频移为

$$\Delta E=\pm\frac{3\pi c^2}{2\omega_0^3}\frac{\Gamma}{\Delta}I \tag{1}$$

当涉及很多能级时,每一个能级都会对这个能级产生光频移,那么光频移的公式为

$$\Delta E_i = \frac{3\pi c^2 \Gamma}{2\omega_0^3} I \times \sum_j \frac{c_{ij}^2}{\Delta_{ij}} \tag{2}$$

其中求和是对任意一个中间态 j，Δ_{ij} 是激光相对 i，j 两态跃迁的失谐量，c_{ij} 是跃迁系数。由此证明大失谐（比超精细能级劈裂大很多）的情况下，碱金属基态光位移的公式为

$$U(\boldsymbol{r}) = \frac{\pi c^2 \Gamma}{2\omega_0^3}\left(\frac{2+\mathscr{P} m_F g_F}{\Delta_{2,F}} + \frac{1-\mathscr{P} m_F g_F}{\Delta_{1,F}}\right) I(\boldsymbol{r}) \tag{3}$$

括号内两项分别来自 D2 线和 D1 线的贡献（这里忽略了更高激发态的影响），失谐也是相对这两个跃迁的。$\mathscr{P}=0,\pm1$ 分别对应线偏振，$\sigma\pm$ 偏振。

第 8 章　全量子理论

半经典理论将原子看成能级,将电磁场看成经典场,它对大多数光与原子相互作用问题可给出令人满意的解释。另一方面,与光是经典电磁波的图像相对应,光具有粒子性也是在历史上不断“复活”的概念。数百年来,关于光的本质就一直有“波动说”和“粒子说”之争。麦克斯韦方程的出现似乎宣告了光的波动说的胜利,一切都显得那么完美。但是在量子力学发展之初,普朗克破天荒地假设辐射的能量是一份一份的,引入了辐射场能量量子化的概念。之后爱因斯坦在解释光电效应的时候,引入光子的概念,把光看成一个粒子。光的粒子说又以另外一种形式得到了复活,量子力学中波粒二象性成为新的结论。1927 年,狄拉克(Dirac)发展出辐射的量子理论,将光的波动性和粒子性统一起来,对光与原子相互作用给出漂亮的解释。这时候大家对单光子和单原子相互作用比较关心,而对光场本身的量子特性并不太关注。狄拉克在他的《量子力学》教科书上曾经说过一句著名而冒险的话:“光子只和自身干涉,不同光子的干涉不可能发生。(Each photon then interferes only with itself. Interference between different photons never occurs).”后来 1956 年,汉伯里·布朗及特维斯(Hanbury Brown 和 Twiss, HBT)实验揭示了多光子的特殊性质,也超越了狄拉克单光子的认识。1960 年激光的发明使得人们对于光本身的量子性质可以开展实验研究,推动了量子光学的发展。1963 年,格劳伯(Glauber)对光的量子特性做了细致研究,给出了很多不同于经典光场的量子特性,为量子光学的发展做出了重要贡献。量子光学成为现代物理研究中非常活跃的前沿领域。

本章仍然聚焦于光与原子相互作用范畴,对光本身量子特性的介绍留待“量子光学”的课程。我们会给出光与原子相互作用的全量子化图像,在此图像下,介绍一些不同于半经典理论的结果,比如在少光子数情况下出现量子拉比振荡等。

本章内容安排如下:首先介绍光场的量子化(第 8.1 节),给出光场在全量子化下的哈密顿量,引入光子数态的概念(第 8.2 节)。在光与原子相互作用时得到量子拉比模型(第 8.3 节)。在旋波近似下,得到著名的 JC 模型并进行求解(第 8.4 节)。用全量子化图形来看缀饰态的图像,对几个著名的现象——共振荧光(第 8.5 节)和欧特莱-汤斯(Autler-Townes)效应(第 8.6 节)给出解释。我们也介绍不引入旋波近似下量子拉比模型的求解(第 8.7 节),这也是一个相当有趣的课题。

8.1 光场的量子化

在用全量子的方法来处理光与原子相互作用时,需要将光场也量子化。下面我们以无源场为例子,展示光场量子化的过程。先从麦克斯韦方程出发,

$$
\begin{aligned}
\nabla\times\boldsymbol{E}&=-\frac{\partial\boldsymbol{B}}{\partial t}\\
\nabla\times\boldsymbol{B}&=\frac{1}{c^2}\frac{\partial\boldsymbol{E}}{\partial t}\\
\nabla\cdot\boldsymbol{B}&=0\\
\nabla\cdot\boldsymbol{E}&=0
\end{aligned}
\tag{8.1.1}
$$

利用公式

$$\nabla\times(\nabla\times\boldsymbol{E})=\nabla(\nabla\cdot\boldsymbol{E})-\nabla^2\boldsymbol{E} \tag{8.1.2}$$

消去方程组(8.1.1)式中的变量 $\boldsymbol{B}$,得到关于电场的方程

$$\nabla^2\boldsymbol{E}-\frac{1}{c^2}\frac{\partial^2\boldsymbol{E}}{\partial t^2}=0 \tag{8.1.3}$$

这是一个波动方程,其解依赖于边界条件。作为最简单的情况,我们假设光场被囚禁在一个长度为 L 的一维腔中,电场的偏振方向沿 x 轴(如图 8.1 所示)。其边界条件是在腔的边界位置电场为零,那么电场的解可以用腔的模式展开为

$$E_x(z,t)=\sum_j A_j q_j(t)\sin(k_j z) \tag{8.1.4}$$

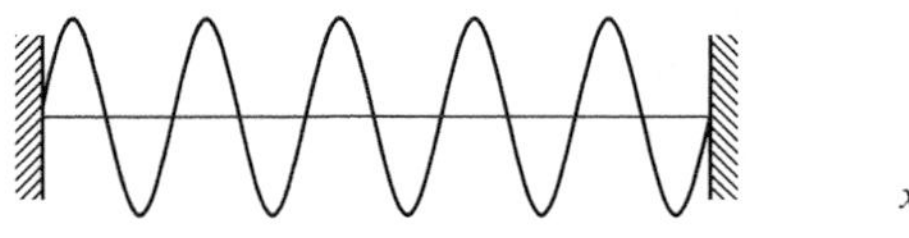

图 8.1 被束缚在一维腔中的光场。

其中用 j 来标记腔的本征模式,$j=1,2,3,\cdots$,$k_j=j\pi/L$,是一系列满足边界条件的驻波场。q_j 具有长度的量纲,A_jq_j 是电场的振幅。相应地,磁场沿着 y 方向,大小为

$$B_y(z,t)=\sum_j A_j\left(\frac{\dot{q}_j}{k_jc^2}\right)\cos(k_j z) \tag{8.1.5}$$

电磁场的总能量为

$$
\begin{aligned}
H&=\frac{1}{2}\int_V\left(\epsilon_0\boldsymbol{E}^2+\frac{1}{\mu_0}\boldsymbol{B}^2\right)\mathrm{d}V=\frac{1}{2}\int_V\left(\epsilon_0E_x^2+\frac{1}{\mu_0}B_y^2\right)\mathrm{d}V\\
&=\frac{1}{2}\sum_j\int_V\left[\epsilon_0A_j^2q_j^2(t)\sin^2(k_jz)+\mu_0A_j^2\frac{\dot{q}_j^2\epsilon_0^2}{k_j^2}\cos^2(k_jz)\right]\mathrm{d}V\\
&=\frac{1}{2}\sum_j\frac{\epsilon_0A_j^2V}{2\omega_j^2}(\omega_j^2q_j^2+\dot{q}_j^2)
\end{aligned}
\tag{8.1.6}
$$

其中 $\omega_j=ck_j$ 为场模 j 的角频率。

为了使电磁场能量的形式和谐振子情况相似，我们定义一个表示等效质量的参量

$$m_j=\frac{\epsilon_0 A_j^2 V}{2\omega_j^2} \tag{8.1.7}$$

以及类比于动量的参量

$$p_j=m_j\dot{q}_j \tag{8.1.8}$$

这样总能量为

$$H=\sum_j \frac{1}{2}\left(m_j\omega_j^2 q_j^2+\frac{p_j^2}{m_j}\right)=\sum_j H_j \tag{8.1.9}$$

对比谐振子的哈密顿量

$$H_{\text{osc}}=\frac{1}{2}m\omega^2 x^2+\frac{p^2}{2m} \tag{8.1.10}$$

它和我们写出来的光场的能量形式非常类似。每个模式相当于一个谐振子。于是类比于一维谐振子来量子化光场，将 q_j 和 p_j 看成算符，并引入量子化条件

$$[q_j,p_k]=\mathrm{i}\hbar\delta_{jk},[q_j,q_k]=0,[p_j,p_k]=0 \tag{8.1.11}$$

利用 q_j，p_j 构造升降算符

$$\begin{aligned}a_j&=\sqrt{\frac{1}{2m_j\hbar\omega_j}}(m_j\omega_j q_j+\mathrm{i}p_j)\\ a_j^+&=\sqrt{\frac{1}{2m_j\hbar\omega_j}}(m_j\omega_j q_j-\mathrm{i}p_j)\end{aligned} \tag{8.1.12}$$

其逆变换为

$$\begin{aligned}q_j&=\sqrt{\frac{\hbar}{2m_j\omega_j}}(a_j+a_j^+)\\ p_j&=-\mathrm{i}\sqrt{\frac{m_j\hbar\omega_j}{2}}(a_j-a_j^+)\end{aligned} \tag{8.1.13}$$

利用 p_j，q_j 的对易关系，容易验证

$$[a_j,a_k^+]=\delta_{jk},[a_j,a_k]=0,[a_j^+,a_k^+]=0 \tag{8.1.14}$$

所以系统的哈密顿量为

$$H=\hbar\sum_j \omega_j\left(a_j^+a_j+\frac{1}{2}\right) \tag{8.1.15}$$

这就是量子化光场的哈密顿量。将(8.1.13)式代入(8.1.4)式和(8.1.5)式，得到电场和磁场量子化后的表达式

$$\begin{aligned}E_x(z,t)&=\sum_j \mathscr{E}_j(a_j+a_j^+)\sin k_j z\\ B_y(z,t)&=-\frac{\mathrm{i}}{c}\sum_j \mathscr{E}_j(a_j-a_j^+)\cos k_j z\end{aligned} \tag{8.1.16}$$

其中

$$\mathscr{E}_j=\left(\frac{\hbar\omega_j}{\epsilon_0 V}\right)^{1/2} \tag{8.1.17}$$

升降算符随时间的演化可以用海森伯公式计算出来，对于任何一个算符 O，有

$$\frac{\mathrm{d}O}{\mathrm{d}t}=\frac{\mathrm{i}}{\hbar}[H,O] \tag{8.1.18}$$

于是,得到

$$\begin{aligned} a_j(t)&=a_j(0)\mathrm{e}^{-\mathrm{i}\omega_j t}\equiv a_j\mathrm{e}^{-\mathrm{i}\omega_j t}\\ a_j^+(t)&=a_j^+(0)\mathrm{e}^{-\mathrm{i}\omega_j t}\equiv a_j^+\mathrm{e}^{\mathrm{i}\omega_j t}\end{aligned} \tag{8.1.19}$$

电场和磁场用算符写出来为

$$\begin{aligned} E_x(z,t)&=\sum_j \mathscr{E}_j(a_j\mathrm{e}^{-\mathrm{i}\omega_j t}+a_j^+\mathrm{e}^{\mathrm{i}\omega_j t})\sin k_j z\\ B_y(z,t)&=-\frac{\mathrm{i}}{c}\sum_j \mathscr{E}_j(a_j\mathrm{e}^{-\mathrm{i}\omega_j t}-a_j^+\mathrm{e}^{\mathrm{i}\omega_j t})\cos k_j z\end{aligned} \tag{8.1.20}$$

上面考虑的是驻波情况下的光场量子化。如果在自由空间是行波场的话,我们可以采取类似步骤。任意一个电磁场可以用平面波展开:

$$\begin{aligned} \boldsymbol{E}(\boldsymbol{r},t)&=\sum_{\boldsymbol{k}}\hat{\boldsymbol{\epsilon}}_{\boldsymbol{k}}\mathscr{E}_{\boldsymbol{k}}\alpha_{\boldsymbol{k}}\mathrm{e}^{-\mathrm{i}\omega_{\boldsymbol{k}}t+\mathrm{i}\boldsymbol{k}\cdot\boldsymbol{r}}+\text{c.c.}\\ \boldsymbol{B}(\boldsymbol{r},t)&=\sum_{\boldsymbol{k}}\frac{\boldsymbol{k}\times\hat{\boldsymbol{\epsilon}}_{\boldsymbol{k}}}{\omega_{\boldsymbol{k}}}\mathscr{E}_{\boldsymbol{k}}\alpha_{\boldsymbol{k}}\mathrm{e}^{-\mathrm{i}\omega_{\boldsymbol{k}}t+\mathrm{i}\boldsymbol{k}\cdot\boldsymbol{r}}+\text{c.c.}\end{aligned} \tag{8.1.21}$$

其中 $\boldsymbol{k}\equiv(k_x,k_y,k_z)$ 是波矢,$\hat{\boldsymbol{\epsilon}}_{\boldsymbol{k}}$ 是表示偏振的单位矢量,c.c.表示公式前面部分的复共轭。$\alpha_{\boldsymbol{k}}$ 是无量纲幅度,而

$$\mathscr{E}_{\boldsymbol{k}}=\left(\frac{\hbar\omega_{\boldsymbol{k}}}{2\epsilon_0 V}\right)^{1/2} \tag{8.1.22}$$

请注意,它与驻波场情况下的表达式(8.1.17)式差一个常数,这是驻波场和行波场的区别导致的。类似驻波场量子化过程,这里只要将 $\alpha_{\boldsymbol{k}}$ 和 $\alpha_{\boldsymbol{k}}^+$ 替换成相应的算符 $a_{\boldsymbol{k}},a_{\boldsymbol{k}}^+$,满足对易关系$[a_{\boldsymbol{k}},a_{\boldsymbol{k}}^+]=1$。量子化后的自由空间电磁场为

$$\begin{aligned} \boldsymbol{E}(\boldsymbol{r},t)&=\sum_{\boldsymbol{k}}\hat{\boldsymbol{\epsilon}}_{\boldsymbol{k}}\mathscr{E}_{\boldsymbol{k}}a_{\boldsymbol{k}}\mathrm{e}^{-\mathrm{i}\omega_{\boldsymbol{k}}t+\mathrm{i}\boldsymbol{k}\cdot\boldsymbol{r}}+\text{H.c.}\\ \boldsymbol{B}(\boldsymbol{r},t)&=\sum_{\boldsymbol{k}}\frac{\boldsymbol{k}\times\hat{\boldsymbol{\epsilon}}_{\boldsymbol{k}}}{\omega_{\boldsymbol{k}}}\mathscr{E}_{\boldsymbol{k}}a_{\boldsymbol{k}}\mathrm{e}^{-\mathrm{i}\omega_{\boldsymbol{k}}t+\mathrm{i}\boldsymbol{k}\cdot\boldsymbol{r}}+\text{H.c.}\end{aligned} \tag{8.1.23}$$

请注意,其中含时项 $\mathrm{e}^{-\mathrm{i}\omega_{\boldsymbol{k}}t}$是从(8.1.18)式求得的,实际上是相对 H 做了一个表象变换。如果系统哈密顿量中本身包含光场的哈密顿量,则含时项不需要写出来,H.c.表示公式前面部分的厄米共轭。这些将是我们全量子化处理光与原子相互作用的出发点。

8.2　光子数态

下面求解量子化后哈密顿量(8.1.15)式的本征值和本征态。和角动量那章类似,这里将使用代数方法。考虑最简单的单个模式的情况。假设 $|n\rangle$ 是系统的本征态,具有本征能量 E_n,那么

$$H|n\rangle=\hbar\omega\left(a^+a+\frac{1}{2}\right)=E_n|n\rangle \tag{8.2.1}$$

两边都乘上 a,得到

$$\hbar\omega\left(aa^{+}a+\frac{1}{2}a\right)\ |n\rangle=E_n a\ |n\rangle \tag{8.2.2}$$

利用对易关系 $aa^{+}-a^{+}a=1$,将左边第一项更换 aa^{+} 的位置,得到

$$\hbar\omega\left(a^{+}a+\frac{1}{2}\right)a\ |n\rangle=Ha\ |n\rangle=(E_n-\hbar\omega)\ a\ |n\rangle \tag{8.2.3}$$

从(8.2.3)式可以看出,$a\ |n\rangle$ 也是 H 的本征态,本征能量为 $E_n-\hbar\omega$。我们将这个本征态标记为 $|n-1\rangle$ 态。因为归一化的要求,需要在前面加一个待定因子

$$a\ |n\rangle=c_n\ |n-1\rangle \tag{8.2.4}$$

对应本征能量

$$E_{n-1}=E_n-\hbar\omega \tag{8.2.5}$$

按同样的步骤一直做下去,直到基态 $|0\rangle$,

$$Ha\ |0\rangle=(E_0-\hbar\omega)a\ |0\rangle \tag{8.2.6}$$

因为已经是基态了,不允许出现比 E_0 更小的本征能量了。要使(8.2.6)式有物理意义,必然要求

$$a\ |0\rangle=0 \tag{8.2.7}$$

这个 $|0\rangle$ 态称为真空态。利用上面的关系,容易求得

$$H\ |0\rangle=\frac{1}{2}\hbar\omega\ |0\rangle \tag{8.2.8}$$

真空态的本征能量

$$E_0=\frac{1}{2}\hbar\omega \tag{8.2.9}$$

递推回去,任意 $|n\rangle$ 态的本征能量为

$$E_n=\left(n+\frac{1}{2}\right)\hbar\omega \tag{8.2.10}$$

如图 8.2 所示。

我们也常常使用光子数算符

$$\hat{n}=a^{+}a \tag{8.2.11}$$

在此定义下,有

$$\hat{n}\ |n\rangle=n\ |n\rangle \tag{8.2.12}$$

这也就是为什么 $|n\rangle$ 称为光子数态[也称为福克(Fock)态]。

上面的推导过程中,不需要用到(8.2.3)式中的系数 c_n,下面用归一化条件来确定 c_n,

$$\langle n-1\ |n-1\rangle=\frac{1}{|c_n|^2}\langle n\ |a^{+}a\ |n\rangle=\frac{n}{|c_n|^2}\langle n\ |n\rangle=\frac{n}{|c_n|^2}=1 \tag{8.2.13}$$

得到

$$|c_n|^2=n \tag{8.2.14}$$

方便起见,将相位取为零,于是有

$$a\ |n\rangle=\sqrt{n}\ |n-1\rangle \tag{8.2.15}$$

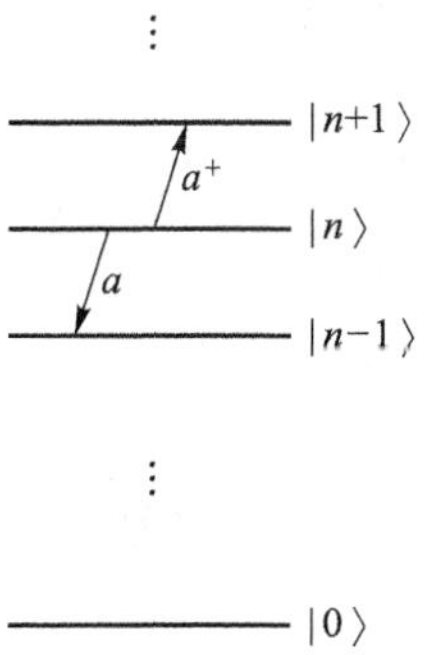

$|n+1\rangle$
a^{+}
$|n\rangle$
a
$|n-1\rangle$
$|0\rangle$

图 8.2 光子数态示意图。产生和湮没算符分别将光子数态的量子数增加 1 和减少 1。

同样地,我们可以得到

$$a^{+}\mid n\rangle=\sqrt{n+1}\mid n+1\rangle \tag{8.2.16}$$

从真空态出发,我们可以得到任意光子数态

$$\mid n\rangle=\frac{(a^{+})^{n}}{\sqrt{n!}}\mid 0\rangle \tag{8.2.17}$$

光子数态作为光子数算符的本征态,物理意义明确。但是在实际过程中,很难制备这样的光子数态。我们使用最多的是所谓的相干态,记为 $\mid\alpha\rangle$。相干态可以定义为湮没算符的本征态

$$a\mid\alpha\rangle=\alpha\mid\alpha\rangle \tag{8.2.18}$$

利用此定义,容易求得在光子数态基矢下,

$$\mid\alpha\rangle=\mathrm{e}^{-\mid\alpha\mid^{2}/2}\sum_{n=0}^{\infty}\frac{\alpha^{n}}{\sqrt{n!}}\mid n\rangle \tag{8.2.19}$$

它也可以写成

$$\mid\alpha\rangle=\exp(\alpha a^{+}-\alpha^{*}a)\mid 0\rangle \tag{8.2.20}$$

对于相干态,平均光子数

$$\bar{n}=\langle\alpha\mid\hat{n}\mid\alpha\rangle=\langle\alpha\mid a^{+}a\mid\alpha\rangle=\alpha^{*}\alpha \tag{8.2.21}$$

考察此态的光子数统计,具有 n 个光子的概率为

$$\mathscr{P}(n)=\mid\langle n\mid\alpha\rangle\mid^{2}=\mathrm{e}^{-\mid\alpha\mid^{2}}\frac{\mid\alpha^{2}\mid^{n}}{n!}=\frac{\bar{n}^{n}}{n!}\mathrm{e}^{-\bar{n}} \tag{8.2.22}$$

相干态的光子数统计具有泊松分布。如果计算它的光子数起伏,则有

$$(\Delta n)^{2}=\langle\alpha\mid(\hat{n}-\bar{n})^{2}\mid\alpha\rangle=\bar{n} \tag{8.2.23}$$

激光可以为非常接近相干态。

8.3　全量子化哈密顿量

光场被量子化后,二能级体系的哈密顿量写为

$$H=H_{\mathrm{A}}+H_{\mathrm{L}}+V_{\mathrm{AL}} \tag{8.3.1}$$

其中

$$H_{\mathrm{A}}=\hbar\omega_{e}\mid e\rangle\langle e\mid+\hbar\omega_{g}\mid g\rangle\langle g\mid=\frac{1}{2}\hbar\omega\sigma_{z} \tag{8.3.2}$$

是原子哈密顿量。这里取了 $\mid e\rangle$, $\mid g\rangle$ 能级的中间能量为零点,$\omega_{0}=\omega_{e}-\omega_{g}$ 是两个能级的频率差。σ_{z} 是泡利矩阵之一,

$$\sigma_{x}=\begin{pmatrix}0&1\\1&0\end{pmatrix},\ \sigma_{y}=\begin{pmatrix}0&-\mathrm{i}\\\mathrm{i}&0\end{pmatrix},\sigma_{z}=\begin{pmatrix}1&0\\0&-1\end{pmatrix} \tag{8.3.3}$$

另外,有泡利矩阵的升降算符

$$\sigma^{+}=\begin{pmatrix}0&1\\0&0\end{pmatrix},\quad \sigma=\begin{pmatrix}0&0\\1&0\end{pmatrix} \tag{8.3.4}$$

在全量子化理论中，光场的哈密顿量写成

$$H_L=\hbar\omega_L\left(a^+a+\frac{1}{2}\right) \tag{8.3.5}$$

其中 ω_L 是激光的频率，a 和 a^+ 是湮没和产生算符。$\hbar\omega_L/2$ 是真空零点能，一般情况下可以先忽略。这样两者合起来写成

$$H_0=H_A+H_L=\hbar\omega_L a^+a+\frac{1}{2}\hbar\omega_0\sigma_z \tag{8.3.6}$$

在电偶极近似下，相互作用项

$$V_{AL}=-\boldsymbol{d}\cdot\boldsymbol{E}=e\boldsymbol{r}\cdot\boldsymbol{E} \tag{8.3.7}$$

将其在 $|e\rangle$，$|g\rangle$ 基矢下展开，可以写成

$$-e\boldsymbol{r}=\sum_{i,j}-e|i\rangle\langle i|\boldsymbol{r}|j\rangle\langle j|=\sum_{i,j}\boldsymbol{d}_{ij}|i\rangle\langle j| \tag{8.3.8}$$

其中

$$\boldsymbol{d}_{ij}=-e\langle i|\boldsymbol{r}|j\rangle,\quad \{i,j\}\in\{e,g\} \tag{8.3.9}$$

是电偶极跃迁矩阵元。

取原子所在位置为坐标原点。由于原子大小一般远小于波长（$r\ll\lambda$），取长波近似，

$$\boldsymbol{k}\cdot\boldsymbol{r}\ll 1,\quad e^{i\boldsymbol{k}\cdot\boldsymbol{r}}\simeq 1 \tag{8.3.10}$$

电场算符(8.1.23)式写为

$$E=\sum_{\boldsymbol{k}}\hat{\boldsymbol{\epsilon}}_{\boldsymbol{k}}\mathscr{E}_{\boldsymbol{k}}(a_{\boldsymbol{k}}+a_{\boldsymbol{k}}^+) \tag{8.3.11}$$

类似拉比频率，可以定义耦合强度参量

$$g_{\boldsymbol{k}}^{ij}=\frac{-d_{ij}\cdot\hat{\boldsymbol{\epsilon}}_{\boldsymbol{k}}\mathscr{E}_{\boldsymbol{k}}}{\hbar} \tag{8.3.12}$$

原子是二能级、激光限制在单模的情况下，只有一个耦合强度参量 g，V_{AL} 可写成四项：

$$V_{AL}=\hbar g(\sigma^+a+\sigma a^++\sigma a+\sigma^+a^+) \tag{8.3.13}$$

其中第一项物理意义是吸收一个光子，原子向上跃迁。第二项是原子向下跃迁，发射一个光子。这两项满足能量守恒，对应半经典理论中的旋波项。第三项是吸收一个光子，原子向下跃迁；第四项是辐射一个光子，原子向上跃迁，对应半经典理论中的非旋波项。

这样总的系统哈密顿量写成

$$H=\frac{1}{2}\hbar\omega_0\sigma_z+\hbar\omega_L a^+a+\hbar g(\sigma^+a+\sigma a^++\sigma a+\sigma^+a^+) \tag{8.3.14}$$

或者写成

$$H=\frac{1}{2}\hbar\omega_0\sigma_z+\hbar\omega_L a^+a+\hbar g\sigma_x(a+a^+) \tag{8.3.15}$$

这一模型称为量子拉比模型（quantum Rabi model），是全量子情况下二能级体系的基本模型。

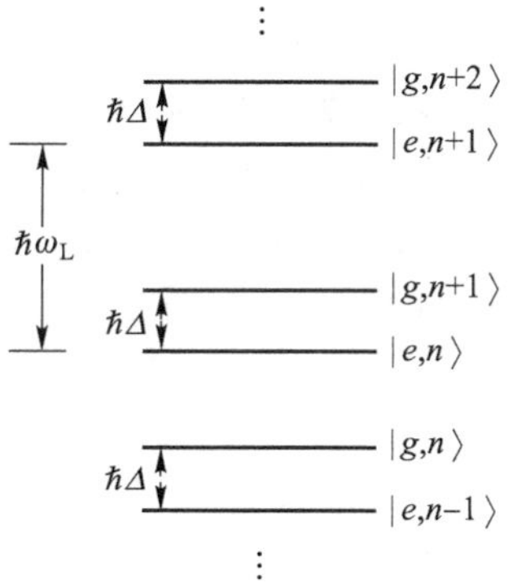

图 8.3　量子拉比模型在$\{|e,n\rangle,|g,n\rangle\}$基矢下的能级示意图。$\Delta=\omega_L-\omega_0$ 是频率失谐量。共振时 $|g,n+1\rangle$ 态和 $|e,n\rangle$ 态能量简并。

此模型中原子只有两个态，但光子数的取值为任意非负整数，有无穷个态。图 8.3 给出了相应的能态及能量示意图。如果取$\{|e,n\rangle,|g,n\rangle\}$为基矢，将哈密顿量写成矩阵形式，那么它将变成一个无限维的矩阵，这使得量子拉比模型的求解并不容易。好在大多数情况下，可以做旋波近似，得到一个简单模型——杰恩斯-卡明斯(Jaynes-Cummings，JC)模型。

8.4　JC 模型

在量子拉比模型中，相互作用项(8.3.13)式的后两项是非旋波项。在弱耦合、近共振条件下它们比旋波项效应要小得多，可以被忽略，这就是半经典理论中所做的旋波近似。在旋波近似下，量子拉比模型变成

$$H=\frac{1}{2}\hbar\omega_0\sigma_z+\hbar\omega_L a^+a+\hbar g(\sigma^+a+\sigma a^+) \tag{8.4.1}$$

这就是著名的杰恩斯-卡明斯(Jaynes-Cummings，JC)模型。将其在$\{(|e,n\rangle,\ |g,n+1\rangle),\ n=0,1,2,\cdots\}$（称为裸态，或未扰动态）基矢下展开成矩阵形式

$$H=\begin{pmatrix} H_{JC}^0 & 0 & 0 & 0 & \cdots \\ 0 & H_{JC}^1 & 0 & 0 & \cdots \\ 0 & 0 & H_{JC}^2 & 0 & \cdots \\ 0 & 0 & 0 & H_{JC}^3 & \cdots \\ \vdots & \vdots & \vdots & \vdots & \ddots \end{pmatrix} \tag{8.4.2}$$

虽然它还是一个无限维矩阵，但是它的性质非常好，只在对角上出现矩阵块。其中每一个H_{JC}^n都是一个 2×2 的矩阵块

$$H_{JC}^n=\hbar\begin{pmatrix} n\omega_L+\omega_0/2 & \sqrt{n+1}\,g \\ \sqrt{n+1}\,g & (n+1)\omega_L-\omega_0/2 \end{pmatrix} \tag{8.4.3}$$

对应的是由$\{|e,n\rangle,|g,n+1\rangle\}$撑开的 2×2 子空间，记为$\mathscr{C}(n)$。JC 模型让系统从无限维退耦到彼此独立的 2×2 的子空间。因此只要在每个子空间进行求解就可以，大大降低了难度。JC 模型有比较简单的解析解，非常有助于我们理解其中的物理过程。

子空间$\mathscr{C}(n)$的哈密顿量(8.4.3)式中，对角项上是光子数态和原子态的总能量，非对角项上是$|g,n+1\rangle$态和$|e,n\rangle$态之间的耦合项。我们定义

$$\Omega_n=2g\sqrt{n+1} \tag{8.4.4}$$

为拉比频率。(8.4.3)式可以改写成

$$H_{JC}^n=\left(n+\frac{1}{2}\right)\hbar\omega_L+\hbar\begin{pmatrix} -\Delta/2 & \Omega_n/2 \\ \Omega_n/2 & \Delta/2 \end{pmatrix} \tag{8.4.5}$$

除了光子的能量外，此哈密顿量跟半经典理论给出的不含时哈密顿量非常类似。当然，这里需要注意Ω_n是在$\mathscr{C}(n)$子空间中的量，和n有关。但是在光子数非常大的情况下，在一定范围内可以认为Ω_n是常量。

8.4.1 能级和波函数

在 JC 模型下，不同的子空间 $\mathscr{C}(n)$ 之间能级不发生耦合。求其本征态和本征能量只需要在 $\mathscr{C}(n)$ 内重新对角化。对角化后马上得到其本征能量为

$$E_{\pm}=\left(n+\frac{1}{2}\right)\hbar\omega_{\mathrm{L}}\pm\frac{\hbar}{2}\sqrt{\Delta^{2}+\Omega_{n}^{2}} \tag{8.4.6}$$

它们之间的能级差为

$$\hbar\Omega=\hbar\sqrt{\Delta^{2}+\Omega_{n}^{2}} \tag{8.4.7}$$

这样得到的两个新的本征态记为 $|1(n)\rangle$ 和 $|2(n)\rangle$，称为缀饰态(dressed states)。

$$\begin{aligned}|1(n)\rangle&=\sin\theta|e,n\rangle+\cos\theta|g,n+1\rangle\\|2(n)\rangle&=\cos\theta|e,n\rangle-\sin\theta|g,n+1\rangle\end{aligned} \tag{8.4.8}$$

其中

$$\tan 2\theta=\frac{\Omega_{n}}{\Delta},\quad 0\leqslant 2\theta<\pi \tag{8.4.9}$$

缀饰态中光与原子耦合在一起了。此式和(7.6.6)式非常类似。

图 8.4(a)给出了 $\mathscr{C}(n)$ 子空间内裸态和缀饰态的能量示意图。左边是未扰动情况下原子+光子的能量，它们之间的能量差刚好是 $\hbar\Delta$。在扰动后得到的本征态(缀饰态)能级移动了，移动之后的能级差变成了 $\hbar\Omega$。

图 8.4(b)给出了缀饰态本征能量随失谐量(激光频率)的关系(这里都减掉了能量 $n\hbar\omega_{\mathrm{L}}$)。其中成 45 度夹角的两条虚线分别表示未扰动态 $|g,n+1\rangle$ 和 $|e,n\rangle$ 的能量。随着失谐量的变化，两条虚线是缀饰态本征能量的渐近线。当缀饰态能量特别靠近某条虚线时，意味着缀饰态具有的此裸态成分非常多。

由于在全量子化图像中，n 可以取不同的值，因此有无限多个裸态和缀饰态。图 8.5 给出了全量子化图像下的缀饰态能级和激光频率变化的示意图。

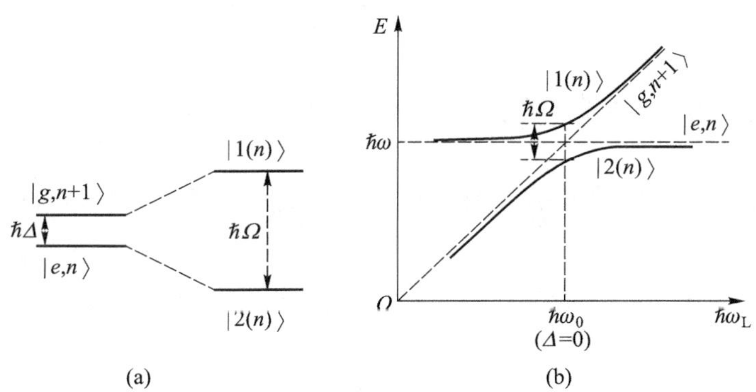

图 8.4 (a) $\mathscr{C}(n)$子空间内裸态和缀饰态的能量示意图。(b) 缀饰态本征能量随激光频率(失谐量)的变化图。

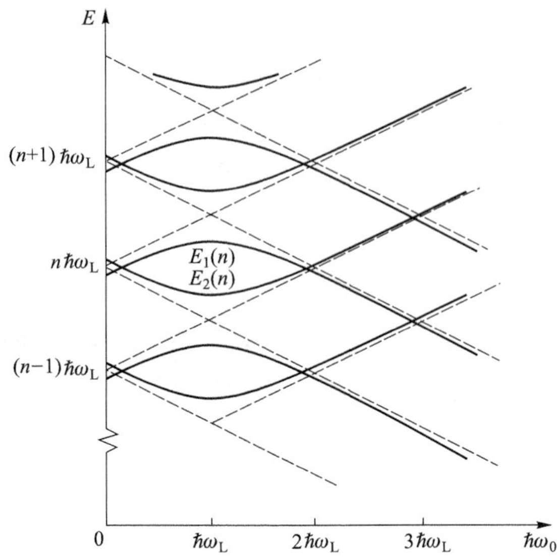

图 8.5　裸态和缀饰态的能量示意图。虚线是裸态的能量,实线是缀饰态的能量。

8.4.2　量子拉比振荡

相互作用表象有时会给处理带来很多方便。将 JC 模型转换到相互作用表象,相互作用项为

$$V_I = e^{iH_0t/\hbar} V_{AL} e^{-iH_0t/\hbar} \tag{8.4.10}$$

利用定理①

$$e^{\beta A} B e^{-\beta A} = B+\beta[A,B]+\frac{\beta^2}{2!}[A,[A,B]]+\cdots \tag{8.4.11}$$

可以得到

$$V_I = \hbar g(\sigma^+ a e^{-i\Delta t}+\sigma a^+ e^{i\Delta t}) \tag{8.4.12}$$

此式和(7.4.12)式非常类似。

共振情况下,$\Delta=0$,(8.4.12)式变为

$$V_I = \hbar g(\sigma^+ a+a^+\sigma) \tag{8.4.13}$$

由于 JC 模型的对角块结构,我们只要在 $|e,n\rangle$ 和 $|g,n+1\rangle$ 构成的子空间求解。设系统在任意时刻的状态为

$$|\psi(t)\rangle = c_{e,n}(t)|e,n\rangle+c_{g,n+1}(t)|g,n+1\rangle \tag{8.4.14}$$

代入相互作用表象下的薛定谔方程,得到

$$\begin{aligned} \dot{c}_{e,n} &= -ig\sqrt{n+1}\,c_{g,n+1} \\ \dot{c}_{g,n+1} &= -ig\sqrt{n+1}\,c_{e,n} \end{aligned} \tag{8.4.15}$$

① 参见附录第 11.3 节,给出了相关算符运算的公式及证明。

(8.4.15)式的解为

$$
\begin{aligned}
c_{e,n}(t)&=c_{e,n}(0)\cos\left(\frac{\Omega_n}{2}t\right)-\mathrm{i}c_{g,n+1}(0)\sin\left(\frac{\Omega_n}{2}t\right)\\
c_{g,n+1}(t)&=c_{g,n+1}(0)\cos\left(\frac{\Omega_n}{2}t\right)-\mathrm{i}c_{e,n}(0)\sin\left(\frac{\Omega_n}{2}t\right)
\end{aligned}
\tag{8.4.16}
$$

如果原子初始状态处于 $|g\rangle$ 态，那么 $c_{e,n}(0)=0$，$c_{g,n+1}(0)=1$，则

$$
|\psi(t)\rangle=\cos\left(\frac{\Omega_n}{2}t\right)|g,n+1\rangle-\mathrm{i}\sin\left(\frac{\Omega_n}{2}t\right)|e,n\rangle \tag{8.4.17}
$$

和半经典情况类似，系统在这两个能态之间做拉比振荡，振荡频率为 Ω_n。

由 JC 模型的解可知，系统在退耦子空间中两个能态间进行拉比振荡。但是需要指出的是，通常实际光源不是处于光子数态 $|n\rangle$，而是很多光子数态的叠加，因此无法看到系统在单个子空间 $\mathscr{C}(n)$ 内的拉比振荡。比如使用激光，它更接近于一个相干态[参见(8.2.19)式和(8.2.22)式]，

$$
|\alpha\rangle=\sum_n c_n|n\rangle,\quad p_n=|c_n|^2=\mathrm{e}^{-\bar{n}}\frac{\bar{n}^n}{n!} \tag{8.4.18}
$$

在实际实验中，人们一般只观测原子的上下能态的布居，而并不关心激光的量子态，因此需要对不同的光子数态进行加权平均：

$$
\begin{aligned}
P_e(t)&=\sum_n p_n\sin^2\left(\frac{\Omega_n}{2}t\right)\\
P_g(t)&=\sum_n p_n\cos^2\left(\frac{\Omega_n}{2}t\right)
\end{aligned}
\tag{8.4.19}
$$

由于 Ω_n 和光子数 n 有关，因此它是一系列拉比振荡的叠加。但是对于通常的激光场，光子数 $N=\bar{n}$ 非常大，光子数起伏 $\Delta N=\sqrt{N}\ll N$，因此可以认为 $\Omega_n\simeq 2g\sqrt{N}$，而与 n 无关。不同光子数态中原子布居都以统一的 $\Omega_{\mathrm{R}}=2g\sqrt{N}$ 的频率振荡。

$$
\begin{aligned}
P_e(t)&=\sin^2\left(\frac{\Omega_{\mathrm{R}}}{2}t\right)\sum_n p_n=\sin^2\left(\frac{\Omega_{\mathrm{R}}}{2}t\right)\\
P_g(t)&=\cos^2\left(\frac{\Omega_{\mathrm{R}}}{2}t\right)\sum_n p_n=\cos^2\left(\frac{\Omega_{\mathrm{R}}}{2}t\right)
\end{aligned}
\tag{8.4.20}
$$

最终表现出来的就是原子的布居在两能级上以 Ω_{R} 做拉比振荡，和半经典理论给出的结果一致。

与此相反，在平均光子数 $\bar{n}$ 很小的情况下，JC 模型给出不同于半经典理论的结果。由于 n 很小，不同的 n 值给出的 Ω_n 将相差很大。这些不同频率的振荡的叠加将导致振荡幅度的衰减。因为是有限的离散频率的叠加，在足够长的时间后，会出现崩塌-重建现象，如图 8.6所示。这一纯量子效应已经在实验上得到验证①。

① 例如可参见 Brune M, Schmidt-Kaler F, Maali A, Dreyer J, Hagley E, Raimond J M, Haroche S. Quantum Rabi Oscillation: A Direct Test of Field Quantization in a Cavity. Phys. Rev. Lett., 76, 11(1996).

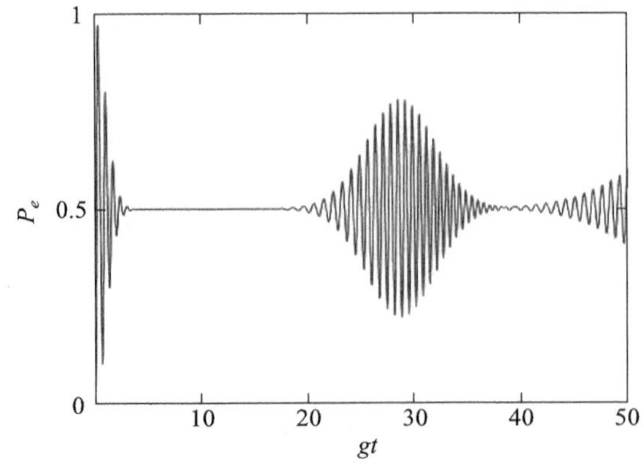

图 8.6　平均光子数比较小情况下的量子拉比振荡。这里取值 $\bar{n}=10,\Delta=0$。由于不同光子数态对应的拉比频率不一致，导致了振荡的崩塌-重建过程。

8.5　共振荧光

在全量子化图像中，光场具有无穷多个光子数态。但是在实际实验中，通常没有办法分辨光子数态的变化，我们只能看原子的响应，因此需要将不同光子态加权平均起来，从而从更高层次解释半经典理论。与此同时，全量子化理论会给出更多的结果，上面讨论的量子拉比振荡是一个例子，另外一个有意思的例子是共振荧光。

考虑一个二能级原子，被一个近共振激光激发，处于激发态的原子会自发辐射出荧光，我们来看一下荧光光子的性质。

（1）一阶过程。当入射光强比较弱时，由于能量守恒，散射光子和入射光子频率一致，这是一个散射过程，如图 8.7 所示。

（2）当光强比较强时，更高阶的过程会发生。图 8.8 给出了二阶散射过程。这是一个四波混频过程。

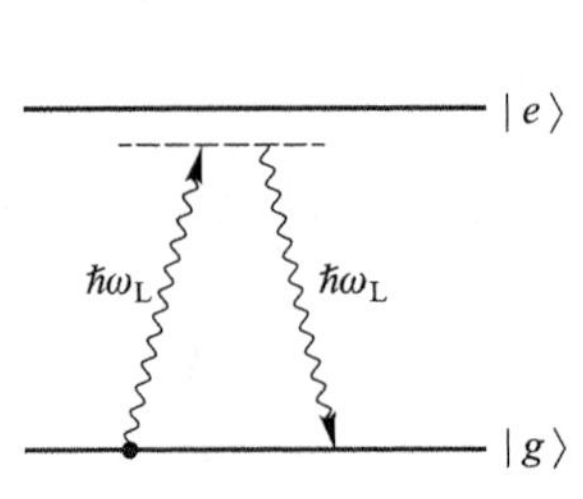

图 8.7　共振散射一阶过程。

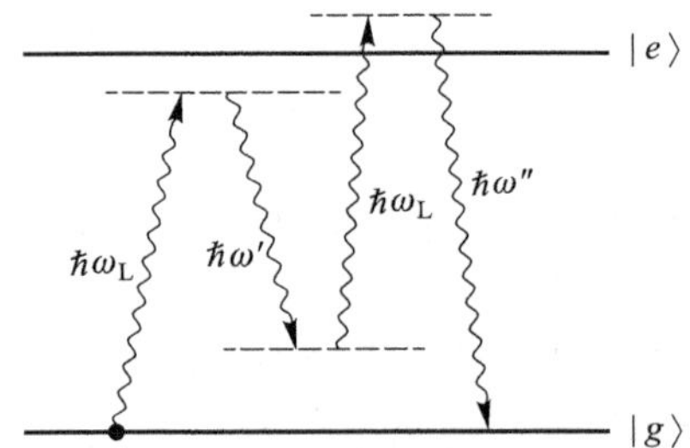

图 8.8　共振散射二阶过程。

此过程中，能量守恒要求

$$\omega'+\omega''=2\omega_L \tag{8.5.1}$$

频率为 ω' 和 ω'' 的两个光子是同时出现的，形成关联光子对[①]。动量守恒和能量守恒对这对

① 实际实验常使用驻波场，吸收两个 ω_L 的光子，反冲动量刚好抵消。由于动量守恒，ω' 和 ω'' 光子辐射方向刚好相反。

光子的能量和动量做出了限制。

在此过程中，如果关联光子对中的一个光子的频率刚好和原子跃迁频率 ω_0 达到共振，那么这个过程是共振增强的，发生的概率很大，此时另外一个关联光子的频率为 $2\omega_L-\omega_0$。结合一阶散射过程，最终从频率域上看，共振荧光会出现了三个频率，为 $\{\omega_L,\omega_0,2\omega_L-\omega_0\}$，这就是荧光三重谱。

上面是从半经典理论的二阶微扰出发来理解荧光三重谱，下面我们从缀饰态角度给出解释。图 8.9(a)画出了缀饰态表象下的共振荧光跃迁图。左边能级代表原子+光子的裸态。右边是耦合后形成的缀饰态。这里假设平均光子数非常大，Ω_n 相等，同一 $\mathscr{C}(n)$ 内两个缀饰态能级差都为 $\hbar\Omega_{\rm eff}=\hbar\sqrt{\Delta^2+\Omega_n^2}$。这样从 $\mathscr{C}(n)$ 跃迁到 $\mathscr{C}(n-1)$ 上有四个跃迁。但是 $|1(n)\rangle\to|1(n-1)\rangle$ 和 $|2n\rangle\to|2(n-1)\rangle$ 的跃迁频率一致，都为 ω_L。而 $|1(n)\rangle\to|2(n-1)\rangle$ 的跃迁频率是 $\omega_L+\Omega_{\rm eff}$，$|2(n)\rangle\to|1(n-1)\rangle$ 的跃迁频率是 $\omega_L-\Omega_{\rm eff}$。

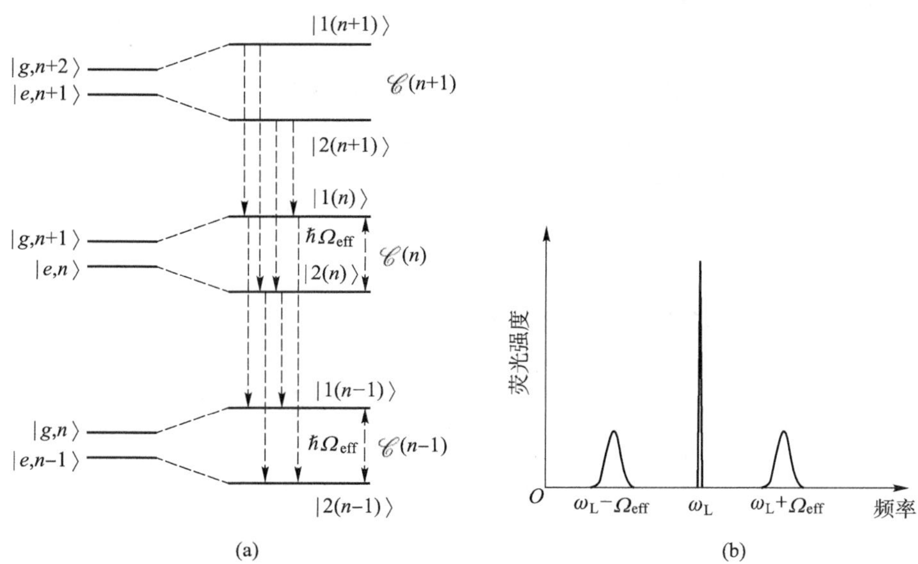

图 8.9 (a) 缀饰态表象下的共振荧光示意图。左边是裸态，右边是缀饰态。(b) 荧光三重谱的光谱特征示意图。

这样缀饰态图像给出的荧光三重态的频率分别为 $\{\omega_L,\omega_L+\Omega_{\rm eff},\omega_L-\Omega_{\rm eff}\}$。如果光强不太强，我们将其展开：

$$\begin{aligned}\omega_L+\Omega_{\rm eff}&=\omega_L+\sqrt{\Delta^2+\Omega_n^2}=2\omega_L-\omega_0+\frac{\Omega_n^2}{2\Delta}\\ \omega_L-\Omega_{\rm eff}&=\omega_L-\sqrt{\Delta^2+\Omega_n^2}=\omega_0-\frac{\Omega_n^2}{2\Delta}\end{aligned}\tag{8.5.2}$$

二阶微扰结果与之相比，实际上是忽略了 $\Omega_n^2/2\Delta$ 及更高阶项。

除了获得荧光频率的高阶修正，缀饰态还可以给出更深刻的物理图像：级联辐射和荧光光子的时序关联。在图 8.9 的缀饰态辐射图像中，辐射一个 $\omega_L+\Omega_{\rm eff}$的荧光光子，必定是从 1 类态跃迁到 2 类态；辐射一个 $\omega_L-\Omega_{\rm eff}$的荧光光子，必定是从 2 类态跃迁到 1 类态；辐射频率为 ω_L 的荧光不改变缀饰态是 1 类态还是 2 类态。因此在辐射两个 $\omega_L+\Omega_{\rm eff}$光子中间，必定

要辐射一个 $\omega_L-\Omega_{eff}$ 的光子，反之也一样。这使得两类光子在时间上是关联起来的。由于要区分如此小的频率在实验上是比较困难的，一般不在频率上区分这两类光子。但是它们顺序发生会导致这两类光子不能同时出现，这在实验上是容易测量的。

级联辐射现象早期在热原子上就被实验验证了，但是冷原子的出现给该实验一个非常好的平台，可以观测到更清晰的信号。图 8.10 给出了这样一个关联光子的测量实验①。它是利用冷原子开展四波混频的实验，利用泵浦光来产生关联光子，用单光子探测器来探测光子到达的时间。图 8.10(b) 给出了实验结果，显示了混频出来的光子对之间有强烈的时间关联。在 $\tau=0$ 处出现一个波谷，说明同时探测到关联光子是被抑制的，这正是级联辐射图像给出的结论。

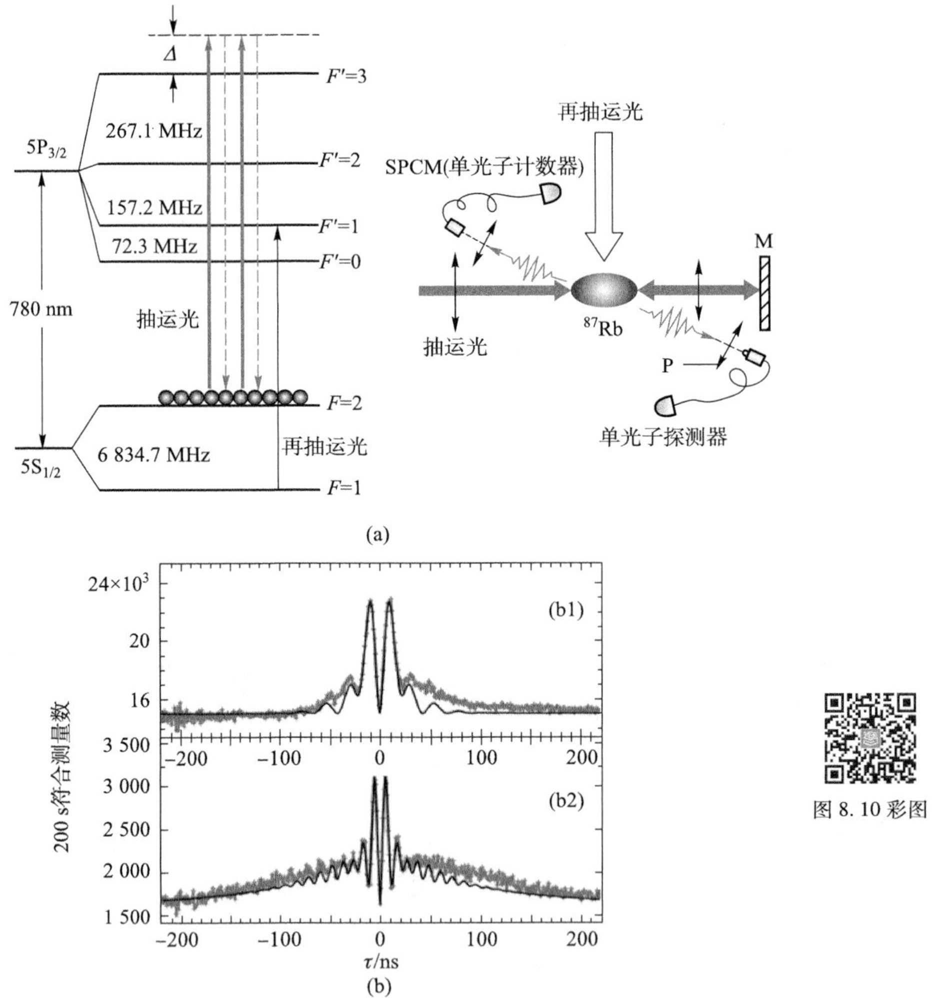

图 8.10　四波混频过程中光子的关联。(a) 实验测量装置及能级图。这里用的是 Rb 的冷原子气体。(b) 关联光子对的关联测量图。由于是级联辐射，它们同时出现（$\tau=0$）处是一个波谷。

① 参考文献：Four-wave Mixing and Biphoton Generation in a Two-level System（Shengwang Du，Jianming Wen，Morton H. Rubin，G. Y. Yin. Phys. Rev. Lett.，98，053601（2007）.

8.6 奥特勒-汤斯(Autler-Townes)效应

1955 年,奥特勒和汤斯在研究分子微波跃迁的时候,发现当分子的两能级中一个能级和第三个能级有强耦合时,原来的跃迁分裂成两个。后来科恩·塔诺基(C. Tannoudji)教授用缀饰态的观点对这一现象进行了重新解释,给出了清晰的物理图像,这也算是缀饰态应用的一个经典例子。

奥特勒-汤斯效应的能级示意图如图 8.11(a)所示。$|a\rangle \to |b\rangle$ 跃迁是探测所使用的跃迁。当 $|b\rangle$ 态和另外一个 $|c\rangle$ 态被一个强的耦合光耦合时①,再去扫描 $|a\rangle \to |b\rangle$ 跃迁的探测光频率,会发现在光谱上原来的共振峰劈裂成两个,如图 8.11(b)所示。并且随着耦合光强度的增加,能级劈裂间隔变大。

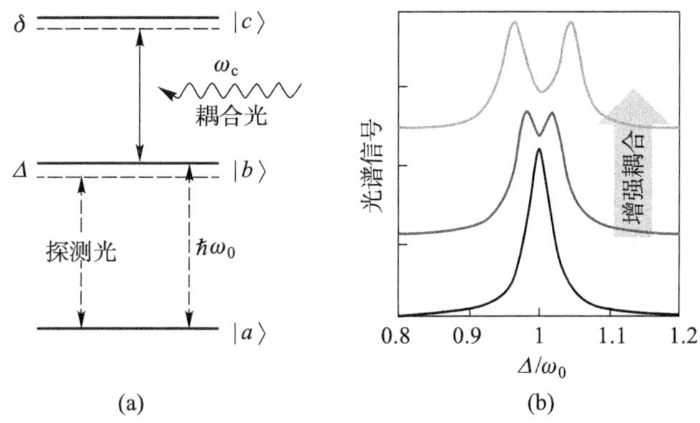

图 8.11 奥特勒-汤斯效应示意图。(a) 对应能级图。$|b\rangle$, $|c\rangle$两态之间由一个耦合光耦合起来。$|a\rangle$, $|b\rangle$之间是弱的探测光。(b) 从光谱上看,奥特勒-汤斯效应让共振峰产生劈裂,耦合强度越大,劈裂越大。

图 8.12 给出了缀饰态表象下对奥特勒-汤斯效应解释的示意图。假设 $|b\rangle \leftrightarrow |c\rangle$之间耦合光的拉比频率为 Ω_c,并且失谐量为 δ。因此裸态上看 $|b,N+1\rangle$ 和 $|c,N\rangle$之间有一个能量差 $\hbar\delta$。在缀饰态表象下,它们耦合成 $|1(N)\rangle$态和 $|2(N)\rangle$态,能级分别往上和往下移动了 $\hbar\Omega_{\text{eff}}/2$,其中

$$\Omega_{\text{eff}} = \sqrt{\delta^2 + \Omega_c^2} \tag{8.6.1}$$

这时再扫描探测光的频率,探测到的实际上是 $|a\rangle \to |1(N)\rangle$的跃迁和 $|a\rangle \to |2(N)\rangle$的跃迁,它们之间的能量差为 $E_{|1(N)\rangle} - E_{|a\rangle}$ 和 $E_{|2(N)\rangle} - E_{|a\rangle}$。因此跃迁频率变成

$$\omega_0 - \Omega_{\text{eff}}/2, \quad \omega_0 + \Omega_{\text{eff}}/2 \tag{8.6.2}$$

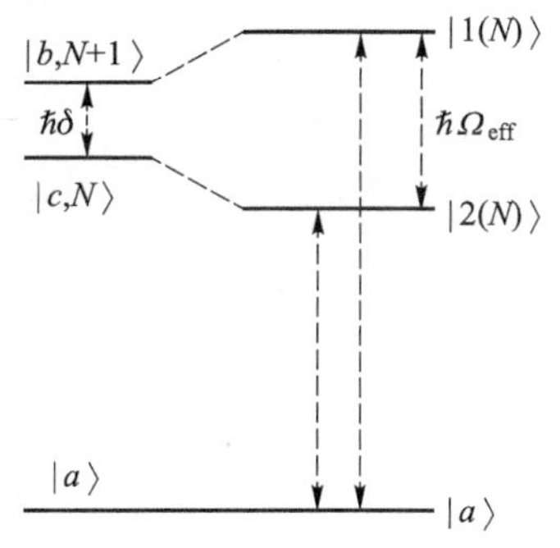

图 8.12 从缀饰态表象上来看奥特勒-汤斯效应。

① 当然这里需要假设这两个跃迁 $|a\rangle \to |b\rangle$ 和 $|b\rangle \to |c\rangle$ 的频率差别比较大,因此相互之间不发生干扰。

能级劈裂对应的频率差为

$$\Delta_{\mathrm{AT}}=\Omega_{\mathrm{eff}} \tag{8.6.3}$$

耦合强度越大，能级劈裂越大。

8.7　量子拉比模型——超越 JC 模型

JC 模型成立的条件是非旋波项的效应比旋波项要小得多，因此一般要满足近共振、耦合强度比较弱的条件。但是随着技术的进步，人们可以将耦合强度做到很大。超强耦合、深强耦合都可以在实验中实现。这时候 JC 模型的近似就不够了，需要回到最初的量子拉比模型来进行求解。近年来科学家对二能级的量子拉比模型进行了深入的研究，发展了诸多方法来进行求解。即使从数学的角度来看，探究量子拉比模型的求解也是一个非常有趣的课题。

我们重新将量子拉比模型的哈密顿量写成一个紧凑形式（令 $\hbar=1$）：

$$H_{\mathrm{R}}=\frac{\omega_0}{2}\sigma_z+\omega_{\mathrm{L}}a^+a+g\sigma_x(a^++a) \tag{8.7.1}$$

其中 ω_0 是原子跃迁频率，ω_{L} 是激光的频率，g 是耦合系数，这里假设为实数，σ_x，σ_z 是泡利矩阵。用升降泡利矩阵来代替 σ_x，有

$$H_{\mathrm{R}}=\frac{\omega_0}{2}\sigma_z+\omega_{\mathrm{L}}a^+a+g(\sigma a^++\sigma^+a+\sigma a+\sigma^+a^+) \tag{8.7.2}$$

括号内前两项是旋波项，后两项是非旋波项。图 8.13 给出了量子拉比模型在低能态的本征能量结构。此图和 JC 模型的结果（图 8.5）截然不同。

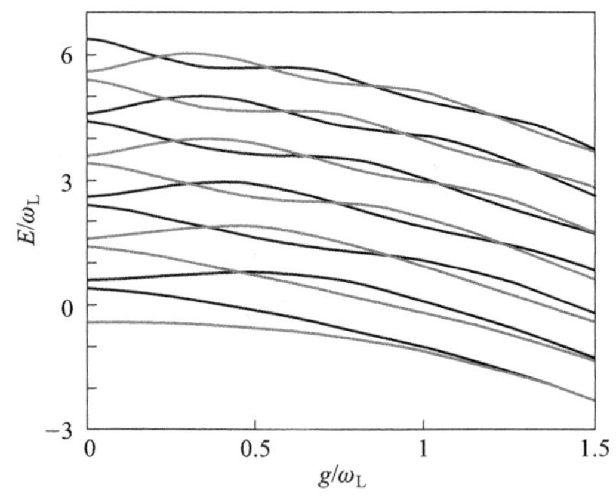

图 8.13　量子拉比模型的本征能级，图中展示了最低的几个能态，参量选取 $\omega_0=0.8\omega_{\mathrm{L}}$。

对于旋波项，它只耦合子空间 $\mathscr{E}(N)$ 内的态$\{|g,N+1\rangle\leftrightarrow|e,N\rangle\}$，记为

$$h_N=\langle e,N|g\sigma^+a|g,N+1\rangle=\langle g,N+1|g\sigma a^+|e,N\rangle=\sqrt{N+1}\,g \tag{8.7.3}$$

子空间 $\mathscr{E}(N)$ 中对角项为

$$E_N^g=\langle g,N+1\mid H_{\rm R}\mid g,N+1\rangle=(N+1)\omega_{\rm L}-\frac{\omega_0}{2}$$
$$E_N^e=\langle e,N\mid H_{\rm R}\mid e,N\rangle=N\omega_{\rm L}+\frac{\omega_0}{2} \tag{8.7.4}$$

非旋波项可以将 $\mathscr{E}(N)$ 内的态耦合到 $\mathscr{E}(N+2)$ 和 $\mathscr{E}(N-2)$ 内。不同子空间的耦合导致非零的非对角矩阵元为

$$h_N^{\rm NR,g}=\langle e,N+2\mid g\sigma^+a^+\mid g,N+1\rangle=\sqrt{N+2}\,g=h_{N+1}$$
$$h_N^{\rm NR,e}=\langle g,N-1\mid g\sigma^-a\mid e,N\rangle=\sqrt{N}\,g=h_{N-1} \tag{8.7.5}$$

将量子拉比模型矩阵形式写出来,

$$H_{\rm R}=\begin{pmatrix}
\ddots & \vdots & \vdots & \vdots & \vdots & \vdots & \vdots & \vdots & \vdots & \vdots & \vdots & \ddots\\
\cdots & E_{N-2}^g & h_{N-2} & 0 & 0 & 0 & h_{N-1} & 0 & 0 & 0 & 0 & \cdots\\
\cdots & h_{N-2} & E_{N-2}^e & 0 & 0 & 0 & 0 & 0 & 0 & 0 & 0 & \cdots\\
\cdots & 0 & 0 & E_{N-1}^g & h_{N-1} & 0 & 0 & 0 & h_N & 0 & 0 & \cdots\\
\cdots & 0 & 0 & h_{N-1} & E_{N-1}^e & 0 & 0 & 0 & 0 & 0 & 0 & \cdots\\
\cdots & 0 & 0 & 0 & 0 & E_N^g & h_N & 0 & 0 & 0 & h_{N+1} & \cdots\\
\cdots & h_{N-1} & 0 & 0 & 0 & h_N & E_N^e & 0 & 0 & 0 & 0 & \cdots\\
\cdots & 0 & 0 & 0 & 0 & 0 & 0 & E_{N+1}^g & h_{N+1} & 0 & 0 & \cdots\\
\cdots & 0 & 0 & h_N & 0 & 0 & 0 & h_{N+1} & E_{N+1}^e & 0 & 0 & \cdots\\
\cdots & 0 & 0 & 0 & 0 & 0 & 0 & 0 & 0 & E_{N+2}^g & h_{N+2} & \cdots\\
\cdots & 0 & 0 & 0 & 0 & h_{N+1} & 0 & 0 & 0 & h_{N+2} & E_{N+2}^e & \cdots\\
\ddots & \vdots & \vdots & \vdots & \vdots & \vdots & \vdots & \vdots & \vdots & \vdots & \vdots & \ddots
\end{pmatrix}$$

对角线上 2×2 的矩阵块就是 JC 模型的结果。非旋波项贡献了非对角线上的非零矩阵元。对于这样一个无限维的矩阵,数值计算中,只要截取到一定数量的维度,就可以给出非常精确的数值结果。图 8.13 给出了其本征能量的一个数值结果。虽然数值计算在计算软件发达的现代不是一件困难的事情,但是发展各种近似还是有它的意义的,有助于我们理解其中的物理过程。

8.7.1 布洛赫-西格特(Bloch-Siegert)频移

从矩阵上可以看出,量子拉比模型相对于 JC 模型多出来一些非对角的非零耦合项,这是由非旋波项产生的。非旋波项也会产生可观测的物理效应,使得原了能级产生移动。最简单的处理方案是使用微扰论。

考虑子空间 $\mathscr{E}(N)$ 中两个能级 $|\phi_a\rangle=|g,N+1\rangle$, $|\phi_b\rangle=|e,N\rangle$,非旋波项会让能级产生移动,近似到二阶,对于基态,能级移动为

$$R_{aa}(E_0)=\sum_{c\neq a,b}\frac{|\langle\phi_a\mid V\mid\phi_c\rangle|^2}{E_0-E_c} \tag{8.7.6}$$

其中 V 是相互作用项,包含非旋波项。$|\phi_c\rangle$ 是中间态,E_c 是它的能量。此结果中有非零贡献的中间态为 $|\phi_c\rangle=|e,N+2\rangle$。

在平均光子数很大时，认为 h_N 几乎不随 N 变化，

$$h_N=\Omega/2 \tag{8.7.7}$$

另外光和原子是近共振的，失谐量远小于光本身的频率，$E_0-E_c\simeq-2\omega_{\mathrm{L}}$，于是得到

$$R_{aa}(E_0)\simeq-\frac{\Omega^2}{8\omega_{\mathrm{L}}} \tag{8.7.8}$$

类似可以得到

$$R_{bb}(E_0)\simeq\frac{\Omega^2}{8\omega_{\mathrm{L}}} \tag{8.7.9}$$

这就是布洛赫-西格特频移，它在耦合强度比较弱时是很好的近似。

8.7.2　强耦合情况下

我们现在走向另外一个极端情况：耦合强度非常强，以至于二能级原子都可以看成微扰。为了在强耦合极限下进行求解，我们先对哈密顿量做一个幺正变化，沿 σ_y 做一个旋转，得到

$$H_{\mathrm{R}}=\frac{\omega_0}{2}\sigma_x+\omega_{\mathrm{L}}a^+a+g\sigma_z(a^++a) \tag{8.7.10}$$

现在将二能级能级项 $\Delta\sigma_x$ 看成微扰。我们先忽略这一项，来求解其本征态和本征能量，方程变为

$$[\pm g(a^++a)+\omega_{\mathrm{L}}a^+a]\,|\phi_\pm\rangle=E\,|\phi_\pm\rangle \tag{8.7.11}$$

定义

$$\lambda=-g/\omega_{\mathrm{L}} \tag{8.7.12}$$

那么(8.7.11)式变换成

$$[(a^+\mp\lambda)(a\mp\lambda)]\,|\phi_\pm\rangle=\left(\frac{E}{\omega_{\mathrm{L}}}+\lambda^2\right)|\phi_\pm\rangle \tag{8.7.13}$$

这可以认为是做了一个博戈留波夫变换，或者是认为用平移算符①

$$D(\pm\lambda)=\mathrm{e}^{\pm\lambda(a^+-a)} \tag{8.7.14}$$

做了一个变换。因此系统的本征态为平移后的福克(Fock)态

$$|\phi_\pm\rangle=\mathrm{e}^{\pm\lambda(a^+-a)}\,|N\rangle \tag{8.7.15}$$

对应本征能量

$$E_N=\omega_{\mathrm{L}}(N-\lambda^2) \tag{8.7.16}$$

对于 $|\phi_\pm\rangle$ 能量是简并的。在此基础上，将二能级体系能量项作为微扰项考虑进去，就可以得到近似解。

为了更严格地说明上面的解法，选择(8.7.15)式的波函数作为新的基矢，为此引入幺正变换

$$U=\mathrm{e}^{\lambda\sigma_z(a-a^+)} \tag{8.7.17}$$

在此幺正算符的变换下，缀饰态中光子数部分将变成 $|\phi_\pm\rangle$ 形式，满足(8.7.15)式，同时哈密顿量(8.7.10)式变为

---

①　参见附录 11.3 节关于平移算符的介绍。

$$\widetilde{H}=\omega_{\mathrm{L}}a^{+}a-\frac{g^{2}}{\omega_{\mathrm{L}}}+\frac{\omega_{0}}{2}\sigma_{x}F(\lambda)+\mathrm{i}\frac{\omega_{0}}{2}\sigma_{y}G(\lambda) \tag{8.7.18}$$

后面两项是二能级项变换后的形式,具体比较复杂,我们先写下来

$$\begin{aligned}F(\lambda)&=\sum_{k=0}^{\infty}\left[a^{+2k}f_{2k}(\lambda,a^{+}a)+\mathrm{H.c.}\right]\\G(\lambda)&=\sum_{k=0}^{\infty}\left[a^{+2k+1}f_{2k+1}(\lambda,a^{+}a)-\mathrm{H.c.}\right]\end{aligned} \tag{8.7.19}$$

而其中

$$f_{m}(\lambda,x)=\frac{(-2\lambda)^{m}\mathrm{e}^{-2\lambda^{2}}(x+m)!}{x!}\mathrm{L}_{x}^{m}(4\lambda^{2}) \tag{8.7.20}$$

L_{x}^{m} 是连带勒让德多项式,H.c.表示公式前面部分的厄米共轭。当 Δ 很小时,后两项可以作为微扰处理,只要取最低阶项,得到绝热近似法(adiabatic approximation,AA)下的哈密顿量

$$\widetilde{H}_{\mathrm{AA}}=\omega_{\mathrm{L}}a^{+}a-\frac{g^{2}}{\omega_{\mathrm{L}}}+\frac{\omega_{0}}{2}f_{0}(\lambda,a^{+}a)\sigma_{x} \tag{8.7.21}$$

在微扰项作用下,简并的能级被打开。将 $\widetilde{H}_{\mathrm{AA}}$ 重新对角化,容易求得其本征值为

$$E_{\mathrm{AA}}^{\pm,N}=\omega_{\mathrm{L}}(N-\lambda^{2})\pm\frac{\omega_{0}}{2}f_{0}(\lambda,N) \tag{8.7.22}$$

本征函数为

$$|\widetilde{\psi}_{\mathrm{AA}}^{\pm,N}\rangle=|\phi_{+}\rangle\pm|\phi_{-}\rangle \tag{8.7.23}$$

做一个逆变换,得到此近似下的本征函数为

$$|\psi_{\mathrm{AA}}^{\pm,N}\rangle=U^{+}|\widetilde{\psi}_{\mathrm{AA}}^{\pm,N}\rangle=\mathrm{e}^{\lambda(a^{+}-a)}|e,N\rangle\pm\mathrm{e}^{-\lambda(a^{+}-a)}|g,N\rangle \tag{8.7.24}$$

这一方案在远共振情况下取得了很好的结果。

如果我们进一步考虑 $G(\lambda)$ 的零阶项,并且只考虑其中的“能量守恒”部分,称为广义旋波近似(generalized rotating wave approximation,GRWA),得到哈密顿量为

$$\widetilde{H}_{\mathrm{GRWA}}=\widetilde{H}_{\mathrm{AA}}+\frac{\omega_{0}}{2}\left[\sigma_{-}a^{+}f_{1}(\lambda,a^{+}a)+\mathrm{h.c.}\right] \tag{8.7.25}$$

在 $|\widetilde{\psi}_{\mathrm{AA}}^{\pm,N}\rangle$ 基矢下,它变成 2×2 块对角化的矩阵

$$\widetilde{H}_{\mathrm{GRWA}}^{\mathrm{Block}}=\begin{pmatrix}E_{\mathrm{AA}}^{+,N-1} & h'_{N-1_{+},N_{-}}\\ h'_{N_{-},N\ 1_{+}} & E_{\mathrm{AA}}^{-,N}\end{pmatrix} \tag{8.7.26}$$

其中

$$h'_{N-1_{+},N_{-}}=h'_{N_{-},N-1_{+}}=\frac{\omega_{0}}{2}\sqrt{N}f_{1}(\lambda,N) \tag{8.7.27}$$

将这个 2×2 块矩阵对角化,就能得到新的本征能态和本征能级。

总体来说,AA 的方法比较适合大失谐情况,而广义旋波近似在全范围都比较适用。当然,为了更好地进行量子拉比模型数值计算,还有很多新的、更精确的方法被采用。比如变分法,可以取(8.7.22)式作为能量的表达式,但是其中的 ω_{0} 作为变分参量来优化。

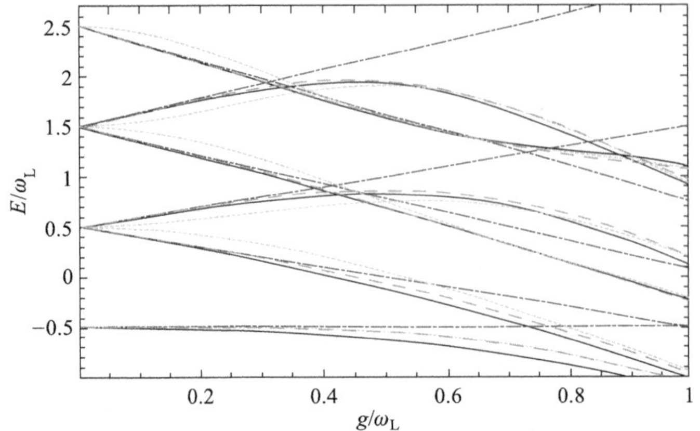

图 8.14 彩图

图 8.14　数值计算结果的比较。取 $\omega_L=\omega_0$。参考二维码中彩图，黑实线是数值解结果，绿色点划线是旋波近似结果，红色点线是绝热近似结果，蓝色虚线是广义旋波近似结果[参考 PRL,99,173601 (2007)]。

通过数值方法，人们对量子拉比模型进行了众多细致的研究，比如模型的动力学行为、相邻能级间距的统计分布等等。另一方面，量子拉比模型的解析求解获得重大突破。布拉克(Braak)教授在巴格曼-福克(Bargmann-Fock)空间构建了系统的解析解。陈庆虎教授利用博戈留波夫(Bogoliubox)变换得到了一种更物理的求解方式。解析解涉及一些比较复杂的数学手段，感兴趣的读者可以参考一些综述文献①。

参考文献说明

1. 光的量子化理论可以参考国内外的量子光学教科书。例如《量子光学导论》(克里斯托弗·格里、彼得·奈特著，景俊译，清华大学出版社)。
2. 对于光与物质相互作用，推荐 Rodney Loudon 的 *The Quantum Theory of Light*(Oxford University Press)。它接近于量子光学的处理方法，但是和实验概念联系紧密。
3. 对于缀饰态理论，强烈推荐 *Atom-photon Interaction: Basic Processes and Applications* 一书，科恩塔诺基作为缀饰态的最主要提倡者，在这本专著中进行了非常详尽的解释。中译本为《原子与光子相互作用：基本过程和应用》(科恩塔诺基等著，颜波、景俊译，清华大学出版社)。
4. 关于量子拉比模型的解析求解，可以参考 Braak D. Phys. Rev. Lett.,107,100401(2011)和 Chen Q-H,Wang C,He S,Liu T,Wang K-L. Phys. Rev. A,86,023822(2012)。

① 例如 *The Quantum Rabi Model: Solution and Dynamics* (Qiongtao Xie, et al. J. Phys. A: Math. Theor., 50, 113001 (2017)。

第 9 章 冷原子物理基础

20 世纪 60 年代激光的发明对原子物理学来说是一场暴风骤雨般的革命。原来宽线宽、低能量的热光源被窄线宽、高能量的激光取代。随之而来的是整个激光物理学的兴起及其相关技术的扩散。大量新的概念、思想和技术在 20 世纪 60、70 年代涌现出来,原子物理的面貌焕然一新。这一段历史生动地展示了技术进步是如何促进科学发展的。身处这一时期的科学家是幸运的。一个科研人员能够遇到这种跨时代的技术进步,一定要抓住历史机遇,坚持必会有所成就。

如果要问近 30 年在原子分子和光物理领域是否有类似的突破,那么冷原子技术可能可以算得上一个。如果说激光提供了一个窄线宽的光源,冷原子则提供了窄线宽的接收器。两者结合在一起,极大地增强了量子效应,推动了量子技术的发展。随之而来的是高超的调控技术,以及对精密测量的巨大推动。

精密测量是物理学中非常重要的一个方向,表现在原子物理中就是高精度的光谱技术。而多普勒效应则是限制光谱测量精度提高的一大障碍。发展消多普勒技术是高精度光谱学的关键。当然,最好的方案是原子不再发生热运动,这就是冷原子技术发展的重要科学逻辑。在冷原子物理中,激光冷却是其核心。它巧妙地利用了多普勒效应,快速有效地将原子冷却下来。冷原子技术的发展,一方面给精密测量提供了一个理想的样品,使得原子频标、原子干涉仪等精度大大提高;另一方面,推动进入超冷领域,获得量子气体。以玻色-爱因斯坦凝聚(BEC)为代表的量子气体为量子调控、量子模拟提供了一个理想平台,丰富了人们对量子世界的认识。

本章将着重对冷原子的基本技术及概念进行介绍。在第 9.1 节首先介绍多普勒效应,应用光的波动性和粒子性两种图像来看待这一问题。然后第 9.2 节介绍常见的消多普勒光谱技术。第 9.3 节介绍激光冷却原子的基本概念,包括最核心的多普勒冷却机制,它优美而深刻,利用了原子的各种特性。当然冷却下来的原子最好能够被囚禁住,这样就会有更长的寿命供研究,因此第 9.4 节介绍原子的囚禁技术,包括磁光阱、光阱、磁阱等,以及囚禁后进一步冷却的重要技术:蒸发冷却。在第 9.5 节介绍玻色-爱因斯坦凝聚的基础知识。这样一种宏观量子态呈现出完全不同于经典原子团的性质。最后在第 9.6 节,介绍光晶格及其基本性质,它是开展量子调控、量子模拟的绝佳平台。

9.1 多普勒效应

物质通常分为三种不同的形态:固态,液态,气态。在固态和液态物质中,原子密度大,原子之间的相互作用非常强。如果考察原子的跃迁谱线,其共振频率受到相互作用的影响,会产生非常大的增宽和移动。而在气体介质中,原子的密度可以很低,原子之间的相互作用弱得多。因此稀薄气体中原子的跃迁谱线非常稳定,比如 He-Ne 激光器可以作为频率基准使用,正是用到了气体的这种性质。

对于气态介质的跃迁频率,既然相互作用的影响可以忽略不计,那么剩下的最重要影响因素就是运动导致的多普勒频移。对于原子气体来说,多普勒效应会导致多普勒展宽,限制了光谱测量的精度。为了获得高精度的谱线,需要细致地消除多普勒效应带来的影响。下面先介绍多普勒效应,后面介绍如何消除多普勒效应的影响。

9.1.1　波动图像

光具有波粒二相性。对于多普勒效应,也可以从光的波动性或者粒子性两个方面来理解。我们先从波动图像来看。考虑一维情况,如图 9.1 所示,光源在不运动情况下发出光波,经过一段时间波型如图(a),两个波峰之间的距离就是波长 λ_0。这两个波峰经过同一位置的时间差就是周期 T_0,光的频率为 ν_0。它们之间满足关系式:

$$\lambda_0\nu_0=c,\quad T_0=1/\nu_0 \tag{9.1.1}$$

如果光源在运动,那么在 T_0 时间内,前一个波峰移动相同的位置。由于波源运动,经过时间 T_0,后一个波峰将相对于静止时多移动 vT_0 的距离,如图 9.1(b)所示。这样新的波长 λ 为

$$\lambda=\lambda_0-vT_0=\lambda_0(1-v/c) \tag{9.1.2}$$

转化为频率,得到

$$\omega=\frac{\omega_0}{1-v/c}\simeq\omega_0(1+v/c) \tag{9.1.3}$$

这就是常用的一阶多普勒频移的公式。

9.1.2　粒子图像

多普勒效应也可以用粒子图像来理解。此时光被看成光子,具有能量和动量。如图 9.2 所示,原子的内态用能级表示,静止时固有跃迁频率为

$$\omega_0=(E_e-E_g)/\hbar \tag{9.1.4}$$

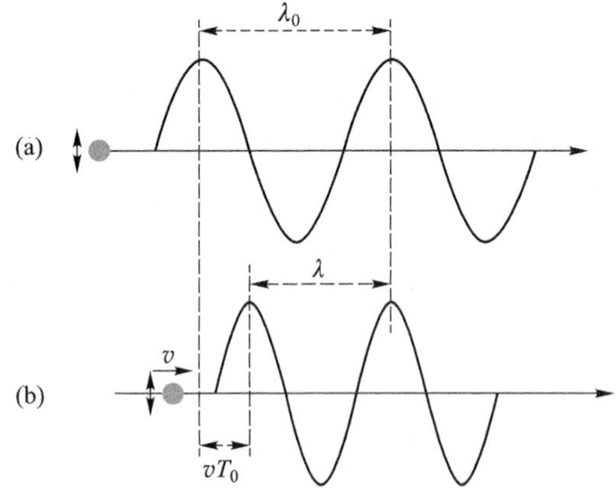

图 9.1　多普勒效应的波动图像。波源的运动方向和波的传播方向一致时,波形被压缩,频率变高。

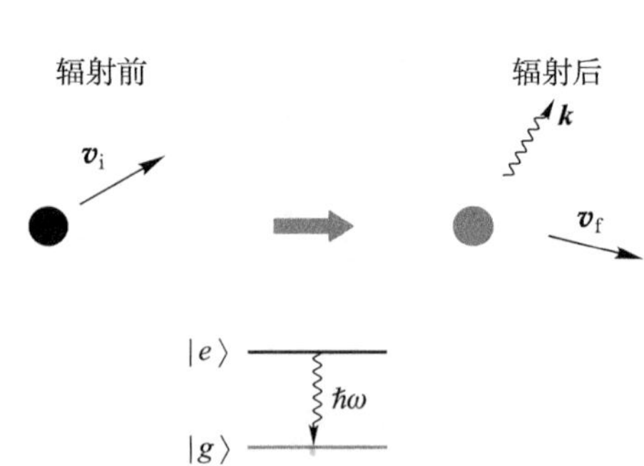

图 9.2　用粒子图像来处理多普勒频移。原子辐射光子,由于光子具有动量,辐射前后的原子内外态都发生变化。

原子质量为 m,初始速度为 $\boldsymbol{v}_i$,处于激发态 $|e\rangle$ 上。它辐射一个频率为 ω 的光子后,跃迁到 $|g\rangle$ 态上,速度变为 $\boldsymbol{v}_f$。辐射前后能量守恒,有

$$E_e+\frac{1}{2}m\boldsymbol{v}_i^2=\hbar\omega+E_g+\frac{1}{2}m\boldsymbol{v}_f^2 \tag{9.1.5}$$

由动量守恒,得到

$$m\boldsymbol{v}_i=m\boldsymbol{v}_f+\hbar\boldsymbol{k} \tag{9.1.6}$$

其中 $\hbar\boldsymbol{k}$ 是辐射光子的动量。将(9.1.6)式代入(9.1.5)式,消去 $\boldsymbol{v}_f$,得到

$$\omega=\omega_0+\boldsymbol{k}\cdot\boldsymbol{v}_i-E_r/\hbar \tag{9.1.7}$$

这是发射光子时的一阶多普勒频移公式。其中

$$E_r=\hbar^2k^2/2m \tag{9.1.8}$$

是静止原子吸收单个光子后获得的反冲能量,$\omega_R=E_r/\hbar$ 称为反冲频移。

这个推导过程给多普勒效应一个清晰的物理图像:原子发射光子导致的反冲改变了原子的动量,因而也改变了原子的动能。这个能量变化由光子的能量(频率)的改变来补偿,此即多普勒频移。

如果是原子吸收光子的过程,可以进行类似推导,得到多普勒频移公式

$$\omega=\omega_0+\boldsymbol{k}\cdot\boldsymbol{v}_i+E_r/\hbar \tag{9.1.9}$$

由粒子图像推导出来的公式(9.1.7)式和(9.1.9)式跟由波动图像推导的(9.1.3)式相比,多了反冲频移那一项。并且在吸收光子和发射光子这两种情况下,公式中反冲频移那一项刚好差个正负号。为了看一下两者差别有多大,我们估算一下 ω_R 的大小。以 ^{87}Rb 原子的 D2 线($\lambda=780$ nm)为例,

$$\omega_R=E_r/\hbar=\frac{(h/\lambda)^2}{2m\hbar}=2\pi\times3.77\ \text{kHz} \tag{9.1.10}$$

室温下,原子的多普勒展宽在几百 MHz 量级,而 Rb 原子上能级的线宽也有 $2\pi\times6$ MHz。相比之下,反冲频移项就非常小,因此在光频段或者波长更长的波段,反冲频移项一般可以忽略。于是对于光子的发射或者吸收过程,得到统一的一阶多普勒频移公式

$$\omega=\omega_0+\omega_D \tag{9.1.11}$$

其中

$$\omega_D=\boldsymbol{k}\cdot\boldsymbol{v}_i \tag{9.1.12}$$

和波动图像给出一致的结果。

但是有些情况下,这一项却不可忽略。反冲动量项和 k^2 成正比,也就是和 λ^2 成反比。当波长非常短时,这一项的贡献可能非常大。这个问题在 γ 射线区域变得重要起来。γ 射线波长比可见光波长短 5 个量级以上,那么这一项的影响将提高 10 个量级以上,因此这一项可以比 ω_D 大很多。在原子核跃迁的 γ 射线光谱中,即使辐射射线的原子和接收原子都是静止的,辐射出来的 γ 射线无法被接收原子吸收,它们会因为反冲动量而产生非常大的频率差,如图 9.3 所示。

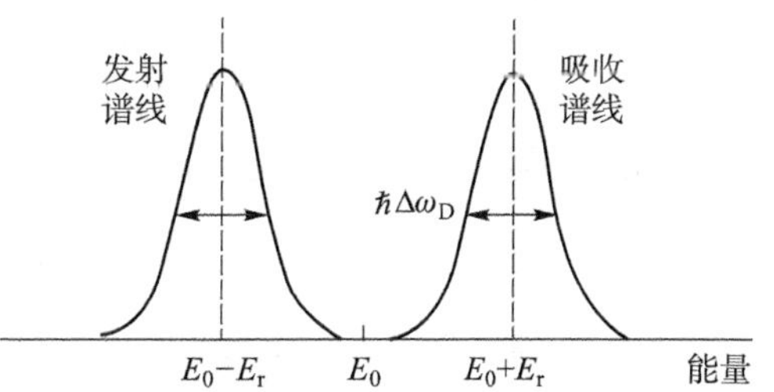

图 9.3 在 γ 射线波段,因为光子反冲能量很大,所以原子的发射光谱和吸收光谱中心频率差可以很大。

穆斯堡尔效应正是为了消除反冲频移而发展出来的精密测量技术。它将原子掺杂在晶体中,这样原子吸收一个光子的反冲动量由整个晶体吸收,从而使得反冲速度非常小,极大地消除了反冲动量的影响。穆斯堡尔光谱技术获得极大成功,成为核物理中精密光谱测量的常用手段之一。穆斯堡尔也因此获得 1961 年诺贝尔物理学奖。本书中一般考虑光波段和微波段,因此反冲频移项可以忽略,我们将使用(9.1.11)式来计算多普勒频移。

另外,我们还可以继续计算二阶多普勒频移项。其计算过程同样是基于能量守恒和动量守恒。但是这时候的计算过程要考虑相对论效应。在相对论中,运动会对原子的动能项带来修正(虽然这个修正很小)。对于发射过程,使用相对论的能量公式,于是(9.1.5)式变成

$$[(Mc^2+E_e)^2+p_i^2c^2]^{1/2}=\hbar\omega+[(Mc^2+E_g)^2+p_f^2c^2]^{1/2} \tag{9.1.13}$$

动量守恒变成

$$\hbar\boldsymbol{k}=\boldsymbol{p}_i-\boldsymbol{p}_f \tag{9.1.14}$$

可以求得

$$\omega=\omega_0+\boldsymbol{k}\cdot\boldsymbol{v}_i-\frac{\omega_0}{2}\frac{v_i^2}{c^2}-E_r/\hbar \tag{9.1.15}$$

其中二阶多普勒频移项

$$\omega_D^{nd}=-\frac{\omega_0}{2}\frac{v_i^2}{c^2} \tag{9.1.16}$$

它只和速度大小有关,和原子运动方向与光的传播方向都没有关系。当然,当原子的速度远小于光速时,这一项很小。但是在原子频标领域,由于频率的测量精度超级高,因此这一项有时候是需要考虑的。比如在氢原子频标中,二阶多普勒频移相对跃迁频率的比值达到 10^{-11} 量级,在高精度氢钟中需要考虑。

9.1.3　多普勒展宽

在一个系综中,大量原子会出现不规则的热运动,每个运动的原子都伴随着多普勒移动,叠加在一起,最终将导致光谱的展宽,这一效应称为多普勒展宽。下面具体求解一下多普勒展宽的线型及宽度。

简化起见,考虑一维情况,原子在热运动时,速度分布满足玻耳兹曼分布

$$f(v)=A\mathrm{e}^{-mv^2/2k_BT} \tag{9.1.17}$$

速度 v 对应于频移

$$v=\frac{\omega-\omega_0}{k} \tag{9.1.18}$$

于是原子的速度分布就转化成吸收(或者辐射)频率的分布。

$$g(\omega)=B\exp\left[-\frac{Mc^2(\omega-\omega_0)^2}{2\omega_0^2k_BT}\right] \tag{9.1.19}$$

我们要求光谱线型满足归一化要求,

$$\int g(\omega)\,\mathrm{d}\omega=1 \tag{9.1.20}$$

由此确定系数 B,于是

$$g(\omega)=\frac{c}{\omega_0}\left(\frac{M}{2\pi k_B T}\right)^{1/2}\exp\left[-\frac{Mc^2}{2k_B T}\left(\frac{\omega-\omega_0}{\omega_0}\right)^2\right] \tag{9.1.21}$$

是一个高斯线型。它的半高全宽为

$$\Delta\omega_D=2\frac{\omega_0}{c}\left(\frac{2k_B T}{m}\ln 2\right)^{1/2}=1.66k\left(\frac{2k_B T}{m}\right)^{1/2} \tag{9.1.22}$$

结果表明多普勒展宽在量级上等于热平衡时的平均速率对应的多普勒频移值。温度越高,展宽越大。波长越短,展宽也越大。

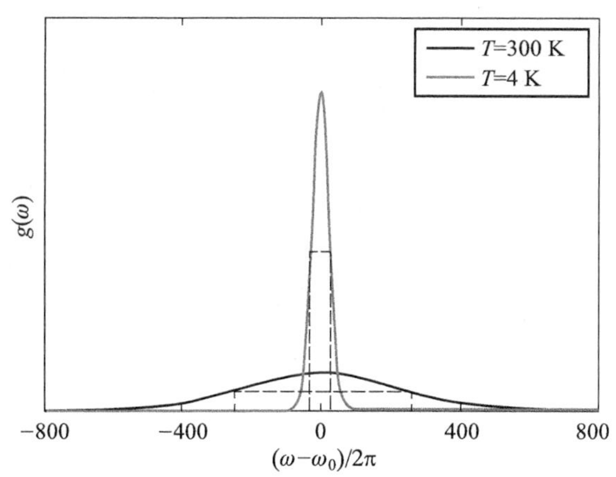

图 9.4 室温(300 K)下和 4 K 情况下 Rb 原子 D1 线的多普勒展宽。

量级估算

考察 Rb 原子的 D1 线,对应的跃迁波长为 $\lambda=795$ nm,在室温下 $T=300$ K,平均速率 $v=(2k_B T/m)^{1/2}\simeq 269$ m/s,根据(9.1.22)式,多普勒展宽为 $\Delta\omega_D\simeq 2\pi\times 500$ MHz。它相比于自然线宽($\Gamma=2\pi\times 6$ MHz)还是大很多。其对应的线型如图 9.4 所示。

如果温度冷却到 $T=4$ K,那么其多普勒展宽变小为 $\Delta\omega_D\simeq 2\pi\times 58$ MHz。低温下,多普勒效应被大大抑制了。

对于波长更长的跃迁,比如微波跃迁,多普勒展宽就非常小。例如对于氢原子,室温下,平均速率约为 2 500 m/s,对于超精细能级 $\omega_0=2\pi\times 1\ 420$ MHz,$\Delta\omega\simeq 2\pi\times 12$ kHz。这个展宽的绝对值很小,但是相对于跃迁频率来说,这个值就非常大了。

9.2 消多普勒光谱技术

气体介质中多普勒展宽是影响光谱精度的重要因素,因此如何克服多普勒效应,获得更准确,线宽更窄的谱线是精密光谱技术中的重要内容。由此科学家开发出一系列消多普勒光谱技术,精巧而神奇,成为光谱技术中精彩的篇章。

9.2.1 分子束法

分子束法原理很简单。将物质放在一个高温的真空炉中,炉子上有一个小孔或者狭缝,让原子蒸气可以飞出来。为了更好地准直,常常在后面再加一个小孔或者狭缝,获得高度准直的分子束或原子束,如图9.5所示。它是早期研究原子分子物理的一种基本方案,由法国科学家路易斯·邓诺伊尔(Louis Dunoyer)首次引入。1912年,他演示了钠原子束在真空中的直线运动。后来施特恩对其加以改善,完成了著名的施特恩-格拉赫(Stern-Gerlach)实验。之后原子物理中许多著名实验,比如拉比的核磁共振实验,早期的原子钟实验都是使用分子束法。即使到现在,分子束法在研究分子的反应碰撞动力学方面还是常用的方案。

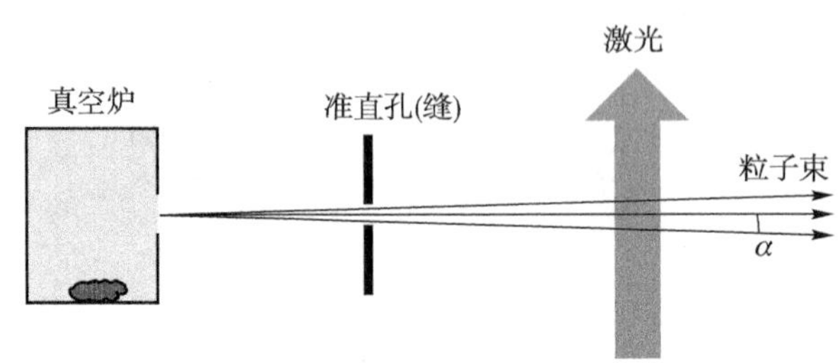

图9.5 通过分子束法获得准直的粒子源。

分子束法可以极大地抑制多普勒效应。如图9.5所示,原子或者分子从炉子中喷射出来。经准直孔后获得准直性能良好的粒子源。激光入射方向和粒子运动方向垂直,一阶多普勒频移为

$$\boldsymbol{k}\cdot\boldsymbol{v}=kv\sin\alpha \tag{9.2.1}$$

其中α是粒子束的发散角。选择合适的实验条件,粒子束的发散角可以做到相当小,达到mrad量级。假设粒子平均速度$v=1\ 000$ m/s,发射角$\alpha=5\times10^{-3}$ rad,波长$\lambda=800$ nm。这时多普勒展宽为

$$\Delta\omega_{\mathrm{D}}=\sin\alpha kv\simeq2\pi\times6\ \mathrm{MHz} \tag{9.2.2}$$

这种方法大大抑制了多普勒展宽。但是分子束法的缺点也很明显,由于喷射的分子或者原子飞行速度比较大(1 000 m/s量级),辐射场和粒子的有效作用时间会比较短,这对精密测量精度的提高是一个限制。

9.2.2 饱和吸收法

二能级情况——兰姆凹陷

消多普勒光谱技术中,饱和吸收法是一个非常精妙的方案。其基本设计如图9.6所示。一束弱的探测光和一束强的泵浦光对射进入原子气室。先考虑最简单的二能级体系,原子跃迁的本征频率为ω_0,两束激光的频率都为ω_{L}。扫描激光频率,从光电管上的信号得到吸收光谱。

没有泵浦光时,得到的是多普勒吸收光谱。当加入强的泵浦光时,会引入非线性效应。考虑一维情况,取探测光行进方向为正。一个速度为v_1的原子,当$\omega_{\mathrm{L}}=\omega_0-kv_1$时,它和泵浦光共振。由于泵浦光很强,将使得基态和激发态的布居变得接近(饱和)。如果从原子的速度空间来说,由于泵浦光的作用,基态原子的布居在速度为

$$v_1=(\omega_0-\omega_{\mathrm{L}})/k \tag{9.2.3}$$

的附近出现烧孔。

而对于弱的探测光来说,它具有同样频率 ω_L。假设与之共振的原子的速度为 v_2,那么满足关系式 $\omega_L=\omega_0+kv_2$。因此

$$v_2=(\omega_L-\omega_0)/k \tag{9.2.4}$$

这样对于一个激光的频率 ω_L,存在两个速度,一个是被泵浦光饱和泵浦的原子的速度 v_1,另一个是和探测光共振的原子的速度 v_2。

当 $\omega_L\neq\omega_0$ 时,$v_1\neq v_2$,探测光共振的原子和泵浦光饱和泵浦的原子速度区域是不同的,也意味着泵浦光对探测光的作用不大,如图 9.6(b)所示。这时候探测光的吸收线型还是原来的多普勒展宽。但是当 $\omega_L=\omega_0$ 时,探测光共振的原子($v_1=0$)刚好也是被饱和泵浦的原子($v_2=0$)。这时候的探测光的吸收将被抑制,从而在探测光的吸收谱线上出现烧孔现象,如图 9.6(c)所示。这称为饱和吸收效应,它的线宽由自然线宽和功率展宽共同决定,一般远远小于多普勒展宽。

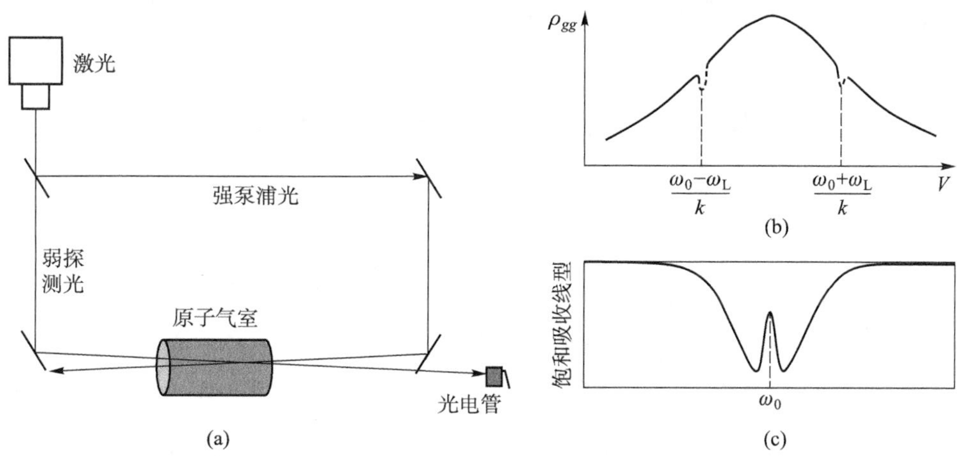

图 9.6 (a) 饱和吸收的激光光路方案。弱的探测光经过原子气室,其吸收信号被探测。在探测光的对射方向,有一个强的泵浦光,用来产生饱和吸收信号。(b) 在速度空间看探测光和泵浦光的烧孔效应。当 $\omega_L\neq\omega_0$ 时,这两个烧孔的位置不一样,相互影响也就很小。(c) 饱和吸收的线型。大的包络是多普勒展宽的线型。中间凹陷是由于饱和吸收导致的吸收抑制。

多能级情况——交叉共振

实际的原子不会是理想的二能级体系,常常会出现多个能级,这时候饱和吸收线型会出现更复杂的情况。假设激发态上存在两个能量比较接近的能级(比如原子由超精细分裂导致的能级劈裂)。如图 9.7(a)所示。$|1\rangle$ 是基态,$|2\rangle$ 和 $|3\rangle$ 分别是激发态,基态到激发态的跃迁频率分别为 ω_{12} 和 ω_{13}。对于频率为 ω_L 的激光,会出现四个共振速度,泵浦光共振点为

$$\omega_L=\omega_{12}-kv_1,\quad \omega_L=\omega_{13}-kv_2 \tag{9.2.5}$$

探测光的共振点为

$$\omega_L=\omega_{12}+kv_3,\quad \omega_L=\omega_{13}+kv_4 \tag{9.2.6}$$

在 $v_1=v_3$,$v_2=v_4$ 情况下,出现两个饱和吸收峰。物理图像上是把$\{|1\rangle,|2\rangle\}$和$\{|1\rangle,|3\rangle\}$分别看成二能级体系,它们对应的饱和吸收效应仍存在。在图 9.7(b)所示的饱和吸收光谱上分别有频率为 ω_{12} 和 ω_{13} 的烧孔。

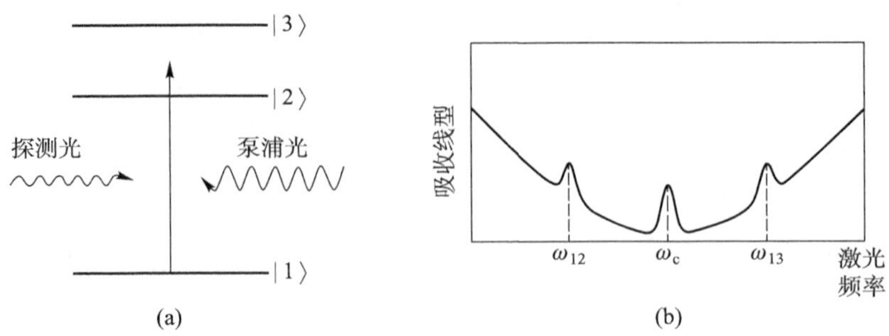

图9.7　多能级体系中，饱和吸收会出现交叉共振峰。(a) 能级结构。(b) 饱和吸收线型。

当参量合适时①，此时会出现更复杂情况。可以有 $v_1=v_4$ 或者 $v_2=v_3$ 时，这时候会出现交叉峰。物理上看，与探测光在某个跃迁上(比如 1→2)共振的原子可以被泵浦光通过另一个跃迁(比如 1→3)饱和抽运。那么此时探测光的吸收将被抑制，出现饱和吸收效应。共振条件为

$$\omega_L=\frac{\omega_{12}+\omega_{13}}{2} \tag{9.2.7}$$

激光频率刚好等于两个频率的平均值，这种现象也称为交叉共振，此时的饱和吸收峰也叫交叉峰。被饱和烧孔的原子速度为

$$v=\pm\frac{\omega_{13}-\omega_{12}}{2k} \tag{9.2.8}$$

其不为零。如果参量合适，具有一定大小的速度的原子可能比零速度附近原子的更多，交叉共振有时候会得到更好的饱和吸收信号。

当然，更复杂的能级结构会导致更复杂的饱和吸收信号。图9.8给出了一个典型的铷原子的饱和吸收光谱图。^{87}Rb 原子 D2 线跃迁的上能级为 $5^2P_{3/2}$态，它的超精细结构能级劈裂导致四个不同的态(图中 $F'=0$ 态没画出来，因为 $F=2\to F'=0$ 的跃迁是禁戒的)，它们之间能级分裂在 100~200 MHz，包含在多普勒展宽的范围内。

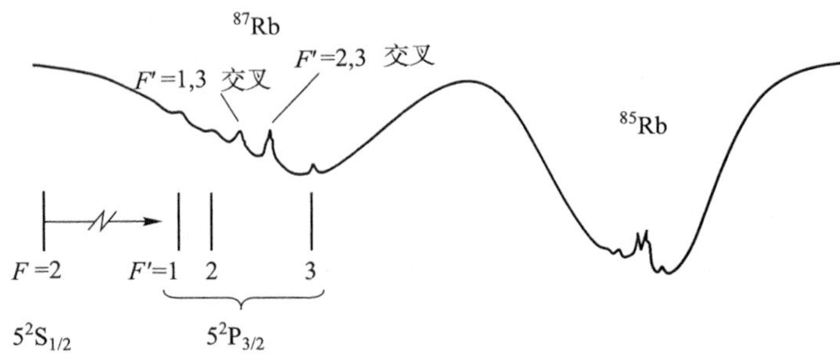

图9.8　铷原子 D2 线的典型饱和吸收光谱图，其中包含了几个重要的交叉共振峰。

思考题

上面讲的是上能级有多个能级导致的交叉共振现象。聪明的读者，如果基态上有两个能级呢？这时候饱和吸收的交叉共振现象是否会发生呢？如果发生，和前面有什么不同呢？

---

① 这里需要两个跃迁的频率差跟多普勒展宽相比要小，它们都需要出现在同一个多普勒展宽的包络中。

9.2.3 深度囚禁:兰姆-迪克效应

多普勒效应是由原子的运动造成的,属于原子外部自由度引起的效应。如果用外势场将原子囚禁起来,描述原子外部运动的参量将由连续变量变成离散化的量子数。这时候跃迁选择定则也需要将外部量子数考虑进来。可以等效认为外部囚禁阱将多普勒效应离散化。一定参量条件下会抑制多普勒展宽。这种效应称为兰姆-迪克效应。下面我们定量地来计算一下。

简化起见,考虑一个一维模型。原子被囚禁在一个势阱中①,如图 9.9 所示。相关跃迁的内态分别为 $|g\rangle$ 态和 $|e\rangle$ 态,跃迁频率为 ω_0。由于原子被势阱囚禁,能谱从自由运动的连续谱变成离散的能级结构。我们不再用速度 $\boldsymbol{v}$ 来描述原子的状态,而是用外部量子化能级 $\{|n\rangle, n=0,1,2\cdots\}$ 来描述。在强束缚情况下,可以近似认为囚禁势阱在平衡点附近是一个简谐阱,囚禁频率为 ω_e。使用简谐势阱近似有助于我们定量分析。

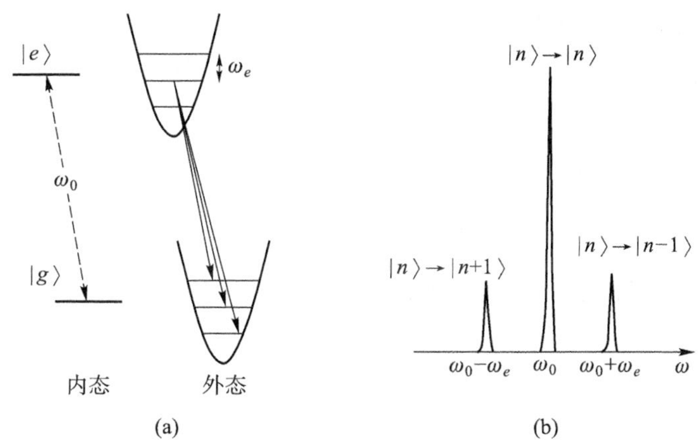

图 9.9 深度囚禁情况下原子的跃迁。(a) 展示了原子内、外态的跃迁情况。(b) 如果从外态的一个态出发,它可以跃迁到不同的外态上。在深度囚禁情况下,$|n\rangle\to|n\rangle$ 的跃迁是占主导地位的。

此时原子状态的完整描述应该包含原子内态的量子数和原子外态的量子数,量子态可以写成 $|g,n\rangle=|g\rangle\otimes|n\rangle$, $|e,n'\rangle=|e\rangle\otimes|n'\rangle$。两个态之间的跃迁为 $|g,n\rangle\to|e,n'\rangle$,对应的跃迁频率为

$$\omega=(E_{|e,n'\rangle}-E_{|g,n\rangle})/\hbar=\omega_0+(n'-n)\omega_e \tag{9.2.9}$$

由于外部量子数取值是自然数,$n'-n$ 可以变化很大,因此跃迁的频率可以有非常多的值。众多不同频率跃迁的叠加最终将导致一个展宽,这就是多普勒展宽在囚禁势阱中的图像。当然,这个频率的跃迁概率由其跃迁矩阵元决定

$$A_{|g,n\rangle\to|e,n'\rangle}=\langle g,n|H_{\mathrm{I}}|e,n'\rangle \tag{9.2.10}$$

对于偶极跃迁,其相互作用哈密顿量由(7.2.2)式给出。回忆一下,我们在讲偶极跃迁的时候,引入过一个长波近似,将电场中与位置有关的项去掉了。但是现在需要考虑外部自由度,特别是当势阱的尺度和波长可比拟时,需要将长波近似忽略的项考虑进来。

为此我们将哈密顿量写成两部分,一部分和 $\boldsymbol{R}$ 无关,一部分和 $\boldsymbol{R}$ 有关,

① 比如原子被光镊囚禁、原子被光晶格囚禁或者离子被离子阱囚禁等。

$$H_{\mathrm{I}}=H_{\mathrm{I}}^{\mathrm{int}}\times H_{\mathrm{I}}^{\mathrm{ext}} \tag{9.2.11}$$

其中 $H_{\mathrm{I}}^{\mathrm{int}}$ 就是常用的长波近似下的偶极相互作用哈密顿量[(7.2.2)式],而

$$H_{\mathrm{I}}^{\mathrm{ext}}=\mathrm{e}^{\mathrm{i}\boldsymbol{k}\cdot\boldsymbol{R}} \tag{9.2.12}$$

就是长波近似忽略的项。因此跃迁矩阵元为

$$A_{|g,n\rangle\to|e,n\rangle}=\langle g\mid H_{\mathrm{I}}^{\mathrm{int}}\mid e\rangle\langle n\mid H_{\mathrm{I}}^{\mathrm{ext}}\mid n'\rangle \tag{9.2.13}$$

这样其跃迁概率除了内态的跃迁概率,还需乘上一个外部自由度对应跃迁的因子

$$P_{n,n'}=|\langle n\mid \mathrm{e}^{\mathrm{i}\boldsymbol{k}\cdot\boldsymbol{R}}\mid n'\rangle|^2 \tag{9.2.14}$$

只考虑一维情况时

$$P_{n,n'}=|\langle n\mid \mathrm{e}^{\mathrm{i}kx}\mid n'\rangle|^2 \tag{9.2.15}$$

对于简谐振子,我们定义 $x_0=(\hbar/2m\omega_e)^{1/2}$,表征谐振子基态波函数的空间扩展程度。如果囚禁的势阱束缚非常强,导致波函数的扩展 x_0 远小于波长,那么 $kx_0\ll1$,$\mathrm{e}^{\mathrm{i}kx}$可以用1代替,

$$P_{n,n'}=|\langle n\mid n'\rangle|^2=\delta_{nn'} \tag{9.2.16}$$

这也意味着只有外部量子数 n 相同的跃迁才能发生。这时候外部自由度的跃迁具有非常强的选择定则,跃迁频率(9.2.9)式将给出单一值,因此多普勒展宽被抑制。

当然,上述结论只有在势阱束缚极强的情况下才成立。在势阱束缚没有那么强时,可以用微扰论定量计算一下。参考(8.1.13)式,或者回忆一下谐振子量子化的过程,我们可以使用产生湮没算符来表示 x,

$$x=x_0(\hat{a}+\hat{a}^\dagger) \tag{9.2.17}$$

其中 $x_0=(\hbar/2m\omega_e)^{1/2}$刻画了基态波函数的扩展大小。定义一个兰姆-迪克(Lamb-Dicke)参量,

$$\eta=kx_0 \tag{9.2.18}$$

当 η 不太大时,可以将其展开到一阶,得到

$$\begin{aligned}P_{n,n'}&=|\langle n\mid \exp[\mathrm{i}\eta(\hat{a}+\hat{a}^\dagger)]\mid n'\rangle|^2\\&=|\langle n\mid 1+\mathrm{i}\eta(\hat{a}+\hat{a}^\dagger)+O(\eta^2)\mid n'\rangle|^2\\&=\delta_{nn'}+\eta^2[n'\delta_{n,n'-1}+(n'+1)\delta_{n,n'+1}]\end{aligned} \tag{9.2.19}$$

可以看到,外部自由度除了允许 $|n\rangle\to|n\rangle$,还允许 $|n\rangle\to|n+1\rangle$ 和 $|n\rangle\to|n-1\rangle$ 跃迁,两边带跃迁强度正比于 η^2。囚禁越强,η 越小,跃迁谱线越集中。囚禁越弱,η 越大,这种选择性就越弱,会更接近自由空间情况,谱线结构也会趋向于多普勒展宽。通过这种深度囚禁,我们获得了消多普勒的光谱,这就是兰姆-迪克效应。

在物理图像中,我们可以从两个角度来解读这一效应。第一种是从波函数的扩展(宽度 $\Delta x\sim x_0$)和激光的波长的比较来看。当 $\Delta x\ll\lambda$ 时(即 $\eta\ll1$),不确定性原理要求它的动量分布

$$\Delta p\simeq\frac{\hbar}{\Delta x}\gg\frac{\hbar}{\lambda}=\frac{\hbar k}{2\pi} \tag{9.2.20}$$

粒子的动量分布远大于光子的反冲动量。而 $\mathrm{e}^{\mathrm{i}\boldsymbol{k}\cdot\boldsymbol{R}}|n'\rangle$ 是将 $|n'\rangle$ 在动量上平移 $\hbar\boldsymbol{k}$,由于反冲动量 $\hbar k$ 远小于粒子动量分布,因此 $\mathrm{e}^{\mathrm{i}\boldsymbol{k}\cdot\boldsymbol{R}}|n'\rangle$ 和 $|n'\rangle$ 相比波函数变化很小。由于不同 n 的量子态彼此是接近正交的,因此外部自由度的跃迁基本上只发生在 $n=n'$ 情况下,具有很强的跃迁选择性,从而导致兰姆-迪克效应。

第二个视角是通过光子反冲能量和势阱能级间隔来进行比较。我们将兰姆-迪克参量改写一下

$$\eta = kx_0 = \sqrt{\frac{\hbar k^2}{2m\omega_e}} = \sqrt{\frac{E_r}{\hbar\omega_e}} = \sqrt{\frac{\omega_r}{\omega_e}} \tag{9.2.21}$$

它跟光子反冲动能和谐振子能量间隔之比相关。当 $\eta \ll 1$ 时,光子的反冲能量远小于谐振子的能级间隔,吸收一个光子很难造成外态量子数的有效改变。因此跃迁将主要发生在 $n=n'$ 之间,和前面的结论一致。

量级估算

在光钟实验中,原子一般被囚禁在光晶格中,希望处于比较好的兰姆-迪克区域。对于 ^{88}Sr 原子,使用 $\lambda_0 = 813.428$ nm 的激光形成光晶格囚禁原子,极化率 $\alpha = 4.6\times10^{-39}$ C^{2}m^2/J。光晶格的光强 $P_0 = 140$ mW,光斑直径 $r_0 = 32$ μm,对应峰值功率密度 $I_{\text{peak}} = 8P_0/\pi r_0^2 = 3.4\times 10^4$ W/cm^2。因此光晶格的囚禁频率为

$$\omega_e = \frac{1}{r_0}\sqrt{\frac{2\alpha I_{\text{peak}}}{\epsilon_0 cM}} = 2\pi\times 80 \text{ kHz} \tag{9.2.22}$$

探测光波长 $\lambda = 698$ nm,因此反冲频率

$$\omega_r = E_r/\hbar = 2\pi\times 4.6 \text{ kHz} \tag{9.2.23}$$

因此兰姆-迪克参量为

$$\eta = \sqrt{\frac{\omega_r}{\omega_e}} = 0.24 < 1 \tag{9.2.24}$$

处于比较好的兰姆-迪克区域。

缓冲气体压窄效应

兰姆-迪克效应最早是兰姆在研究原子核对中子的散射时提出来的。后来迪克在研究缓冲气体对线宽的压窄效应时独立发现了类似效应。为了纪念他们的贡献,因此用他们的名字来命名这个效应。我们来考察一下缓冲气体压窄线宽的效应。

原子气室是原子物理实验中常用的器件,如图 9.10(a)所示。原子在一个密闭的玻璃腔中做热运动,如果去测量原子的吸收光谱,会得到多普勒展宽占主导地位的光谱线型。但是在某些应用场景中,人们希望气室内的原子谱线线宽尽量窄,最好接近自然线宽。为此,常常在气室中充入一些缓冲气体(通常是惰性气体,比如 He,Ne,Ar 等)。随着气压的增大(一般在 10 个大气压量级),原子的谱线宽度会被压窄。图 9.10(b)展示了典型的缓冲气体压窄的过程。随着缓冲气体压强的增加,吸收光谱的线宽从多普勒展宽逐渐过渡到自然线宽。

这个效应可以从碰撞过程出发来理解,假设每次碰撞让发射的电磁波相位随机跃变,最终会导致线宽的压窄。这里我们从深度囚禁的角度来解读。原子处在缓冲气体环境中,和缓冲气体粒子不断碰撞。如果我们追踪原子的轨迹,由于碰撞频繁,实际上它的扩散速度很慢。从宏观角度来看,原子似乎被囚禁在一个小的区域内。假设缓冲气体的碰撞只改变原子的外态,而不改变原子的内态。我们可以认为缓冲气体的效果实际上是产生了一个等效的势阱。缓冲气体压强越大,碰撞越频繁,等效势阱的囚禁就越强烈,原子被束缚的范围就

越小。当原子和缓冲气体碰撞的平均自由程比辐射场的波长短时，兰姆-迪克效应就很明显，原子谱线将被有效压窄①。

另外一个类似的技术是将原子囚禁在一个非常小的容器里，比如纳米厚度的气室中。这时候也可以认为原子被等效囚禁在势阱中，参量合适的条件下，由于兰姆-迪克效应，原子的谱线将变窄。

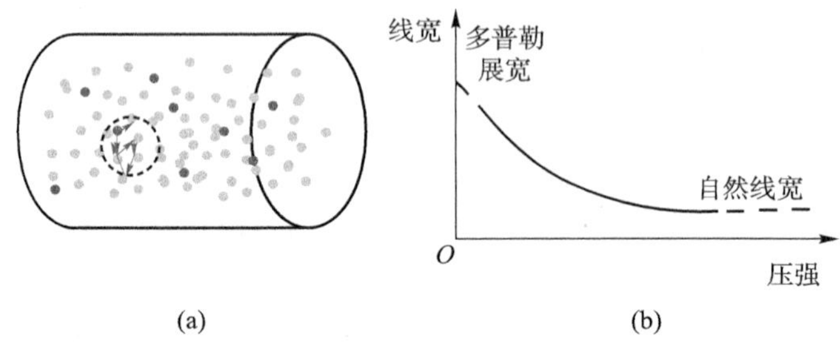

图9.10　(a) 原子和缓冲气体频繁碰撞，等效于被囚禁在当地。(b) 缓冲气体压强越大，线宽越接近自然线宽。

9.3　激光冷却

消多普勒光谱技术可以获得更高精度的光谱，但并不那么完美。比如使用分子束技术时，由于粒子是喷出来的，运动速度很快，那么微波和粒子作用时间短。使用缓冲气体技术，谱线宽度虽然被压窄了，但是会带来绝对频率的移动。如果能够将原子冷却下来，那么多普勒展宽就直接消失了，测量精度自然更高了。冷却下来的原子还会给精密测量带来诸多额外的好处。历史上，精密测量是冷原子物理发展的最初动力之一。而激光冷却正是冷原子物理中最有效，也是非常巧妙的一种技术方案。

9.3.1　光的力学效应

介绍激光冷却之前，先介绍一下光的力学效应。最早的关于光的力学效应的猜想来自彗星尾巴的朝向问题。开普勒在天文观测中，发现彗星的尾巴总是背向太阳的。于是他提出猜想，光的压力将彗星的尾巴推向一边②。后来电动力学发展起来后，科学家提出电磁场具有动量，并由坡印廷矢量(Poynting vector)来描述，其后，爱因斯坦在研究光电效应的时候引入光子的波粒二象性，认为光子和粒子一样具有动量，且给出其关系式为 $p=h/\lambda$。这一概念在后面的康普顿散射实验中得到验证。

既然光具有动量，那么原子吸收一个光子，光子的动量就传递到原子上了，从而产生力学效应。图9.11展示了这一概念的示意图。原子吸收一个光子，获得一个反冲动量，并且

---

①　实际上，缓冲气体压窄效应一般是在微波波段实现，因为这时候微波波长很长，很容易满足碰撞自由程小于波长的条件。而对于光波段，要实现这个条件，需要极大的压强——约 10^4 个大气压。这时候碰撞展宽会非常强，也很难满足碰撞不改变内态的假设。光波段的缓冲气体压窄效应实际上没有实现。

②　当然我们现在知道，彗星尾巴的指向是由于太阳风造成的。太阳风中除了辐射场，还有高能粒子等。

被激发。处于激发态的原子会自发辐射,但自发辐射的光是各向同性的,因此平均来看原子不会产生净动量的变化。在这样吸收和自发辐射一个光子的循环过程中,原子净获得一个光子的反冲动量。

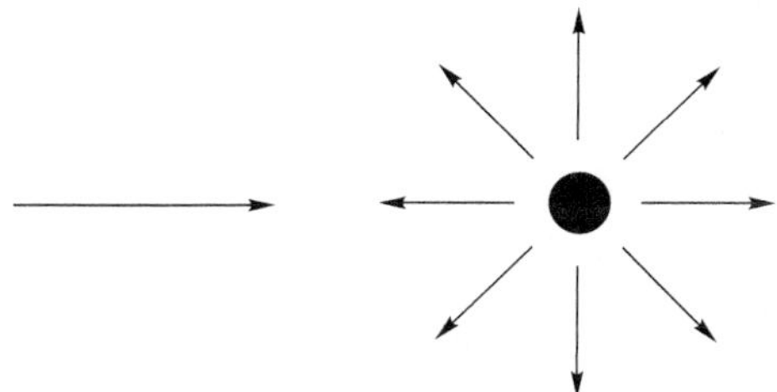

图 9.11 原子吸收光子获得一个反冲动量,但是自发辐射是各向同性的,没有净动量变化。

单个光子的反冲动量当然很小,但是单个原子的质量也很小,因此光子作用到原子上就会产生不小的反冲速度。单光子反冲速度可以由下式计算:

$$v_{\mathrm{r}}=\frac{p_{\mathrm{r}}}{m}=\frac{h}{\lambda m} \tag{9.3.1}$$

表 9.1 是常见的几种原子的跃迁波长和相应跃迁下的单光子反冲速度。

表 9.1 常见原子的跃迁波长和单光子反冲速度

原子类型	跃迁波长/nm	反冲速度/(mm/s)
^{6}Li	671	99
^{23}Na	589	29
^{39}K	766.7	13
^{87}Rb	780	6
^{133}Cs	852	3.5

从上表可以看出,单光子的反冲速度在 10 mm/s 量级,因此需要散射 $10^3\sim10^4$ 个光子,才能使室温的原子(速度在几百 m/s 量级)减速或者冷却下来。因此实现激光冷却有一个重要的前提条件,即相关能级的跃迁应该是闭合的:被激发的原子需要回到初始状态,不断循环跃迁才能产生可观的效果。这一条件称为循环跃迁条件,对于二能级体系当然成立,在能级结构简单的原子中也容易实现。而对于能级结构复杂的原子或者分子,循环跃迁常常难以实现。

9.3.2 多普勒冷却机制

激光冷却中最重要的机制就是多普勒冷却机制①。以二能级原子为例,在讲光学布洛赫方程时,我们得到光对二能级原子的作用力

$$F=\hbar k\rho_{22}\Gamma=\frac{\hbar k\Gamma}{2}\frac{S_0}{1+S_0+\left(\frac{\Delta}{\Gamma/2}\right)^2} \tag{9.3.2}$$

① 激光冷却的思想是分别由汉斯(Hänsch)和沙沃(Schawlow)、威尔兰(Wineland)和德姆尔特(Dehmelt)两个小组在 1975 年独立提出来的。从时间上看,其理论的提出和后来的实验发展都深刻地依赖于激光的发明。这也再次证明科学史上反复出现的现象——科学和技术的发展是相互促进的。

如图9.12所示，一维情况下，相对于某个速度为$\boldsymbol{v}$的原子，两束激光的频率分别为

$$\omega_{\pm}=\omega_0 \mp kv \tag{9.3.3}$$

所以作用力公式中要将失谐量替换

$$\Delta \to \Delta \mp kv \tag{9.3.4}$$

两束光对原子的作用力分别等于

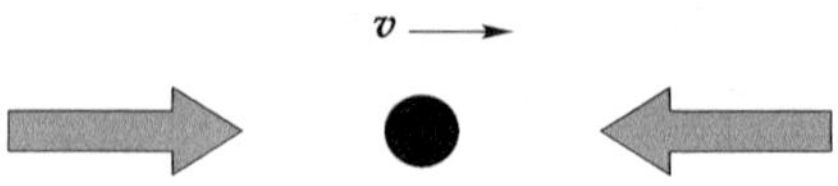

图9.12　激光冷却光路示意图。

$$F_{\pm}=\pm \hbar k \rho_{22} \Gamma=\pm \frac{\hbar k \Gamma}{2} \frac{S_0}{1+S_0+\left(\dfrac{\Delta \mp kv}{\Gamma/2}\right)^2} \tag{9.3.5}$$

总的作用力等于

$$F=F_{+}+F_{-} \tag{9.3.6}$$

在小速度范围，它可以近似为

$$F=-\beta v \tag{9.3.7}$$

其中

$$\beta=-\frac{4\hbar k^2 S_0(2\Delta/\Gamma)}{[1+S_0+(2\Delta/\Gamma)^2]^2} \tag{9.3.8}$$

当红失谐时$\Delta<0$，有$\beta>0$，作用力总是和运动速度方向相反，因此原子将向速度为零的区域聚集，形成冷却效果。相反，对于蓝失谐，将形成加热效应。

图9.13给出了一个典型的^{87}Rb原子的激光冷却作用力和速度的关系图。其中选取的参量为$\lambda=780$ nm，$S_0=10$，$\Delta/2\pi=-10$ MHz。失谐量的大小决定了两个峰的位置。为了让冷却力接近最大值，一般激光的光强比饱和光强大一个量级。当然，从计算结果可以看到，冷却力随速度呈线性变化区域的范围大致为

$$v_c=|\Delta|/k \simeq 8 \text{ m/s} \tag{9.3.9}$$

能够被冷却的原子的速度为几倍的v_c，图中大概为20 m/s。

图9.14所示为多普勒冷却机制的物理图像。对射的两束激光频率相等，都是红失谐，功率也一样，作用到原子上。对不同速度的原子，分三种情况来看。

1. 速度为零的原子。如图9.14中间图所示，由于没有多普勒效应，从原子上看到的两束激光频率相等，因此两束激光对原子的作用力刚好抵消，原子不受净外力。

2. 向左运动的原子。如图9.14左图所示，由于多普勒效应，向右射的激光频率上移，更接近共振，向左射的激光频率下移，更远离共振。因此原子会更多地吸收向右射入的激光，导致一个向右的净外力，和运动方向相反，原子被减速。

3. 向右运动的原子。如图9.14右图所示，由于多普勒效应，向左射的激光频率上移，更接近共振，向右射的激光频率下移，更远离共振。因此原子会更多地吸收向左射入的激光。导致一个向左的净外力，和运动方向相反，原子被减速。

因此，红失谐情况下，不管原子是向右运动还是向左运动，由于多普勒效应打破了速度空间的对称性，激光都会产生一个让原子减速的力，最终导致原子的激光冷却。

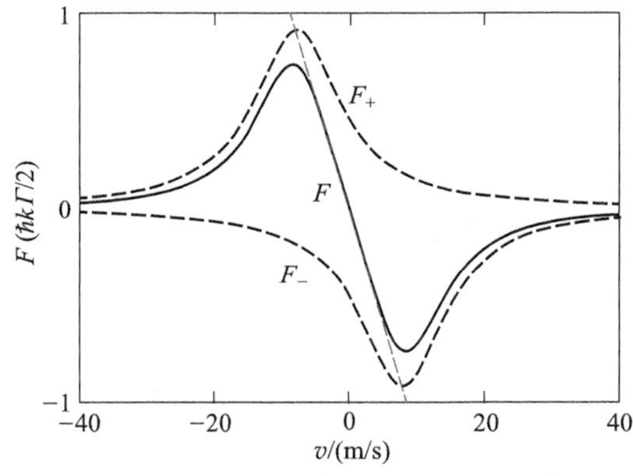

图 9.13 激光冷却作用力和速度的关系图。计算参量为 $S_0=10$，$\Delta/2\pi=-10$ MHz，$\lambda=780$ nm。

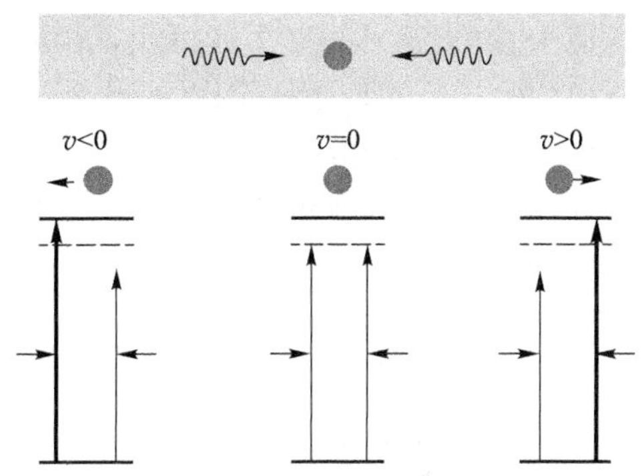

图 9.14 多普勒冷却机制的物理解释。由于多普勒效应，不管是向左还是向右运动的原子都和反向射来的激光频率更接近共振状态，因此受到一个减速的力的作用。

超越二能级

二能级图像足够简单，并且抓住了其中最主要的物理机制。在使用二能级模型时，自然地隐含了循环跃迁的假设：原子被激发后会回到初态，因此可以不断地散射光子，获得激光冷却效果。否则原子如果进入暗态，激光冷却机制将失效。但是在实际的工作中，几乎没有原子的能级是真正二能级的，比如更多的超精细能级结构会出现。此时应该如何保证满足循环跃迁的条件呢？

一般性的答案是：很难。所以激光冷却对于复杂能级的原子或者分子不容易实现。但是对于能级比较简单的原子还是比较容易做到的。这就是为什么冷原子技术首先是在碱金属原子中发展起来的，因为它们的能级足够简单。

图 9.15 给出了 ^{87}Rb 原子的激光冷却能级结构图。冷却光选择的是和 $F=2\rightarrow F'=3$ 的跃迁近共振的光。由于跃迁选择定则，处于 $F'=3$ 的激发态只能自发辐射回到 $F=2$ 的基态，因此这个跃迁是一个循环跃迁。但是在实际工作中，还需要考虑原子会通过 $F=2\rightarrow F'=2$ 的跃迁，然后从 $F'=2$ 态自发辐射跑到 $F=1$ 态上，成为暗态。冷却光相对于 $F=2\rightarrow F'=2$ 的跃迁有一个失谐，但不是那么大，因此还是有一定概率发生的。由于激光冷却需要散射的光子数在 10^4 以上量级，因此不做任何处理的话，即使概率比较小，原子也会马上跑到暗态，破坏循环跃迁条件。$F'=2$ 和 $F'=3$ 之间的超精细分裂越小，这个情况发生的概率越大。为了满足循环跃迁的条件，需要另外再加一束泵浦光，$F=1\rightarrow F'=2$ 的跃迁线，将原子抽运回 $F=2$ 态上，保证循环跃迁条件，如图 9.15 所示。

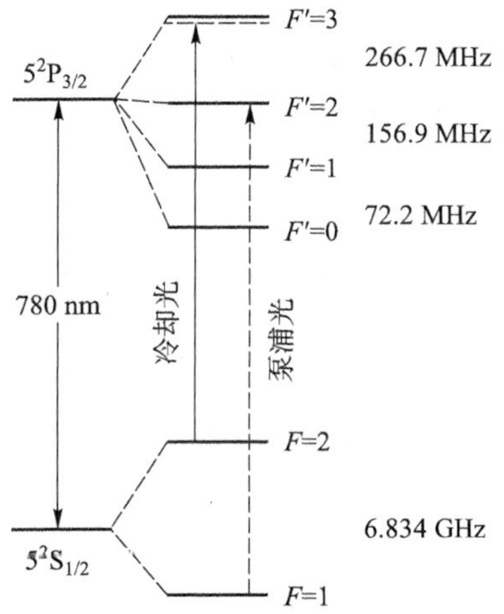

图 9.15 ^{87}Rb 激光冷却能级结构图。在多能级体系中，需要增加泵浦光破坏暗态才能获得循环跃迁条件。

9.3.3 多普勒冷却极限

多普勒冷却的极限温度是多少？这个问题在激光冷却发展史上起过重要作用。前面已经求得了多普勒冷却作用力的大小。但是原子速度并不会一直冷却到零。考虑一个速度为零的原子,由于激光的存在,它会不断吸收不同方向的光子,并自发辐射。因此原子受到一个随机的光子反冲动量的作用,平均而言获得的净动量为零,但是动量的涨落会导致加热。冷却和加热两种机制的竞争将导致一个不为零的平衡温度,这就是多普勒冷却极限温度。

我们以图9.13所示的一维情况为例。先看冷却能力,利用(9.3.7)式,在小速度范围内,制冷率为

$$\frac{\mathrm{d}E}{\mathrm{d}t}\Big|_{\text{cooling}}=mv\frac{\mathrm{d}v}{\mathrm{d}t}=-\beta v^2 \tag{9.3.10}$$

对于二能级体系,β 由(9.3.8)式给出。

再计算加热率。对于静止的原子,它可以从对射的激光中吸收光子,然后再自发辐射。由于激光是对射的,因此吸收过程中原子以反冲动量为步长在动量空间随机行走。而自发辐射过程中辐射光子的方向是随机的,因此也是以反冲动量为步长随机行走。两个过程都会导致加热。在 Δt 时间内,原子散射的光子数为

$$N=2\times\frac{\Gamma}{2}g(\omega)\Delta t \tag{9.3.11}$$

其中

$$g(\omega)=\frac{S_0}{1+S_0+\left(\dfrac{\Delta}{\Gamma/2}\right)^2} \tag{9.3.12}$$

描述了频率和功率依赖关系。散射光子数公式中乘2是因为有两束激光的存在,并且我们考虑的是小光强情况。

对于一个一维随机行走过程,N 步之后平均位移 $\langle D(N)\rangle=0$,但是平均距离却不为零,$\langle D^2(N)\rangle=N$。因此原子吸收和自发辐射 N 个光子的过程分别导致 $\langle p^2\rangle=(\hbar k)^2N$。加热率为两个过程之和

$$\frac{\mathrm{d}E}{\mathrm{d}t}\Big|_{\text{heating}}=2N\frac{\hbar^2k^2}{2m}=2\frac{(\hbar k)^2}{2m}\Gamma g(\omega) \tag{9.3.13}$$

制冷率和加热率相等时达到平衡。于是

$$\beta v^2=2\frac{(\hbar k)^2}{2m}\Gamma g(\omega) \tag{9.3.14}$$

代入(9.3.8)式,得到

$$\frac{1}{2}mv^2=\frac{\hbar\Gamma}{8}\left[\frac{1+S_0}{(2\Delta/\Gamma)}+(2\Delta/\Gamma)\right]\geqslant\frac{\hbar\Gamma}{4} \tag{9.3.15}$$

在小光强极限下,$\Delta=\Gamma/2$ 时取极限值。对于一维情况

$$\frac{1}{2}mv^2=\frac{1}{2}k_{\mathrm{B}}T \tag{9.3.16}$$

因此多普勒冷却极限温度 T_{D} 等于

$$k_{\mathrm{B}}T_{\mathrm{D}}=\frac{\hbar\Gamma}{2} \tag{9.3.17}$$

可以看出,多普勒冷却极限温度受限于上能级的线宽 Γ。上能级宽度越宽,自发辐射率越

大,多普勒冷却极限温度也就越高。

表 9.2 列出了几种常见的原子的多普勒冷却极限温度。在一些实际实验过程中,若希望原子的温度能够冷却得更低,可以在一个宽带跃迁的激光冷却之后,选择一个窄带跃迁进行二次冷却。这一技术称为窄线宽冷却(narrow-line cooling)。比如对于碱土金属原子 Sr,可以先选择 461 nm 的宽带跃迁进行初步冷却。它的多普勒极限温度很高,但是同时冷却的力很大,非常适合初步激光冷却。然后再选择 689 nm 的窄带跃迁进行二次冷却。它的多普勒冷却温度低,适合于初步激光冷却后的深度冷却。

表 9.2 典型原子多普勒极限温度

原子类型	^{23}Na	^{87}Rb	^{133}Cs	^{87}Sr(461 nm)	^{87}Sr(689 nm)
$T_D/\mu K$	240	140	120	770	0.2

亚多普勒冷却机制

多普勒冷却极限问题曾经在冷原子物理发展史上起过重要作用。多普勒冷却机制被提出之后,实验上实现了激光冷却原子。但人们马上发现,冷却后原子团的温度低于多普勒冷却极限温度。这激发了人们广泛的讨论和积极的研究热情,并发现了更多更复杂的冷却机制。当考虑原子的多能级和光场在空间的偏振梯度时,在合适参量下会产生更加大的冷却作用力。1997 年诺贝尔物理学奖授予朱棣文、科恩塔诺基(Claude Cohen-Tannoudji)和威廉·菲利普斯(William D. Phillips),奖励他们对于激光冷却技术的贡献,其中重要的内容就是偏振梯度冷却机制的研究。

除了偏振梯度冷却外,还有很多其他的机制可获得亚多普勒冷却。如果减少光子的散射率,则加热就被大大抑制。比如利用 CPT 机制,将速度为零的原子囚禁在 CPT 的暗态。而速度不为零的原子由于多普勒效应,破坏了暗态的条件,冷却作用力将持续存在。最终达到将原子聚集到速度为零附近的目的,获得亚多普勒冷却。

9.3.4 塞曼减速器

在 9.3.2 节,我们估算过激光冷却能够有效作用的速度是 10 m/s 左右。而室温下的原子速度往往比它大很多。因此激光冷却之前常常需要进行预冷却。塞曼减速器就是这样一种装置,如图 9.16 所示。它处理的问题是:如何持续让原子从某个速度减速下来?由于光的力学效应,对射的激光可以减速原子。对于某个速度的原子,共振光减速效率是最高的。但是当原子被减速后,多普勒频移将发生变化,原子和激光将不再共振,激光减速的效果将快速消失。

为了补偿原子由减速导致的多普勒频移变化,科学家提出塞曼减速器的想法①,用磁场来补偿这个频移。假设磁场沿 z 方向,大小为 $B(z)$,那么对于频率为 ω_L 的激光,在位置 z 处发生共振的原子速度为 v,它们满足共振关系

$$\omega_0+\frac{\eta\mu_B B(z)}{\hbar}=\omega_L+kv \tag{9.3.18}$$

① Phillips W D, Prodan J V, Metcalf H J. Laser Cooling and Eletrcomagnetic Trapping of Neutral Atoms. J. Opt. Soc. Am. B, 2, 1751(1985).

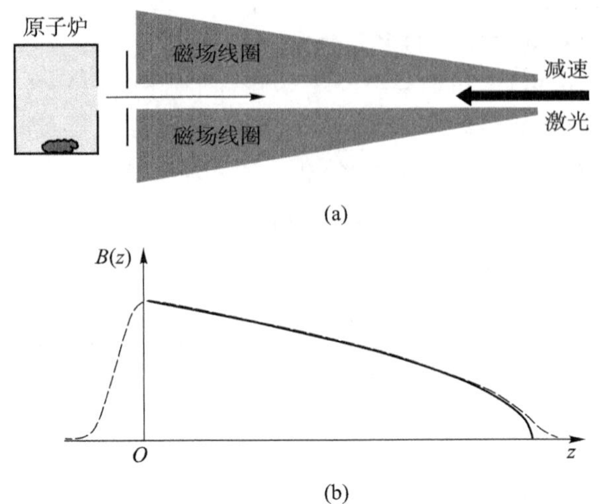

图9.16　塞曼减速器。(a) 基本装置实验图。原子喷出来后,在一个梯度磁场中和减速光作用。最终通过塞曼减速器的原子速度都减到同一速度。(b) 磁场示意图。其中实线是(9.3.22)式给出的形状。虚线是实际实验中的磁场形状。因为磁场不可能突然从零变到某个值,前面肯定有一个建立磁场的区域。但是这不影响塞曼减速器的应用。

左边是在磁场中原子的跃迁频率①。右边是多普勒频移后的激光频率。

为了计算所需要磁场的形状,假设原子减速导致的多普勒频移刚好被磁场补偿,原子一直处于最大减速度(假设为 a)情况下减速。原子在 $z=0$ 位置速度为 v_0,那么

$$v_0^2-v^2=2az \tag{9.3.19}$$

将原子减速到零(上式中设 v 为 0)的距离为

$$L_0=\frac{v_0^2}{2a} \tag{9.3.20}$$

那么

$$v=v_0\left(1-\frac{z}{L_0}\right)^{1/2} \tag{9.3.21}$$

代入(9.3.18)式,得到磁场的分布情况为

$$B(z)=B_0\left(1-\frac{z}{L_0}\right)^{1/2}+B_{\text{bias}} \tag{9.3.22}$$

如果激光频率选择使得

$$\omega_{\text{L}}-\omega_0=\eta\mu_{\text{B}}B_{\text{bias}}/\hbar \tag{9.3.23}$$

那么原子将减速到零附近。当然,实际实验中会让原子最后有一个小的速度,方便后面的磁光阱收集,这时只需将激光频率偏移一点点就行。

实际上的实验如图9.16所示。原子是从炉子里出来的,具有一定的速度分布。如果速度合适,那么原子将在塞曼减速器中一直减速到某个最终速度。如果原子速度比较慢,那么

---

①　实际计算过程中,需要根据跃迁的磁子能级和朗德因子来确定磁场引起的频率移动,这里用 $\eta\mu_{\text{B}}B(z)/\hbar$ 来表示塞曼频移差只是一个简化写法。

原子在塞曼减速器中将先运动一段距离,直到磁场补偿刚好让它和激光共振,然后再持续减速到最终速度。这种工作方式让塞曼减速器显示出巨大的优势,它将速度范围很大的原子最终减速到同一个速度,并且是连续运转的。当然如果原子初始速度过快,塞曼减速器将不起作用。

这种原子减速的实验,在冷原子物理发展早期就出现了。当时曾经出现过很多方案,比如通过扫描激光频率来补偿减速的频移,或者扩展激光频率范围来实现持续的减速。前者只适合脉冲型的原子束,对于连续运转的原子束不适合。后者对激光功率要求很高,因为同一时间,只有部分光在减速。在众多竞争方案中,塞曼减速器以其独特的优势胜出,成为现今冷原子物理中非常重要的装置。

9.4 原子的囚禁

在冷原子物理中常说两个词:冷却和囚禁。冷却是指原子在速度空间聚集,对坐标空间没要求。而囚禁是指在坐标空间的聚集。两者物理含义不同,但同时联系非常密切。一般来说,需要先对原子进行冷却,才好囚禁。原子越冷,越好囚禁。所以冷却和囚禁常常同时出现。

实现原子囚禁有诸多好处,其中最重要一条是可以增加作用时间,提高测量精度。比如研究原子碰撞性质时,由于碰撞截面很小,在密度比较小的情况下,原子间碰撞概率不高。只有在长时间碰撞下才有可观的效应,因此需要囚禁原子。再比如玻色-爱因斯坦凝聚态,它的制备往往需要蒸发冷却几十秒的时间,也需要先囚禁才行。也是因为冷原子的发展,原子才能被囚禁,为原子物理研究提供了一个好平台,将早期分子束装置慢慢替代掉。

下面介绍冷原子物理中常用的几种囚禁势阱。

9.4.1 磁光阱

磁光阱(magneto-optical trap,简称 MOT)是冷原子物理中最成功的势阱之一,于 1987 年由朱棣文小组在贝尔实验室第一次展示。它精巧地利用了激光和磁场的结合,同时实现原子的冷却和囚禁。因为它结构简单,效果明显,从而迅速得到推广,现在其几乎是所有冷原子实验的第一步。

磁光阱基本结构如图 9.17 所示。一对反亥姆霍兹线圈提供梯度磁场,原点处磁场为零。六束激光选择红失谐,在三个方向对射。激光偏振和磁场的方向要对应起来,图 9.17(a)给出了一个例子。由于对射激光的存在,磁光阱中存在多普勒冷却效果。

磁光阱的囚禁效果可以用图 9.17(b)解释。假设原子基态为 $|F=0,m=0\rangle$,而激发态 $|F'=1\rangle$ 有三个磁子能级 $m'=0,\pm1$。考虑一维情况,当原子处于 $x>0$ 位置时,红失谐的激光和 $\Delta m=-1$ 的跃迁更接近共振,因此更多吸收 σ_-(沿 $-x$ 方向)的光子,产生一个指向原点的力。反过来,处于 $x<0$ 位置的原子,红失谐的激光和 $\Delta m=1$ 的跃迁更接近共振,更多吸收 σ_+(沿 x 方向)的光子,也产生一个指向原点的力。不管原子处于哪边,都让原子向原点位置聚集,因此是一个囚禁势阱。

数学上,只要把(9.3.5)式中的失谐加上塞曼频移项就可求得磁光阱的作用力。考虑一维情况

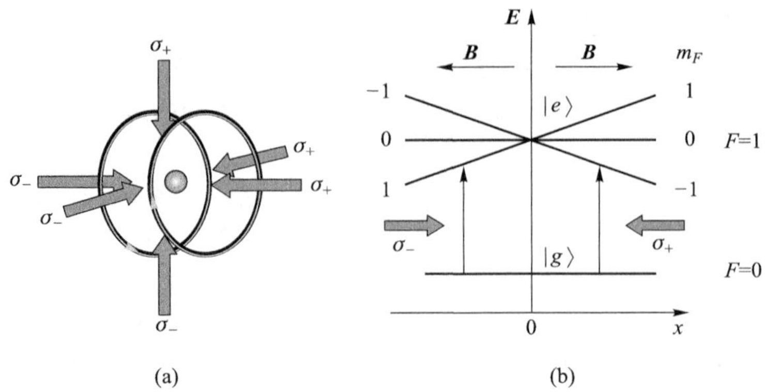

图 9.17 磁光阱。(a) 磁光阱的基本构造。六束激光在三个维度冷却原子。一对反亥姆霍兹线圈提供三个方向的磁场梯度。其中磁场方向和偏振方向需要配合起来。(b) 磁光阱的基本原理图。由于塞曼效应,不同磁子能级的原子随磁场在空间发生变化,最终产生一个趋向零点的囚禁力。

$$\Delta\to\Delta\mp kv\mp\Delta(m_F g_F)\mu_{\mathrm{B}}B=\Delta\mp kv\mp\xi x \tag{9.4.1}$$

作用力等于

$$F_{\pm}=\pm\hbar k\rho_{22}\Gamma=\pm\frac{\hbar k\Gamma}{2}\frac{S_0}{1+S_0+\left(\dfrac{\Delta\mp kv\mp\xi x}{\Gamma/2}\right)^2} \tag{9.4.2}$$

同样地,可以将作用力在零点速度附近和原点附近展开,得到

$$F_{\mathrm{MOT}}=F_{+}+F_{-}\simeq-\beta v-Kx \tag{9.4.3}$$

其中

$$\beta=-\frac{\partial F_{\mathrm{MOT}}}{\partial v}\Big|_{v=0,x=0}=-\frac{4\hbar k^2S_0(2\Delta_0/\Gamma)}{[1+S_0+(2\Delta_0/\Gamma)^2]^2} \tag{9.4.4}$$

正是多普勒冷却情况下的(9.3.8)式,而囚禁力的弹性系数

$$K=-\frac{\partial F_{\mathrm{MOT}}}{\partial x}\Big|_{v=0,x=0}=\frac{\xi}{k}\beta \tag{9.4.5}$$

囚禁力的弹性系数跟 β 和 ξ 都有关。

磁光阱利用多普勒机制打破了原子能量在速度空间的平移不变性,利用磁场打破了原子能量在坐标空间的平移对称性,从而可以同时冷却和囚禁。而磁场梯度可以部分补偿多普勒效应的频移,使得磁光阱的捕获速度远大于单纯激光冷却的捕获速度。这些优点让磁光阱成为冷原子中极为重要的一类势阱。

MOT 中磁场和激光的偏振关系

对于激光的偏振,常常说 σ_+, π, σ_- 偏振,这是相对于量子化轴而言的。沿着量子化轴方向看去,电矢量顺时针旋转为 σ_+ 偏振。另外一种不依赖于量子化轴的定义是左手偏振(LHC)和右手偏振(RHC)。当握拳时,大拇指指向光的传播方向,右手四指指向电场旋转方向的就是右手偏振,左手四指指向电场旋转方向的就是左手偏振。

用手性偏振来看磁光阱中磁场和偏振方向的关系时,总的法则是:对于从中心往外的磁场,激光是右手偏振射入。当磁场指向中心时,激光是左手偏振射入(如图 9.18 所示)。

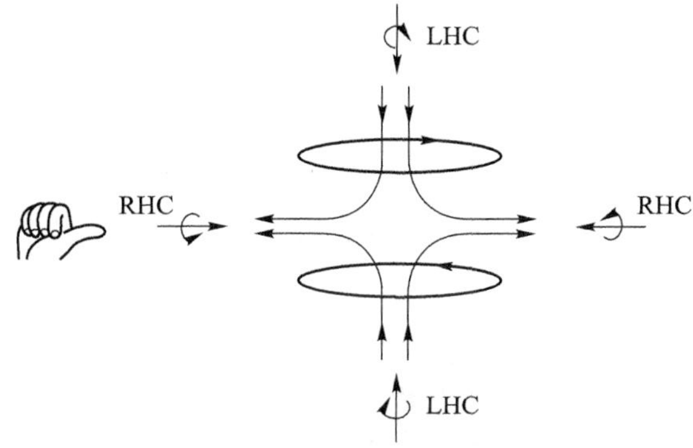

图 9.18 当用手性偏振来看激光的偏振方向时，MOT 中磁场和偏振的对应关系。

数值估算

MOT 之所以在冷原子物理中非常重要，在于它对某些原子，比如铷、铯等，可以直接在蒸气中捕获，使用起来非常方便。当然，在一定速度范围内的原子才能被捕获。下面估算一下 MOT 的捕获速度 v_c。

以 Rb 原子为例，它的磁光阱典型参量为 $B'=10\ \mathrm{G/cm}$，$S_0=10$，$\Delta=2\pi\times-10\ \mathrm{MHz}$，$\lambda=780\ \mathrm{nm}$，$\Gamma=2\pi\times6\ \mathrm{MHz}$。根据(9.4.2)式，磁光阱中囚禁力比较强的区域大小估算为 $D=|\Delta/\xi|=0.7\ \mathrm{cm}$。假设此区域原子平均减速度为

$$\bar{a}=\frac{1}{2}\times\frac{\hbar k\Gamma}{2m}\simeq5\times10^4\ \mathrm{m/s^2} \tag{9.4.6}$$

单次通过减速到零就被捕获，于是捕获速度为

$$v_c=\sqrt{2\bar{a}D}\simeq26\ \mathrm{m/s} \tag{9.4.7}$$

当然，这是非常初步的估计，实际计算中常用蒙特卡洛方法数值计算。在实际实验中，典型的捕获速度为 30 m/s 到 40 m/s。如果用麦克斯韦分布来描述蒸气的速度分布，室温下，这个捕获速度范围的原子是总粒子数的 1%量级。这个值看起来小，但是总的粒子数很多，因此足够我们捕获来进行冷原子实验了。

磁光阱的变种

由于磁光阱在冷原子物理中的特殊的重要地位，人们向着更紧凑、更简单方向，发展出了很多改进的 MOT 构型。图 9.19 展示了多个紧凑型磁光阱的变种。

1. 镜面磁光阱，如图 9.19(a)所示。这是在研究原子芯片系统时提出来的。原子芯片是在芯片上刻出导线来产生所需要的磁场，从而囚禁原子。但是因为芯片的存在，MOT 的光路被阻挡了。一种解决方案是将芯片的表面完全镀成金属面，通过刻蚀的方法刻出导线。这样芯片表面就可以反射激光。这种磁光阱叫镜面磁光阱(mirror MOT)，只需要四束激光，比传统磁光阱略有简化。

2. 角锥磁光阱，如图 9.19(b)所示。在镜面磁光阱的启发下，人们进一步想到利用角锥来进一步简化光路。用一个光斑比较大的激光射入角锥，角锥不同的面反射光斑的不同部位，在中心交汇。这样最终等效于产生六束光，配合磁场就可以产生 MOT 了。这种方案把

激光简化到一束光。

3. 光栅磁光阱,如图9.19(c)所示。角锥方案对光路的简化非常好。但是MOT囚禁的原子在角锥内部,不方便探测。为了克服这个问题,人们又发明了光栅磁光阱。在光栅上刻上不同的条纹,激光照射在不同部位,会以所需的角度反射回来,同样用一束光构成了磁光阱的光路。当然,这个方案需要额外定制光栅。这在半导体工艺成熟的今天不是大问题。

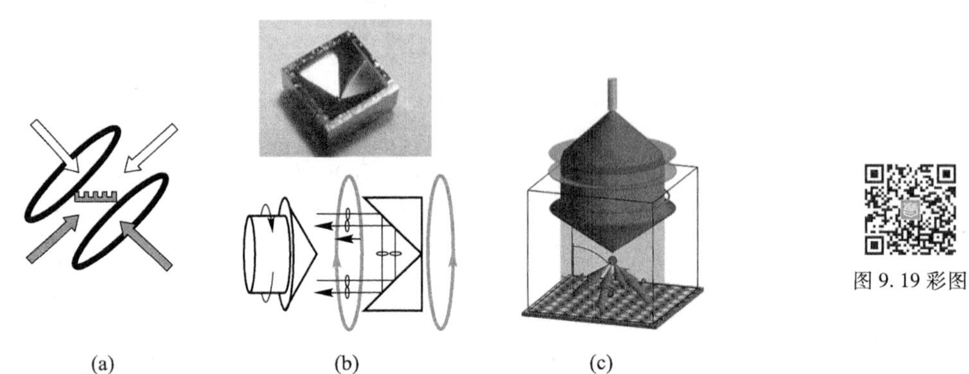

图9.19　不同的磁光阱变种方案。(a) 镜面磁光阱,利用芯片表面反射减少两束光。(b) 角锥磁光阱,利用角锥面的反射,只需要一束激光就可以等效产生六束激光。(c) 光栅磁光阱。通过在光栅上刻出结构,让不同位置的光按照需要反射,代替六束光。

9.4.2　磁阱

磁阱是早期冷原子研究中最常用的囚禁方式,简单直接。假设原子具有磁矩$\boldsymbol{\mu}$,在磁场$\boldsymbol{B}$中会有一个塞曼能量,为

$$U=-\boldsymbol{\mu}\cdot\boldsymbol{B} \tag{9.4.8}$$

为了方便,一般取磁场方向为z方向,则

$$U=-\mu_z B \tag{9.4.9}$$

原子有不同的磁子能级,对应不同磁矩。在磁场中能量上移的磁子能态(具有负磁矩)称为弱场寻找态(low-field seeking states),此态原子倾向于移动到磁场比较小的区域。反之,磁场中能量下移的磁子能态(具有正磁矩)称为强场寻找态(high-field seeking states),此态原子倾向于移动到磁场更大区域。由于不存在磁单极子,在静磁场情况下,磁场在空间中不能形成极大值。我们只能设计空间中有极小值的磁场,囚禁处于弱场寻找态的原子。

绝热跟随说明

以上谈论磁阱时,认为(9.4.9)式仅仅和磁场的大小有关,跟方向无关。这其实暗含一个绝热跟随假设。磁阱中,不仅磁场大小,磁场方向也会随空间变化。对于(9.4.9)式的理解,z方向应该是当地磁场的方向。原子在运动过程中,磁矩将跟随当地磁场方向而变化,这一假设叫绝热跟随近似。换句话说,如果原子初始处于某个磁子能级,在运动过程中,磁场方向发生改变,原子还是会一直处于当地磁场定义的量子化轴下相同的磁子能级。这一近似在磁场变化缓慢的区域都是成立的。当然,如果磁场变化剧烈,绝热跟随假设会被破坏,可以用7.6.4节讨论的朗道·齐纳(Landau-Zener)跃迁来进行计算。

四极阱

最简单的磁阱是四极阱，它由一对反亥姆霍兹线圈组成，如图9.20所示。线圈中心磁场为零，在中心附近，磁场为

$$\boldsymbol{B}=A(x,y,-2z) \tag{9.4.10}$$

原子在这个四极阱中的势函数为

$$U(\boldsymbol{r})=-\mu_z B=U_0\sqrt{x^2+y^2+4z^2} \tag{9.4.11}$$

原点处磁场为零，是磁场大小的极小点，可以用来囚禁弱场寻找态原子，原点为势阱中心。

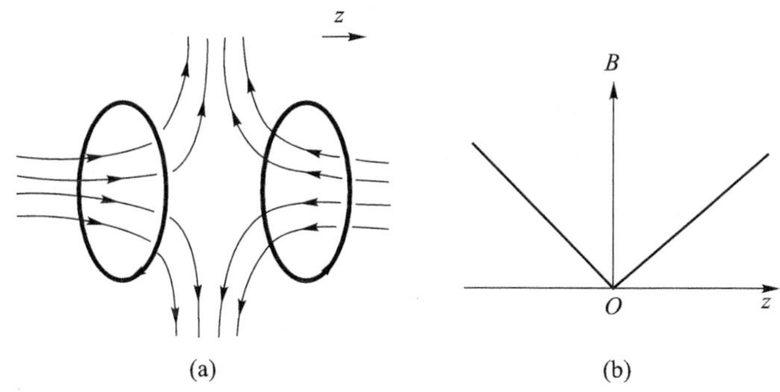

图9.20 四极阱示意图。(a) 一对反亥姆霍兹线圈产生四极场。(b) 取中心为原点，沿 z 轴的磁场大小变化情况。中心磁场为零，两边都大于零，因此磁场有一个极小点。

因为在磁光阱中就存在四极场，只要将光关掉，就可以使用四极阱。因此四极阱在早期冷原子研究中被广泛使用。但是它有一个致命问题：原子在零磁场点泄漏。这个问题也是冷原子发展史上一段著名“公案”。

在磁阱中磁场比较大位置，原子磁矩翻转需要很大能量，因此很难发生。但在磁场很小位置，原子磁矩翻转所需能量可能会小于其他效应，比如碰撞、光频移等等（我们将这些磁矩翻转效应笼统用拉比频率 Ω 来描述）。此时磁量子数将不再是好量子数，原子的磁矩也无法跟随当地磁场，发生朗道-齐纳跃迁。原子从弱场寻找态变到强场寻找态，从而逃逸出磁阱，发生原子泄漏问题。

四极阱的特殊就在于存在磁场零点。当原子团温度不那么低时，原子在磁阱中运动，待在磁场零点附近时间不长，磁矩翻转概率低，因此原子的囚禁寿命还是很长。这也是为什么四极阱可以用来囚禁冷原子。但是当原子团变得越来越冷时，原子会收缩于四极阱中心附近，有更多的时间处在磁场零点附近。根据(7.6.30)式，朗道-齐纳跃迁发生的概率为 $P=e^{-2i\Omega\tau_d}$。因此原子在四极阱中的寿命随原子团温度降低而急剧减小，成为当时实现玻色-爱因斯坦凝聚态的一大障碍。

解决这个问题最早采取的是时间平均势阱（TOP）的方案[①]，如图9.21所示。当四极阱

① 笔者在JILA工作期间，埃里克·科奈尔（Eric Cornell）教授曾经回忆，当时他在JILA的实验受这个问题困扰，深感苦闷。于是他决定和妻子去度蜜月，放松一下。旅途中他突然灵光一闪，如果加个偏置磁场，零点不是就可以移动吗？如果让这个偏置磁场旋转起来，零点就不是一直在动吗？平均来看，这个零点就不存在了。利用这个想法，他们最终获得了实验的成功，制备出了玻色-爱因斯坦凝聚态。因此埃里克·科奈尔教授接着说，如果实验让你非常困扰，出去放松一下，或许你就会产生灵感。

加上一个均匀偏置场时,零点的位置将发生移动,不过此时磁阱还是有一个零点。如果偏置场是一个含时变化的场,那么零点位置将移动起来。如果零点移动速率远大于磁矩翻转的速率,那么等效的势阱就需要在时间上做一个平均。

此时磁场可以写成

$$\boldsymbol{B}=\boldsymbol{B}'(x,y,-2z)+\boldsymbol{B}(t) \tag{9.4.12}$$

假设偏置场在 x,y 方向转动起来,对应的频率为 ω_b,那么势函数为

$$U(t)=\mu\,|(B'x+B_b\cos\,\omega_b t)\boldsymbol{i}+(B'y+B_b\sin\,\omega t)\boldsymbol{j}-2B'z\boldsymbol{k}| \tag{9.4.13}$$

对一个周期做时间平均,等效势函数为

$$U_{\text{TOP}}=\frac{\omega_b}{2\pi}\int_0^{2\pi/\omega_b}U(t)\,\mathrm{d}t\simeq-\mu B_b-\frac{\mu B'^2}{4B_b}(r^2+8z^2)+\cdots \tag{9.4.14}$$

从中可以看出,磁场零点问题被消除了,如图9.21(b)所示。

第一次在TOP阱中实现BEC后,磁阱囚禁技术得到了很大发展。其中有一些有趣的变种,在冷原子发展历史中起到过重要的作用。

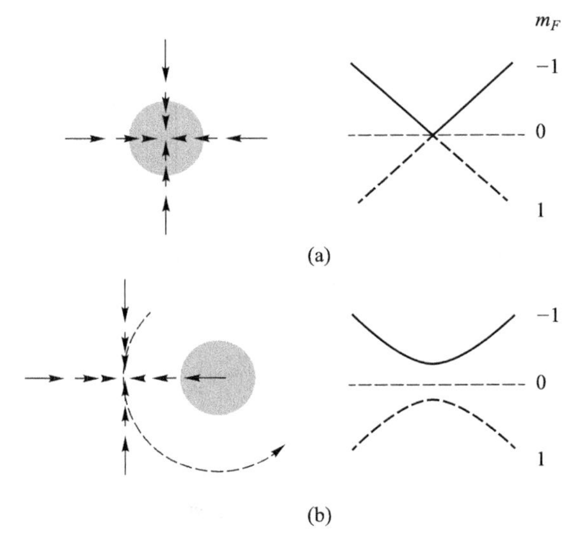

图9.21 TOP阱的原理图。(a)没有加偏置磁场情况下的势阱形状。(b)加了偏置磁场后的情况。右边是时间平均后的势阱形状。需要注意,这里的量子数 m_F 是根据当地磁场方向确定的。

约费-普里查德(Ioffe-Pritchard,IP)阱

约费-普里查德(Ioffe-Pritchard,IP)阱是一种可以实现无磁场零点的磁势阱。如图9.22所示,一对亥姆霍兹线圈产生的磁场在中心附近比较均匀,靠近线圈磁场变大。在中心附近做低阶近似,

$$B_z=-A_1-3A_3\left(z^2-\frac{1}{2}\rho^2\right),\quad B_\rho=3A_3z\rho,\quad B_\phi=0 \tag{9.4.15}$$

这个磁场由于偏置场的存在,确实没有零点了。它的磁场大小为

$$B=A_1+3A_3\left(z^2-\frac{1}{2}\rho^2\right) \tag{9.4.16}$$

在阱中心点附近，沿 z 轴看磁场强度是极小值，但是沿径向看却是极大值，这样总的磁场大小在空间不存在极小值，无法形成势阱囚禁原子。克服这个问题的方法是再加上四根导线（约费棒，Ioffe bar），电流方向如图 9.22 所示。它在 $x-y$ 方向产生一个四极阱，中心附近磁场为

$$B_x=-Cx,\quad B_y=Cy,\quad B_z=0 \qquad (9.4.17)$$

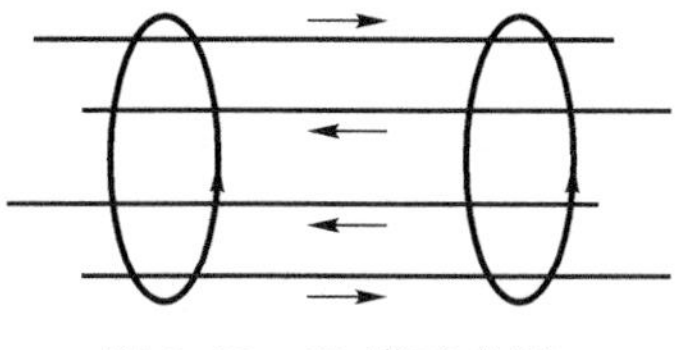

图 9.22 IP 阱示意图。

这样总的磁场大小为

$$B=A_1+3A_3\left(z^2-\frac{1}{2}\rho^2\right)+\frac{C^2}{2A_1}\rho^2 \qquad (9.4.18)$$

如果选择参量，使得 $C^2>3A_1A_3$，那么磁场就有极小值点，可以形成磁势阱。

总结来说，IP 阱是利用约费棒产生 $x-y$ 方向的四极阱，然后利用亥姆霍兹线圈在其 z 方向产生一个具有偏置极小的场，最终产生了具有极小值的磁阱。

其实磁阱还有很多变种。比如为了使得系统小型化，使用原子芯片（atom chip）来产生磁场。这个芯片和通常说的半导体芯片不一样。其基本原理是在一个基片上刻出微导线，这些微导线的宽度在 100 μm 量级。在这些微导线上加上电流，从而产生所需要的磁场。如图 9.23 所示。由于靠近导线，此方案的优点是利用比较小的电流也可以产生比较强的势阱囚禁频率。缺点是需要在真空中放置原子芯片，对光路及探测有所影响。

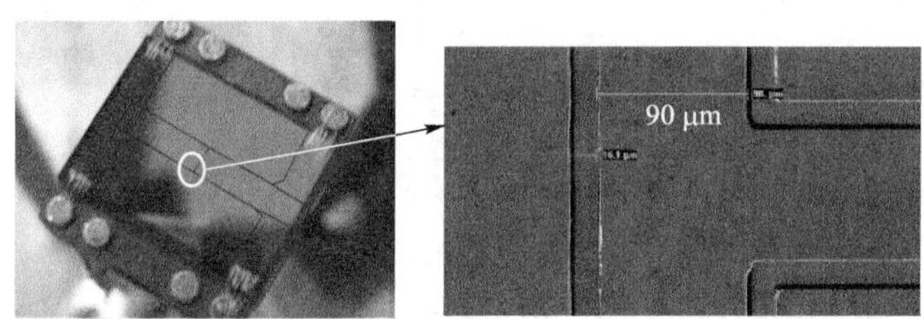

图 9.23 原子芯片的实物图（来源：上海光机所量子光学实验室）。

9.4.3 光阱

冷原子物理中另一大类是利用激光形成光阱来囚禁原子。由于光阱操控方便，不依赖原子的磁子能级，势阱囚禁频率高，逐渐取代磁阱成为最重要的冷原子囚禁方式。由此也发展出来多种多样的形式。有红失谐的光阱，也有蓝失谐的光阱；有单束光形成的光阱，也有多束光交叉形成的光阱；还有形成陈列的光镊、利用驻波场形成的光晶格等。

光阱利用的是光频移。在大失谐情况下，光位移为

$$U=-\alpha I \qquad (9.4.19)$$

其中 α 是极化率，I 是激光的光强。一般来说，对于红失谐的激光，$\alpha>0$，原子倾向被吸引到光强极大值位置。对于蓝失谐的激光，$\alpha<0$，原子倾向被吸引到光强极小值位置。因此设计激光结构形成光强极值点，就有可能形成光阱。

在第 7.6.1 节，我们计算了二能级下基态光位移为

$$\delta E=\frac{\hbar}{2}\left(\sqrt{\Delta^2+\Omega_{\mathrm{R}}^2}-\Delta\right)\simeq\hbar\frac{\Omega_{\mathrm{R}}^2}{4\Delta} \qquad (9.4.20)$$

将其和经典情况下定义的光强联系起来。经典电磁场中,光强

$$I=\overline{\langle \boldsymbol{E}\times\boldsymbol{H}\rangle}=\epsilon_0 c\,\overline{\langle \boldsymbol{E}^2\rangle}=\frac{1}{2}\epsilon_0 c\mathscr{E}^2 \tag{9.4.21}$$

由(7.2.7)式,拉比频率

$$\Omega_{\mathrm{R}}=-d_{ge}\mathscr{E}/\hbar \tag{9.4.22}$$

而跃迁矩阵元和自发辐射率是联系起来的,根据(7.2.44)式,自发辐射率

$$\Gamma=\frac{\omega_0^3 d_{ge}^2}{3\pi\hbar c^3} \tag{9.4.23}$$

于是得到大失谐情况下的基态光位移,即光阱的深度

$$U=\Delta E=\frac{3\pi c^2}{2\omega_0^3}\frac{\Gamma}{\Delta}I \tag{9.4.24}$$

和光强成正比。如果是多能级体系,比如激发态有很多子能级,那么需要知道每个态之间的跃迁矩阵元 c_{ij},然后将其加起来,

$$U=\frac{3\pi c^2\Gamma}{2\omega_0^3}I\times\sum_j\frac{c_{ij}^2}{\Delta_{ij}} \tag{9.4.25}$$

激光不仅仅会让原子能级移动,也会加热原子。因此光阱还有另外一个重要的参量:散射率。它代表了单位时间内原子散射的光子数,描述了光阱对原子的加热率。对于二能级原子,根据(7.5.65)式,在大失谐情况下,上能级的布居为

$$\rho_{ee}=\frac{1}{2}\frac{S_0}{1+S_0+(2\Delta/\Gamma)^2}\simeq\frac{S_0}{2}\left(\frac{\Gamma}{2\Delta}\right)^2 \tag{9.4.26}$$

所以光子散射率为

$$\Gamma_{\mathrm{sc}}=\Gamma\rho_{ee}=\frac{3\pi c^2}{2\hbar\omega_0^3}\left(\frac{\Gamma}{\Delta}\right)^2 I \tag{9.4.27}$$

(9.4.24)式和(9.4.27)式是光阱中两个最重要的公式,它们之间满足简单的关系为

$$\hbar\Gamma_{\mathrm{sc}}=\frac{\Gamma}{\Delta}U \tag{9.4.28}$$

光阱的深度和 Δ 成反比,而散射率和 Δ^2 成反比。它提示:通过增加失谐,增加光强,可以在相同阱深的情况下,减小散射率,从而维持长的原子囚禁寿命。因此一般光阱都选择大失谐。

最简单的光阱就是高斯光束聚焦形成的势阱。高斯光束的光强随空间的依赖关系为

$$I(r,z)=\frac{2P}{\pi w^2(z)}\exp\left[-\frac{2r^2}{w^2(z)}\right] \tag{9.4.29}$$

其中光的传播方向为 z 方向,r 为径向坐标。垂直 z 轴截面上高斯光束的 $1/e^2$ 半径为

$$w(z)=w_0\sqrt{1+\left(\frac{z}{z_{\mathrm{R}}}\right)^2} \tag{9.4.30}$$

其中 w_0 称为束腰半径,$z_{\mathrm{R}}=\pi w_0^2/\lambda$ 是瑞利

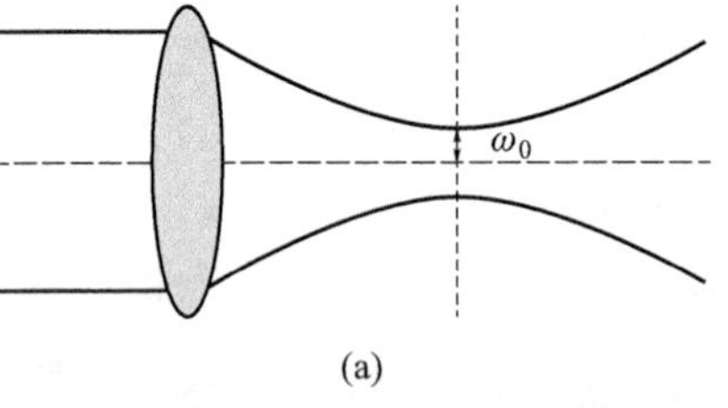

(a)

图9.24彩图

(b)

图9.24　光阱示意图。(a)聚焦的高斯光束。(b)交叉的高斯光束形成光阱,囚禁冷原子。

距离,描述的是光斑大小保持在$\sqrt{2}w_0$之内的距离。在势阱中心位置附近展开

$$U(r,z)=-U_0\left(1-2\frac{r^2}{w_0^2}-\frac{z^2}{z_R^2}\right) \tag{9.4.31}$$

其中U_0是光阱阱深。单个高斯光束聚焦形成的势阱在径向和轴向的囚禁频率分别为

$$\begin{aligned}\omega_r&=\sqrt{\frac{4U_0}{mw_0^2}}\\ \omega_z&=\sqrt{\frac{2U_0}{mz_R^2}}\end{aligned} \tag{9.4.32}$$

数值估算

以 Rb 原子为例。常用的光阱激光来自 1 064 nm 的光纤激光器,它具有较大的激光功率。假设激光的功率为$P=100$ W,光斑聚焦到$w_0=100$ um。那么聚焦中心的峰值功率密度为

$$I_{\text{peak}}=\frac{2P}{\pi w_0^2}=6.4\times10^5\ \text{W/cm}^2 \tag{9.4.33}$$

Rb 对于 1 064 nm 激光的极化率可由(9.4.25)式求得,为

$$\alpha=h\times3.24\times10^{-5}\ \text{MHz/(W/cm}^2) \tag{9.4.34}$$

因此阱深为

$$U_0=\alpha I_{\text{peak}}=h\times202\ \text{MHz}\sim k_B\times10\ \text{mK} \tag{9.4.35}$$

可以看到,这个值其实不大。因此只有当原子已经被预冷却到亚 mK 量级时,才能用光阱囚禁。

9.4.4 蒸发冷却

制备超冷原子的过程中,一般是先用 MOT 收集冷原子,然后装载到磁阱或者光阱中。但是这时候的冷原子还不是那么冷,如果想获得超冷原子,需要进行蒸发冷却。蒸发冷却是获得超冷原子的一个重要步骤。

所谓蒸发冷却就是将高能量的原子选择性地抛出阱外,剩下的原子整体能量降低,达到一个冷却效果。由于这一过程和我们日常生活中开水冷却的过程类似,因此取了这样一个名字。最早 BEC 的实现也是在蒸发冷却下实现的。现在蒸发冷却已经成为一种非常成熟的技术手段。下面介绍蒸发冷却的一些基本概念。

蒸发冷却有一个简单而直观的物理图像,如图 9.25 所示。我们可以将其分成两个过程来理解。第一个是逃逸过程。势阱中的原子团有一个速度分布,近似为麦克斯韦-玻耳兹曼分布。降低势阱深度,能量超过阱深的原子将全部逃离势阱。第二个过程是再平衡过程。剩下的原子经过碰撞后又重新达到平衡状态,变成麦克斯韦-玻耳兹曼分布。由于高能量的粒子被选择性地扔掉,新的平衡状态的温度比原来的温度要低。不断重复这两个过程,随着阱深的降低,原子团的温度就慢慢地变低。

在蒸发冷却理论中有几个重要的概念。一个是截止参量,它被定义为势阱深度和原子温度的比值,

$$\eta=\frac{U_0}{k_B T} \tag{9.4.36}$$

截止参量决定着蒸发的速度,描述了逃逸过程。当 η 很大时,势阱深度相对原子能量来说高很多,图 9.25(b)中阴影部分就往高能量部分移动,占比也就更小,于是能逃逸出势阱的原子就很少,相应的蒸发速度也小。相反当 η 很小时,原子逃逸出势阱的概率就很大,蒸发的速度就很快。一般蒸发冷却过程中,随着温度的降低,我们不断地降低阱深,保持 $\eta\simeq 6\sim 8$。

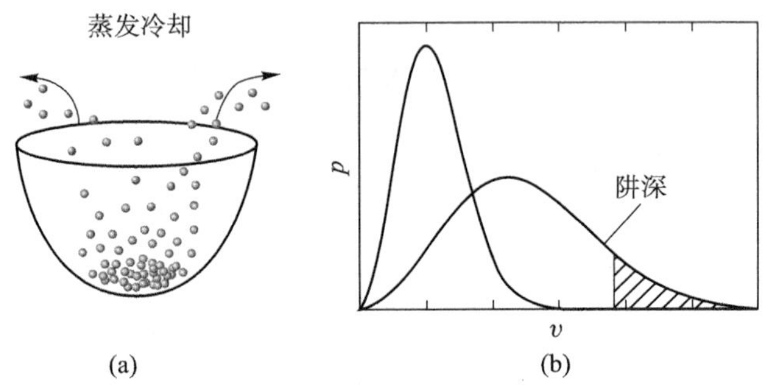

图 9.25 (a)蒸发冷却示意图,高能原子逃离势阱。(b)从速度分布来看,高能的原子逃逸意味着在速度分布上切掉高能的尾巴,重新热平衡后系统温度降低。

另外一个重要参量是原子间的弹性碰撞率 γ_{el},它决定了系统再平衡过程的快慢。高能量原子逃逸后,剩余的原子要经过碰撞重新达到热平衡。弹性碰撞率越高,系统就可以在越短时间内重新热平衡,也意味着更快的蒸发冷却速度。相反,弹性碰撞率低,就需要更长的时间来重新分布能量,蒸发冷却速度自然也就较低。增加势阱的囚禁频率有利于提高原子间的弹性碰撞率。光阱相比于磁矩来说,尺度上一般要小很多,因此囚禁频率更高,更利于蒸发冷却。这也是光阱替代磁阱的部分原因。

9.5 玻色-爱因斯坦凝聚

囚禁后的冷原子,经过进一步蒸发冷却后,可以实现玻色-爱因斯坦凝聚(BEC)。BEC 的实现是冷原子物理中极具象征意义的标志性成果,它是人类对低温追求的一个新的极限。2001 年诺贝尔物理学奖授予卡尔・威曼(Carl Wieman)、埃里克・科奈尔(Eric Cornell)、沃夫冈・克特勒(Wolfgang Ketterle)三位教授,表彰他们在制备 BEC 方面的贡献。BEC 的实现吸引了大批科学家,包括众多凝聚态物理的科研人员加入,大大拓展了冷原子物理研究的范畴。

BEC 是一个宏观量子态。我们可以从两个角度来理解 BEC。第一个角度是从粒子的能态布居分布看。如图 9.26 所示,当温度比较高时,原子会占据势阱中不同的能态,布居满足玻色-爱因斯坦分布。当温度越来越低,粒子开始大量占据最低能态,这时候开始形成 BEC。在非常纯的 BEC 中,绝大部分粒子将占据最低能态。

第二个角度是从物质波来看。如图 9.27 所示。粒子具有波动性,它的德布罗意波长为

$$\lambda_{dB}=\frac{h}{\sqrt{2mk_B T}} \tag{9.5.1}$$

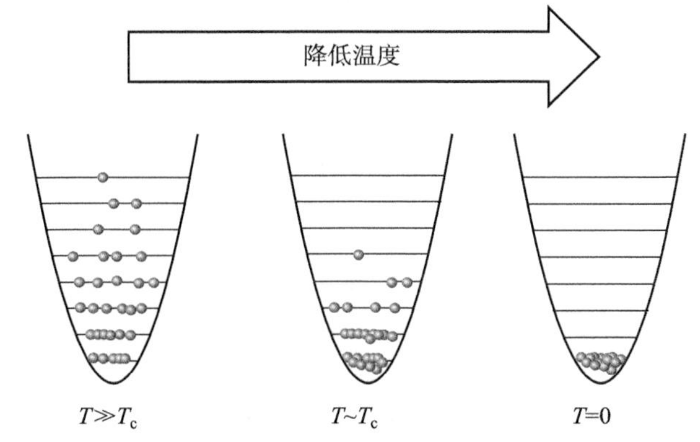

图 9.26 从粒子数分布的角度看 BEC 的形成。

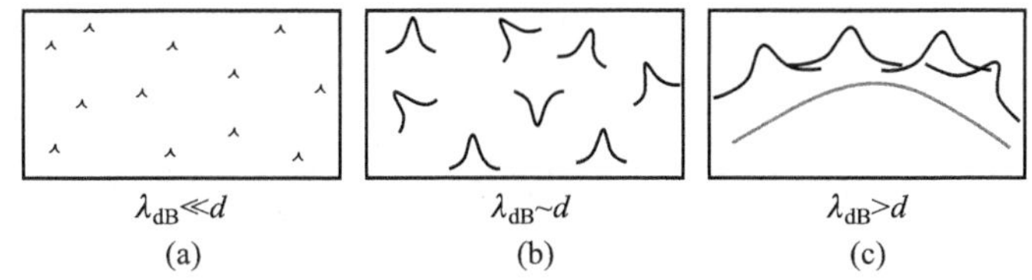

图 9.27 从物质波分布的角度看 BEC 的形成。

室温下,原子的德布罗意波长在 0.1 nm 的量级,一般来说远大于原子之间的距离。当原子团温度不断降低时,德布罗意波长将不断增加。温度到 nK 量级时,温度相对室温降低了 10 个量级,德布罗意波长将增加 5 个量级,到达 10 μm 的量级。这时候,如果原子团的密度比较大,那么物质波的波长跟原子之间间距相比差不多,甚至更大,那么物质波将相互交叠,相干性变得特别好,形成 BEC。在这个视角下,形成 BEC 的阈值条件是

$$\lambda_{dB} \sim 1/n^{1/3} \tag{9.5.2}$$

定义相空间密度

$$PSD = n\lambda^3 \tag{9.5.3}$$

因此当 $PSD>1$ 时,形成 BEC。更细致的理论分析表明,形成 BEC 的阈值条件是 $PSD \simeq 2.6$。相空间密度是描述原子是否达到 BEC 状态的常用物理量。

9.5.1 转变温度

对于玻色子,它们满足玻色-爱因斯坦分布,能量为 E 的量子态的布居分布为

$$f(E) = \frac{1}{e^{(E-\mu)/k_B T} - 1} \tag{9.5.4}$$

其中 μ 是化学势,可以通过归一化条件来求得。

假设基态能量为 E_{min}。当系统温度较高时,原子在很多态上都会有布居,导致每个态上的布居分布比例都远小于 1,因此 μ 比 E_{min} 要小得多。当系统温度慢慢降低时,原子布居将集中到低能态上,因此 μ 也就慢慢变大。但是 μ 不能超过 E_{min},否则最低能态的布居是负数,这在物理上是不允许的。当 μ 慢慢接近 E_{min} 时,基态的布居将会越来越多。大量粒子占据同一基态成为玻色-爱因斯坦凝聚态。

我们取 E_{min} 为能量零点,不考虑相互作用,计算处于激发态的粒子数

$$N_{ex}=\int_0^{\infty}\mathrm{d}E\ g(E)f(E)\tag{9.5.5}$$

其中 $g(E)$ 是能量为 E 的能级的态密度。我们以三维简谐势阱为例求解态密度。假设势阱的形式为

$$V(\boldsymbol{r})=\frac{1}{2}m(\omega_x^2x^2+\omega_y^2y^2+\omega_z^2z^2)\tag{9.5.6}$$

其中 m 是振子的质量，ω_i 分别是势阱在每个方向的囚禁频率。谐振子的能量为

$$E(n_x,n_y,n_z)=\left(n_x+\frac{1}{2}\right)\hbar\omega_x+\left(n_y+\frac{1}{2}\right)\hbar\omega_y+\left(n_z+\frac{1}{2}\right)\hbar\omega_z\tag{9.5.7}$$

其中 $n_i(i=x,y,z)$ 是各个方向的量子数，$E_i=n_i\hbar\omega_i$ 是其对应的能量。

我们先求能量小于 E 的状态数。当 E 比较大时，我们可以将能量看成连续的，约束条件是 $E_x+E_y+E_z<E$。

$$\begin{aligned}G(E)&=\iiint\mathrm{d}n_x\mathrm{d}n_y\mathrm{d}n_z\\&=\frac{1}{\hbar^3\omega_x\omega_y\omega_z}\int_0^E\mathrm{d}E_x\int_0^{E-E_x}\mathrm{d}E_y\int_0^{E-E_x-E_y}\mathrm{d}E_z\\&=\frac{E^3}{6\hbar^3\omega_x\omega_y\omega_z}\end{aligned}\tag{9.5.8}$$

态密度就是 $g(E)=\mathrm{d}G/\mathrm{d}E$，于是得到

$$g(E)=\frac{E^2}{2\hbar^3\omega_x\omega_y\omega_z}\tag{9.5.9}$$

另外常用的一种写法是

$$g(E)=C_\alpha E^{\alpha-1}\tag{9.5.10}$$

对于简谐势阱，$\alpha=3$，并且

$$C_3=\frac{1}{2\hbar^3\omega_x\omega_y\omega_z}\tag{9.5.11}$$

发生 BEC 相变的时候，$\mu=0$，粒子可以任意多地布居到基态上。而转变温度 T_c 的定义就是激发态粒子数刚好等于总粒子数

$$N=N_{ex}(T_c,\mu=0)=\int_0^{\infty}\mathrm{d}E\ g(E)\frac{1}{e^{E/k_BT_c}-1}\tag{9.5.12}$$

的温度。令 $x=E/k_BT_c$，得到

$$N=C_\alpha(k_BT_c)^\alpha\int_0^{\infty}\mathrm{d}x\ \frac{x^{\alpha-1}}{e^x-1}=C_\alpha\Gamma(\alpha)\zeta(\alpha)(k_BT_c)^\alpha\tag{9.5.13}$$

其中 $\Gamma(\alpha)$ 是伽马函数，$\zeta(\alpha)$ 是黎曼函数，用到了公式

$$\int_0^{\infty}\mathrm{d}x\ \frac{x^{\alpha-1}}{e^x-1}=\Gamma(\alpha)\zeta(\alpha)\tag{9.5.14}$$

这样马上就可以得到

$$k_BT_c=\frac{N^{1/\alpha}}{[C_\alpha\Gamma(\alpha)\zeta(\alpha)]^{1/\alpha}}\tag{9.5.15}$$

对于三维简谐势阱

$$k_B T_c = \frac{\hbar \bar{\omega} N^{1/2}}{[\zeta(3)]^{1/3}} \simeq 0.94\hbar \bar{\omega} N^{1/3} \tag{9.5.16}$$

其中 $\bar{\omega} = (\omega_x \omega_y \omega_z)^{1/3}$ 是势阱囚禁频率的几何平均值。

9.5.2 凝聚体占比数

上面计算的是转变温度。当温度小于 T_c 时,发生 BEC 凝聚,我们可以求解凝聚体占总原子数的比值。激发态原子数的计算仍使用条件 $\mu=0$。

$$N_{ex}(T) = C_\alpha \int_0^\infty \mathrm{d}E\ E^{\alpha-1} \frac{1}{e^{E/k_B T}-1} = C_\alpha \Gamma(\alpha)\zeta(\alpha)(k_B T)^\alpha \tag{9.5.17}$$

和(9.5.13)式非常类似,因此

$$N_{ex} = N\left(\frac{T}{T_c}\right)^\alpha \tag{9.5.18}$$

凝聚在基态的粒子数为

$$N_0 = N\left[1-\left(\frac{T}{T_c}\right)^\alpha\right] \tag{9.5.19}$$

对于不同的势阱形状,这个指数 α 是不同的。最简单的情况是三维简谐势阱,$\alpha=3$。第一个 BEC 实验结果正满足这个规律,如图 9.28(a)所示。如果使用方势阱,$\alpha=3/2$。图 9.28(b) 展示了一个近似方势阱的结果。

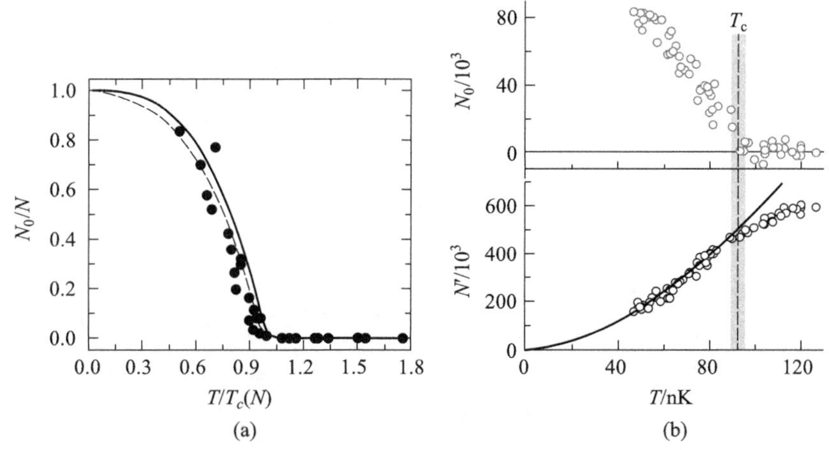

图 9.28 不同势阱中转变温度和 BEC 原子的关系。(a) 简谐势阱中,实线代表 $\alpha=3$[Science,269,198(1995)]。(b) 在一个近似方势阱实验中,测得 $\alpha=1.23\pm0.03$[Phys. Rev. Lett.,110,200406(2013)]。

9.5.3 格罗斯-皮塔耶夫斯基(Gross-Pitaevskii)方程

BEC 是一个多粒子系统,通常用平均场近似下格罗斯-皮塔耶夫斯基(Gross-Pitaevskii, GP)方程来描述,下面对其进行推导。BEC 有两个基本特点。第一,粒子占据同一个量子态,因此可以用一个统一的波函数来描述。第二,原子之间存在相互作用,低温下主要是粒子之间的 s 波碰撞。平均场近似下,相互作用可以用等效的接触势函数来描述

$$U_{eff} = U_0 \delta(\boldsymbol{r}-\boldsymbol{r}') \tag{9.5.20}$$

其中

$$U_0=\frac{4\pi\hbar^2 a_s}{m} \tag{9.5.21}$$

描述了接触相互作用的强度，其中 a_s 是两粒子之间的散射长度，m 是粒子的质量。$\boldsymbol{r},\boldsymbol{r}'$分别是两个粒子的空间位置，δ 函数意味着两粒子只有接触时才作用。

因为 BEC 中粒子都处于同一个量子态，对于 N 粒子系统，可以将波函数写成

$$\Psi(\boldsymbol{r}_1,\boldsymbol{r}_2,\cdots,\boldsymbol{r}_N)=\prod_{i=1}^{N}\phi(\boldsymbol{r}_i) \tag{9.5.22}$$

其中 $\phi(\boldsymbol{r}_i)$是归一化的单粒子波函数，

$$\int \mathrm{d}\boldsymbol{r}\ |\phi(\boldsymbol{r})|^2=1 \tag{9.5.23}$$

系统的哈密顿量可以写成

$$H=\sum_{i=1}^{N}\left[\frac{\boldsymbol{p}_i^2}{2m}+V(\boldsymbol{r}_i)\right]+U_0\sum_{i<j}\delta(\boldsymbol{r}_i-\boldsymbol{r}_j) \tag{9.5.24}$$

前面部分是单粒子哈密顿量，$V(\boldsymbol{r}_i)$是外部势场。后面是 s 波相互作用部分。代入波函数，得到哈密顿量的期望值

$$E=N\int \mathrm{d}\boldsymbol{r}\left[\frac{\hbar^2}{2m}|\nabla\phi(\boldsymbol{r})|^2+V(\boldsymbol{r})|\phi(\boldsymbol{r})|^2+\frac{(N-1)}{2}U_0|\phi(\boldsymbol{r})|^4\right] \tag{9.5.25}$$

对于 BEC，定义一个新的波函数

$$\psi(\boldsymbol{r})=N^{1/2}\phi(\boldsymbol{r}) \tag{9.5.26}$$

归一化条件变成

$$\int \mathrm{d}\boldsymbol{r}\,|\psi(\boldsymbol{r})|^2=N \tag{9.5.27}$$

密度为

$$n(\boldsymbol{r})=|\psi(\boldsymbol{r})|^2 \tag{9.5.28}$$

因此系统能量表达式可以重新写成（忽略 $1/N$ 的项）

$$E=\int \mathrm{d}\boldsymbol{r}\left[\frac{\hbar^2}{2m}|\nabla\psi(\boldsymbol{r})|^2+V(\boldsymbol{r})|\psi(\boldsymbol{r})|^2+\frac{1}{2}U_0|\psi(\boldsymbol{r})|^4\right] \tag{9.5.29}$$

因为粒子数守恒，用拉格朗日乘子法来求波函数，$\delta E-\mu\delta N=0$，代入（9.5.27）式和（9.5.29）式，得到

$$-\frac{\hbar^2}{2m}\nabla^2\psi(\boldsymbol{r})+V(\boldsymbol{r})\psi(\boldsymbol{r})+U_0|\psi(\boldsymbol{r})|^2\psi(\boldsymbol{r})=\mu\psi(\boldsymbol{r}) \tag{9.5.30}$$

这就是不含时的 GP 方程。其中前面两项是单粒子项，原子之间的相互作用由非线性项 $U_0|\psi(\boldsymbol{r})|^2$ 描述，它将其他粒子对它的相互作用用一个平均场来代替。而含时的 GP 方程为

$$\mathrm{i}\hbar\frac{\partial}{\partial t}\psi(\boldsymbol{r})=\left[-\frac{\hbar^2}{2m}\nabla^2+V(\boldsymbol{r})+U_0|\psi(\boldsymbol{r})|^2\right]\psi(\boldsymbol{r}) \tag{9.5.31}$$

在大多数情况下，GP 方程可以对 BEC 给出非常好的描述。

GP 方程是描述 BEC 的基本方程，利用它可以求得 BEC 的各种性质。我们先来求解原子团在势阱中的分布情况。由于温度超级低，一个非常有效的近似是忽略动能项，这称为托马斯-费米（Thomas-Fermi）近似。于是方程（9.5.30）式变为

$$[V(\boldsymbol{r})+U_0|\psi(\boldsymbol{r})|^2]\psi(\boldsymbol{r})=\mu\psi(\boldsymbol{r}) \tag{9.5.32}$$

马上可以求出

$$n(\boldsymbol{r})=|\psi(\boldsymbol{r})|^2=[\mu-V(\boldsymbol{r})]/U_0 \tag{9.5.33}$$

由于密度不可能为负数,因此原子团的边界条件就是

$$V(\boldsymbol{r})=\mu \tag{9.5.34}$$

原子团的密度分布由 $V(\boldsymbol{r})$决定。假设势阱是一个简谐势阱,那么原子团的大小 R_i 为

$$R_i^2=\frac{2\mu}{m\omega_i^2},\quad i=x,y,z. \tag{9.5.35}$$

而化学势 μ 可以用归一化条件来求得

$$N=\int\mathrm{d}r|\psi(\boldsymbol{r})|^2=\int\mathrm{d}r[\mu-V(\boldsymbol{r})]/U_0 \tag{9.5.36}$$

由于边界的存在,实际上我们是在对一个椭球求积分,得到

$$N=\frac{8\pi}{15}\left(\frac{2\mu}{m\bar{\omega}^2}\right)^{3/2}\frac{\mu}{U_0} \tag{9.5.37}$$

其中 $\bar{\omega}=(\omega_x\omega_y\omega_z)^{1/3}$是势阱的几何平均囚禁频率。这样我们得到

$$\mu=\frac{15^{2/5}}{2}\left(\frac{Na}{\bar{a}}\right)^{2/5}\hbar\bar{\omega} \tag{9.5.38}$$

其中

$$\bar{a}=\sqrt{\frac{\hbar}{m\bar{\omega}}} \tag{9.5.39}$$

是单粒子在势阱中的平均特征长度。这样由(9.5.35)式我们可以计算 BEC 在各个方向的半径大小,平均半径为

$$\bar{R}=(R_xR_yR_z)^{1/3}=15^{1/5}\left(\frac{Na}{\bar{a}}\right)^{1/5}\bar{a} \tag{9.5.40}$$

图 9.29 给出了 BEC 密度分布的示意图。托马斯-费米近似下,原子都局域在势能小于 μ 的区域内,这和高斯分布有较大区别。

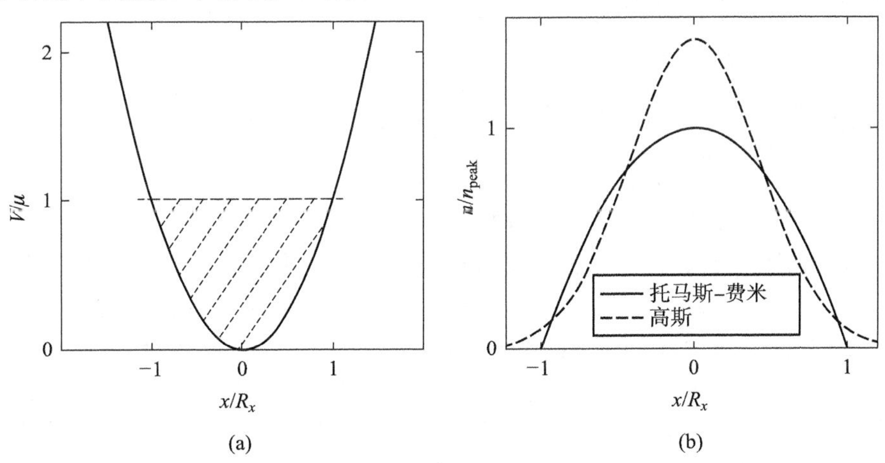

图 9.29 托马斯-费米近似。(a) 简谐势阱中原子团的分布。(b) 托马斯-费米近似下的原子团密度和高斯分布。

数值估算

在典型的光阱中,BEC 的原子数为 $N=1\times10^5$,势阱的囚禁频率 $(\omega_x,\omega_y,\omega_z)=2\pi\times(50,50,150)$ Hz,^{87}Rb 原子的散射长度为 $a=100\ a_0$,$a_0=0.53\times10^{-10}$ m。计算 BEC 的各个参量。

光阱在中心附近可近似为简谐势阱,平均囚禁频率为

$$\bar{\omega}=2\pi\times(50\times50\times150)^{1/3}=2\pi\times72\ \text{Hz} \tag{9.5.41}$$

BEC 的转变温度由(9.5.16)式得到

$$T_c\simeq\frac{0.94\hbar\bar{\omega}N^{1/3}}{k_B}=150\ \text{nK} \tag{9.5.42}$$

简谐势阱的基态波函数扩展

$$\bar{a}=\sqrt{\frac{\hbar}{m\bar{\omega}}}=12.7\ \mu\text{m} \tag{9.5.43}$$

化学势

$$\mu=\frac{15^{2/5}}{2}\left(\frac{Na}{\bar{a}}\right)^{2/5}\hbar\bar{\omega}=h\times1.2\ \text{kHz} \tag{9.5.44}$$

利用(9.5.35)式,可以求出 BEC 半径

$$(R_x,R_y,R_z)=(10,10,3.5)\ \mu\text{m} \tag{9.5.45}$$

或者用平均半径表示

$$\bar{R}=(R_xR_yR_z)^{1/3}=7.3\ \mu\text{m} \tag{9.5.46}$$

BEC 的原子峰值密度为

$$n_{\text{peak}}=\mu/U_0=1.5\times10^{14}\ \text{cm}^{-3} \tag{9.5.47}$$

BEC 的平均密度

$$n_{\text{ave}}=\frac{N}{(4/3)\pi\bar{R}^3}=6\times10^{13}\ \text{cm}^{-3} \tag{9.5.48}$$

这些参量是典型的光阱 BEC 参量。

9.6 光晶格

我们在第1章从操控的视角梳理了原子物理的发展。对于冷原子,原子的内部和外部自由度都被精确控制,量子性能优越。那么利用精确操控的系统来进行构建,开展量子调控或量子模拟研究是自然的发展方向。这一方案也称为“从下到上”研究方法:在一个良好操控的量子系统中,不断加入其他的因素,比如相互作用、杂质、耗散等等,考察系统性能如何变化。与之对应,还有一种是“从上往下”的方案,例如通过不断提高样品的纯度,屏蔽环境干扰,消除退相干的因素,使得样品的性能更加突出。凝聚态物理中往往采取后面这种方案,比如对样品进行提纯,使用真空、低温等条件消除干扰。

随着学科的发展和深入,两种研究方案逐渐靠拢,产生交叠。光晶格正是这一交叠的典

范。所谓光晶格,就是利用激光构建驻波场,形成周期性势阱来囚禁原子,巧妙地模拟了固体中的晶格结构。而相对固体中的晶格(纳米尺度)来说,光晶格(微米尺度)在空间尺度上放大了三个量级。因此,它在能量尺度(时间尺度)上降低(放慢)了三个量级,使得它的探测在空间分辨率和时间分辨率方面大大降低了要求。许多在固体物理中由于间距太小,过程太快而无法直接观测的现象,现在可以有足够的空间分辨率和时间分辨率来进行实时和原位的探测。鉴于晶格系统的重要性,利用光晶格模拟凝聚态模型具有重要的科学意义。光晶格的出现,打破了 AMO 方向和凝聚态物理方向的界限,使得这两个学科在某些方面融合在一起了。

科学家于 2002 年将 BEC 装载到光晶格中,观测到从超流态到 Mott 绝缘态的相变过程。这一工作在超冷原子量子模拟研究中具有里程碑式的意义。之后出现了大量基于光晶格的量子模拟工作。人们可以通过设计激光的干涉,构造特殊形状的晶格结构,如平带的笼目(kagome)晶格;也可以通过在晶格中可控地添加杂质,或者叠加两个非公度晶格,产生安德森局域化。另外还有很多的控制手段,比如调制晶格,可以控制晶格间的隧穿概率;或者选择晶格内高轨道态,它们自发地产生各向异性的相互作用等等。在探测技术发展方面,值得一提的是 2009 年实现的单晶格高分辨技术。它将光学成像技术发展到极限,并利用晶格周期性结构的信息,获得突破衍射极限的成像效果,让研究人员可以实时观测原子在晶格间的跃迁,从微观层面提高了人们对光晶格中动力学过程的认识。在 2015 年,研究人员又将单晶格分辨技术扩展到了费米子,使得人们对费米-哈伯德(Fermi-Hubbard)模型、量子磁性等开展更深入的研究。基于光晶格的量子模拟取得了丰硕成果。

9.6.1 光晶格的构造

所谓光晶格,就是利用驻波场在空间形成的周期性势阱结构。当然,一般来说,光晶格的阱深比较浅,只有原子被冷却到超冷区域后,才可以很好地被光晶格囚禁。于是原子的动力学行为就由粒子在周期性势阱中的运动决定。比如,当晶格深度不是那么深的时候,原子可以在晶格间自由隧穿。而原子之间的相互作用会抑制这种运动,两者的竞争将导致相变的发生。

光晶格可以通过激光的设计而出现丰富的构型,从而衍生出丰富多彩的物理内容。最简单的办法是使用一对对射的激光,或者用反射镜将激光反射回来,这样就形成了一维光晶格,如图 9.30(a)所示。如果使用两对激光,就可以产生二维的管道型晶格;使用三对激光,就可以构成三维光晶格,如图 9.30(b)所示。

一维情况下,其驻波场光强可以写成

$$I(x)=I_0\sin^2 kx \tag{9.6.1}$$

如果使用三对对射的激光就可以形成三维的光晶格①,

$$I(x,y,z)=I_0(\sin^2 kx+\sin^2 ky+\sin^2 kz) \tag{9.6.2}$$

这样光晶格的势能函数为

$$V(x,y,z)=V_0(\sin^2 kx+\sin^2 ky+\sin^2 kz) \tag{9.6.3}$$

---

① 实际使用过程中,为了避免不同对激光之间的干涉,一般让这三对激光的频率相差几十 MHz。

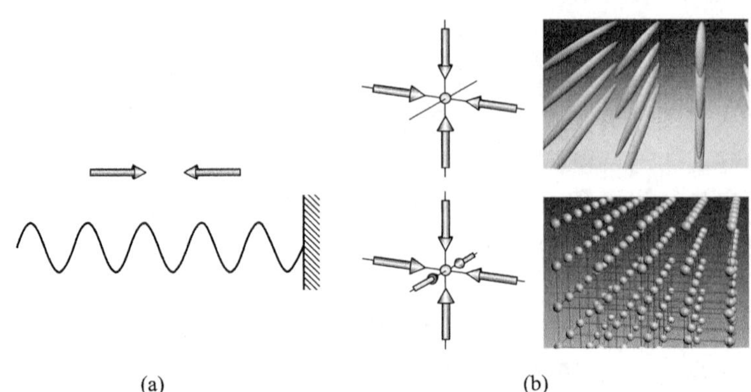

图9.30　光晶格示意图。(a) 利用驻波场形成一维光晶格。(b) 二维和三维光晶格的构型[Nature Physics,1,23(2005)]。

其中 $V_0=\alpha I_0$ 是光晶格深度,α 是极化率。晶格相邻格点之间的距离 $d=\lambda/2$。一般的可见光波长在400~700 nm,因此光晶格的晶格间距为亚微米量级。这是一个重要的尺度,它决定了光晶格系统探测的空间分辨率和时间分辨率需求。

9.6.2　布洛赫定理

先求解一维光晶格中原子的动力学行为。和固体物理类似,对于周期性势阱,我们采用布洛赫定理来求解。先不考虑相互作用,求解一个单粒子模型。系统的哈密顿量为

$$H=\frac{p^2}{2m}+V(x) \tag{9.6.4}$$

其中 $V(x)$ 是光晶格的势函数,它满足周期性条件

$$V(x)=V(x+d) \tag{9.6.5}$$

其中 d 是相邻格点之间的距离。布洛赫定理告诉我们,系统的本征态 $\phi_q^{(n)}(x)$ 可以写成平面波乘以一个周期为 d 的函数

$$\begin{aligned}\phi_q^{(n)}(x)&=\mathrm{e}^{\mathrm{i}qx}u_q^{(n)}(x)\\u_q^{(n)}(x+d)&=u_q^{(n)}(x)\end{aligned} \tag{9.6.6}$$

本征态 $\phi_q^{(n)}(x)$ 的本征能量记为 $E_q^{(n)}$。将上式代入薛定谔方程得到

$$\left[\frac{(p+\hbar q)^2}{2m}+V(x)\right]u_q^{(n)}(x)=E_q^{(n)}u_q^{(n)}(x) \tag{9.6.7}$$

其中 $\hbar q$ 称为准动量,用来描述周期性势阱中的平移对称性。q 称为波矢,被限制在第一布里渊区,即 $-\pi/d<q\leqslant\pi/d$。对于同一个 q,它有很多解,这些解用 n 来标记。对于同一个 n,改变 q 就得到一个能带,最终形成一个能带结构。

下面具体求解一下,波长为 λ 的激光(波矢 $k=2\pi/\lambda$)被镜子反射形成驻波场,

$$V(x)=V_0\sin^2(kx) \tag{9.6.8}$$

代入薛定谔方程,同时定义一个新的变量 $y=kx$,得到

$$-\frac{\mathrm{d}^2}{\mathrm{d}y^2}\phi_q^{(n)}(y)+\frac{V_0}{4E_\mathrm{R}}[2-2\cos(2y)]\phi_q^{(n)}(y)=\frac{E_q^{(n)}}{E_\mathrm{R}}\phi_q^{(n)}(y) \tag{9.6.9}$$

其中

$$E_{\mathrm{R}}=\frac{\hbar^2k^2}{2m} \tag{9.6.10}$$

是光子反冲能量。这个方程是马蒂厄(Mathieu)方程

$$\frac{\mathrm{d}^2f}{\mathrm{d}y^2}+[a+2s\cos(2y)]f=0 \tag{9.6.11}$$

对应的

$$s=V_0/4E_{\mathrm{R}},\quad a=E_q^{(n)}/E_{\mathrm{R}}-V_0/2E_{\mathrm{R}} \tag{9.6.12}$$

数值计算

马蒂厄方程的解是一个特殊函数,其具体性质可以参考特殊函数的书籍。当然现代数值计算技术发达,对于前面这个方程,可以直接用数值方法进行求解,从而帮助我们更深入地了解光晶格的动力学行为。

由于 $u_q^{(n)}$ 是一个周期为 d 的函数,可以进行傅里叶分解,定义倒格矢

$$G=2\pi/d \tag{9.6.13}$$

于是有

$$\phi_q^{(n)}(x)=\mathrm{e}^{\mathrm{i}qx}\sum_l c_l^n\mathrm{e}^{\mathrm{i}lGx} \tag{9.6.14}$$

同样地,势函数 $V(x)$ 也是周期为 d 的函数

$$V(x)=\sum_j V_j\mathrm{e}^{\mathrm{i}jGx} \tag{9.6.15}$$

这里 l,j 是整数。对于一维驻波场,$d=\pi/k$,$G=2k$,因此

$$V(x)=V_0\sin^2(kx)=\frac{1}{2}V_0-\frac{1}{4}V_0(\mathrm{e}^{\mathrm{i}Gx}+\mathrm{e}^{-\mathrm{i}Gx}) \tag{9.6.16}$$

将其代入薛定谔方程,

$$\left[-\frac{\hbar^2\nabla^2}{2m}+V(x)\right]\left(\mathrm{e}^{\mathrm{i}qx}\sum_l c_l^n\mathrm{e}^{\mathrm{i}lGx}\right)=E_q^{(n)}\mathrm{e}^{\mathrm{i}qx}\sum_l c_l^n\mathrm{e}^{\mathrm{i}lGx} \tag{9.6.17}$$

不同阶数的指数函数 $\exp(\mathrm{i}lGx)$ 前面的系数应该相等,于是微分方程转化成一个矩阵方程

$$\left[\frac{\hbar^2}{2m}(q+lG)^2+\frac{V_0}{2}\right]c_l^n-\frac{V_0}{4}c_{l-1}^n-\frac{V_0}{4}c_{l+1}^n=E_q^{(n)}c_l^n \tag{9.6.18}$$

如果用(9.6.12)式定义的符号进行无量纲化处理,得到

$$\left[\left(\frac{q}{k}+2l\right)^2+2s\right]c_l-sc_{l-1}-sc_{l+1}=\frac{E_q^{(n)}}{E_{\mathrm{R}}}c_l^n \tag{9.6.19}$$

由于 l 的取值是所有整数,这是一个无限维的矩阵方程。为了进行数值求解,我们可以将其截断到 $|l|\leqslant N$,这样就变成一个 $2N+1$ 维矩阵。我们可以方便地使用各种数值软件求解其本征值、本征函数等性质。对于第一布里渊区的任意 q 值,可以求出 $2N+1$ 个本征能量,扫描 q 值,就获得 $2N+1$ 个能带。N 取值比较大时,低阶的能带计算是很精确的。得到本征解代入(9.6.14)式,就得到本征波函数。

图 9.31 画出了不同光晶格深度下的能带图,从左到右 V_0/E_{R} 分别为(1,5,10,20)。当

晶格很浅的时候,能带和自由空间的色散关系接近,能带之间的间隙非常小。晶格越深,能带越平,能带之间的间隙也就越大。

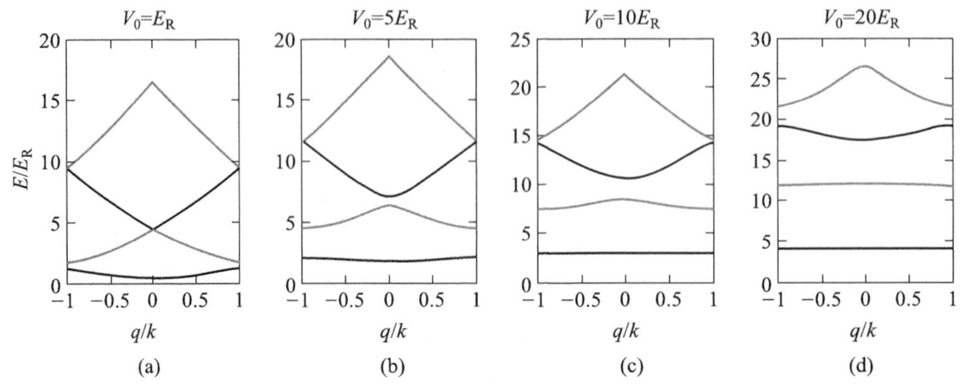

图 9.31　一维晶格的能带图。光晶格深度分别为(a) $V_0=E_R$。(b) $V_0=5E_R$。(c) $V_0=10E_R$。(d) $V_0=20E_R$。数值计算将无限维矩阵截断到 $N=20$ 求本征值。

数值结果也给出了本征波函数的解。我们在不同晶格深度下画出基态布洛赫波函数的密度分布图。当光晶格很浅时,如图 9.32(a)所示,$\phi_0^{(1)}(x)$基本上接近平面波。当光晶格越来越深,$|\phi_0^{(1)}(x)|^2$ 就随着光晶格出现密度起伏。当光晶格很深时,原子就几乎局域在每个格点中心附近位置。对于这种局域性很好的态,一种更适宜的描述方式就是使用瓦尼尔(Wannier)波函数。

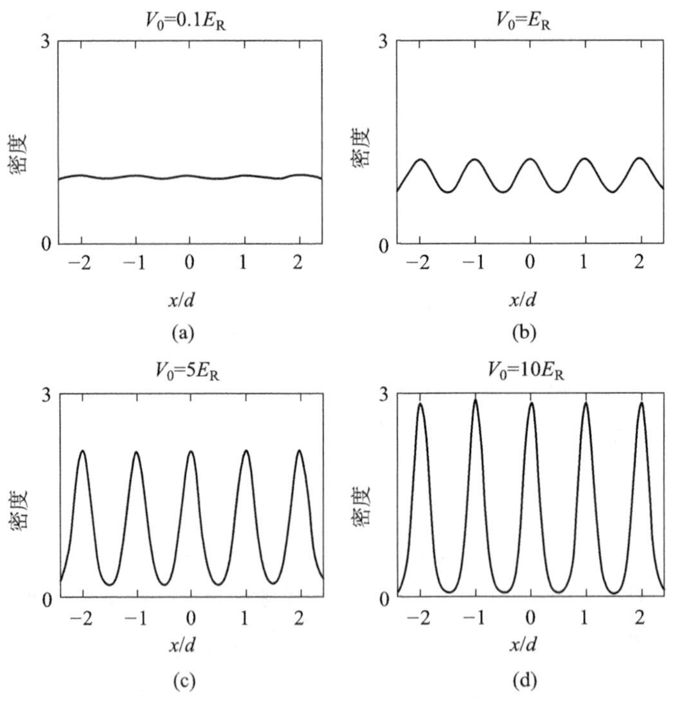

图 9.32　基态波函数的密度分布图。其中选取了 $q=0,n=1$。光晶格深度分别为(a) $V_0=0.1E_R$。(b) $V_0=E_R$。(c) $V_0=5E_R$。(d) $V_0=10E_R$。数值计算将无限维矩阵截断到 $N=20$ 求本征值。

瓦尼尔(Wannier)函数

前面使用的布洛赫本征波函数是一套正交归一的基矢,它们是空间上扩展的态。当晶格比较深时,原子将局域在格点内比较小的范围,此时将格点和波函数联系起来是更自然的选择。而布洛赫基矢是各个格点的波函数的叠加,是一个扩展的态。这样使用起来不是很方便,物理意义也不是特别清晰。选用新的基矢就有其必要性,这就是瓦尼尔函数。

瓦尼尔函数是一套局域在格点附近的正交归一化基矢。我们将布洛赫波函数做傅里叶展开

$$\phi_q^{(n)}(x)=\frac{1}{\sqrt{M}}\sum_i w_n(x_i,x)\mathrm{e}^{\mathrm{i}qx_i} \tag{9.6.20}$$

其中展开系数 $w_n(x_i,x)$ 就是瓦尼尔函数。我们也可以写出逆变换,

$$w_n(x_i,x)=\frac{1}{\sqrt{M}}\sum_q \mathrm{e}^{-\mathrm{i}qx_i}\phi_q^{(n)}(x) \tag{9.6.21}$$

其中对 q 的求和包括整个第一布里渊区,M 是总的格点数,i 表示第 i 个格点,x_i 是其空间位置。可以认为,布洛赫函数在动量空间描述能带结构,而瓦尼尔函数是从实空间角度来描述能带结构。

瓦尼尔函数一系列扩展波函数的叠加,可以产生非常局域化的函数形式。可以证明,瓦尼尔函数是定义在格点上的函数,只跟 $x-x_i$ 有关,

$$\begin{aligned}w_n(x_i,x)&=\frac{1}{\sqrt{M}}\sum_q \mathrm{e}^{-\mathrm{i}qx_i}\phi_q^{(n)}(x)=\frac{1}{\sqrt{M}}\sum_q \mathrm{e}^{-\mathrm{i}qx_i}u_q^{(n)}(x)\mathrm{e}^{\mathrm{i}qx}\\&=\frac{1}{\sqrt{M}}\sum_q \mathrm{e}^{\mathrm{i}q(x-x_i)}u_q^{(n)}(x)=w_n(x-x_i)\end{aligned} \tag{9.6.22}$$

其中最后一步推导用到了布洛赫定理,$u_q^{(n)}(x)=u_q^{(n)}(x-x_i)$。可以证明,瓦尼尔函数相互之间也是正交的。

$$\begin{aligned}\int\mathrm{d}x\ w_n^*(x-x_i)w_m(x-x_j)&=\int\mathrm{d}x\frac{1}{M}\sum_{q,q'}\mathrm{e}^{\mathrm{i}qx_i-\mathrm{i}q'x_j}\psi_q^{(n)*}(x)\psi_{q'}^{(m)}(x)\\&=\delta_{nm}\frac{1}{M}\sum_q \mathrm{e}^{\mathrm{i}q(x_i-x_j)}=\delta_{nm}\delta_{ij}\end{aligned} \tag{9.6.23}$$

图 9.33 给出了不同晶格深度下的瓦尼尔波函数的态密度 $|w_n(0,x)|^2$。在这里我们只展示了 $x_i=0$ 的格点,其他格点也是类似的。当晶格深度很浅时,瓦尼尔函数还可以在近邻格点有一定分布。但是当晶格比较深时,近邻格点的分布就非常小了。我们可以在对数坐标的图中看得更清楚。

能带结构

晶格的能带由马蒂厄方程(9.6.11)式的解给出,如图 9.31 所示。马蒂厄函数是特殊函数,比较复杂。但是在极限情况下,可以近似为比较简单的解析解。

在晶格很浅的极限下,$V_0\ll E_{\mathrm{R}}$。除了最低能带和第一激发能带之间间隙大一些,其他能带几乎相互接触。原子可以很好地用自由粒子的运动来描述。在浅晶格极限下,其能带可近似为

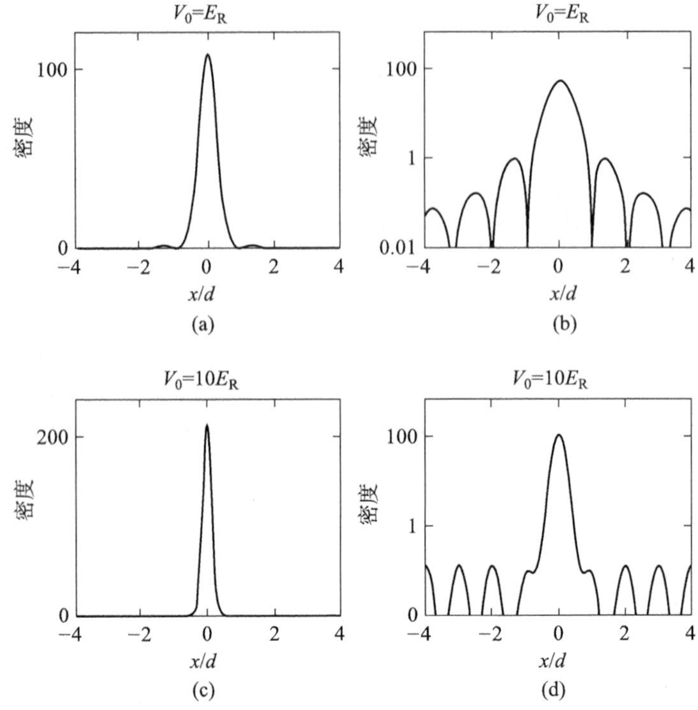

图 9.33　基态瓦尼尔函数的密度分布。其中 $x_i=0$。晶格深度分别为 $V_0=E_R$［图(a)、(b)］和 $V_0=10E_R$［图(c)、(d)］。其中图(b)和图(d)采用对数坐标。

$$E(q)=\left(\tilde{q}^2\pm\sqrt{4\tilde{q}^2+s^2}\right)E_R \tag{9.6.24}$$

其中 $\tilde{q}=q/k-1$。公式中负号给出最低能态，正号给出第一激发态。

而在晶格很深的极限下，$V_0\gg E_r$。此时低能量的能带和 q 只有比较弱的依赖关系。对于最低能带，近似有解析解

$$E(q)=2\sqrt{s}E_R-2J\cos(qd) \tag{9.6.25}$$

除去一个常量，为 cos 函数形式。其中

$$J=\frac{4}{\sqrt{\pi}}(4s)^{3/4}e^{-4\sqrt{s}}E_R \tag{9.6.26}$$

是相邻格点间的隧穿能量。深晶格极限下，能带比较平，可认为同一个能带内 $u_q^{(n)}(x)$ 和 q 无关，代入(9.6.21)式，瓦尼尔函数近似为

$$\omega_n(x)\simeq u^{(n)}(x)\frac{\sin(kx)}{kx} \tag{9.6.27}$$

中心是 $u^{(n)}(x)$，但是空间上是振荡衰减形式。

当晶格深度很深时，可认为不同格点是彼此独立的，不发生耦合。因此瓦尼尔函数和对应的谐振子的波函数非常接近。在深度囚禁的光晶格估算中，有时候也常常直接用谐振子波函数来代替瓦尼尔函数进行计算。

9.6.3　布洛赫振荡

早期布洛赫和齐纳在研究晶格中电导的量子行为时，得到一个出人意料的结论。当加

上一个均匀静电场时,电子不是做匀速运动,而是会发生振荡,称为布洛赫振荡。从物理图像上看,布洛赫振荡就是在外力作用下,粒子在晶格间发生振荡的行为。这一现象在固体物理中难以观测,因为振荡的周期往往大于电子的退相干时间。后来在半导体超晶格中观测到了这一行为。但是弛豫时间还是占主导地位。在冷原子物理发展起来后,在光晶格中直接观测原子的布洛赫振荡就非常容易,并且可以做到原位,实时观测,信号极其干净。

我们用半经典理论来理解这一现象。周期性的势阱结构产生了能带,而能带对于动量来说是周期性的,因此一般都是将动量限制在第一布里渊区。在一个恒定外力 F 的作用下,处于 $|n,q(0)\rangle$ 态的粒子的准动量发生演化,粒子将沿着能带运动,如图 9.34 所示。当准动量到达边界时,会产生两种可能:一种是还留在原来的能带,这时候动量就从高变低了。另外一种可能是通过朗道-齐纳跃迁,粒子跑到更高的能带,这时候动量还继续增加。当能带之间间隙比较大,而作用力又不太大的时候,可认为原子在能带的运动并不会改变它处于哪个能带,这就是单能带假设。

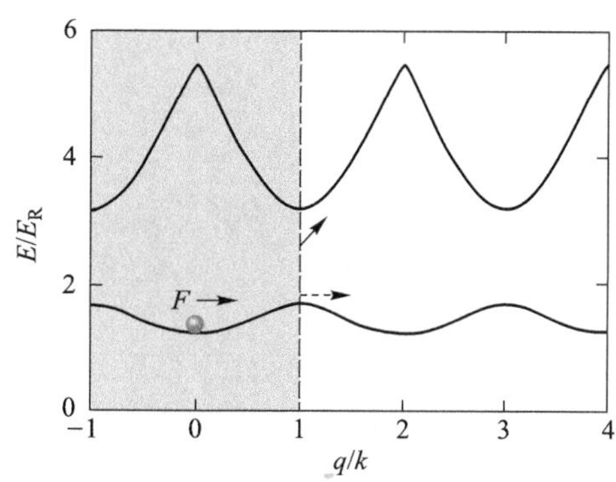

图 9.34 布洛赫振荡在动量空间的表示。阴影部分是第一布里渊区。

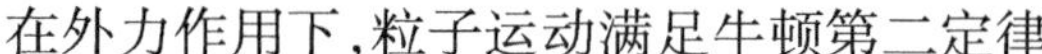

在外力作用下,粒子运动满足牛顿第二定律

$$\frac{\hbar \mathrm{d}\boldsymbol{q}}{\mathrm{d}t}=\boldsymbol{F} \tag{9.6.28}$$

单能带假设下,得到一维准动量的演化

$$q(t)=q_0+Ft/\hbar \tag{9.6.29}$$

在紧束缚极限下,由(9.6.25)式,最低能带能量为(移动一个常量)

$$E_q=-2J\cos qd \tag{9.6.30}$$

由于能带结构的周期性,准动量虽然在不断增加,但是能量是周期性变化的。波包群速度的运动方程为

$$\frac{\mathrm{d}r}{\mathrm{d}t}=\frac{\partial E_q}{\hbar \partial q}=v_g \tag{9.6.31}$$

代入,得到

$$v_g=\frac{2Jd}{\hbar}\sin qd \tag{9.6.32}$$

代入(9.6.29)式,最终得到

$$\dot{x}=\frac{2Jd}{\hbar}\sin[(q_0+Ft/\hbar)d] \tag{9.6.33}$$

积分得到

$$x=x_0-\frac{2Jd}{F}\cos[(q_0+Ft/\hbar)d] \tag{9.6.34}$$

原子在晶格中振荡运动,振荡的周期为

$$T=\frac{h}{Fd} \tag{9.6.35}$$

我们也可用量子力学方法来求解。在单能带近似下和紧束缚近似①下，系统的哈密顿量可以写成

$$H=\sum_{n} ndF\mid n\rangle\langle n\mid -J\sum_{n}(\mid n+1\rangle\langle n\mid+\mid n+1\rangle\langle n\mid) \tag{9.6.36}$$

其中$|n\rangle$是局域在第n个格点的瓦尼尔函数。由于是恒力作用，外力的势函数跟格点位置成线性关系。J是近邻格点间的隧穿能量。

如果换成布洛赫表象（$|q\rangle$基矢），利用(9.6.20)式，它和瓦尼尔表象（$|n\rangle$基矢）的关系为

$$\mid q\rangle=\sum_{n=-\infty}^{+\infty}\mid n\rangle\langle n\mid q\rangle=\sqrt{\frac{d}{2\pi}}\sum_{n=-\infty}^{+\infty}\mid n\rangle \mathrm{e}^{inqd} \tag{9.6.37}$$

近邻耦合项在布洛赫表象中为

$$\sum_{n=-\infty}^{+\infty}\langle q'\mid n+1\rangle\langle n\mid q\rangle=\mathrm{e}^{-\mathrm{i}q'd}\frac{d}{2\pi}\sum_{n=-\infty}^{+\infty}\mathrm{e}^{\mathrm{i}n(q-q')d}=\delta(q'-q)\mathrm{e}^{-\mathrm{i}qd} \tag{9.6.38}$$

对角项在布洛赫表象中为

$$\sum_{n=-\infty}^{+\infty}n\langle q'\mid n\rangle\langle n\mid q\rangle=\frac{d}{2\pi}\sum_{n=-\infty}^{+\infty}n\mathrm{e}^{\mathrm{i}n(q-q')d}=\delta(q'-q)\frac{\mathrm{i}}{d}\frac{\mathrm{d}}{\mathrm{d}q} \tag{9.6.39}$$

因此哈密顿量(9.6.36)式在布洛赫表象中是对角化的

$$\langle q'\mid H\mid q\rangle=d\delta(q'-q)H(q) \tag{9.6.40}$$

其中

$$H(q)=-2J\cos(qd)+\mathrm{i}F\frac{\mathrm{d}}{\mathrm{d}q} \tag{9.6.41}$$

当没有外力作用时，本征能量为

$$E(k)=-2J\cos(qd) \tag{9.6.42}$$

重新得到了(9.6.25)式。这个结果好理解，能带本身就是用在布洛赫表象下求解出来的，因此没有外力作用情况下，哈密顿量在布洛赫基矢下是对角化的。至于(9.6.42)式，它是紧束缚条件下的近似。

在有外力情况下，哈密顿量(9.6.36)式的本征解为瓦尼尔-斯塔克（Wannier-Stark）态，记为$|\Psi_m\rangle$，代入哈密顿量，得到不含时薛定谔方程

$$-2J\cos(qd)\Psi_m(q)+\mathrm{i}F\frac{\mathrm{d}\Psi_m(q)}{\mathrm{d}q}=E\Psi_m(q) \tag{9.6.43}$$

瓦尼尔-斯塔克（Wannier-Stark）函数应该满足周期性边界条件

$$\Psi_m(q+2\pi/d)=\Psi_m(q) \tag{9.6.44}$$

求解这个微分方程，得到本征能量为

$$E_m=mdF,\quad m=0,\pm1,\cdots \tag{9.6.45}$$

本征函数

$$\Psi_m(q)=\langle q\mid\Psi_m\rangle=\sqrt{\frac{d}{2\pi}}\mathrm{e}^{-\mathrm{i}[mqd+\gamma\sin(qd)]} \tag{9.6.46}$$

---

① 由于不同格点瓦尼尔函数有相互交叠，因此不能用相互隔离的模型来处理。但是交叠的程度并没有特别大，原子还是局域化的。紧束缚近似是只考虑最近邻的交叠，而忽略其他更远格点的交叠，因此只有近邻格点的耦合。

其中

$$\gamma=\frac{2J}{dF} \tag{9.6.47}$$

这样我们就得到了布洛赫基矢下瓦尼尔-斯塔克函数的表达式。

利用瓦尼尔-斯塔克函数,我们可以求出某个布洛赫基矢函数在哈密顿量(9.6.36)式下的演化

$$\begin{aligned} U_{q'q}(t)&=\langle q'\mid U(t)\mid q\rangle=\sum_m\langle q'\mid\Psi_m\rangle\mathrm{e}^{-\mathrm{i}E_mt/\hbar}\langle\Psi_m\mid q\rangle\\ &=\frac{d}{2\pi}\mathrm{e}^{-\mathrm{i}\gamma[\sin(q'd)-\sin(qd)]}\sum_m\mathrm{e}^{-\mathrm{i}m(q'-q+Ft/\hbar)d}\\ &=\mathrm{e}^{-\mathrm{i}\gamma[\sin(q'd)-\sin(qd)]}\delta(q'-q+Ft/\hbar)\end{aligned} \tag{9.6.48}$$

出现了 δ 函数,所以准动量应该满足

$$q'=q-Ft/\hbar \tag{9.6.49}$$

重新得到了半经典理论下的(9.6.29)式,从而得到布洛赫振荡的周期。

我们也可以不用布洛赫基矢,而用瓦尼尔基矢将瓦尼尔-斯塔克函数展开

$$\begin{aligned}\Psi_m(n)&=\langle n\mid\Psi_m\rangle=\int_{-\pi/d}^{\pi/d}\mathrm{d}q\langle n\mid q\rangle\langle q\mid\Psi_m\rangle\\ &=\frac{d}{2\pi}\int_{-\pi/d}^{\pi/d}\mathrm{d}q\ \mathrm{e}^{\mathrm{i}[(n-m)qd-\gamma\sin(qd)]}\\ &=\int_{-\pi}^{\pi}\mathrm{d}u\ \mathrm{e}^{\mathrm{i}[(n-m)u-\gamma\sin u]}\\ &=\mathrm{J}_{n-m}(\gamma)\end{aligned} \tag{9.6.50}$$

这样就得了瓦尼尔-斯塔克态的表达式

$$\mid\Psi_m\rangle=\sum_n\mathrm{J}_{n-m}(\gamma)\mid n\rangle \tag{9.6.51}$$

其中 $\mathrm{J}_n(\gamma)$ 是贝塞尔函数。而贝塞尔函数在 $|n|>|\gamma|$ 时是指数衰减,瓦尼尔-斯塔克态在空间是局域化的。当 $\gamma<1$(强外力情况下),瓦尼尔-斯塔克态局域在单格点;而当 $\gamma>1$(弱外力时),瓦尼尔-斯塔克态局域在 $|\gamma|$ 个格点内。

9.6.4 玻色-哈伯德(Bose-Hubbard)模型

在超冷原子光晶格体系中,原子之间存在相互作用。因此在单粒子模型之外,系统哈密顿量上还需要加上相互作用项,构成玻色-哈伯德模型,变成一个多体系统。在讨论模型前,我们先将系统的哈密顿量进行二次量子化,得到常见的哈密顿量形式。

从 BEC 的能量表达式(9.5.29)式出发,使用场算符表象,对于巨正则系统中,系统的能量二次量子化后为①

$$\begin{aligned}\hat{H}=&\int\mathrm{d}x\ \hat{\Phi}^+(x)\left(-\frac{\hbar^2}{2m}\nabla^2+V_{\mathrm{lat}}(x)-\mu\right)\hat{\Phi}(x)+\\ &\frac{1}{2}\int\mathrm{d}x\mathrm{d}x'\hat{\Phi}^+(x)\hat{\Phi}^+(x')U(x-x')\hat{\Phi}(x)\hat{\Phi}(x')\end{aligned} \tag{9.6.52}$$

① 二次量子化的过程说明,请参见附录第 11.4 节。

其中 μ 是化学势①，$\hat{\Phi}^{+}(x)$ 是玻色子的场算符，在 x 位置产生一个粒子。$V_{\text{lat}}(x)$ 是光晶格势阱。$U(x)$ 是原子之间的散射势函数，对于 BEC，主要是 s 波散射过程

$$U(x)=\frac{4\pi\hbar^{2}a_{s}}{m}\delta(x) \tag{9.6.53}$$

下面用瓦尼尔函数来展开粒子场算符。只考虑最低能带

$$\hat{\Phi}(x)=\sum_{n}\hat{a}_{n}\omega_{0}(x-x_{n}) \tag{9.6.54}$$

其中 $\omega_{0}(x-x_{n})$ 是最低能带中局域在 x_{n} 处的瓦尼尔函数，$\hat{a}_{n}$ 是第 n 个格点的湮没算符。在紧束缚近似下，只考虑最近邻的耦合，我们得到玻色-哈伯德模型

$$\hat{H}_{\text{BH}}=-J\sum_{\langle n,m\rangle}\hat{a}_{n}^{+}\hat{a}_{m}+\frac{U}{2}\sum_{n}\hat{a}_{n}^{+}\hat{a}_{n}^{+}\hat{a}_{n}\hat{a}_{n}-\mu\sum_{n}\hat{a}_{n}^{+}\hat{a}_{n} \tag{9.6.55}$$

其中

$$\begin{aligned}J&=-\int\mathrm{d}x\ \omega_{0}^{*}(x-x_{n})\left[-\frac{\hbar^{2}\nabla^{2}}{2m}+V_{\text{lat}}(x)\right]\omega_{0}(x-x_{n+1})\\U&=\frac{4\pi\hbar^{2}a_{s}}{m}\int\mathrm{d}x\ |\ \omega_{0}(x)\ |^{4}\end{aligned} \tag{9.6.56}$$

第一项描述系统的动能，J 是最近邻格点间的隧穿能量。在紧束缚近似下，我们只需要考虑最近邻格点的耦合，次近邻格点的耦合强度一般要小好几个量级，因此 $\langle n,m\rangle$ 只取最近邻格点。第二项是系统的相互作用能。U 描述了同一个格点内两个原子之间的相互作用强度。第三项是化学势。

在一维光晶格情况下，如果晶格很深，可以使用(9.6.26)式来近似计算 J。更精确的解是求解马蒂厄方程，得到瓦尼尔函数，然后计算得到 J。经过数值计算和曲线拟合，可以得到一个大范围内 V_{0} 和 J 的近似函数②，

$$J/E_{\text{R}}=\alpha\left(\frac{V_{0}}{E_{\text{R}}}\right)^{\beta}\mathrm{e}^{-\kappa\sqrt{V_{0}/E_{\text{R}}}} \tag{9.6.57}$$

其中 $\alpha=1.396\ 66$，$\beta=1.051$，$\kappa=2.121\ 04$。这个近似关系对于数值估算很有帮助。

在玻色-哈伯德模型中，存在两种机制的竞争，如图9.35所示。一种是原子在格点之间的隧穿，由 J 描述。另外一个是相互作用项，由 U 描述。如果多个原子存在同一个格点，系统的能量会升高③。因此如果格点上原来已经有一个原子，另外一个原子隧穿到此格点的概率将被抑制。这两种机制竞争将形成相变过程。我们考虑两种极限情况。

1. 强隧穿极限：$U/J\to0$，即 $J\gg U$ 的极限情况。这时候相互作用项可以被忽略($U=0$)，系统哈密顿量变成

$$\hat{H}_{\text{BH}}=-J\sum_{\langle n,m\rangle}\hat{a}_{n}^{+}\hat{a}_{m}-\mu\sum_{n}\hat{a}_{n}^{+}\hat{a}_{n} \tag{9.6.58}$$

原子凝聚到最低的动能态，基态为

---

① 在巨正则系综中，一般将 $-\mu N$ 加入哈密顿量，$\hat{H}=\hat{H}_{0}-\mu N$，这样正则系综和巨正则系综的公式一致。当然，我们也常常看到不加 $-\mu N$ 的哈密顿量，它对许多问题的研究不重要，毕竟只是能量上有个移动。

② 参见 Ana Maria Rey 教授的博士论文。

③ 这里假设 U 是大于零的。如果 U 小于零，则移动方向相反。

$$|\Phi\rangle=\frac{1}{\sqrt{N!}}\left(\frac{1}{\sqrt{N!}}\sum_i \hat{a}_i^+\right)^N|0\rangle \tag{9.6.59}$$

它是一个超流态。在超流区域，量子关联可以忽略，系统可以用一个宏观波函数来描述，是单粒子波函数的连乘，具有一个确定的相位。也正因为相邻格点之间的相位相等，因此关闭光晶格后会发生干涉。这是超冷原子光晶格实验对于超流态的重要判据。

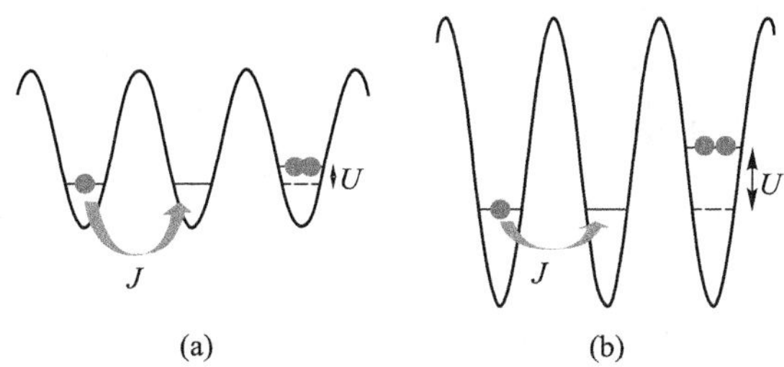

图 9.35 玻色-哈伯德模型示意图。(a) $U<J$ 情况，隧穿占主导地位。(b) $U>J$ 情况。相互作用能量很大，隧穿将被抑制。

2. 弱隧穿极限。另外一个极限是 $U\gg J$ 情况下，相互作用起主导作用，原子之间的隧穿可以忽略，我们先取极限情况，$J=0$。哈密顿量变成

$$H=\frac{U}{2}\sum_i n_i(n_i-1)-\mu\sum_i n_i \tag{9.6.60}$$

每个格点之间没有耦合，格点的粒子数 n 成为一个好量子数。在每个格点内，粒子数态 $|n\rangle$ 是其本征态。不同的粒子数 n 对应的能量为

$$\begin{aligned}&E_0=0,\quad n=0\\&E_n=-n\mu+\frac{U}{2}n(n-1),\quad n\neq 0\end{aligned} \tag{9.6.61}$$

图 9.36 给出了不同粒子数态下的能量示意图。实线的线表示的是基态的能量。可以看到，基态并不是某个固定的粒子数态。根据化学势的不同，它会是不同的粒子数态。当化学势在区间

$$(n-1)U<\mu<nU \tag{9.6.62}$$

时，系统的基态为 $|n\rangle$。当化学势跨越不同粒子数态的能量交叉点时，莫特(Mott)绝缘态的粒子数发生改变。而在其中间隔内，系统基态不变，因此对于系统微小的变化，比如隧穿率变化，莫特绝缘态是很稳定的。

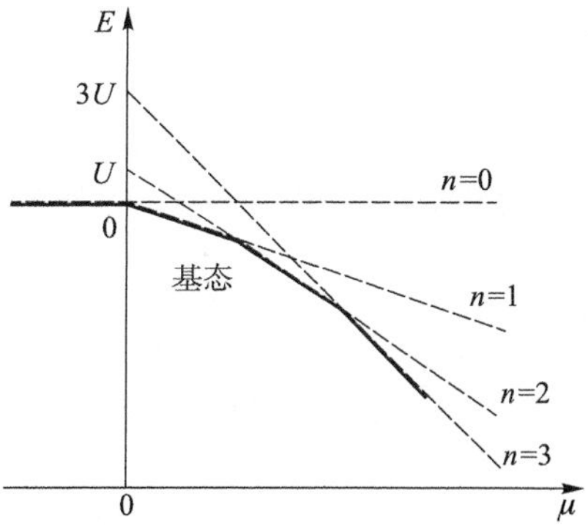

图 9.36 弱隧穿极限下，莫特绝缘态的能量示意图。实线表示的是系统的基态能量。随化学势的不同，基态能量跟随不同的粒子数态的能量。

3. 中间区域。当隧穿和相互作用可比拟时，实际上存在这两种机制的竞争。我们用平均场理论来进行说明①。对于其中某一个粒子，其他粒子对它的影响按平均场考虑，这样可以获得单粒子的平均场哈密

① 玻色-哈伯德模型相变点的计算有很多方法，平均场方法是一种比较简单的近似方法，参见 Europhysics. Lett., 22,257(1993)。

顿量。从(9.6.55)式出发,将 $\hat{a}_i$ 写成

$$\hat{a}_i=\psi+\delta\hat{a}_i \tag{9.6.63}$$

其中 ψ 代表“平均场”,$\delta\hat{a}_i$ 是扣除平均场之后的涨落,代入(9.6.55)式后,忽略 $\delta\hat{a}_i^{+}\delta\hat{a}_i$ 及更高阶项,得到单粒子的哈密顿量为

$$h_i=-\mu\hat{n}_i+\frac{U}{2}\hat{n}_i(\hat{n}_i-1)-Jz(\psi^* a_i+\psi a_i^{+})+Jz\psi^*\psi \tag{9.6.64}$$

其中 z 跟系统的维度 d 相关,如果是立方晶格,$z=2d$。对于这样一个单粒子哈密顿量的能量求解就比较简单了。我们将其改写一下:

$$h_i=h_i^{(0)}+\psi V_i \tag{9.6.65}$$

其中

$$\begin{aligned}h_i^{(0)}&=-\mu\hat{n}_i+\frac{U}{2}\hat{n}_i(\hat{n}_i-1)+Jz\psi^*\psi\\ \psi V_i&=-Jz(\psi^* a_i+\psi a_i^{+})\end{aligned} \tag{9.6.66}$$

其中 $h_i^{(0)}$ 的本征态就是福克态$\{|n\rangle,n=0,1,2,\cdots\}$,本征能量

$$E_n^{(0)}=-\mu n+\frac{U}{2}n(n-1)+Jz|\psi|^2 \tag{9.6.67}$$

从对弱隧穿极限情况的讨论中,我们知道基态的粒子数跟化学势有关。假设系统的基态粒子数为 $\bar{n}$,如果 $\mu<0$,那么 $E_{\bar{n}}^{(0)}=0$;如果

$$U(\bar{n}-1)<\mu<U\bar{n} \tag{9.6.68}$$

那么

$$E_{\bar{n}}^{(0)}=-\mu\bar{n}+\frac{U}{2}\bar{n}(\bar{n}-1)+Jz|\psi|^2 \tag{9.6.69}$$

加上 V_i 项后,我们可以在福克态表象下重新对角化哈密顿量,得到本征能级和本征态。

为了简化,这里我们直接用二阶微扰来近似计算 V_i 项的贡献

$$E_{\bar{n}}^{(2)}=|\psi|^2\sum_{n\neq g}\frac{|\langle\bar{n}|V_i|n\rangle|^2}{E_{\bar{n}}^{(0)}-E_n^{(0)}}=(Jz|\psi|)^2\left[\frac{\bar{n}}{U(\bar{n}-1)-\mu}+\frac{\bar{n}+1}{\mu-U\bar{n}}\right] \tag{9.6.70}$$

我们按朗道二级相变理论,将基态能量写成

$$E(\psi)=E_0+m^2|\psi|^2+\mathscr{O}(|\psi|^4) \tag{9.6.71}$$

那么

$$m^2=Jz\left[1+\frac{\bar{n}}{\bar{U}(\bar{n}-1)-\bar{\mu}}+\frac{\bar{n}+1}{\bar{\mu}-\bar{U}\bar{n}}\right] \tag{9.6.72}$$

其中

$$\bar{\mu}=\mu/Jz,\quad \bar{U}=U/Jz \tag{9.6.73}$$

根据朗道相变理论,相变发生在 $m^2=0$ 处。因此玻色-哈伯德模型中从超流态到莫特绝缘体的相变点由下式决定

$$1+\frac{\bar{n}}{\bar{U}(\bar{n}-1)-\bar{\mu}}+\frac{\bar{n}+1}{\bar{\mu}-\bar{U}\bar{n}}=0 \tag{9.6.74}$$

图9.37给出了这样一个相图。这一相变在超冷原子光晶格实验中被观测到。

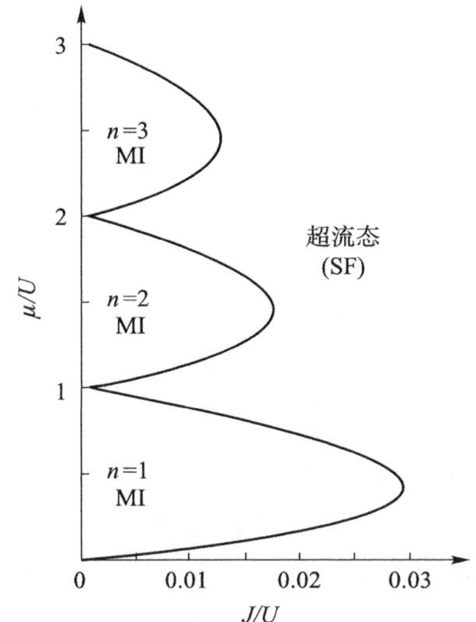

图 9.37 三维情况下($d=3$)超流(SF)到莫特绝缘体(MI)的相变区域图。

参考文献说明

1. 冷原子物理方面可以参考 Harold J. Metcalf 和 Peter van der Straten 所著的 *Laser Cooling and Trapping*(Springer),此书对于冷原子物理的基本概念和基本技术都有详细介绍。国内的冷原子物理专著有《原子的激光冷却与陷俘》(王义遒,北京大学出版社)。
2. 关于分子束技术的发展和应用,可以参考 Springer Cham 出版的文集 *Molecular Beams in Physics and Chemistry*。
3. 关于 BEC 性质和理论处理方法,可以参考 C. J. Pethick 和 H. Smith 所著的 *Bose–Einstein Condensation in Dilute Gases*(Cambridge University Press)。
4. 关于 BEC 的研究历史,可以参考 Cornell 和 Wieman 的诺贝尔奖报告。Cornell E A, Wieman C E. Nobel Lecture: Bose–Einstein Condensation in a Dilute Gas, the First 70 Years and some Recent Experiments. Rev. Mod. Phys., 74, 875 (2002)。

习题

9.1 证明书上给出的二阶多普勒效应的公式[(9.1.16)式]。对于氢原子,在室温下,平均速率约为 2 500 m/s,超精细能级 $\omega_0 = 2\pi\times 1\ 420$ MHz。计算它的一阶和二阶多普勒频移,并讨论当氢原子钟的精度到达什么程度时,就必须考虑二阶多普勒效应了。

9.2 在早期的激光减速实验中,人们研究过如何利用激光扫频方案将原子继续减速,称为啁啾减速方案,如习题 9.2 图所示。对于^{87}Rb 原子束,假设出射中心速度为 300 m/s,如何设计扫频方案,可以实现高效的减速效果?减速到零附近,需要的最短距离为多少?

9.3 在冷原子物理中,有一项非常重要的技术,就是将原子以固定的速度抛射出去。这在冷原子钟、冷原子干涉仪钟经常使用。所采取的方案就是改变对射激光的频率,使其有一个频率差 δ。请以一维情况为例,计算原子抛射出去的速度。

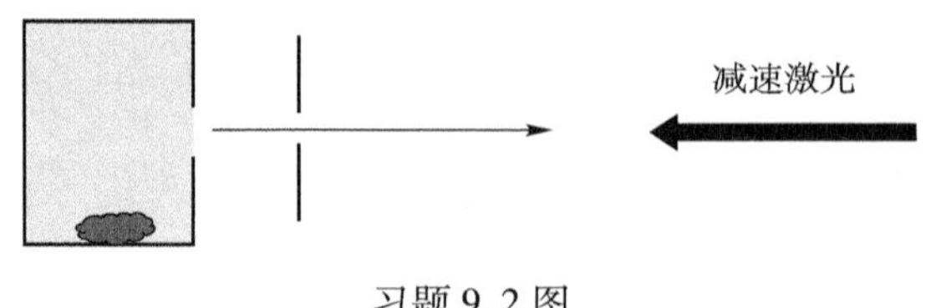

习题 9.2 图

9.4　证明三维无限深方势阱中态密度为 $\alpha=3/2$，且

$$C_{3/2}=\frac{Vm^{3/2}}{2^{1/2}\pi^2\hbar^3}$$

计算方势阱中 BEC 的转变温度和原子数的关系。

9.5　利用数值计算软件，计算图 9.31 中的曲线。

9.6　当选择不同的激光构型时，可以产生不同的晶格结构。当用三束激光成 120°角对射时，根据偏振的不同可以产生三角形和六角形的晶格结构，如习题 9.6 图所示［参见 New J. Phys.，12，065025(2010)］。请计算(a)(b)两种情况下的晶格构型。

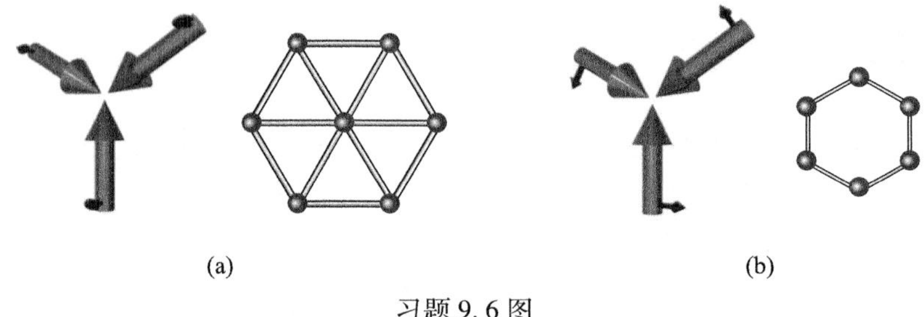

习题 9.6 图

第 10 章　双原子分子光谱

分子由多个原子组成，因此比原子具有更多的自由度，能级结构也远比原子复杂。和原子相比，分子具有额外的振动能级和转动能级。这一新特征给分子光谱带来更丰富的内容。学会理解复杂的分子光谱结构，是本章的目标之一。玻恩－奥本海默近似巧妙地将分子中原子核的运动和电子的运动分离出来，非常漂亮地给出了分子振动能级和转动能级的量子力学解释。但是随着光谱技术的发展、调控能力的进步，科学家对光谱的精度追求越来越高，玻恩－奥本海默近似就显得不够用了。一种新的方案——等效哈密顿量法适时发展起来，使得实验和理论的吻合度大大提高，可以满足绝大多数应用需求。

激光冷却在原子的相关研究中非常成功，但是应用到分子的相关研究中却遇到诸多困难。由于振动能级和转动能级的存在，分子激光冷却涉及的能级结构会更加复杂。尽管如此，经过科学家的不懈努力，分子的激光冷却还是得到了突破，取得了重要进展。作为一个重要的应用例子，本章将从分子光谱的角度来解读激光冷却分子。

分子可以由两个原子构成，也可以由多个原子构成。一般来说，原子越多，光谱结构越复杂。本书只讨论其中最简单的一类——双原子分子的能级结构。首先，在第 10.1 节，我们介绍玻恩－奥本海默近似，这是处理和理解分子光谱的出发点。在第 10.2 节分别介绍分子的振动能级和转动能级。在玻恩－奥本海默近似下，我们求解薛定谔方程，分别求得分子的振动能级和转动能级。但是振动能级的计算深度依赖于分子势能曲线。从第一性原理出发计算得到的分子势能曲线误差很大。反过来从光谱数据出发反推出的分子势能曲线却能给出更精确的结果。在第 10.4 节，我们将介绍这样一种数值计算分子势能曲线的方法——RKR 方法。在第 10.3 节，利用求得的振动能级和转动能级，我们介绍分子的振转光谱。第 10.5 节我们介绍电子运动和转动的耦合，根据不同的耦合强度，分为不同的洪德耦合情况。第 10.6 节介绍斯塔克效应，比较原子和分子在小电场的不同响应。第 10.7 节介绍等效哈密顿量。对于双原子分子，我们给出等效哈密顿量中比较重要的项，并具体展示它们是如何确定分子的能级结构。最后在第 10.8 节，利用本章学习到的分子光谱知识，我们学习激光冷却分子中跟光谱有关的内容。希望通过本章的学习，读者能够对分子的光谱结构有一个大致的了解。

10.1　玻恩－奥本海默近似

双原子分子具有两个原子核和 N 个电子，只考虑电磁相互作用，系统的哈密顿量可以写成

$$H=H_{\text{nuc}}+H_{\text{e}} \tag{10.1.1}$$

其中

$$H_{\text{nuc}}=\left(-\frac{\hbar^2\nabla_\alpha^2}{2m_\alpha}-\frac{\hbar^2\nabla_\beta^2}{2m_\beta}\right)+\frac{Z_\alpha Z_\beta e^2}{4\pi\epsilon_0 R} \tag{10.1.2}$$

是原子核部分的哈密顿量。前两项是两个原子核(标记为 α,β,带电量为 Z_α,Z_β)的动能,第三项是两个原子核之间的电磁相互作用能量(核间距为 R)。而

$$H_{\text{e}}=\sum_{i=1}^{N}\left(-\frac{\hbar^2\nabla_i^2}{2m_{\text{e}}}-\frac{Z_\alpha e^2}{4\pi\epsilon_0 r_{\alpha i}}-\frac{Z_\beta e^2}{4\pi\epsilon_0 r_{\beta i}}\right)+\sum_{i>j}\frac{e^2}{4\pi\epsilon_0 r_{ij}} \tag{10.1.3}$$

是电子部分的哈密顿量。括号内是单个电子和两个原子核相互作用的哈密顿量,最后一项是电子之间库仑作用能之和。

双原子分子的本征能量和本征态原则上可以由求解(10.1.1)式的薛定谔方程求得。但是这个哈密顿量非常复杂,不仅存在电子之间的相互作用,还有原子核之间的相互作用。不仅解析解不存在,即使进行数值求解都非常困难,必须引入一些合理的近似进行简化。通常,我们采用玻恩-奥本海默近似来处理这个问题。

玻恩-奥本海默近似巧妙地利用了分子中存在两种时间尺度的特点。一种时间尺度是电子运动的特征时间,另一种是原子核运动的特征时间。因为原子核和电子质量相差三个量级,电子的运动速度比原子核的运动速度快三到五个量级。因此电子的响应远远比原子核的响应快。基于此,在计算电子运动时,可以认为原子核是不动的。而在计算原子核运动时,只需要考虑电子运动产生的平均势能的影响。这样就将这两种运动分离开来,极大地方便了求解。

在此近似下,求解电子运动时,只要考虑(10.1.3)式的哈密顿量,而将原子核的位置作为常量。当然,这还是一个多电子体系的哈密顿量,求其解析解是比较困难的。但是数值解或者近似解总是可以想办法求出的。假设通过各种手段,我们已经将电子的运动方程求解出来了,本征函数为 $\Psi_{\text{e}}^n(\boldsymbol{r},R)$,本征能量为 $E^n(R)$,其中 n 标记分子的电子态。这时候电子的波函数和本征能量都和 R 相关。

然后再来求解包含原子核部分的运动方程。将电子运动结果代入(10.1.1)式。根据玻恩-奥本海默近似,此时只需要考虑电子运动平均势能的影响。因此分子的哈密顿量可以写成

$$H=H_{\text{nuc}}+\langle H_{\text{e}}\rangle=H_{\text{nuc}}+E^n(R) \tag{10.1.4}$$

换句话说,由于电子运动导致的平均势能的影响,原子核哈密顿量中核间库仑相互作用修正为新的势函数

$$U(R)=E^n(R)+\frac{Z_\alpha Z_\beta e^2}{4\pi\epsilon_0 R} \tag{10.1.5}$$

如果我们画出势函数和核间距 R 之间的关系,就得到一个势能曲线,图10.1给出一个例子。注意,势能曲线是和分子的电子能态有关的,表现在(10.1.5)式中就是 n 值不一样。这一部分显然是分子比原子多出来的内容。我们将在下一节看到,求解哈密顿量(10.1.4)式会出现分子的振动能级和转动能级。

分子的势能曲线是求解分子能谱最核心的信息。但是如何获得分子势能曲线却是一个大难题。可以按前面说的方法从头算,但是由于电子哈密顿量是一个多体哈密顿量,当电子

数比较多的时候,从头算的计算精度很低。这样计算出来的结果和高精度光谱数据比较的话,理论往往无法给出比较好的结果。实践中科学家发展出了利用光谱数据构建高精度分子势能曲线的方案,我们在后面会讲到。

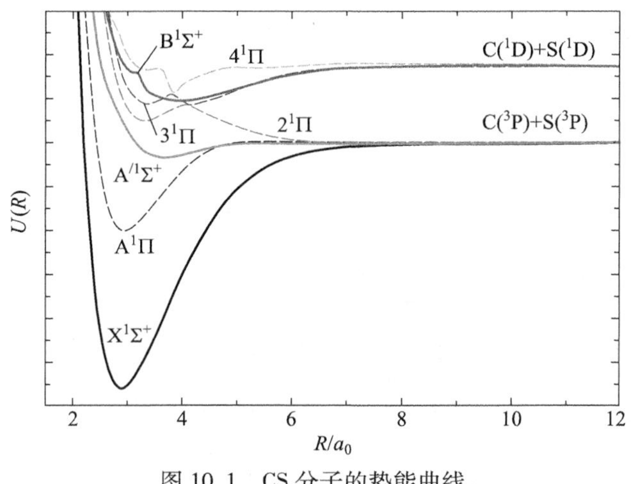

图 10.1 CS 分子的势能曲线。

图 10.1 彩图

10.2 分子的振动能级和转动能级

在玻恩-奥本海默近似下,双原子分子的原子核运动的定态薛定谔方程为

$$\left[-\frac{\hbar^2\nabla_\alpha^2}{2m_\alpha}-\frac{\hbar^2\nabla_\beta^2}{2m_\beta}+U(R)\right]\psi_N(\boldsymbol{R}_\alpha,\boldsymbol{R}_\beta)=E\psi_N(\boldsymbol{R}_\alpha,\boldsymbol{R}_\beta) \tag{10.2.1}$$

它是两个原子核在等效势函数 $U(R)$ 中运动问题的求解。在涉及两个粒子的时候,我们往往将其转到质心坐标系,使用质心位置和相对位置,它们的定义如下:

$$\boldsymbol{R}_{\mathrm{CM}}=\frac{m_\alpha\boldsymbol{R}_\alpha+m_\beta\boldsymbol{R}_\beta}{m_\alpha+m_\beta}$$

$$\boldsymbol{R}=\boldsymbol{R}_\alpha-\boldsymbol{R}_\beta \tag{10.2.2}$$

这样(10.2.1)式中的动能项可以改写成

$$-\frac{\hbar^2\nabla_\alpha^2}{2m_\alpha}-\frac{\hbar^2\nabla_\beta^2}{2m_\beta}=-\frac{\hbar^2\nabla_{\mathrm{CM}}^2}{2m_{\mathrm{s}}}-\frac{\hbar^2\nabla_R^2}{2\mu} \tag{10.2.3}$$

其中 $m_{\mathrm{s}}=m_\alpha+m_\beta$ 是总质量,μ 是折合质量

$$\mu=\frac{m_\alpha m_\beta}{m_\alpha+m_\beta} \tag{10.2.4}$$

总动能被拆分成质心动能项和相对运动动能项。其中$-\hbar^2\nabla_{\mathrm{CM}}^2/2m_{\mathrm{s}}$ 是质心动能项,代表分子整体运动的动能,一般先忽略,可按多普勒效应单独处理。这样就将求解的坐标系转换到分子的质心坐标系,原来的两个坐标变量变成了一个坐标变量,原子核运动的薛定谔方程简化为

$$\left[-\frac{\hbar^2\nabla_R^2}{2\mu}+U(R)\right]\psi_N(\boldsymbol{R})=E\psi_N(\boldsymbol{R}) \tag{10.2.5}$$

这个方程和氢原子的薛定谔方程类似,我们很熟悉了。

10.2.1 分子的转动能级

由于 $U(R)$ 具有球对称性,因此我们用氢原子那套解法,使用球坐标,将(10.2.5)式变成

$$\left\{-\frac{\hbar^2}{2\mu R^2}\left[\frac{\partial}{\partial R}\left(R^2\frac{\partial}{\partial R}\right)-\hat{L}^2\right]+U(R)\right\}\psi_N(\boldsymbol{R})=E\psi_N(\boldsymbol{R}) \tag{10.2.6}$$

其中 $\hat{L}^2$ 是角动量平方的算符,由(2.3.7)式定义。同样地,采用分离变量法,将波函数写成

$$\psi_N(\boldsymbol{R})=\Phi(R)\mathrm{Y}_{JM}(\theta,\phi) \tag{10.2.7}$$

其中角向部分 Y_{JM} 是角动量算符的本征态,为球谐函数

$$\begin{aligned}\hat{L}^2\mathrm{Y}_{JM}(\theta,\ \phi)&=J(J+1)\hbar^2\mathrm{Y}_{JM}(\theta,\phi)\\ \hat{L}_z\mathrm{Y}_{JM}(\theta,\ \phi)&=M\hbar\mathrm{Y}_{JM}(\theta,\phi)\end{aligned} \tag{10.2.8}$$

原子核角向运动的能量为

$$E_J=\frac{J(J+1)\hbar^2}{2\mu R^2} \tag{10.2.9}$$

这就是分子的转动能量。从物理图像来看,双原子分子形成一个转子绕其质心转动,其量子化的能量形式就是上式,如图10.2所示。

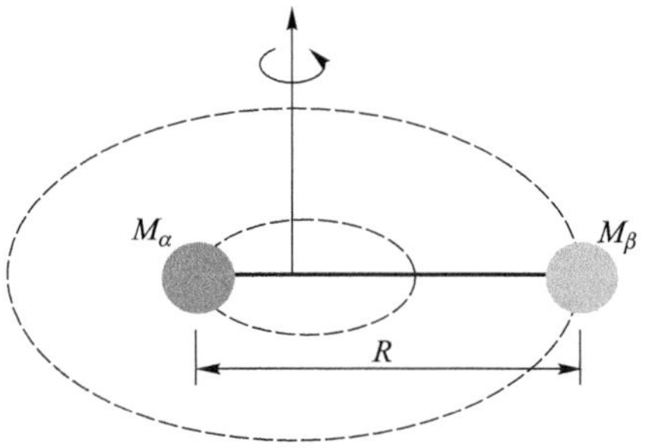

图10.2 双原子分子运动示意图。在玻恩-奥本海默近似下,两个原子核在相距平衡位置 R_e 附近振动,另外还将组成距离为 R 的转子,绕质心转动。

当然,(10.2.9)式含有一个变量,就是核间距 R。作为能量的估算,我们认为原子核的间距可以用其势能函数的稳定平衡点 R_e 来代替。其物理意义是认为原子核在平衡点附近振动。因此分子转动能量为

$$E_J=\frac{J(J+1)\hbar^2}{2\mu R_e^2} \tag{10.2.10}$$

我们也常常写成

$$E_J=B_eJ(J+1) \tag{10.2.11}$$

其中

$$B_e=\frac{\hbar^2}{2\mu R_e^2} \tag{10.2.12}$$

称为转动常量,可以通过光谱测得,利用它也可以反推出平衡点 R_e 的值。从(10.2.11)式也可以看出,转动态能量的能级间隔是不均匀的。

数值估算

我们可以来估算一下 B_e 的大小。一般分子的平衡距离为几个玻尔半径,例如 $R_e\sim4a_0$,a_0 是玻尔半径。质量按 $\mu=10\ \mathrm{u}$ 计算,那么

$$B_e=\frac{\hbar^2}{2\mu R_e^2}\simeq h\times 11\ \text{GHz} \tag{10.2.13}$$

一般来说,分子低阶转动能级的频率间隔就是 GHz 的量级。

10.2.2 分子的振动能级

下面我们来求解原子核运动的径向部分波函数。将转动项求解的结果代入薛定谔方程,得到

$$\left[-\frac{\hbar^2}{2\mu R^2}\frac{\partial}{\partial R}\left(R^2\frac{\partial}{\partial R}\right)+U(R)+\frac{J(J+1)\hbar^2}{2\mu R^2}\right]\Phi(R)=E\Phi(R) \tag{10.2.14}$$

这是一个一维势阱问题,一旦知道分子势能曲线 $U(R)$,就可以容易地求解出这个运动方程,获得本征能量和本征函数。

一般来说,转动能量相对于振动能量来说要小很多。作为一个良好的近似,我们可以用转动能量

$$E_J=J(J+1)\hbar^2/2\mu R_e^2$$

来代替

$$J(J+1)\hbar^2/2\mu R^2$$

这样转动能量作为一个常量项加在总能量上。

做变换 $P(R)=R\Phi(R)$,并令 $E_\nu=E-E_J$,得到

$$\left[-\frac{\hbar^2}{2\mu}\frac{\partial^2}{\partial R^2}+U(R)\right]P(R)=E_\nu P(R) \tag{10.2.15}$$

它的本征态显然和 $U(R)$ 的函数形式有关系。作为近似,可以在平衡点附近将其展开到二阶

$$U(R)=U(R_e)+\frac{1}{2}\left(\frac{\partial^2 U}{\partial R^2}\right)_{R_e}(R-R_e)^2+\cdots \tag{10.2.16}$$

因为是在平衡点附近展开,因此势函数的一阶导数项为零。这里本质上是使用简谐势阱来近似,弹性系数

$$k=\left(\frac{\partial^2 U}{\partial R^2}\right)_{R_e} \tag{10.2.17}$$

对于一维简谐势阱,其本征能量为

$$E_\nu=\left(\nu+\frac{1}{2}\right)\hbar\omega_e \tag{10.2.18}$$

ν 是整数,能级之间是等间隔的。ω_e 是谐振子振荡频率,从二阶展开式得到

$$\omega_e=\sqrt{\frac{k}{\mu}}=\sqrt{\frac{1}{\mu}\frac{\partial^2 U}{\partial R^2}}\Bigg|_{R=R_e} \tag{10.2.19}$$

当然,这里使用了简谐函数来近似描述势能函数,它对于低阶振动态是不错的近似。但是对于高阶振动态,偏差就会大起来。真实的势函数显然会有非谐性,分子的振动能级也不会是完美的等间隔。一个更好的近似是使用莫尔斯(Morse)势函数来代替简谐近似:

$$U(R)=D_e\left[1-e^{-\beta(R-R_e)}\right]^2 \tag{10.2.20}$$

图 10.3 给出了莫尔斯势函数和简谐势函数的图像,D_e 是分子的电离能。求解莫尔斯势函

数给出振动能级为

$$E_\nu = \hbar\omega_e\left(\nu+\frac{1}{2}\right) - \hbar\omega_e x_e\left(\nu+\frac{1}{2}\right)^2 \tag{10.2.21}$$

参量的关系为

$$\begin{aligned} \omega_e &= \frac{\beta}{2\pi}\sqrt{\frac{2D_e}{\mu}} \\ \omega_e x_e &\simeq \frac{\omega_e^2}{4D_e} = \frac{\hbar^2\beta^2}{2\mu} \end{aligned} \tag{10.2.22}$$

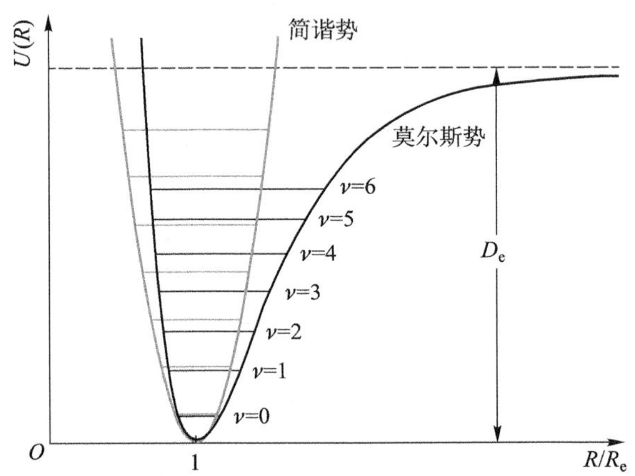

图 10.3　简谐势和莫尔斯势情况下振动能级的求解。

由于莫尔斯势函数是由少数几个参量决定的，因此通过光谱数据，可以反推得到合理的莫尔斯势函数。当然，必须说明，莫尔斯势函数也是一种近似，它在短程情况下比较符合实际，在长程时，对实际势函数的偏离也会变大。因此分子的振动光谱结构并不严格遵守(10.2.21)式，在更高精度的情况下，还有高阶项修正需要考虑。

数值估算

我们估算一下振动常量 ω_e 的量级。和转动常量估算类似，一般认为分子的平衡距离为几个玻尔半径，例如 $R_e\sim 4a_0$，a_0 是玻尔半径。电子的电离能 D_e 应该比氢原子小一些，量级估算为

$$D_e \sim hc\frac{R_\infty}{5} \sim \frac{1}{10}\frac{1}{4\pi\epsilon_0}\frac{e^2}{a_0} \tag{10.2.23}$$

根据玻恩-奥本海默近似，这个能量转化到双原子的振动能量上。将双原子分子的振动看成一个弹簧的振动，弹性系数为 k，量级上满足

$$\frac{1}{2}ka_0^2 \sim D_e \tag{10.2.24}$$

这样得到

$$k \sim \frac{1}{4\pi\epsilon_0}\frac{e^2}{5a_0^3} \tag{10.2.25}$$

于是得到分子振动频率的估算结果

$$\omega_e \sim \sqrt{\frac{k}{\mu}} \sim \sqrt{\frac{1}{4\pi\epsilon_0}\frac{e^2}{5a_0^3\mu}} \sim 2\pi c R_\infty \sqrt{\frac{m_e}{\mu}} \tag{10.2.26}$$

质量按 $\mu=10$ u 估算,代入数值,得到

$$\omega_e \sim 2\pi \times 22 \text{ THz} \sim 700 \text{ cm}^{-1} \tag{10.2.27}$$

振动能级之间的频率间隔在 10 THz 的量级。

我们也可以从莫尔斯势公式(10.2.22)式出发,电离能用 5 eV 估算,β 用 $1/a_0$ 来估计,也可以得到相同的量级估算。

由(10.2.22)式,我们还可以估算

$$\frac{\omega_e x_e}{\omega_e} \sim \frac{\omega_e}{4D_e} \sim 10^{-2} \tag{10.2.28}$$

表 10.1 给出了几种分子的基态振动常量,它们和数值估算结果在量级上是一致的。

表 10.1 几种分子基态的振动常量

分子	ω_e/cm^{-1}	$\omega_e x_e/\text{cm}^{-1}$
CaF	581	2.7
SrF	509	2.2
BaF	469	1.8

综上所述,分子中库仑相互作用产生电子态,频率间隔在 500 THz 量级。原子之间的振动产生振动态,频率间隔在 20 THz 量级。原子绕质心转动形成转动态,频率间隔在 10 GHz 量级。分子光谱在能量上具有非常明显的分层结构,如图 10.4 所示。

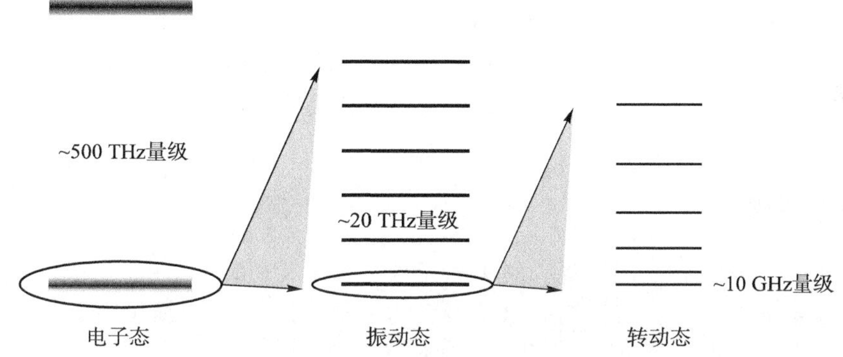

图 10.4 分子能级结构分层示意图。电子态、振动态、转动态能量在量级上差别很大。

10.2.3 转动能级修正

前面将转动能量作为一个常量来处理,而实际上转动能量是 $1/R$ 的函数。考虑这点会让势函数平衡位置发生微小移动,从而引起对转动能级的修正。势函数

$$U_{\text{eff}}(R) = U(R) + \frac{\hbar^2}{2\mu R^2} J(J+1) \tag{10.2.29}$$

将 $U(R)$ 在 $R=R_e$ 附近展开,并求 $\mathrm{d}U_{\text{eff}}/\mathrm{d}R=0$,得到新的平衡位置

$$R_0=R_e+\frac{\hbar^2}{\mu k}\frac{J(J+1)}{R_e^3}=R_e+\frac{\hbar^4}{2\mu^2}\frac{J(J+1)}{\omega_e^2R_e^3} \tag{10.2.30}$$

将新平衡位置代入转动能量公式，得到

$$E_J=\frac{\hbar^2}{2\mu R_0^2}J(J+1)\simeq B_eJ(J+1)-DJ^2(J+1)^2 \tag{10.2.31}$$

其中

$$D=\frac{\hbar^6}{2\mu^3R_e^6\omega_e^2}=\frac{4B_e^3}{\omega_e^2} \tag{10.2.32}$$

后一项就是离心势变形(centrifugal distortion)导致的能级移动，是转动能级的一阶修正。D 和 B_e 相比，相差 $4B_e^2/\omega_e^2$ 倍，而 B_e/ω_e 在 10^{-3} 量级，因此 D 一般比 B_e 小6个量级。对于低转动态，有时也可忽略此修正。

10.3 分子振转光谱

10.3.1 分子振转能级结构

综合前面讨论的分子的电子态、振动态和转动态，分子的能级为

$$E=E_e+E_\nu+E_J \tag{10.3.1}$$

振动能级

$$E_\nu/\hbar=\omega_e\left(\nu+\frac{1}{2}\right)-\omega_ex_e\left(\nu+\frac{1}{2}\right)^2+\omega_ey_e\left(\nu+\frac{1}{2}\right)^3+\cdots \tag{10.3.2}$$

其中 $\omega_e,\omega_ex_e,\omega_ey_e$ 都是振动光谱常量，可以由实验测得。而转动能级

$$E_J/\hbar=B_\nu J(J+1)-D_\nu J^2(J+1)^2+H_\nu J^3(J+1)^3+\cdots \tag{10.3.3}$$

其中 B,D,H 是转动光谱常量，和振动态 ν 有关。越往高阶，修正量越小，这里只使用一阶项来讨论。

10.3.2 分子光谱

上式给出的是分子的本征能级。而实际光谱实验中，测量的是两个能级的跃迁，其跃迁频率是对应能级的频率差。假设初态电子能级的量子数是 i'，振动量子数是 ν'，转动量子数为 J'，末态量子数分别为 $\{i'',\nu'',J''\}$，其跃迁频率为

$$\omega=\frac{E_e^{i''}-E_e^{i'}}{\hbar}+\frac{E_{\nu''}-E_{\nu'}}{\hbar}+\frac{E_{J''}-E_{J'}}{\hbar} \tag{10.3.4}$$

下面分几种情况来讨论分子的光谱结构。其中能级公式只取一阶项。

振转光谱

当电子态不发生改变时，振动态和转动态的跃迁导致了振转光谱。由于电子态不变，转动常量差别不大，可以近似认为 $B'=B''=B$。于是

$$\omega=\Delta\omega_\nu+B[J''(J''+1)-J'(J'+1)] \tag{10.3.5}$$

其中 $\Delta\omega_\nu$ 是振动态之间的频率差。后一项是转动态之间的频率差。

振转光谱有跃迁选择定则。分子的宇称是由转动态决定的,为$(-1)^J$。在电偶极跃迁中,量子态的宇称必须反转,因此 $\Delta J=0$ 是禁戒跃迁。另外,转动角动量也是角动量的一种,最终角动量跃迁需要满足三角不等式关系,导致跃迁选择定则为

$$\Delta J=\pm1 \tag{10.3.6}$$

对于 $\Delta J=+1$ 分支,$J''=J'+1$,称为 R 支,跃迁频率为

$$\omega=\Delta\omega_\nu+2BJ'' \tag{10.3.7}$$

对于 $\Delta J=-1$ 分支,$J''=J'-1$,称为 P 支,跃迁频率为

$$\omega=\Delta\omega_\nu-2BJ' \tag{10.3.8}$$

振转光谱的结构在频谱上是以 $\Delta\omega_\nu$ 为中心、等间隔分布的一系列谱线。由于电子态不发生变化,因此光谱频率基本由振动能级间的能级差决定,一般而言能量比较低,在红外波段。图 10.5 给出了 CO 分子的一个振转光谱。它的光谱强度的分布是由转动态布居分布,即温度决定的。

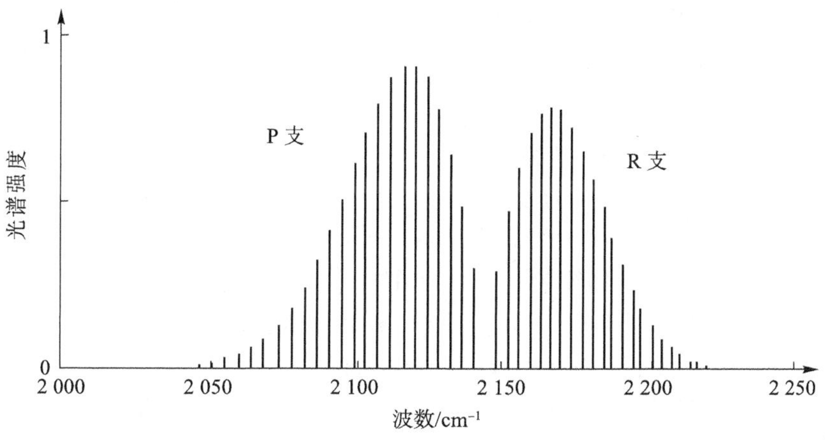

图 10.5 CO 分子的振转光谱。

电子振转光谱

更常见的情况是分子的电子态也发生了变化。这时候的分子光谱往往是可见光或者紫外波段,其跃迁频率为

$$\omega=\Delta\omega_{e\nu}+B''J''(J''+1)-B'J'(J'+1) \tag{10.3.9}$$

其中 $\Delta\omega_{e\nu}$是包含了电子态和振动态跃迁的频率差。

由于跃迁能级的电子态发生了变化,因此 B'和 B''可能差别比较大。这时转动量子数的跃迁选择定则为

$$\Delta J=0,\pm1\quad(0\leftrightarrow0\ \text{禁戒}) \tag{10.3.10}$$

图 10.6 给出了一个电子振转光谱的跃迁示意图。我们根据 ΔJ 的不同将光谱分成三支。

1. R 支: $\Delta J=+1$,$J''=J'+1$,光谱频率为

$$\begin{aligned}\omega&=\Delta\omega_{e\nu}+B''(J'+1)(J'+2)-B'J'(J'+1)\\&=\Delta\omega_{e\nu}+2B''+(3B''-B')J'+(B''-B')J'^2\end{aligned} \tag{10.3.11}$$

2. P 支：$\Delta J=-1, J''=J'-1$，光谱频率为

$$\omega=\Delta\omega_{ev}+B''(J'-1)J'-B'J'(J'+1)$$
$$=\Delta\omega_{ev}-(B''+B')J'+(B''-B')J'^{2} \tag{10.3.12}$$

3. Q 支：$\Delta J=0, J''=J'$，光谱频率为

$$\omega=\Delta\omega_{ev}+B''J'(J'+1)-B'J'(J'+1)$$
$$=\Delta\omega_{ev}+(B''-B')J'+(B''-B')J'^{2} \tag{10.3.13}$$

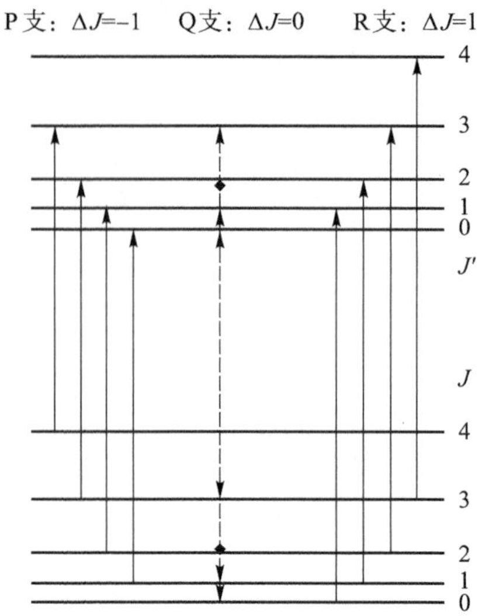

它们都是关于转动量子数的二次函数，跟 B'' 和 B' 之间大小有关。一种更紧凑的写法是：定义

$$a=B'+B'',\quad b=B'-B'' \tag{10.3.14}$$

三个分支可以写成如下形式，其中 P 支和 R 支可以合并：

$$\omega=\begin{cases}\omega_{ev}+am+bm^{2}, & \text{P 支和 R 支}\\ \omega_{ev}+bm+bm^{2}, & \text{Q 支}\end{cases} \tag{10.3.15}$$

图 10.6　电子振转光谱的不同分支跃迁示意图。

这一公式也叫福特雷脱（Fortrat）抛物线。其中三个分支的 m 取值分别为

$$m_{\mathrm{P}}=-J,\quad m_{\mathrm{R}}=J+1,\quad m_{\mathrm{Q}}=+J \tag{10.3.16}$$

J 是下能级的转动量子数。如果对能量和 m 的关系作图，如图 10.7 所示，会出现抛物线型。根据 b 值是正值还是负值，抛物线的开口可以在左边，也可以在右边。

对于某一个分子光谱，可以用（10.3.15）式来进行拟合，如图 10.7 所示。在此表示下，纷繁复杂的分子光谱可以用理论给出较好的解释，拟合出光谱常量。其中能级的转折点称为带头（band head），在光谱上会表现为非常密集的谱线，是分子光谱一个重要特征。

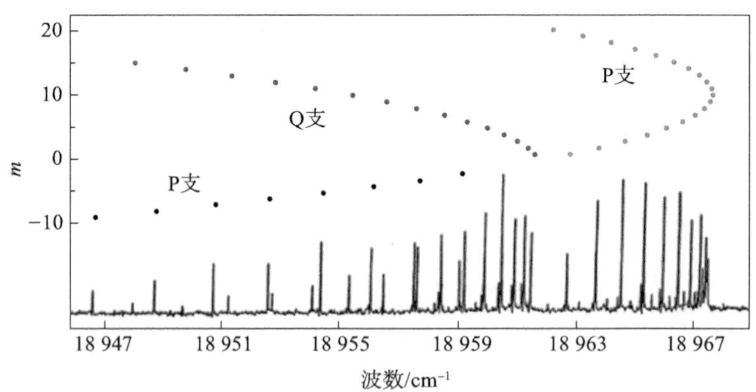

图 10.7　RuC 分子光谱图和振转能谱标记。下面是光谱数据，上面的点是根据福特雷脱公式计算出来的。

10.3.3　跃迁强度

在光谱数据中，除了跃迁的频率信息，还有跃迁的强度信息。我们应该如何来理解跃迁

强度的分布呢?

以吸收光谱为例,出射光和入射光满足比尔(Beer)法则

$$\frac{I}{I_0}=\exp(-k_\nu L) \tag{10.3.17}$$

其中 L 是光在介质中传播的长度,系数

$$k_\nu \propto n_i f_{ij} \tag{10.3.18}$$

其中 n_i 是原子或者分子下能级的布居数,f_{ij}称为振子强度。因此谱线的跃迁强度跟布居分布和振子强度息息相关。

先看布居的问题。粒子的布居分布由温度决定,经典情况下满足玻耳兹曼分布。由于分子的振动态能级间隔比较大(通常在 THz 量级),一般来说,温度不太高时①,分子布居基本上集中在 $\nu=0$ 态。振动量子数增加,布居急剧减少。

而对于转动态,能级间隔在 GHz 量级,远小于室温对应的能量,因此会有很多转动态有可观的布居。在计算转动态 J 的布居时,需要考虑它的简并度,有 $2J+1$ 个磁子能级,因此转动态的布居分布满足

$$n_J \propto (2J+1)\mathrm{e}^{-BJ(J+1)/k_BT} \tag{10.3.19}$$

图 10.8 给出了 BaF 分子在室温下的振动态和转动态布居图。可以看到,在室温下,有少数几个振动态上有布居,而有可观布居的振动态则非常多。

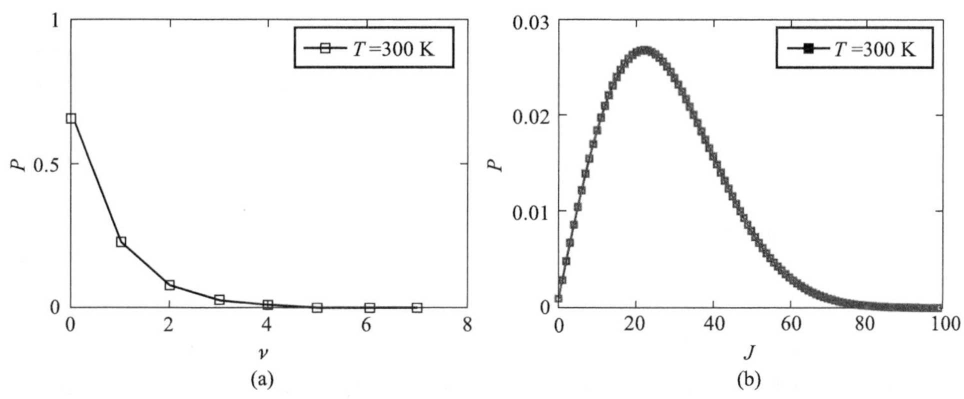

图 10.8 室温下 BaF 分子的振动态和转动态的布居分布情况。(a) 振动态布居分布。(b) 转动态布居分布。

第二个是振子强度f_{ij},它实际上是跃迁矩阵元的平方。在玻恩-奥本海默近似下,分子的波函数写成电子波函数和原子核波函数部分的乘积

$$\psi_m=\psi_e\psi_N \tag{10.3.20}$$

而电偶极跃迁矩阵元的计算只和电子波函数有关,可以把原子核的波函数部分提出来,偶极跃迁矩阵元写为

$$\begin{aligned} d_{if}&=\langle\psi_m^f\mid d\mid\psi_m^i\rangle=\langle\psi_e^f\psi_N^f\mid d\mid\psi_e^i\psi_N^i\rangle \\ &=\langle\psi_N^f\mid\psi_N^i\rangle\langle\psi_e^f\mid d\mid\psi_e^i\rangle \end{aligned} \tag{10.3.21}$$

① 比如室温下 $T=300$ K,$k_BT\simeq h\times6$ THz。温度对应的能量比振动能级之间的间隔小,因此高振动态布居很少。

其中$\langle \psi_e^f \mid d \mid \psi_e^i \rangle$部分和原子情况类似,有它的跃迁选择定则。同时,相对于原子,多出来原子核波函数交叠部分,它的平方称为弗兰克-康登(Franck-Condon)系数(FCF):

$$q_{ij} = |\langle \psi_N^f \mid \psi_N^i \rangle|^2 \tag{10.3.22}$$

其表征了不同振动态之间跃迁的强度之比。

弗兰克-康登系数由跃迁的分子态的原子核波函数的交叠积分决定。而原子核波函数由分子的势能曲线决定。在分子势阱底部附近,振动量子数较小时,可以用简谐势阱来近似,如图10.9所示。如果两个简谐势阱一致(中心位置和势阱频率),不同振动量子数的波函数相互之间是正交的,交叠积分为零,只有$\nu \to \nu'$的跃迁存在,跃迁对于振动量子数选择性强。

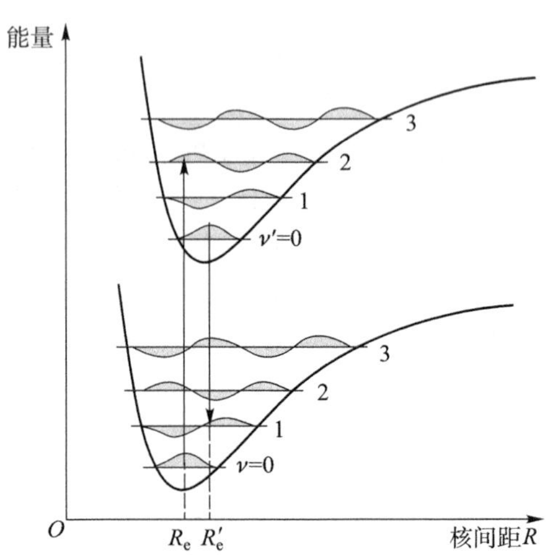

图10.9 弗兰克-康登(Franck-Condon)系数图示。原子核波函数由分子势能曲线决定。不同振动态的交叠积分决定了弗兰克-康登系数。

要破坏这种正交性,有两种选择。第一是简谐势阱的频率不一样,第二是平衡点位置移动。这些和分子的具体性质有关。一般来说,振动量子数相差越大,弗兰克-康登系数越小。对于某些分子,其跃迁的上下能级势能曲线非常接近,因此其跃迁对振动量子数的选择性很强,可以用来构建分子振动态之间的循环跃迁,这是分子激光冷却的一个光谱学基础。

10.4 势能曲线的确定

分子势能曲线对于分子能级的确定具有重要意义。知道分子势能曲线后,就可以求解薛定谔方程得到分子的各种性质。例如从莫尔斯势函数出发,我们求得了振动光谱。但是如何获得分子势能曲线却是一个问题。理论上讲可以从量子力学角度出发,从头算得分子势能曲线,但是这种方案计算精度不高,理论给出的光谱精度很差。

解决这一问题的一个思路是反过来想,既然光谱测量的精度比理论计算高很多,能不能从光谱数据出发,构建出分子的势函数。数学上看,这是薛定谔方程求解的逆问题。为此,科学家发展出了一种里德伯-克莱-里斯(Rydberg-Klein-Rees,RKR)方法,利用高精度的分子光谱数据来确定分子的势能曲线。

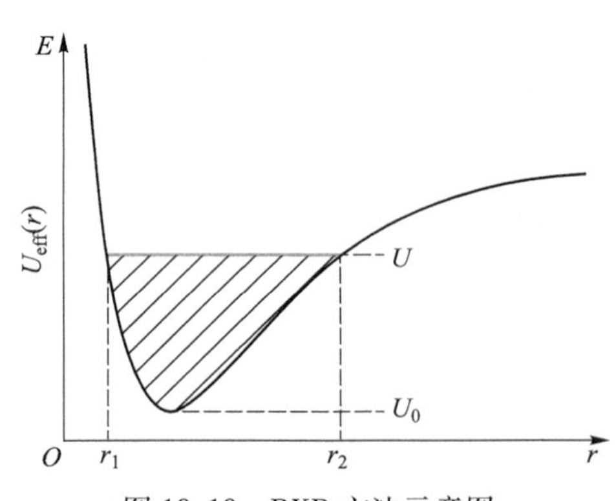

图10.10 RKR方法示意图。

RKR方法使用了半经典的WKB量子化条件。如图10.10所示,一个质量为μ的粒子在一维势阱$U_{\mathrm{eff}}(r)$中运动,其本征能量E要满足量子化条件

$$\frac{1}{\pi\beta}\int_{r_1}^{r_2}\mathrm{d}r[E-U_{\mathrm{eff}}(r)]^{1/2}=\nu+\frac{1}{2} \tag{10.4.1}$$

其中 $\beta^2=\hbar^2/2\mu$，$r_1(\nu)$，$r_2(\nu)$ 是能量 E 和 $U_{\mathrm{eff}}(r)$ 的两个交点，ν 为非负整数。这一公式，只涉及本征能量，不涉及波函数，非常适合求解本问题。对于双原子分子，分子势能曲线为

$$U_{\mathrm{eff}}(r)=U_0(r)+\frac{J(J+1)\beta^2}{r^2}=U_0(r)+\frac{K}{r^2} \tag{10.4.2}$$

假设通过光谱测量已经知道一系列本征能量 E，目的是构造出 $U_{\mathrm{eff}}(r)$ 来满足量子化条件。可以想象，ν 从最小值往上走，每走一步量子化条件都对势能曲线进行限制，正是这种强限制最终给出了整个势能曲线。

RKR 方法用到了一些数学技巧。如图 10.10 所示，对于某一个能量 U，它和势能曲线相交，组成的封闭面积用阴影部分画出来了。用积分表示，为

$$A(U,K)=\int_{r_1}^{r_2}[U-U_{\mathrm{eff}}(r)]\mathrm{d}r \tag{10.4.3}$$

如果对 U 进行微分

$$\left(\frac{\partial A}{\partial U}\right)_K=\int_{r_1}^{r_2}1\mathrm{d}r=r_2-r_1 \tag{10.4.4}$$

如果对 K 进行微分

$$\left(\frac{\partial A}{\partial K}\right)_U=\int_{r_1}^{r_2}\frac{1}{r^2}\mathrm{d}r=\frac{1}{r_1}-\frac{1}{r_2} \tag{10.4.5}$$

如果知道了 $(\partial A/\partial U)_K$ 和 $(\partial A/\partial K)_U$，就马上可以求得 r_1 和 r_2。而对于任意的 U，如果知道了交点 r_1 和 r_2，就可以构造出 $U_{\mathrm{eff}}(r)$ 的曲线。所以问题就变成如何求得这两项。

一个办法是将(10.4.3)式中的 $U_{\mathrm{eff}}(r)$ 从积分中去掉。我们已知的是量子化条件(10.4.1)式。为了使用这个量子化条件，需要用到欧拉积分公式

$$\int_a^b\left(\frac{x-a}{b-x}\right)^{1/2}\mathrm{d}x=\int_b^a\left(\frac{b-x}{x-a}\right)^{1/2}\mathrm{d}x=\frac{\pi}{2}(b-a) \tag{10.4.6}$$

这样

$$U-U_{\mathrm{eff}}(r)=\frac{2}{\pi}\int_U^{U_{\mathrm{eff}}(r)}\left(\frac{E-U_{\mathrm{eff}}(r)}{U-E}\right)^{1/2}\mathrm{d}E \tag{10.4.7}$$

于是面积等于

$$\begin{aligned}A(U,K)&=\frac{2}{\pi}\int_{r_1}^{r_2}\mathrm{d}r\int_U^{U_{\mathrm{eff}}(r)}\left(\frac{E-U_{\mathrm{eff}}(r)}{U-E}\right)^{1/2}\mathrm{d}E\\&=\frac{1}{\pi}\int_{U_0}^{U}(U-E)^{-1/2}\mathrm{d}E\int_{r_1}^{r_2}[E-U_{\mathrm{eff}}(r)]^{1/2}\mathrm{d}r\end{aligned} \tag{10.4.8}$$

为了使用量子化条件，我们要求 E 是分子的本征能量，于是

$$\begin{aligned}A(U,K)&=2\beta\int_{U_0}^{U}\left(\nu+\frac{1}{2}\right)(U-E)^{-1/2}\mathrm{d}E\\&=2\beta\int_{U_0}^{U}\left(\nu+\frac{1}{2}\right)\mathrm{d}(U-E)^{1/2}\\&=2\beta\int_{-1/2}^{\nu}(U-E)^{1/2}\,\mathrm{d}\nu\end{aligned} \tag{10.4.9}$$

此时对 ν 进行积分是作为一个连续变量进行的。此积分 $A(U,K)$ 中就不包含 $U_{\text{eff}}(r)$ 函数了，只要知道本征能量 E 和 ν 的关系 $E(\nu,J)$，就可以求得此积分。

下面进一步求 $(\partial A/\partial U)_K$ 和 $(\partial A/\partial K)_U$，

$$\frac{\partial A}{\partial U}=2\beta\int_{-1/2}^{\nu}(U-E(\nu',J))^{-1/2}\mathrm{d}\nu' \tag{10.4.10}$$

$$\frac{\partial A}{\partial J}=2\beta\int_{-1/2}^{\nu}(U-E(\nu',J))^{-1/2}\frac{\partial E(\nu',J)}{\partial J}\mathrm{d}\nu' \tag{10.4.11}$$

而其中

$$\frac{\partial E(\nu,J)}{\partial J}=\frac{\partial}{\partial J}[B(\nu)J(J+1)-D(\nu)J^2(J+1)^2+\cdots] \tag{10.4.12}$$

当取 $J=0$ 时，有

$$\frac{\partial E(\nu,0)}{\partial J}=B(\nu) \tag{10.4.13}$$

刚好等于转动常量。$B(\nu)$ 一般来说和振动态 ν 有关。有时候在低阶近似下，也认为它和振动态无关。于是

$$\frac{\partial A(E,0)}{\partial J}=2\beta\int_{-1/2}^{\nu}B(\nu')(U-E)^{-1/2}\mathrm{d}\nu' \tag{10.4.14}$$

而

$$\frac{\partial A}{\partial K}=\frac{\partial A}{\partial J}\frac{\partial J}{\partial K}=\frac{1}{\beta^2}\frac{1}{2J+1}\frac{\partial A}{\partial J} \tag{10.4.15}$$

因此对于 $J=0$，得到

$$r_2-r_1=2\beta\int_{-1/2}^{\nu(U)}\frac{\mathrm{d}\nu'}{[U-E(\nu')]^{1/2}}=2F(\nu) \tag{10.4.16}$$

$$\frac{1}{r_1}-\frac{1}{r_2}=\frac{2}{\beta}\int_{-1/2}^{\nu(U)}\frac{\mathrm{d}\nu' B(\nu')}{[U-E(\nu')]^{1/2}}=2G(\nu) \tag{10.4.17}$$

对于任意一个 U，积分的上限是 ν，满足 $U=E(\nu)$。$F(\nu)$ 和 $G(\nu)$ 是关于 ν 的函数，也可以认为是关于 U 的函数。联立上面两式，得到

$$r_1=\left[F(\nu)^2+\frac{F(\nu)}{G(\nu)}\right]^{1/2}-F(\nu) \tag{10.4.18}$$

$$r_2=\left[F(\nu)^2+\frac{F(\nu)}{G(\nu)}\right]^{1/2}+F(\nu) \tag{10.4.19}$$

这样对于不同的 ν，画出 r_1,r_2，把这些点连起来就构成了势能曲线。因此只要通过光谱测量得到本征能量，就可以通过这个算法算出势能曲线。

作为一个最简单的近似，我们使用(10.2.21)式和(10.2.31)式，将能量的表达式近似成

$$E(\nu,J)=\omega_e\left(\nu+\frac{1}{2}\right)-\omega_e x_e\left(\nu+\frac{1}{2}\right)^2+B_eJ(J+1)-\alpha_eJ(J+1)\left(\nu+\frac{1}{2}\right) \tag{10.4.20}$$

这里忽略了高阶项 $D_eJ^2(J+1)^2$，加上了一个振动和转动耦合的 α_e 项，通常也很小。这些常量都可以通过光谱测量给出。将此式代入(10.4.16)式和(10.4.17)式，就可以得到 F 和 G 的表达式。对于某个 U 值，有

$$F=\left(\frac{h}{8\pi^2\mu c}\right)^{1/2}\frac{1}{\sqrt{\omega_e x_e}}\ln W \tag{10.4.21}$$

$$G=\left[\frac{2\pi^2\mu c}{h(\omega_e x_e)^3}\right]^{1/2}\{2\alpha_e\sqrt{\omega_e x_e[U-B_eJ(J+1)]}+[2\omega_e x_e B_e-\alpha_e\omega_e]\ln W\} \tag{10.4.22}$$

其中

$$W=\frac{\{[\omega_e-\alpha_eJ(J+1)]^2-4\omega_e x_e[U-B_eJ(J+1)]\}^{1/2}}{\omega_e-\alpha_eJ(J+1)-[4\omega_e x_e(U-B_eJ(J+1))]^{1/2}} \tag{10.4.23}$$

代入公式(10.4.18)式和(10.4.19)式，就得到 $r_1(U)$，$r_2(U)$。扫描 U 就得到势能曲线。

作为一个应用例子，我们来计算一下 BaF 的分子势能曲线。表 10.2 给出的 BaF 分子基态 $X^2\Sigma$ 和激发态 $A^2\Pi$ 的常见的光谱常量。

表 10.2 BaF 分子的基态和激发态的分子光谱常量。其中给出的值的单位为 cm^{-1}。

	$X^2\Sigma$	$A^2\Pi$
T_e	0	11 962.174
A_e		632.409
α_A		−0.506 8
ω_e	469.416 1	437.899
$\omega_e\chi_e$	1.837 27	1.854
$\alpha_e\times10^3$	1.163 575	1.256 3
B_e	0.216 529 67	0.212 416

RKR 方法需要输入的参量是振动能级的结构和转动常量。为此选取相关的分子光谱常量$\{\omega_e,\omega_e x_e,B_e,\alpha_e\}$，代入(10.4.21)式-(10.4.23)式中，利用数值计算软件，分别得到 $X^2\Sigma$ 和 $A^2\Pi$ 态的分子势能曲线，图 10.11(a)展示了 $J=0$ 时的情况。基态和激发态的势能曲线略有不同，基态在平衡点附近被束缚得更紧一些，这和表 10.2 中基态的振动常量 ω_e 略大一些相一致。

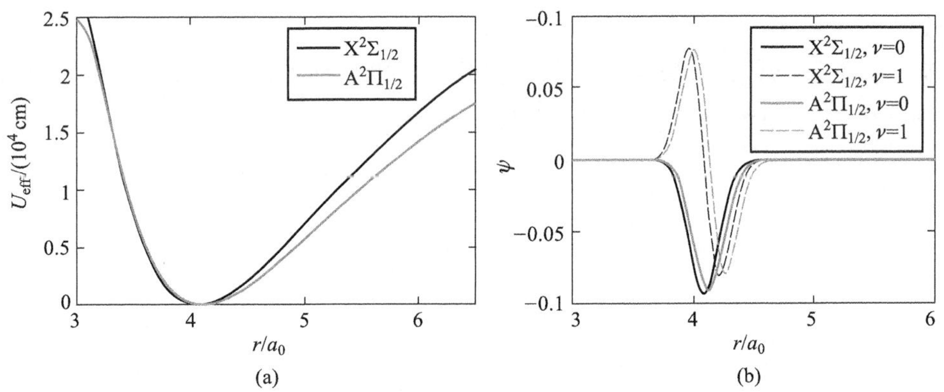

图 10.11 (a) 利用 RKR 方案计算的 BaF 分子的势能曲线。(b) 此势能曲线下的最低阶的两个本征态波函数。从波函数的交叠积分数值计算得到 A→X 跃迁的弗兰克-康登系数 $q_{00}=0.951$，$q_{01}=0.047$。

有了分子势能曲线 $U_{\mathrm{eff}}(r)$，就可以数值求解薛定谔方程，计算分子的原子核部分本征波函数 ψ_N。考虑 $J=0$，只关心径向波函数部分，使用(10.2.15)式，重新写出定态薛定谔方程

$$-\frac{\hbar^2}{2m}\frac{\mathrm{d}^2\Psi}{\mathrm{d}r^2}+U_{\mathrm{eff}}(r)\Psi=E\Psi \tag{10.4.24}$$

其中 $\psi_N=(\Psi/r)\ Y_{00}$。下面用数值方法近似求解薛定谔方程，用差分代替微分

$$\frac{\mathrm{d}^2\Psi}{\mathrm{d}r^2}=\frac{\Psi(r+d)+\Psi(r-d)-2\Psi(d)}{d^2} \tag{10.4.25}$$

其中 d 是差分距离，可以根据计算精度来选取，相对于波函数扩展必须是一个小量。于是薛定谔方程变成

$$E\Psi(r)=-\frac{\hbar^2}{2md^2}[\Psi(r+d)+\Psi(r-d)-2\Psi(d)]+U_{\mathrm{eff}}(r)\Psi(r) \tag{10.4.26}$$

于是它转化成一个无限维矩阵的本征值和本征态问题。等效哈密顿量矩阵为

$$H_{\mathrm{vib}}=\begin{pmatrix} U_{\mathrm{eff}}(0)-\frac{\hbar^2}{md^2} & \frac{\hbar^2}{2md^2} & 0 & \cdots & \cdots \\ \frac{\hbar^2}{2md^2} & U_{\mathrm{eff}}(d)-\frac{\hbar^2}{md^2} & \frac{\hbar^2}{2md^2} & 0 & \cdots \\ 0 & \frac{\hbar^2}{2md^2} & U_{\mathrm{eff}}(2d)-\frac{\hbar^2}{md^2} & \frac{\hbar^2}{2md^2} & \cdots \\ 0 & 0 & \frac{\hbar^2}{2md^2} & U_{\mathrm{eff}}(3d)-\frac{\hbar^2}{md^2} & \cdots \\ \cdots & \cdots & \cdots & \frac{\hbar^2}{2md^2} & \cdots \end{pmatrix} \tag{10.4.27}$$

当然，对于数值计算，不需要真的计算无限维矩阵。根据所关心的波函数扩展情况，只需要在平衡点附近一段距离截断，获得有限维度的矩阵。将此矩阵对角化就获得本征能量和本征波函数。

根据(10.3.22)式，描述分子在不同振动态之间跃迁强度的弗兰克-康登系数的定义为 $q_{ij}=|\langle\psi_N^f|\psi_N^i\rangle|^2$，而 $\psi_N=(\Psi/r)\ \mathrm{Y}_{00}$，因此

$$\begin{aligned} q_{ij} &= \left|\int_0^{+\infty}\int_0^{\pi}\int_0^{2\pi} r^2\sin\ \theta\psi_N^f\psi_N^i\mathrm{d}r\mathrm{d}\theta\mathrm{d}\phi\right|^2 \\ &= \left|\int_0^{+\infty}\Psi^f(r)\Psi^i(r)\mathrm{d}r\right|^2 \\ &= |\langle\Psi^f|\Psi^i\rangle|^2 \end{aligned} \tag{10.4.28}$$

对数值求解获得的波函数 Ψ 进行交叠积分就得到弗兰克-康登系数。图 10.11(b)给出了几个数值计算的低阶本征波函数。可以看到，基态和激发态的本征波函数略有差别。这也导致两个属于不同电子态、不同振动量子数的本征波函数不能很好地正交，存在交叠积分。

10.5 电子运动和转动的耦合:洪德耦合情况

10.5.1 分子电子态

在原子中用$^{2S+1}L_J$来表示原子的电子态,其中 L 是电子的轨道角动量量子数,S 是电子自旋量子数。自旋-轨道耦合形成电子总角动量 J。因为原子具有球对称性,原子的电子自旋 $\boldsymbol{S}$、电子轨道角动量 $\boldsymbol{L}$ 和总角动量 $\boldsymbol{J}$ 是好量子数,这些量子数决定了原子量子态的能量。

但是在双原子分子中,情况有所不同,并且变得更复杂了。一般来说双原子分子中分子轴向静电相互作用很强。此时球对称性被打破,分子具有绕分子轴的轴向对称性。因此 $\boldsymbol{L}$ 不再是好量子数,而它们沿分子轴上的投影变成了好量子数,用 Λ 来表示。当 Λ 取值分别为 0,1,2,…时,分别称其为$\sum$,Π,Δ,…态。

分子中所有电子自旋耦合出总自旋 $\boldsymbol{S}$,因此电子态具有 $2S+1$ 多重性。当 $\Lambda\neq0$ 时,电子的轨道运动产生一个沿分子轴向的磁场,导致 $\boldsymbol{S}$ 也绕分子轴向进动。这样 $\boldsymbol{S}$ 沿分子轴上的投影是量子化的,记为 Σ,Σ 的取值为

$$\Sigma=S,\ S-1,\ \cdots,\ -S \tag{10.5.1}$$

共 $2S+1$ 个值。

和原子中的轨道-角动量耦合类似,对于 $\Lambda\neq0$ 的态,存在自旋-轨道耦合,电子总角动量为

$$\boldsymbol{\Omega}=\boldsymbol{\Sigma}+\boldsymbol{\Lambda} \tag{10.5.2}$$

由于强电场的存在,使得 $\boldsymbol{\Sigma}$ 和 $\boldsymbol{\Lambda}$ 都沿分子轴,因此 Ω 实际上是 $\boldsymbol{\Lambda}$ 和 Σ 的代数和

$$\Omega=|\Lambda+\Sigma| \tag{10.5.3}$$

它有 $2S+1$ 个分支。

分子的电子态通常用分子电子谱项

$$^{2S+1}\Lambda_{\Omega}^{+/-} \tag{10.5.4}$$

来表示。其中+/-代表的是分子空间波函数的宇称。Λ,Σ,Ω 分别是分子电子轨道角动量、自旋角动量和总角动量在分子轴的投影,S 是电子自旋角动量。然后我们常常还会看到在电子谱项前面加上 X,a,b,1,2 等,这是势能曲线的表示。其中 X 表示分子的最低电子态势函数。之后的势函数,基态依次标记为 a,b,c,…,激发态依次标记为 1,2,3,…。

10.5.2 洪德耦合情况

前面我们求解了双原子分子的电子态、振动态、转动态的基本情况,给出了分子光谱的基本结构。当然实际分子的能级结构远较这些复杂,会存在不同量子数的耦合。对于电子态,涉及电子的轨道角动量 $\boldsymbol{L}$ 和电子自旋角动量 $\boldsymbol{S}$,现在又多了一个转动角动量 $\boldsymbol{R}$。转动角动量如何和电子态的角动量耦合?这就涉及洪德耦合情况(Hund's coupling case)。洪德耦合情况是一定条件下的理想模型,虽然真实分子不一定完全满足这些条件,但是洪德耦合规则非常有助于我们理解光谱的结构,也为定量计算提供了一个有用的基矢。当然,分子中还

存在核自旋 $\boldsymbol{I}$,但是这个耦合更弱一些,我们在讲超精细能级时再引入。

表 10.3 列出了双原子分子中涉及的角动量的符号和其物理意义。这些量子数有的时候是好量子数,有的时候不是,要根据具体的耦合情况来判断。

表 10.3　双原子分子中涉及的角动量符号和其物理意义

$\boldsymbol{L}$	电子轨道角动量
$\boldsymbol{S}$	电子自旋角动量
$\boldsymbol{R}$	原子核的转动角动量
$\boldsymbol{N}$	除电子自旋外的总角动量 $\boldsymbol{N}=\boldsymbol{R}+\boldsymbol{L}$
$\boldsymbol{J}$	总角动量 $\boldsymbol{J}=\boldsymbol{R}+\boldsymbol{L}+\boldsymbol{S}$

在考虑角动量耦合时,有几个重要的能量尺度。一个是自旋-轨道耦合强度,用 $A\Lambda$ 来描述,其中 A 是耦合系数,Λ 是轨道角动量的投影。一个是转动能量的大小,用 BJ 来描述,其中 B 是转动常量。还有一个是分子轴上的静电相互作用强度,用 ΔE_{el}来表示。最常见的情况就是 ΔE_{el}比另外两个能量尺度要大得多,这分别对应洪德耦合情况(a)和(b),我们下面会详细讨论一下。当然,也有一些特殊情况中,ΔE_{el}很小,比如说一些很重的分子、高激发的里德伯态、近解离情况等等,对应的是洪德耦合情况(c)(d)(e),我们这里暂不讨论。

在 ΔE_{el}很大的时候,根据对自旋-轨道耦合强度 $A\Lambda$ 和转动能量大小 BJ 的比较,我们将洪德耦合情况分为(a)和(b)。

$$\begin{cases} A\Lambda \gg BJ, & \text{洪德耦合情况(a)} \\ BJ \gg A\Lambda, & \text{洪德耦合情况(b)} \end{cases} \tag{10.5.5}$$

一般情况下,如果 $\Lambda \neq 0$,自旋-轨道耦合的强度要比转动能量大,属于洪德耦合情况(a)。而常见的洪德耦合情况(b)中 $\Lambda=0$,这时候不存在自旋-轨道耦合,自然地属于洪德耦合情况(b)。

洪德耦合情况(a)

洪德耦合情况(a)(Hund's case a)对应的是 $\Lambda\neq 0, S\neq 0$,自旋-轨道耦合比较强,而核的转动能量比较小,$\Lambda \gg BJ$。如图 10.12 所示,分子轴上的静电相互作用很强,轨道角动量 $\boldsymbol{L}$ 被强烈耦合到分子轴上,好量子数是其投影 Λ。洪德耦合情况(a)下自旋-轨道耦合比较强,因此电子自旋也被强烈地耦合到分子轴上,好量子数也变成其在分子轴上的投影 $\boldsymbol{\Sigma}$。因此 Λ 和 Σ 先耦合成 $\Omega=\Lambda+\Sigma$,然后再和转动角动量 $\boldsymbol{R}$ 耦合成 $\boldsymbol{J}=\boldsymbol{R}+\boldsymbol{\Omega}$。当然,如果再考虑超精细结构,$\boldsymbol{J}$ 和核自旋 $\boldsymbol{I}$ 将耦合成总角动量 $\boldsymbol{F}$。

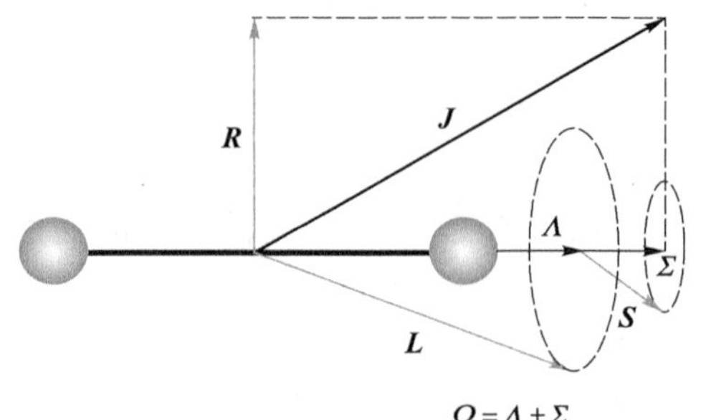

图 10.12　洪德耦合情况(a)的耦合示意图。

$\boldsymbol{L}$ 和 $\boldsymbol{S}$ 沿分子轴的转动比 $\boldsymbol{\Omega}$ 和 $\boldsymbol{R}$ 绕 $\boldsymbol{J}$ 的进动快得多。并且 $\boldsymbol{L}$ 和 $\boldsymbol{S}$ 绕分子轴有两个大小相等、但是方向相反的转动,对应的投影分别为$\pm\Lambda$ 和$\pm\Sigma$。对应的耦合起来的角动量也有两个值$\pm\Omega$。这两个态能量是简并的,称为 Λ 双重态,或者 Ω 双重态。当然,后面我们会讲到,这个简并由于其他量子数和转动的耦合会被打破。

在洪德耦合情况(a)下,角动量的好量子数分别为$\{\Lambda;S,\Sigma;\Omega,J,M_J\}$。因此我们可以用$|\eta,\Lambda;S,\Sigma;J,\Omega,M_J\rangle$来标志洪德耦合情况(a)下的本征波函数。其中$\eta$代表其他没有标志出来的好量子数,比如分子的电子态、振动态量子数。值得一提的是,洪德耦合情况(a)是一个解耦基矢,$\boldsymbol{L}$和$\boldsymbol{S}$在沿分子轴的方向上是独立的。此时转动能量为

$$H_{\mathrm{rot}}=BR^2=B(J-L-S)^2 \tag{10.5.6}$$

洪德耦合情况(a)对应的是$\Lambda\gg BJ$,在极限情况下,系统有$2S+1$个精细结构态,由Ω描述,自旋轨道能量为$A\Lambda\Sigma$。每个精细结构上有一系列的转动态,相对能量为$BJ(J+1)$,最低转动态$J=\Omega$。当然,如果J很大,洪德耦合情况(a)也就不是那么严格成立了。

洪德耦合情况(b)

洪德耦合情况(b)对应的是自旋-轨道耦合很弱的情况。常见的情况是$\Lambda=0,S\neq0$。因为$\Lambda=0$,自旋-轨道耦合不存在了,自旋不再被核间轴束缚,这时候也不存在Ω了。在某些情况下,即使$\Lambda\neq0$,但是自旋和核间轴的耦合很弱,这时候也不能用洪德耦合情况(a),而要用洪德耦合情况(b)。

图10.13给出了两种常见的洪德耦合情况(b)的示意图。图10.13(a)中展示的是$\Lambda=0$的情况。由于不存在自旋-轨道耦合,因此我们需要使用S。电子角动量$\boldsymbol{J}$由电子自旋角动量$\boldsymbol{S}$和转动角动量$\boldsymbol{R}$合成,$\boldsymbol{J}=\boldsymbol{R}+\boldsymbol{S}$。图10.13(b)给出的是$\Lambda\neq0$,但是自旋-轨道耦合很弱的情况。$\boldsymbol{L}$绕核间轴快速进动,投影$\Lambda$是好量子数,$\boldsymbol{\Lambda}$和$\boldsymbol{R}$耦合形成$\boldsymbol{N}$,然后$\boldsymbol{N}$再和$\boldsymbol{S}$耦合成总角动量$\boldsymbol{J}$。这时候角动量的好量子数为$\{\Lambda,N,S,J,M_J\}$,波函数可以写成$|\eta,\Lambda;N,S,J,M_J\rangle$。此时转动能量

$$H_{\mathrm{rot}}=BR^2=B(N-L)^2 \tag{10.5.7}$$

转动能级能量为$BN(N+1)$,N最小取值为$N=\Lambda$。进一步考虑转动和自旋的耦合,等效哈密顿量$\gamma\boldsymbol{N}\cdot\boldsymbol{S}$将能级劈裂出更多的细致能级,我们后面再详细讨论。

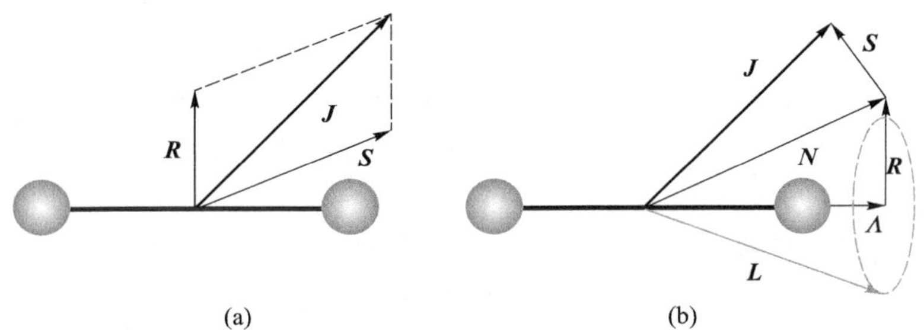

图10.13 洪德耦合情况(b)的两种典型示意图。其中(a)表示的是$\Lambda=0$的情况,这时候不存在自旋-轨道耦合。(b)表示虽然$\Lambda\neq0$,但是自旋-轨道耦合很弱,这时候仍然属洪德耦合情况(b)。

基矢转换

洪德耦合情况给出的是某种理想条件下的耦合规则,实际上更普遍的情况是分子内部的耦合介于两者之间。即使对同一个分子的电子态,转动量子数增加,耦合情况也可能发生变化。但是我们仍然可以从某个理想的洪德耦合情况出发,选择其为基矢来展开量子态,从

而进行计算。实际上,不同的洪德耦合情况的基矢之间是可以变换的。

对于洪德耦合情况(b)和洪德耦合情况(a),可以利用3j符号,由下式转换

$$|\eta,\Lambda;N,S,J\rangle=\sum_{\Sigma=-S}^{+S}(-1)^{J-S+\Lambda}(2N+1)^{1/2}\begin{pmatrix}J & S & N\\ \Omega & -\Sigma & -\Lambda\end{pmatrix}|\eta,\Lambda;S,\Sigma;J,\Omega\rangle \tag{10.5.8}$$

10.6　斯塔克效应

原子、分子在外场中能级会产生移动。在静磁场中能级的移动称为塞曼效应,在静电场中能级的移动称为斯塔克(Stark)效应。历史上,塞曼效应很早就通过实验发现了(1896年)。人们自然想到电场也会引起能级移动,但是斯塔克效应却过了很久才被发现(1913年)。对于原子来说,电场引起的斯塔克位移一般很小,难以观测到。除了处于高激发的里德伯原子,用电场来操控原子比较少见。相反,在分子中,斯塔克效应非常强,用电场来操控是常规手段。这一节我们将介绍斯塔克效应,比较原子和分子对于电场的不同响应,理解宇称如何在其中起重要作用。

10.6.1　氢原子斯塔克效应

对于氢原子,先不考虑自旋,电偶极矩 $\boldsymbol{d}=-e\boldsymbol{r}$,在电场 $\boldsymbol{E}$ 中能量为

$$H_{\text{Stark}}=-\boldsymbol{d}\cdot\boldsymbol{E}=e\mathscr{E}z \tag{10.6.1}$$

这里取电场方向为 z 方向。于是电场方向和量子化轴方向一致,根据第6.5.1节讨论的跃迁选择定则,$\langle nlm_l|z|n'l'm'_l\rangle$ 不为零的条件是

$$m_l=m'_l,\quad \Delta l=\pm1 \tag{10.6.2}$$

由于取 $\boldsymbol{E}$ 方向为 z 方向,因此磁量子数不变。而 $\boldsymbol{d}$ 是奇宇称算符,因此初末态宇称必须相反。这些性质对于理解和计算斯塔克效应很有帮助。

当斯塔克效应很小时,用微扰论来处理。不考虑自旋,一阶近似下,量子态 $|nlm_l\rangle$ 的斯塔克位移为

$$\Delta E_{nlm_l}^{(1)}=e\mathscr{E}\langle nlm_l|H_{\text{Stark}}|nlm_l\rangle=0 \tag{10.6.3}$$

由于宇称的原因,一阶斯塔克位移为零是一个普遍性质。需要考虑到二阶

$$\Delta E_{nlm_l}^{(2)}=e^2\mathscr{E}^2\sum_{n'l'}\frac{|\langle nlm_l|H_{\text{Stark}}|n'l'm_l\rangle|^2}{E_{nlm}-E_{n'l'm_l}} \tag{10.6.4}$$

对于基态氢原子,代入波函数有

$$\Delta E_{1,0,0}^{(2)}=e^2\mathscr{E}^2\sum_{n=2}^{\infty}\frac{|\langle 1,0,0|H_{\text{Stark}}|n,1,0\rangle|^2}{E_{1,0}-E_{n,0}}=-\frac{1}{2}\alpha\mathscr{E}^2 \tag{10.6.5}$$

其中极化率

$$\alpha=\frac{9}{2}4\pi\epsilon_0a_0^3 \tag{10.6.6}$$

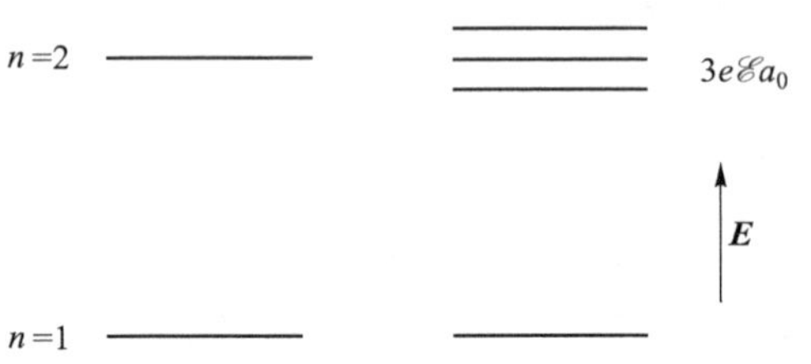

其中 a_0 是玻尔半径。空气中击穿场强为30 kV/cm,在此场强下斯塔克位移为 $h\times0.5$ MHz,远小于室温下的多普勒展宽值。此时斯塔克位移和电场强度平方成正比,也称为平方斯塔克效应,大

图10.14　氢原子斯塔克效应示意图。

部分中性原子满足这个规律。

下面计算氢原子 $n=2$ 态的斯塔克位移。如图 10.14 所示,在不考虑自旋时存在四个简并能级,分别为$\{|2,0,0\rangle,|2,1,-1\rangle,|2,1,0\rangle,|2,1,-1\rangle\}$。由于(10.6.2)式的限制,只有$|2,0,0\rangle$和$|2,1,0\rangle$之间有非零的耦合矩阵元

$$\langle 2,0,0|H_{\text{Stark}}|2,1,0\rangle=\langle 2,1,0|H_{\text{Stark}}|2,0,0\rangle=-3e\mathscr{E}a_0 \tag{10.6.7}$$

在这两个态张开的子空间中,哈密顿量变成 2×2 的矩阵

$$\begin{bmatrix} 0 & -3e\mathscr{E}a_0 \\ -3e\mathscr{E}a_0 & 0 \end{bmatrix} \tag{10.6.8}$$

重新对角化,得到新的本征能量为

$$\Delta E^{(2)}=\pm 3e\mathscr{E}a_0 \tag{10.6.9}$$

另外两个态能量不变。此时斯塔克位移和电场成线性关系,也称为线性斯塔克效应。在空气击穿场强作用下,斯塔克位移为 $h\times 110$ GHz,比基态的位移大多了。

从前面的讨论可以看出,电偶极矩是奇宇称算符,而原子的本征波函数也具有宇称特性,因此一阶斯塔克效应为零,需要考虑到二阶。相比之下,塞曼效应中磁矩来自原子内禀性质,跟宇称无关,因此一阶效应不为零,容易观测。这就是为什么斯塔克效应的发现比塞曼效应晚了 17 年。而线性斯塔克效应深刻地依赖于不同宇称的量子态的简并,电场将其混合起来,产生较大的斯塔克位移。而这种简并性,只存在于类氢原子这类电磁相互作用具有库仑对称性的原子中。对于其他原子,不同 l(也即是宇称)的简并被打破,因此斯塔克效应很弱。这也是为什么斯塔克效应最先是在氢原子中发现的。

10.6.2 分子斯塔克效应

由于电偶极矩是奇宇称算符,一阶斯塔克位移为零,而原子中除了氢原子,不同宇称态的能量相差较大,二阶微扰下产生的位移很小,所以用电场操控原子不容易。与之相反,使用电场操控分子非常方便。从对称性来说,分子中由于存在转动能级,波函数的宇称由转动量子数决定。而转动能级之间能量间隔不大,使用电场可以容易地将它们混合起来,从而产生可观的能级移动。

假设电场还没有强到混合不同的振动态,振动量子数还是好量子数。只考虑某一振动态中的转动能级,哈密顿量可写成

$$H=BJ(J+1)-d\cdot\mathscr{E}\cos\theta \tag{10.6.10}$$

其中 d 是分子的永久电偶极矩。取转动本征态$|\kappa JM\rangle$为基矢,哈密顿量的矩阵元为

$$\langle\kappa J'M'|H|\kappa JM\rangle=BJ(J+1)\delta_{JJ'}\delta_{MM'}-\mathrm{d}\mathscr{E}\langle\kappa J'M'|\cos\theta|\kappa JM\rangle \tag{10.6.11}$$

而一阶球谐函数 $\mathrm{Y}_{10}(\theta,\phi)=\sqrt{3/4\pi}\cos\theta$。再利用球谐函数的约化矩阵元公式

$$\langle J'\|\mathrm{Y}^{(l)}\|J\rangle=(-1)^J\sqrt{\frac{(2l+1)(2J+1)(2J'+1)}{4\pi}}\begin{pmatrix} J & l & J' \\ 0 & 0 & 0 \end{pmatrix} \tag{10.6.12}$$

于是得到

$$\langle J'M'|\cos\theta|JM\rangle=(-1)^{M'}\sqrt{(2J+1)(2J'+1)}\begin{pmatrix} J & 1 & J' \\ M & 0 & -M' \end{pmatrix}\begin{pmatrix} J & 1 & J' \\ 0 & 0 & 0 \end{pmatrix} \tag{10.6.13}$$

其中 3j 符号暗含了选择定则 $J=J'\pm1$，$M=M'$。利用(6.2.23)式和(6.2.27)式，得到

$$\langle J'M'\mid\cos\theta\mid JM\rangle=\begin{cases}\sqrt{\dfrac{(J+1)^2-M^2}{(2J+1)(2J+3)}}\,\delta_{MM'}, & J'=J+1\\[2ex]\sqrt{\dfrac{J^2-M^2}{(2J-1)(2J+1)}}\,\delta_{MM'}, & J'=J-1\end{cases}\tag{10.6.14}$$

当电场比较小，$d\mathscr{E}\ll B$，斯塔克项可以作为微扰，二阶修正项为

$$\begin{aligned}\Delta E^{(2)}&=\sum_{J'=J\pm1}\frac{|\langle\kappa J'M\mid H_{\text{Stark}}\mid\kappa JM\rangle|^2}{E_J-E_{J'}}\\&=\frac{d^2\mathscr{E}^2}{B}\left[\frac{J^2-M^2}{(2J-1)2J(2J+1)}-\frac{(J+1)^2-M^2}{(2J+1)(2J+2)(2J+3)}\right]\end{aligned}\tag{10.6.15}$$

微扰计算实际上只考虑了最近邻转动态的影响。当电场变强，需要考虑更多的转动态，重新对角化哈密顿量(10.6.10)式来计算，而它的矩阵元由(10.6.11)式决定。例如，对于 $M=0$，取 $|J0\rangle$ $(J=0,1,\cdots)$ 为基矢，哈密顿量写成矩阵形式

$$\begin{pmatrix}0 & d\mathscr{E}/\sqrt{3} & 0 & 0 & 0 & 0 & 0 & \cdots\\ d\mathscr{E}/\sqrt{3} & 2B & 2d\mathscr{E}/\sqrt{15} & 0 & 0 & 0 & 0 & \cdots\\ 0 & 2d\mathscr{E}/\sqrt{15} & 6B & 3d\mathscr{E}/\sqrt{35} & 0 & 0 & 0 & \cdots\\ 0 & 0 & 3d\mathscr{E}/\sqrt{35} & 12B & 4d\mathscr{E}/3\sqrt{7} & 0 & 0 & \cdots\\ 0 & 0 & 0 & 4d\mathscr{E}/3\sqrt{7} & 20B & 5d\mathscr{E}/3\sqrt{11} & 0 & \cdots\\ 0 & 0 & 0 & 0 & 5d\mathscr{E}/3\sqrt{11} & 30B & 6d\mathscr{E}/\sqrt{143} & \cdots\\ 0 & 0 & 0 & 0 & 0 & 6d\mathscr{E}/\sqrt{143} & 42B & \cdots\\ \vdots & \vdots & \vdots & \vdots & \vdots & \vdots & \vdots & \ddots\end{pmatrix}$$

也可以取 $|JM\rangle$ 为基矢写出对应矩阵。实际计算过程中，根据电场大小确定需要截断的转动态数目。电场越大，需要考虑的转动态越多。图 10.15 给出了低阶的几个转动态的斯塔克位移。当然，对于实际分子，需要考虑超精细能级结构，可以类似处理。

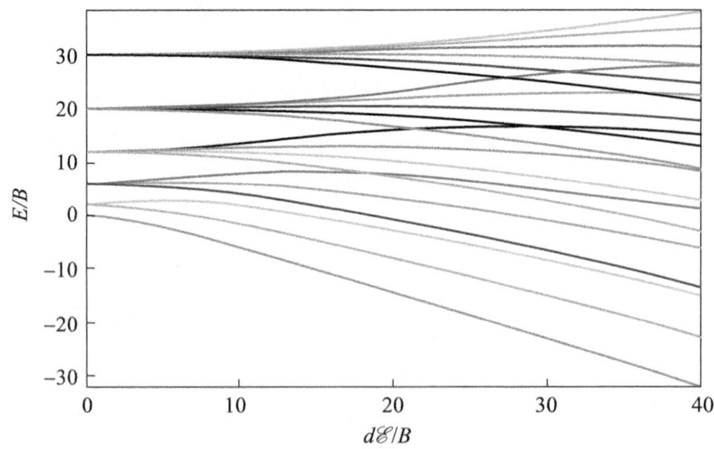

图 10.15 彩图

图 10.15　双原子分子只考虑转动态情况下能级随电场的移动。

对于分子来说,宇称由转动态决定,而转动态的能量间隔比较小(B~GHz 量级),因此容易混合(在合理的电场强度下,容易达到 $d\mathscr{E}>B$)。相反,原子(除了类氢原子)的宇称由轨道角动量决定,不同宇称的量子态之间的能量间隔要大几个量级,不容易混合。另外,分子中两原子间距比原子本身大很多,d 也就大很多,分子对电场更加敏感。

10.7　双原子分子等效哈密顿量

分子的能级非常复杂,但是里面也可以分成很多结构。玻恩-奥本海默近似给出了非常好的图像,特别是对于比原子多出来的振动能级和转动能级给出了良好说明,这对于我们理解分子光谱结构非常有帮助。科学家通过光谱的测量,给出光谱常量,在光谱分辨率不是太高的情况下,理论和实验符合良好。但是随着高分辨光谱技术、量子调控等的发展,人们对分子光谱的精度要求也越来越高。近年来随着冷分子物理的发展,人们对于分子光谱的精度要求就更高了,玻恩-奥本海默近似就不够用了,需要采用新的办法,而使用等效哈密顿量是一个较好的方案①。

10.7.1　分子等效哈密顿量

玻恩-奥本海默近似告诉我们,分子的能级结构实际上是分层的。电子态的跃迁频率差在 500 THz 量级,振动态频率差在 10 THz 量级,而转动态频率差在 10 GHz 量级。利用这些能级结构具有不同量级的特点,可以使用等效哈密顿量大大简化问题。借助高分辨率光谱数据,可以构建出高精度的分子等效哈密顿量,这成为处理其他问题的出发点。

具体而言,分子等效哈密顿量就是将分子的不同电子态和振动态之间的耦合作为微扰项,吸收到单一振动态的哈密顿量中。这样等效哈密顿量只包含单一电子态中单一振动态上的其他能级(包括转动能级、超精细结构等),并且它的本征态在一定精度下和总的哈密顿量是一致的。这样大大简化了分子哈密顿量,各项物理意义清晰,使用方便。

分子等效哈密顿量的方法从 1950 年代开始,经过了长时间发展、理论和实验的细致对照,目前已有比较完善的模型,成为分子高分辨光谱研究最常使用的方案。作为了解,我们直接给出双原子分子的等效哈密顿量,对于其中各项的物理意义进行说明。但对于如何推导获得各项则省略。更细节的一些描述可以参考相关文献②。

在双原子分子中,等效哈密顿量中一些比较重要的项可以写成

$$H=T_e+G_{vib}+H_{rot}+H_{cd}+H_{SO}+H_{SS}+H_{SR}+H_{HFS}+H_{\Lambda d} \tag{10.7.1}$$

等效哈密顿量作用在单一电子态的单一振动态上,T_e 是此电子态的能量,G_{vib} 是此振动态的能量。剩下的从左到右分别是转动项 H_{rot}、离心势变形修正项 H_{cd}、自旋-轨道耦合项 H_{SO}、自

---

① 附录第 11.5 节对等效哈密顿量法的基本理论框架给出了详细的介绍。

② 参见 John M. Brown 和 Alan Carrington 所著的 *Rotational Spectroscopy of Diatomic Molecules* (Cambridge University Press, 2003). 这是关于双原子分子光谱的名著,对于双原子分子的理论有非常详尽的介绍。

旋-自旋耦合项 H_{SS}、自旋-转动耦合项 H_{SR}、超精细分裂项 H_{HFS}、Λ 双重简并项 $H_{\Lambda d}$(Λ-doubling)。根据具体的分子情况、电子态情况,各项权重是不同的。下面我们分别对各项物理意义进行说明。

10.7.2　振动能级

第二项是振动态能级。根据前面所讲述的,它可以展开为

$$G(\nu)=\omega_e\left(\nu+\frac{1}{2}\right)-\omega_e\chi_e\left(\nu+\frac{1}{2}\right)^2+\omega_e y_e\left(\nu+\frac{1}{2}\right)^3+\cdots \tag{10.7.2}$$

在第 10.2.2 节讲过,如果使用谐振子来近似表示分子势能函数,那么就得到第一项。ω_e 是振动频率。如果使用更合理的莫尔斯势函数来描述分子势函数,就可以得到前两项,$\omega_e\chi_e$ 是谐振子变形常量。第三项就是更高阶的修正项了,一般来说比较小,可以忽略。电子态不同,这些常量也会有所变化。

10.7.3　转动能级

第三项是转动能级项

$$H_{rot}=B_\nu \boldsymbol{N}^2 \tag{10.7.3}$$

第四项是离心势变形(centrifugal distortion)导致的修正项:

$$H_{cd}=-D_\nu(\boldsymbol{N}^2)^2+H_\nu(\boldsymbol{N}^2)^3+\cdots \tag{10.7.4}$$

如果 $\boldsymbol{N}$ 是好量子数,本征值为 J,那么转动能级可以展开成

$$F_\nu(J)=B_\nu J(J+1)-D_\nu J^2(J+1)^2+H_\nu J^3(J+1)^3+\cdots \tag{10.7.5}$$

其中第一项是刚体振子的转动能级,参见第 10.2.1 节;第二项是离心势变形导致的修正项,参见第 10.2.3 节。第三项是电子势能的非谐性引起的。我们标记了振动态 ν,是因为它们跟振动态有关。它们和振动态的关系由下式决定:

$$\begin{aligned} B_\nu&=B_e-\alpha_e\left(\nu+\frac{1}{2}\right)+\gamma_e\left(\nu+\frac{1}{2}\right)^2+\cdots \\ D_\nu&=D_e+\beta_e\left(\nu+\frac{1}{2}\right)+\cdots \end{aligned} \tag{10.7.6}$$

相关的光谱常量都可以由实验数据给出。

为了对振动能级和转动能级进行标记,光谱学家喜欢用邓纳姆展开来计算,分子的振动-转动能级的能量写成

$$E=\sum_{kl}\mathrm{Y}_{kl}\left(\nu+\frac{1}{2}\right)^k[J(J+1)]^l \tag{10.7.7}$$

从光谱实验中可以拟合出邓纳姆(Dunham)系数。它们和我们前面讲到的光谱常量有以下近似关系:

$$\begin{aligned} &\mathrm{Y}_{10}\simeq\omega_e,\ \mathrm{Y}_{20}\simeq-\omega_e x_e \\ &\mathrm{Y}_{01}\simeq B_e,\ \mathrm{Y}_{11}\simeq-\alpha_e,\ \mathrm{Y}_{21}\simeq\gamma_e \\ &\mathrm{Y}_{02}\simeq-D_e,\ \mathrm{Y}_{12}\simeq-\beta_e \end{aligned} \tag{10.7.8}$$

表 10.4 给出了 SrF 分子基态 $\mathrm{X}^2\Sigma_{1/2}$ 的邓纳姆系数和分子光谱常量。越高阶的邓纳姆

系数值越小,修正也越小。

表 10.4　SrF 分子的 $X^2\sum_{1/2}$态的光谱常量。

邓纳姆系数	值(cm^{-1})	光谱常量	值(cm^{-1})
Y_{00}	0		
Y_{01}	0.250 534 383(25)	B_e	0.253 613 5
Y_{02}	$-2.495\ 86(33)\times10^{-7}$		
Y_{03}	$-3.30(25)\times10^{-14}$		
Y_{10}	501.964 96(13)		
Y_{11}	$-1.551\ 101(17)\times10^{-3}$	ω_e α_e	509.38 0.001 56
Y_{12}	$-2.423(17)\times10^{-10}$		
Y_{20}	$-2.204\ 617(37)$		
Y_{21}	$2.185\ 0(58)\times10^{-6}$	$\omega_e x_e$	2.18
Y_{22}	$1.029(23)\times10^{-11}$		
Y_{30}	$5.281\ 5(28)\times10^{-3}$		
Y_{31}	$1.518(44)\times10^{-8}$		

10.7.4　更精细的能级结构

等效哈密顿量中还有其他项,包括自旋-轨道耦合项 H_{SO}、自旋-自旋耦合项 H_{SS}、自旋-转动耦合项 H_{SR}等。它们会导致更精细的能级结构的出现。

自旋-轨道耦合

当 $\Lambda\neq0,S\neq0$ 时,分子中存在自旋-轨道耦合。与原子的自旋-轨道耦合类似,分子中电子自旋引起的磁矩正比于 Σ,而电子轨道角动量产生的磁场正比于 Λ,自旋-轨道耦合项的等效哈密顿量形式为

$$H_{SO}=A\boldsymbol{L}\cdot\boldsymbol{S} \tag{10.7.9}$$

其中 A 是耦合系数。在洪德耦合情况(a)的描述中,Σ,Λ 是好量子数,自旋-轨道耦合项的能量为

$$E_{SO}=A\Lambda\Sigma \tag{10.7.10}$$

$A>0$ 时,称为正常态;$A<0$ 时,称为反常态。一般来说,分子越重,电子越多,A 越大。通常自旋-轨道耦合的分裂能量远远大于转动态和超精细能级的分裂。

以$^3\Delta$ 态为例,它的 $S=1,\Lambda=2$,自旋在分子轴的投影可以取{1,0,-1}三个值,这样 Ω 分布对应的取值为{3,2,1}。对应的三个态分别为

$$^3\Delta_3,{}^3\Delta_2,{}^3\Delta_1 \tag{10.7.11}$$

一些典型的自旋-轨道耦合系数：

$$
\begin{aligned}
&A_{\mathrm{BeH}} \simeq 2\ \mathrm{cm}^{-1}\\
&A_{\mathrm{NO}} \simeq 124\ \mathrm{cm}^{-1}\\
&A_{\mathrm{HgH}} \simeq 3\ 600\ \mathrm{cm}^{-1}\\
&A_{\mathrm{OH}} \simeq -140\ \mathrm{cm}^{-1}
\end{aligned}
\tag{10.7.12}
$$

自旋-自旋耦合

一阶近似下，自旋-自旋耦合项为

$$H_{\mathrm{SS}} = \Lambda_{\nu}\left(S_z^2 - \frac{1}{3}\boldsymbol{S}^2\right) \tag{10.7.13}$$

其中 Λ_{ν} 是自旋-自旋耦合系数。在 $|S,\Sigma\rangle$ 的本征态下，这一项的能量为

$$\langle S,\Sigma | H_{\mathrm{SS}} | S,\Sigma\rangle = \frac{\Lambda_{\nu}}{3}[3\Sigma^2 - S(S+1)] \tag{10.7.14}$$

对于只有单个电子没有配对的双原子分子，$S=1/2$，不管 Σ 为 1/2 还是 −1/2，这一项都为零，不存在自旋-自旋耦合项。

自旋-转动耦合

一阶近似下，自旋-转动耦合项为

$$H_{\mathrm{SR}} = \gamma_{\nu N}\boldsymbol{S}\cdot\boldsymbol{N} \tag{10.7.15}$$

其中 $\gamma_{\nu N}$ 是自旋-转动耦合系数，典型值为几十 MHz。

一些典型的自旋-轨道耦合系数：

CaF 分子基态　$\gamma_{01} = 40$ MHz

SrF 分子基态　$\gamma_{01} = 75$ MHz

BaF 分子基态　$\gamma_{01} = 81$ MHz

10.7.5　两个具体例子

下面我们以两个常见的分子态为例，来看一下它们的等效哈密顿量的形式。

第一个例子：$^2\Sigma$ 态

很多最外层只有一个电子的双原子分子，比如 CaF、SrF、BaF、MgF、YO 等激光冷却中使用的双原子分子，基态都是 $X^2\Sigma$ 态。由于自旋量子数 $S=1/2$，自旋-自旋耦合项为零，由于 $\Lambda=0$，$H_{\Lambda\mathrm{d}}$ 和自旋-轨道耦合项都不存在。

$$H_{\mathrm{SS}}=0,\quad H_{\mathrm{SO}}=0,\quad H_{\Lambda\mathrm{d}}=0 \tag{10.7.16}$$

由于 $\Lambda=0$，$^2\Sigma$ 态属于洪德耦合情况(b)。不考虑核自旋的情况下，系统的好量子数是 $\{\Lambda=0, N, S=1/2, J, M_J\}$。

考虑核自旋 $\boldsymbol{I}$ 的情况下，等效哈密顿量中出现超精细分裂项

$$H_{\mathrm{HFS}} = b_{\nu N}\boldsymbol{I}\cdot\boldsymbol{S} + c_{\nu N}I_zS_z + C_{\nu N}\boldsymbol{I}\cdot\boldsymbol{N} \tag{10.7.17}$$

由于这些耦合项的出现，$\boldsymbol{J}$ 要和 $\boldsymbol{I}$ 进一步耦合形成 $\boldsymbol{F}=\boldsymbol{I}+\boldsymbol{J}$。通常，这些超精细能级的劈裂和转动能量比起来很小。因此 N 还是一个好量子数。这样可以进一步简化，在某一个转动态

和振动态的能级群内使用等效哈密顿量

$$H=H_{SR}+H_{HFS}=\gamma_{\nu N}\boldsymbol{S}\cdot\boldsymbol{N}+b_{\nu N}\boldsymbol{I}\cdot\boldsymbol{S}+c_{\nu N}I_zS_z+C_{\nu N}\boldsymbol{I}\cdot\boldsymbol{N} \tag{10.7.18}$$

通过光谱测量可以确定这些常量。反过来，如果已经知道了这些常量，在每一组转动态和振动态中对角化这个等效哈密顿量，就可以得到超精细能级结构。在外场作用下（比如加入电场或者磁场），将外场作用的哈密顿量加上，就可以计算外场下分子的各个能级。

表 10.5 给出了 SrF 分子基态的各个常量。利用它们，可以将其超精细能级分裂计算出来。图 10.16(a) 给出了能级图。N 和 S 耦合形成 J，J 再和 I 耦合形成 F。

表 10.5 SrF 分子基态 $X^2\sum_{1/2}$ 等效哈密顿量中各个常量，单位为 MHz。

常量	$\nu=0$	$\nu=1$	$\nu=2$
$\gamma_{\nu 1}$	74.895 0	74.339 7	73.884 4
$b_{\nu 1}$	97.082 7	95.915 5	94.748 3
$c_{\nu 1}$	30.267 5	31.110 5	31.953 5
$C_{\nu 1}$	0.002 3	0.002 3	0.002 3
B_ν	7 487.60	7 441.23	7 395.00
D_ν	0.007 5	0.007 5	0.007 5

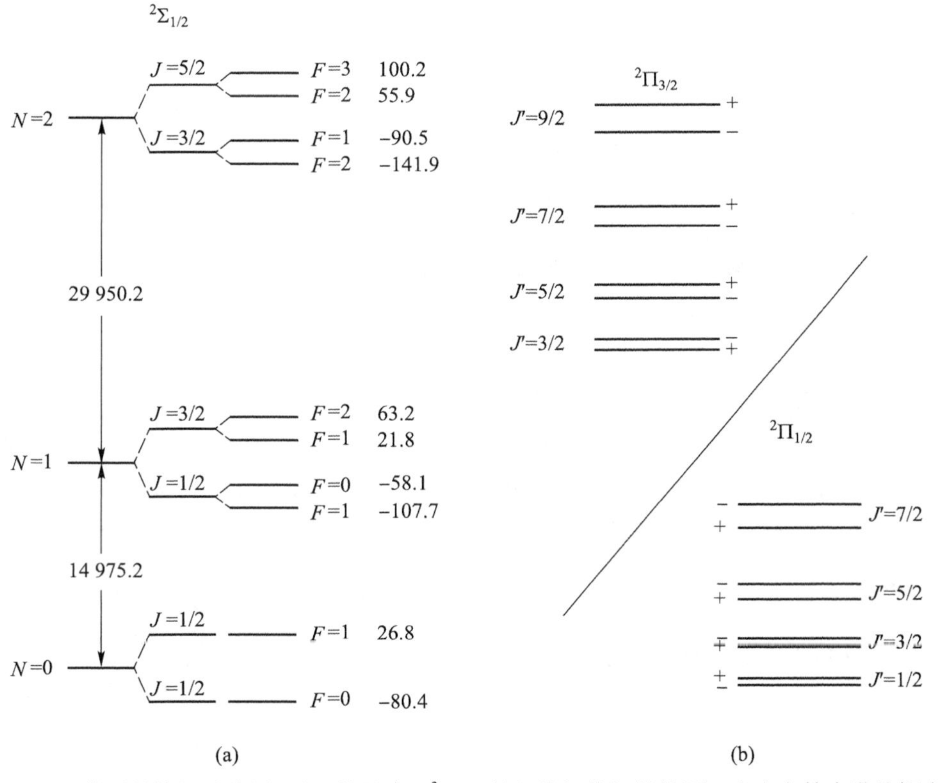

图 10.16 SrF 分子的能级示意图。(a) 是基态 $X^2\sum_{1/2}$ 的超精细能级结构图。这个态符合洪德耦合情况 (b)，我们可以粗略地认为 N 和 S 先耦合生成 J，J 再和 I 耦合生成 F。当然整个能级结构能够由表 10.5 给出的光谱常量计算得到。(b) 是第一激发态 $^2\Pi$ 的能级结构图。它符合洪德耦合情况 (a)，自旋-轨道耦合导致 $\Omega=\{3/2,1/2\}$，从而劈裂出 $^2\Pi_{3/2}$ 和 $^2\Pi_{1/2}$ 两个态。N 和 Ω 耦合形成 J，具有转动能级结构。J 的取值最小为 Ω。对于任意一个 J，再由 $H_{\Lambda d}$ 项破坏 Λ 二重态的简并，劈裂成两个能级。更精细的劈裂我们暂不考虑。

第二个例子：$^2\Pi$ 态

在$^2\Pi$态中，$\Lambda \neq 0$，通常属于洪德耦合情况(a)，存在 H_{SO} 和 $H_{\Lambda d}$ 项。由于 $S=1/2$，$H_{SS}=0$，所以等效哈密顿量中占主要的项为

$$H=H_{SO}+H_{rot}+H_{\Lambda d}+H_{SR} \tag{10.7.19}$$

当然，如果需要更精细的光谱结构，还需要考虑其他项。一般来说 H_{SR} 比其他项要小很多，这里我们先忽略。以 SrF 为例，这里涉及的一些光谱常量见表 10.6。

表 10.6　SrF 分子 $A^2\Pi$ 的一些光谱常量。

常量	值/cm^{-1}
A	281.46
B_e	0.25
p	−0.13
q	0

各项说明如下。

自旋-轨道耦合

由于此时自旋-轨道耦合通常很强，所以产生能级劈裂。又由于 $\Lambda=1$，$S=1/2$，所以它们将耦合形成 $\Omega=3/2$，1/2 两个值，对应的量子态分别是

$$A^2\Pi_{3/2},\quad A^2\Pi_{1/2} \tag{10.7.20}$$

它们的能量由(10.7.10)式给出，劈裂的能级差刚好等于 A。

和转动角动量的耦合

按洪德耦合情况(a)的说明，$\boldsymbol{\Omega}$ 会和 $\boldsymbol{R}$ 耦合形成 $\boldsymbol{J}$，这时候转动能量为

$$H_{rot}=B_eR^2=B_e(J-L-S)^2 \tag{10.7.21}$$

J 的取值最小为 Ω。这时候 $A^2\Pi_{3/2}$态分裂出 $J=3/2,5/2,\cdots$ 的不同态，而 $A^2\Pi_{1/2}$态也分裂成 $J=1/2,3/2,\cdots$ 的不同态，它们的能量间隔由 B_e 给出。

Λ 双重简并项

当 $|\Lambda|\neq 0$ 时，存在一个双重简并，电子可以顺时针或者逆时针旋转。从量子态上来看，$|+|\Lambda|,+|\Sigma|,+|\Omega|\rangle$ 和 $|-|\Lambda|,-|\Sigma|,-|\Omega|\rangle$ 这两个态具有相同的能量。

但是当分子转动时，这两个态由于相邻 Σ 态的影响而产生分裂，破坏简并。例如，对于$^2\Pi$ 态，这一项可以写成

$$H_{\Lambda d}=-\frac{1}{2}(p+q)(S_+^2+S_-^2)-\frac{1}{2}(p+2q)(J_+S_++J_-S_-)+\frac{1}{2}q(J_+^2+J_-^2) \tag{10.7.22}$$

其中 p，q 是常量，S_+，S_-，J_+，J_- 分别是自旋和总角动量的升降算符。对于$^2\Pi_{1/2}$态，导致的分裂为

$$E_{+}=-(-1)^{J-1/2}\frac{1}{2}(p+2q)\left(J+\frac{1}{2}\right)$$
$$E_{-}=(-1)^{J-1/2}\frac{1}{2}(p+2q)\left(J+\frac{1}{2}\right) \tag{10.7.23}$$

这样对于同一个量子数 J,又分裂成两个能级,分裂的能级差由光谱常量 p,q 决定。

图 10.16(b)给出了 SrF 分子 $A^2\Pi$ 态能级示意图。

10.8 应用例子——分子的激光冷却

分子激光冷却是 2010 年代开始发展起来的新方向,进展很快。从历史上看,原子的激光冷却在 1980 年代就获得了大的发展,取得了巨大的成功。分子的激光冷却在 30 年后才发展起来,可以想见其中必然有很多难点。如何解决这些问题显然是一个很有意思的话题。作为分子光谱知识的一个应用例子,我们用前面介绍的知识来理解激光冷却中相关的问题及解决方案。

10.8.1 分子激光冷却的难点

分子的激光冷却比原子的要难很多。这种困难体现在如下几个方面。

1. 分子能级的复杂性

我们反复提到过,相比原子,分子中存在额外的振动能级和转动能级。这种复杂的能级结构将会给激光冷却带来严重的后果。在第 9.3.1 节,我们讨论过单个光子对原子的力学效应:散射一个光子会导致粒子速度改变几个 mm/s 的量级,因此需要循环散射 $10^3\sim10^4$ 个光子才能让粒子有效地冷却下来。这种循环跃迁是激光冷却的先决条件。但是这一要求在分子中却难以满足。跃迁到上能级的分子可以自发辐射到不同的振动态和转动态。如果这些态不做处理,就成为暗态,不再与激光进行作用(如图 10.17 所示),因此激光冷却的过程就无法继续。因此寻求跃迁闭合是非常重要的一个条件。

根据分子能级结构的特点,一般将其分成振动态闭合问题和转动态闭合问题。对于振动态,我们在第 10.3.3 节讲过,不同振动态之间的跃迁分支比由弗兰克-康登系数决定。因此如果想闭合振动态跃迁,需要选择弗兰克-康登系数高度对角化的分子。

对于转动态,处于转动态 N' 的激发态分子可以自发辐射跃迁到下能级的转动态 N。由于 N 的取值可以很多,所以也容易产生暗态。但是转动量子数是角动量量子数,它需要满足跃迁选择定则。巧妙利用跃迁选择定则可以闭合转动态。

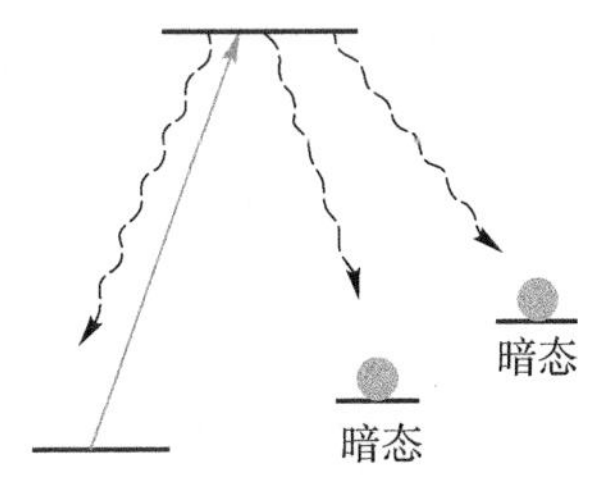

图 10.17 循环跃迁问题。如果受激发的分子自发辐射跃迁到其他态上,将不再与光相互作用,成为暗态,激光冷却过程结束。

2. 分子的布居问题

激光冷却需要选定原子或者分子的特定能态的跃迁来进行。这时候当然希望所有的粒子,至少是很大一部分都布居在选定能态上。对于原子,这个条件容易满足。室温环境下,原子都布居在基态上,即使有超精细结构能级劈裂,能态数也不多,每个态都被可观的原子占据。另外还可以用激光将原子布居抽运到所需能态上。

对分子而言,情况发生了质的变化。经典情况下,处于热平衡态的粒子布居满足玻耳兹曼分布。以室温做估计,$k_B T \simeq h\times 6\ 000$ GHz。按(10.2.27)式估算,振动能态的能级间隔在 $h\times 20$ THz 量级,远大于室温对应的能量,因此平衡状态分子绝大多数布居在最低振动态,振动态的布居不是问题。

但是转动态的布居分布就很不一样。按(10.2.13)式估算,转动常量在 $h\times 10$ GHz 量级,远小于室温的能量尺度。按玻耳兹曼分布估算,大量转动态上将会有布居,于是对于某个特定能态的布居就非常少了,非常不利于分子激光冷却的实现。如何将分子布居压缩到特定转动态是一个重要的问题。

10.8.2　解决方案

针对上面提到的一些问题,科学家提出了相应的解决方案。

首先是循环跃迁的问题。对于振动态闭合难题,一个解决办法是挑选分子,选择弗兰克-康登系数高度对角化的分子,这样跃迁对振动量子数的选择性就非常强。这类分子是存在的。目前实现激光冷却的分子,包括 SrF、CaF、YO 等,都是具有这特点。

图 10.18 给出了最次实现分子激光冷却的 SrF 分子的振动态跃迁分支比。可以看到,分子从激发态 $\nu'=0$ 跃迁到基态 $\nu=0$ 的概率为 98%,跃迁到基态 $\nu=1$ 的概率为 1.8%,而跃迁到更高振动态 $\nu\geqslant 2$ 的概率在 10^{-4}量级。所以选择 $|X^2\Sigma_{1/2},\nu=0\rangle\rightarrow|A^2\Pi_{1/2},\nu'=0\rangle$ 为主要的激光冷却跃迁,只要再用一束泵浦光 $|X^2\Sigma_{1/2},\nu=1\rangle\rightarrow|A^2\Pi_{1/2},\nu'=0\rangle$,就能让振动态的闭合度优于 10^{-3},如果再加上一个泵浦光 $|X^2\Sigma_{1/2},\nu=2\rangle\rightarrow|A^2\Pi_{1/2},\nu'=2\rangle$,振动态的闭合度就能优于 10^{-4},满足激光冷却的要求。

第二个问题是转动态的闭合。因为转动角动量也是角动量的一种,遵守跃迁选择定则,给了我们闭合转动态跃迁的机会。其中一种方案是选择 $J=1\rightarrow J'=0$ 的跃迁,如图 10.19 所示,基态分子转动态为 $J=1$,激发态分子 $J'=0$。分子被激发后会自发辐射,这时候要满足如下跃迁选择定则。

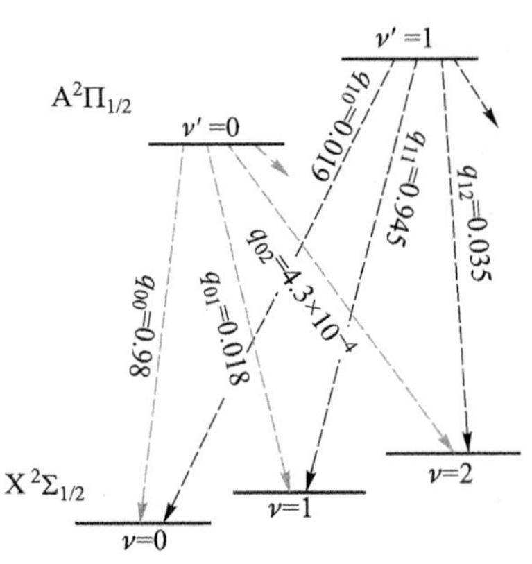

图 10.18　SrF 分子的不同振动态之间跃迁的分支比。它的弗兰克-康登系数是高度对角化的,跃迁基本上集中在 $\nu'=0\rightarrow\nu=0$ 分支。选用少数几个激光,就能达到振动态闭合的目的。

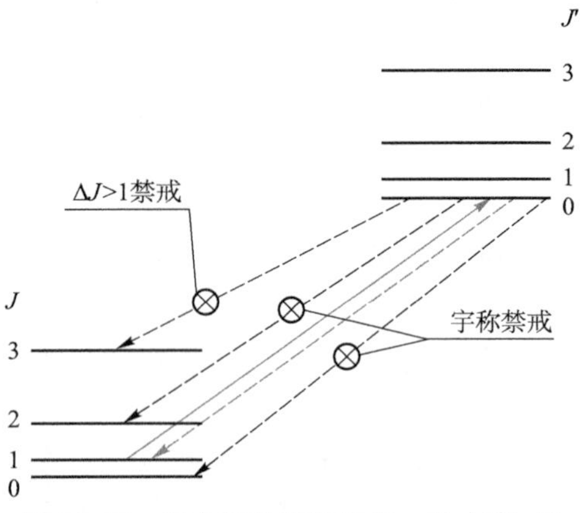

图 10.19　闭合转动态跃迁的一种方案,选择 $J=1\rightarrow J'=0$ 的跃迁。

1. 宇称选择定则。由于电偶极跃迁需要上下能级的宇称改变符号,而分子宇称由转动量子数决定,为 $P=(-1)^J$。因此 $J'=0$ 的激发态只能自发辐射到 J 为奇数的转动态上,$|J'=0\rangle\rightarrow|J=0\rangle$ 和 $|J'=0\rangle\rightarrow|J=2\rangle$ 都是宇称禁戒的。

2. 角动量的跃迁选择定则。由于转动角动量也是角动量,根据第 6 章介绍的角动量跃迁选择定则,$(J1J')$ 需要满足三角不等关系,$\Delta J=0,\pm1$,所有 $\Delta J>1$ 的跃迁都是禁戒的。对于真实分子,需要考虑自旋角动量的耦合,也可以用角动量跃迁选择定则来分析,得出类似的结论。

总之,在这两种跃迁选择定则的限制下,$J'=0$ 的激发态只能回到 $J=1$ 的基态,转动态跃迁被闭合。

对于另外一个布居分布问题,目前常采用的解决方案是使用缓冲气体预冷却。比如使 4 K 的 He 气和分子进行碰撞,将分子预冷却到 4 K 左右。一方面它降低分子的运动速度,另外一方面分子的布居将重新分布。4 K 对应的能量约为 $h\times80$ GHz,只有一些低转动态会有可观的布居,能够被冷却的分子数大大增加了。

图 10.20 给出了 BaF 分子在不同温度下的振动态和转动态布居图。可以看到,在室温下,有少数几个振动态上有布居,而有可观布居的振动态非常多。而在 4 K 情况下,振动态几乎完全布居到最低振动态,但是转动态还有几个低转动态有可观布居。当然,这样一种预冷却方案也带来一些不好的结果。比如会有比较多的 He 气作为背景气体存在,实验装置也将更加复杂等,这些都需要实验工作者去克服。

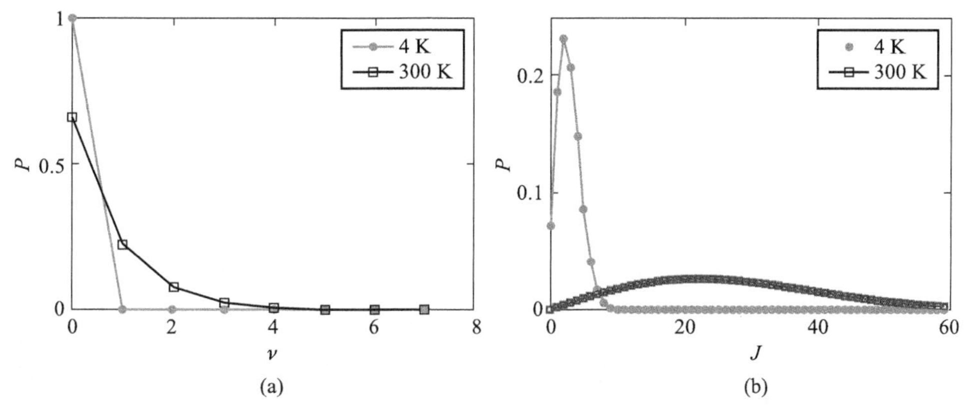

图 10.20 BaF 分子的振动态和转动态的布居分布情况。(a) 振动态布居分布。(b) 转动态布居分布。

解决了这些难题后,分子激光冷却获得了高速的发展,分子被冷却、被囚禁、被深度冷却、被深度囚禁。人们拥有了类似操纵原子的能力,能够越来越好地操纵分子,相信这一研究方向会发展得越来越好。

参考文献说明

1. 对于分子光谱理论,特别是分子的等效哈密顿量理论,可以参考 John M. Brown 和 Alan Carrington 所著的 *Rotational Spectroscopy of Diatomic Molecules*(Cambridge University Press)。
2. 关于分子激光冷却,可以参考 John F. Barry 的博士论文 *Laser Cooling and Slowing of a Diatomic Molecule*(Yale University,2013)。

第 11 章　附　　录

11.1　兰德(Lande)投影定理

对于某个可观测矢量算符,它在角动量本征态之间的跃迁矩阵元可以用它在角动量上的投影和角动量的矩阵元来计算。公式表示为

$$\langle k,\ jm' \mid \boldsymbol{X} \mid k,jm\rangle = \frac{\langle \boldsymbol{J}\cdot\boldsymbol{X}\rangle_{kj}}{j(j+1)\hbar^2}\langle k,jm' \mid \boldsymbol{J} \mid k,jm\rangle \tag{11.1.1}$$

称为兰德(Lande)投影定理。它可以用维格纳-埃卡特(Wigner-Eckart)定理来证明,有时候也说它是维格纳-埃卡特定理的一个特例。

对于一个矢量算符,在角动量本征态下的矩阵元可以写成

$$\langle k',jm' \mid X_q^{(1)} \mid k,jm\rangle = \langle jm' \mid 1q;jm\rangle \frac{\langle k',j \parallel \boldsymbol{V} \parallel k,j\rangle}{\sqrt{2j+1}} \tag{11.1.2}$$

前面的 CG 系数,也可以用角动量算符计算得到

$$\langle k',jm' \mid J_q^{(1)} \mid k,jm\rangle = \langle jm' \mid 1q;jm\rangle \frac{\langle k',j \parallel \boldsymbol{J} \parallel k,j\rangle}{\sqrt{2j+1}} \tag{11.1.3}$$

两者相除,得到

$$\langle k',jm' \mid X_q^{(1)} \mid k,jm\rangle = \alpha(k',k,j)\langle k',jm' \mid J_q^{(1)} \mid k,jm\rangle \tag{11.1.4}$$

两者成线性关系,其中系数

$$\alpha(k',k,j) = \frac{\langle k',j \parallel \boldsymbol{V} \parallel k,j\rangle}{\langle k',j \parallel \boldsymbol{J} \parallel k,j\rangle} \tag{11.1.5}$$

是两个算符的约化矩阵元之比。下面计算约化矩阵元和算符投影到角动量上的矩阵元之间的关系。

$$\begin{aligned}\langle k',jm \mid \boldsymbol{J}\cdot\boldsymbol{X} \mid k,jm\rangle &= \langle k',jm \mid J_0X_0 - J_{+1}X_{-1} + J_{-1}X_{+1} \mid k,jm\rangle \\ &= m\hbar\langle k',jm \mid X_0 \mid k,jm\rangle + \frac{\hbar}{\sqrt{2}}\sqrt{j(j+1)-m(m-1)}\langle k',j(m-1) \mid X_{-1} \mid k,jm\rangle - \\ &\quad \frac{\hbar}{\sqrt{2}}\sqrt{j(j+1)-m(m+1)}\langle k',j(m+1) \mid X_{+1} \mid k,jm\rangle \qquad (11.1.6) \\ &= c_{jm}\langle k',j \parallel \boldsymbol{V} \parallel k,j\rangle\end{aligned}$$

其中 c_{jm} 和非角动量量子数 k,k' 没有关系,也和算符 $\boldsymbol{X}$ 的具体形式无关。另外,由于 $\boldsymbol{J}\cdot\boldsymbol{X}$ 是标量算符,c_{jm} 也和 m 无关。

为了计算 c_{jm},可以取 $\boldsymbol{X}=\boldsymbol{J}$,于是

$$\langle k',jm \mid \boldsymbol{J}^2 \mid k,jm\rangle = c_{jm}\langle k',j \parallel \boldsymbol{J} \parallel k,j\rangle \tag{11.1.7}$$

将(11.1.6)式、(11.1.7)式代入(11.1.5)式,得到

$$\alpha(k',k,j)=\frac{\langle k',jm\mid \boldsymbol{J}\cdot\boldsymbol{X}\mid k,jm\rangle}{\langle k,jm\mid \boldsymbol{J}^2\mid k,jm\rangle}=\frac{\langle \boldsymbol{J}\cdot\boldsymbol{X}\rangle_{k'kj}}{j(j+1)\hbar^2} \tag{11.1.8}$$

将(11.1.8)式代入(11.1.4)式,得到

$$\langle k',jm'\mid \boldsymbol{X}\mid k,jm\rangle=\frac{\langle \boldsymbol{J}\cdot\boldsymbol{X}\rangle_{k'kj}}{j(j+1)\hbar^2}\langle k',jm'\mid \boldsymbol{J}\mid k,jm\rangle \tag{11.1.9}$$

当限制在(k,j)子空间时,$k'=k$,得到投影定理

$$\langle k,jm'\mid \boldsymbol{X}\mid k,jm\rangle=\frac{\langle \boldsymbol{J}\cdot\boldsymbol{X}\rangle_{kj}}{j(j+1)\hbar^2}\langle k,jm'\mid \boldsymbol{J}\mid k,jm\rangle \tag{11.1.10}$$

11.2　电偶极相互作用

考虑原子中一个电子和光的相互作用。哈密顿量可以写成

$$H=\frac{[\boldsymbol{p}-q\boldsymbol{A}(\boldsymbol{r},t)]^2}{2m}+eU(\boldsymbol{r},t)+V_{\text{coul}} \tag{11.2.1}$$

其中$\boldsymbol{p}$是正则动量,q是粒子带电量,对于电子$q=-e$,e取正值。$\boldsymbol{A}(\boldsymbol{r},t)$和$U(\boldsymbol{r},t)$是光场的矢势和标量势。$V_{\text{coul}}$是电子和原子内部的库仑相互作用。电场和磁场与矢势和标量势的关系为

$$\boldsymbol{E}=-\nabla U-\frac{\partial \boldsymbol{A}}{\partial t} \tag{11.2.2}$$
$$\boldsymbol{B}=\nabla\times\boldsymbol{A}$$

矢势和标量势的选择有一定自由度。如果它们做规范变换,

$$\begin{aligned}\boldsymbol{A}(\boldsymbol{r},t)&\rightarrow\boldsymbol{A}(\boldsymbol{r},t)-\frac{\hbar}{q}\nabla\xi(\boldsymbol{r},t)\\ U(\boldsymbol{r},t)&\rightarrow U(\boldsymbol{r},t)+\frac{\hbar}{q}\frac{\partial\xi(\boldsymbol{r},t)}{\partial t}\end{aligned} \tag{11.2.3}$$

电场、磁场和其他可观测量是规范不变的。这里我们使用库仑规范,选择函数$\xi(\boldsymbol{r},t)$,使得

$$\begin{aligned}U(\boldsymbol{r},t)&=0\\ \nabla\cdot\boldsymbol{A}&=0\end{aligned} \tag{11.2.4}$$

取原子的位置为坐标零点,考虑单色平面电磁波,矢势可以写成

$$\boldsymbol{A}(\boldsymbol{r},t)=\frac{1}{2}[\boldsymbol{A}_0\mathrm{e}^{\mathrm{i}(\boldsymbol{k}\cdot\boldsymbol{r}-\omega t)}+\boldsymbol{A}_0^*\mathrm{e}^{-\mathrm{i}(\boldsymbol{k}\cdot\boldsymbol{r}-\omega t)}] \tag{11.2.5}$$

原子的大小远远小于波长,因此取长波近似

$$\boldsymbol{k}\cdot\boldsymbol{r}\ll1,\mathrm{e}^{\mathrm{i}\boldsymbol{k}\cdot\boldsymbol{r}}\simeq1 \tag{11.2.6}$$

于是,矢势写成

$$\boldsymbol{A}(t)=\frac{1}{2}(\boldsymbol{A}_0\mathrm{e}^{-\mathrm{i}\omega t}+\text{c.c.}) \tag{11.2.7}$$

将(11.2.1)式展开,

$$H=H_0+H_1 \tag{11.2.8}$$

其中 H_0 是无外场时原子的哈密顿量，

$$H_1=-\frac{q}{m}\boldsymbol{p}\cdot\boldsymbol{A}(t)+\frac{q^2}{2m}\boldsymbol{A}^2(t) \tag{11.2.9}$$

一般来说，A^2 项更小，可以忽略，于是

$$H_1=-\frac{q}{m}\boldsymbol{p}\cdot\boldsymbol{A}(t) \tag{11.2.10}$$

是光与原子相互作用的哈密顿量。另一种常见的相互作用形式是电偶极图像。选择幺正变换

$$\hat{T}=\exp\left[\frac{\mathrm{i}q}{\hbar}\boldsymbol{A}(t)\cdot\boldsymbol{r}\right] \tag{11.2.11}$$

新表象下，波函数变成

$$\psi'(\boldsymbol{r},t)=\hat{T}^{+}\psi(\boldsymbol{r},t)=\exp\left[-\frac{\mathrm{i}q}{\hbar}\boldsymbol{A}(t)\cdot\boldsymbol{r}\right]\psi(\boldsymbol{r},t) \tag{11.2.12}$$

将 $\psi(\boldsymbol{r},t)$ 代入(12.2.1)式对应的薛定谔方程，使用库仑规范，得到

$$\mathrm{i}\hbar\left[\frac{\mathrm{i}q}{\hbar}\dot{\boldsymbol{A}}\cdot\boldsymbol{r}\psi'(\boldsymbol{r},t)+\dot{\psi}'(\boldsymbol{r},t)\right]\exp\left(\frac{\mathrm{i}q}{\hbar}\boldsymbol{A}\cdot\boldsymbol{r}\right)=\exp\left(\frac{\mathrm{i}q}{\hbar}\boldsymbol{A}\cdot\boldsymbol{r}\right)\left(\frac{\boldsymbol{p}^2}{2m}+V_{\mathrm{coul}}\right)\psi'(\boldsymbol{r},t) \tag{11.2.13}$$

整理，得到

$$\mathrm{i}\hbar\frac{\partial\psi'(\boldsymbol{r},t)}{\partial t}=(H_0+H_I)\psi'(\boldsymbol{r},t) \tag{11.2.14}$$

其中

$$H_I=-q\boldsymbol{r}\cdot\boldsymbol{E}(t)=e\boldsymbol{r}\cdot\boldsymbol{E}(t) \tag{11.2.15}$$

对于原子中的电子来说，电偶极矩定义为

$$\boldsymbol{d}=-e\boldsymbol{r} \tag{11.2.16}$$

因此

$$H_I=-\boldsymbol{d}\cdot\boldsymbol{E}(t) \tag{11.2.17}$$

就是常用的长波近似下电偶极相互作用哈密顿量。

11.3 指数算符计算公式

当我们在做幺正变换时，常常会碰到算符在指数上的计算。这时候常常需要用到如下定理

$$\mathrm{e}^{\xi A}B\mathrm{e}^{-\xi A}=B+\xi[A,B]+\frac{\xi^2}{2!}[A,[A,B]]+\cdots \tag{11.3.1}$$

下面具体看几个例子，它们也在本书中被用到。若幺正变换

$$U=\mathrm{e}^{-\mathrm{i}\omega\sigma_z t/2} \tag{11.3.2}$$

那么在此变换下

$$U^{+}\sigma U=\sigma+(\mathrm{i}\omega t/2)[\sigma_z,\sigma]+\frac{(\mathrm{i}\omega t/2)^2}{2!}[\sigma_z,[\sigma_z,\sigma]]+\cdots \tag{11.3.3}$$

因为

$$[\sigma_z,\sigma]=-2\sigma \tag{11.3.4}$$

所以

$$U^{+}\sigma U=\sigma\left[1+(-\mathrm{i}\omega t)+\frac{(-\mathrm{i}\omega t)^2}{2!}+\cdots\right]=\sigma\mathrm{e}^{-\mathrm{i}\omega t} \tag{11.3.5}$$

类似地,我们可以得到

$$U^{+}\sigma^{+}U=\sigma^{+}\mathrm{e}^{\mathrm{i}\omega t} \tag{11.3.6}$$

这两个公式在旋波近似的计算中常用到。

另外一个重要的公式是贝克-坎贝尔-豪斯多夫(Baker-Campbell-Hausdorff, BCH)公式,用来计算算符的指数形式

$$\mathrm{e}^{A}\mathrm{e}^{B}=\mathrm{e}^{A+B+[A,B]/2+\cdots} \tag{11.3.7}$$

一个重要的情况是

$$[[A,B],A]=[[A,B],B]=0 \tag{11.3.8}$$

那么我们得到

$$\mathrm{e}^{A}\mathrm{e}^{B}=\mathrm{e}^{A+B+[A,B]/2} \tag{11.3.9}$$

或者

$$\mathrm{e}^{A+B}=\mathrm{e}^{-[A,B]/2}\mathrm{e}^{A}\mathrm{e}^{B} \tag{11.3.10}$$

我们将其应用到位移算符上

$$D(\alpha)=\mathrm{e}^{\alpha a^{+}-\alpha^{*}a} \tag{11.3.11}$$

应用 BCH 公式,

$$D(\alpha)=\mathrm{e}^{|\alpha|^2/2}\mathrm{e}^{\alpha a^{+}}\mathrm{e}^{-\alpha^{*}a} \tag{11.3.12}$$

我们将位移算符作为幺正变换,

$$D^{-1}(\alpha)aD(\alpha)=\mathrm{e}^{\alpha^{*}a}\mathrm{e}^{-\alpha a^{+}}a\mathrm{e}^{\alpha a^{+}}\mathrm{e}^{-\alpha^{*}a} \tag{11.3.13}$$

再利用(11.3.1)式,我们得到

$$\mathrm{e}^{-\alpha a^{+}}a\mathrm{e}^{\alpha a^{+}}=a+\alpha \tag{11.3.14}$$

这样我们就得到

$$\begin{aligned}D^{-1}(\alpha)aD(\alpha)&=a+\alpha\\D^{-1}(\alpha)a^{+}D(\alpha)&=a^{+}+\alpha^{*}\end{aligned} \tag{11.3.15}$$

11.4 二次量子化

11.4.1 粒子数表象

在处理全同粒子的多体问题时,使用多体波函数并不方便,因为系统的状态数实在太多了。由于全同粒子具有不可分辨的特性,一种方便的做法是将其写成单粒子态占据数直乘。比如由 N 个玻色子组成的系统,粒子之间存在相互作用,系统哈密顿量可写成

$$H=\sum_{i=1}^{N}H^{(1)}(x_i)+\sum_{i\neq j}H^{(2)}(x_i,x_j) \tag{11.4.1}$$

其中

$$H^{(1)}(x)=-\frac{\hbar^2}{2m}\nabla^2+U(x) \tag{11.4.2}$$

是单粒子哈密顿量。而

$$H^{(2)}(x,x')=U^{(2)}(x-x') \tag{11.4.3}$$

是相互作用哈密顿量。理论上可以用多体波函数 $\Phi(x_1,x_2,\cdots,x_N)$ 求解薛定谔方程来获得系统的演化信息。只是粒子数太多,计算量太大。二次量子化可以很好地处理这一问题,这一方法最初由狄拉克提出,后来由福克、约当等发展起来。

我们可以从单粒子态出发,构建多粒子态基矢。假设将单粒子波函数写成 $\varphi_p(x)$,那么多粒子态写成

$$\Phi_{m_1,m_2,\cdots}(x_1,x_2,\cdots,x_N)=\left(\frac{m_1!\ m_2!\cdots}{N!}\right)^{1/2}\sum_{P}\varphi_{p_1}(x_1)\varphi_{p_2}(x_2)\cdots\varphi_{p_N}(x_N) \tag{11.4.4}$$

其中求和是针对所有状态的排列组合。而 m_p 指的是 $\varphi_p(x)$ 在乘积中出现的次数,用来归一化,并且 $m_1+m_2+\cdots=N$。可以验证这个基矢是正交归一的。引入粒子数表象,用占据数 m_i 来描述对应的状态,那么(11.4.4)式的波函数写成

$$|m_1,m_2,\cdots\rangle=\prod_{i=1}^{\infty}\frac{1}{\sqrt{m_i!}}(a_i^{+})^{m_i}|0\rangle \tag{11.4.5}$$

其中 $|0\rangle$ 是真空态。

在粒子数表象下,动量算符可以改写成

$$\hat{\boldsymbol{P}}=\sum_{\boldsymbol{p}}\boldsymbol{p}\hat{N}_{\boldsymbol{p}}=\sum_{\boldsymbol{p}}\boldsymbol{p}a_{\boldsymbol{p}}^{+}a_{\boldsymbol{p}} \tag{11.4.6}$$

动能项可以写成

$$\hat{H}_{\mathrm{KE}}=\sum_{\boldsymbol{p}}E_{\boldsymbol{p}}\hat{N}_{\boldsymbol{p}}=\sum_{\boldsymbol{p}}\frac{p^2}{2m}a_{\boldsymbol{p}}^{+}a_{\boldsymbol{p}} \tag{11.4.7}$$

实际上,一般地,可以证明,在粒子数表象下,哈密顿量(11.4.1)式可以写成

$$H=\sum_{ij}H_{ij}^{(1)}a_i^{+}a_j+\frac{1}{2}\sum_{ijkm}H_{ijkm}^{(2)}a_i^{+}a_j^{+}a_ka_m \tag{11.4.8}$$

其中

$$\begin{aligned}H_{ij}^{(1)}&=\langle\varphi_i(x)\,|\,H^{(1)}(x)\,|\,\varphi_j(x)\rangle\\H_{ijkm}^{(2)}&=\langle\varphi_i(x)\varphi_j(x')\,|\,H^{(2)}(x,x')\,|\,\varphi_k(x)\varphi_m(x')\rangle\end{aligned} \tag{11.4.9}$$

分别是单粒子项和双粒子项。对于单粒子项,有

$$\langle\varphi_i(x)\,|\,H^{(1)}(x)\,|\,\varphi_j(x)\rangle=E_i\delta_{ij} \tag{11.4.10}$$

因此单粒子哈密顿量部分写成

$$H^{(1)}=\sum_i E_ia_i^{+}a_i \tag{11.4.11}$$

在粒子数表象中,对应的能量为

$$E_{n_1,n_2,\cdots}=\langle n_1,n_2,\cdots\,|\,H^{(1)}\,|\,n_1,n_2,\cdots\rangle=\sum_i E_in_i \tag{11.4.12}$$

对于双粒子项,假设玻色子处在一个盒子中,相互作用的函数为 $U^{(2)}=U(\boldsymbol{r}-\boldsymbol{r}')$,那么

$$H^{(2)}=\frac{1}{2}\sum_{k_1k_2k_3k_4}\langle \boldsymbol{k}_1\boldsymbol{k}_2\mid U^{(2)}\mid \boldsymbol{k}_3\boldsymbol{k}_4\rangle a_{k_1}^{+}a_{k_2}^{+}a_{k_3}a_{k_4} \tag{11.4.13}$$

其中矩阵元

$$\langle \boldsymbol{k}_1\boldsymbol{k}_2\mid U^{(2)}\mid \boldsymbol{k}_3\boldsymbol{k}_4\rangle=\iint\frac{1}{V^2}\mathrm{e}^{-\mathrm{i}k_1r-\mathrm{i}k_2r+\mathrm{i}k_3r+\mathrm{i}k_4r}U(\boldsymbol{r}'-\boldsymbol{r})\,\mathrm{d}^3r\mathrm{d}^3r' \tag{11.4.14}$$

平面波的积分刚好是 δ 函数,因此

$$H^{(2)}=\frac{1}{2V}\sum_{k_1+k_2=k_3+k_4}\widetilde{U}(\boldsymbol{k}_2-\boldsymbol{k}_4)a_{k_1}^{+}a_{k_2}^{+}a_{k_3}a_{k_4} \tag{11.4.15}$$

其中

$$\widetilde{U}(\boldsymbol{k})=\int\mathrm{e}^{-\mathrm{i}kr}U(\boldsymbol{r})\,\mathrm{d}^3r \tag{11.4.16}$$

是相互作用势函数的傅里叶变换。比如对于超冷玻色子中的接触相互作用 $U(\boldsymbol{r})=U_0\delta(r)$,

$$\widetilde{U}=U_0 \tag{11.4.17}$$

于是它的哈密顿量变成

$$\hat{H}=\sum_{p}E_p\hat{a}_p^{+}\hat{a}_p+\frac{U_0}{2V}\sum_{p,p',q}\hat{a}_{p+q}^{+}\hat{a}_{p'-q}^{+}\hat{a}_{p'}\hat{a}_p \tag{11.4.18}$$

11.4.2 场算符表象

另一个非常有用的表象是场算符表象,由约当(Jordan)引入。利用升降算符,定义场算符

$$\hat{\varphi}(x)=\sum_k a_k\varphi_k(x),\quad \hat{\varphi}^{+}(x)=\sum_k a_k^{+}\varphi_k^{*}(x) \tag{11.4.19}$$

$\varphi(x)$ 可取任意基矢,但是一般取 $\varphi(x)$ 是单粒子哈密顿量的本征态比较方便。利用升降算符的对易关系,容易验证场算符满足对易关系

$$[\hat{\varphi}(x),\hat{\varphi}(x')]=[\hat{\varphi}^{+}(x),\hat{\varphi}^{+}(x')]=0,\quad [\hat{\varphi}(x),\hat{\varphi}^{+}(x')]=\delta(x-x') \tag{11.4.20}$$

将其代入(11.4.8)式和(11.4.9)式,二次量子化哈密顿量可以用场算符写成

$$H=\int\hat{\varphi}^{+}(x)\left(-\frac{\hbar^2}{2m}\nabla^2+U(x)\right)\hat{\varphi}(x)\,\mathrm{d}x+\frac{1}{2}\iint\hat{\varphi}^{+}(x)\hat{\varphi}^{+}(x')U^{(2)}(x-x')\hat{\varphi}(x)\hat{\varphi}(x')\,\mathrm{d}x\mathrm{d}x' \tag{11.4.21}$$

从形式上看,二次量子化就是直接将波函数 $\varphi(x)$ 变成场算符 $\hat{\varphi}(x)$。在实际操作中,我们往往是从(11.4.21)式出发,将波函数变成场算符,然后利用(11.4.19)式的变换及逆变换,得出二次量子化之后的哈密顿量。

以超冷玻色子为例,相互作用为接触相互作用形式,从(11.4.21)式出发,用场算符来替代波函数,就得到二次量子化后的哈密顿量

$$\hat{H}=\int\mathrm{d}r\left[-\hat{\psi}^{+}(\boldsymbol{r})\frac{\hbar^2}{2m}\nabla^2\hat{\psi}(\boldsymbol{r})+U(\boldsymbol{r})\hat{\psi}^{+}(\boldsymbol{r})\hat{\psi}(\boldsymbol{r})+\frac{U_0}{2}\hat{\psi}^{+}(\boldsymbol{r})\hat{\psi}^{+}(\boldsymbol{r})\hat{\psi}(\boldsymbol{r})\hat{\psi}(\boldsymbol{r})\right] \tag{11.4.22}$$

考虑 N 个玻色子在一个体积为 V 的盒子里,选取 $\varphi(x)$ 为动量本征态,那么场算符为

$$\hat{\psi}(\boldsymbol{r})=\frac{1}{V^{1/2}}\sum_{p}\mathrm{e}^{\mathrm{i}\boldsymbol{p}\cdot\boldsymbol{r}/\hbar}\hat{a}_{p}=\frac{V^{1/2}}{(2\pi\hbar)^{3}}\int\mathrm{d}\boldsymbol{p}\mathrm{e}^{\mathrm{i}\boldsymbol{p}\cdot\boldsymbol{r}/\hbar}\hat{a}_{p} \tag{11.4.23}$$

逆变换为

$$\hat{a}_{p}=\frac{1}{V^{1/2}}\int\mathrm{d}\boldsymbol{r}\mathrm{e}^{-\mathrm{i}\boldsymbol{p}\cdot\boldsymbol{r}/\hbar}\hat{\psi}(\boldsymbol{r}) \tag{11.4.24}$$

于是系统哈密顿量变为

$$\hat{H}=\sum_{p}E_{p}\hat{a}_{p}^{+}\hat{a}_{p}+\frac{U_{0}}{2V}\sum_{p,p',q}\hat{a}_{p+q}^{+}\hat{a}_{p'-q}^{+}\hat{a}_{p'}\hat{a}_{p} \tag{11.4.25}$$

E_p 是单粒子本征能量。这和粒子数表象得到的结果(11.4.18)式一致。

11.5 等效哈密顿量方法

用等效哈密顿量方法来描述微扰效应是量子力学理论中的一套成熟方案。具体而言,对于一个系统,假设其哈密顿量为

$$H=H_0+\lambda V \tag{11.5.1}$$

其中 λV 是微扰项。系统的总哈密顿量 H 的求解非常复杂,但是 H_0 是一个容易求解的哈密顿量,它的本征能量为 $E_{i\alpha}$。这些能级有分层结构,组成彼此分离的能级群 $\varepsilon_{\alpha}^{0},\varepsilon_{\beta}^{0},\cdots$。在每一个能级群中,用 i 来标记不同的能态 $|i,\alpha\rangle$。彼此分离的意思是任意能级群内的两能级差远小于不同能级群之间的能级差。

$$|E_{i\alpha}-E_{j\alpha}|\ll|E_{i\alpha}-E_{j\beta}|,\quad \alpha\neq\beta. \tag{11.5.2}$$

微扰项的存在让不同能级群之间也发生耦合,但是假设这个耦合相对于能级群的能量差很小

$$|\langle i,\alpha|\lambda V|j,\beta\rangle|\ll|E_{i\alpha}-E_{j,\beta}|,\quad \beta\neq\alpha \tag{11.5.3}$$

这时候哈密顿量 H 的能级和 H_0 能级类似,也是分组的。

我们感兴趣的是构建一个新的等效哈密顿量 H_{eff},它和 H 具有相同的本征值,或者具有非常接近的本征值。但是它在不同能级群 $\varepsilon_{\alpha}^{0},\varepsilon_{\beta}^{0},\cdots$之间没有矩阵元。这样我们就可以在一个小的子空间来处理问题。

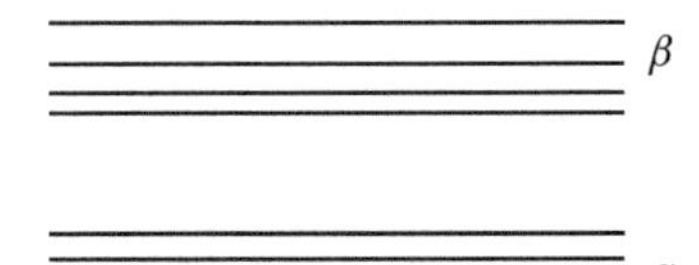

图 11.1 H_0 的本征能级示意图,它们组成彼此分离的能级群。

11.5.1 接触(contact)变换法

一种常见的做法是引入接触变换

$$H_{\mathrm{eff}}=THT^{\dagger} \tag{11.5.4}$$

其中

$$T=\mathrm{e}^{\mathrm{i}S} \tag{11.5.5}$$

S 是一个厄米算符,可以幂次展开

$$S=\lambda S_1+\lambda^2 S_2+\lambda^3 S_3+\cdots \tag{11.5.6}$$

同样,我们可以得到 H_{eff}的展开式

$$H_{\text{eff}}=H_0'+\lambda H_1'+\lambda^2 H_2'+\cdots \tag{11.5.7}$$

代入 S,不同微扰项的阶数有

$$\begin{aligned}\lambda^0:&\quad H_0'=H_0\\ \lambda^1:&\quad \lambda H_1'=[\mathrm{i}\lambda S_1,H_0]=\lambda V\end{aligned} \tag{11.5.8}$$

由于要求 H_1'在不同能级群之间的跃迁矩阵元为零,于是

$$\langle i,\ \alpha\mid \mathrm{i}\lambda S_1\mid j,\beta\rangle(E_{j\beta}-E_{i\alpha})+\langle i,\alpha\mid \lambda V\mid j,\beta\rangle=0. \tag{11.5.9}$$

它确定 S_1 在不同的能级群之间的矩阵元,其他矩阵元为零。

$$\langle i,\alpha\mid \mathrm{i}\lambda S_1\mid j,\beta\rangle=\frac{\langle i,\ \alpha\mid \lambda V\mid j,\beta\rangle}{E_{i\alpha}-E_{j\beta}},\quad \alpha\neq\beta, \tag{11.5.10a}$$

$$\langle i,\ \alpha\mid \mathrm{i}\lambda S_1\mid j,\alpha\rangle=0. \tag{11.5.10b}$$

近似到二阶等效哈密顿量时,只要知道 λS_1 就够了。我们最终得到$\langle i\mid H_{\text{eff}}^{\alpha}\mid j\rangle$在二阶近似下的结果

$$\begin{aligned}\langle i\mid H_{\text{eff}}^{\alpha}\mid j\rangle=&\ E_{i\alpha}\delta_{ij}+\langle i,\alpha\mid \lambda V\mid j,\alpha\rangle+\\ &\frac{1}{2}\sum_{k,\gamma\neq\alpha}\langle i,\alpha\mid \lambda V\mid k,\gamma\rangle\langle k,\gamma\mid \lambda V\mid j,\alpha\rangle\times\left[\frac{1}{E_{i\alpha}-E_{k\gamma}}+\frac{1}{E_{j\alpha}-E_{k\gamma}}\right]+\cdots.\end{aligned} \tag{11.5.11}$$

其中第一项是未扰动能级 ξ_{α}^{0},第二项代表 ξ_{α}^{0} 内 i 和 j 态之间的耦合,第三项代表这两个态通过其他能级群 ξ_{γ}^{0} 所有 $k\gamma$ 态形成的间接耦合。

11.5.2 投影算符法

另外一种常见的做法是使用投影算符。我们的目标是写出 H 在能级群 ε_{α}的等效哈密顿量。定义到 ε_{α} 的投影算符

$$P=\sum_i\mid i,\ \alpha\rangle\langle i,\ \alpha\mid \tag{11.5.12}$$

而 Q 是它的互补算符

$$Q=1-P=1-\sum_i\mid i,\ \alpha\rangle\langle i,\ \alpha\mid \tag{11.5.13}$$

投影算符有以下基本性质:

$$\begin{aligned}&P^2=P,\quad Q^2=Q\\ &P^2+Q^2=1\end{aligned} \tag{11.5.14}$$

可以证明投影到 α 子空间的等效哈密顿量为

$$H_{\text{eff}}=PHP+\frac{PHQQHP}{E-QHQ} \tag{11.5.15}$$

证明:假设$\mid\psi\rangle$是 H 的本征态,本征能量为 E,那么有

$$\begin{aligned}PH(P^2+Q^2)\mid\psi\rangle=EP\mid\psi\rangle\\ QH(P^2+Q^2)\mid\psi\rangle=EQ\mid\psi\rangle\end{aligned} \tag{11.5.16}$$

求解这两式,得到

$$\begin{aligned}Q\mid\psi\rangle&=\frac{QHP}{E-QHQ}P\mid\psi\rangle\\ EP\mid\psi\rangle&=\left(PHP+\frac{PHQQHP}{E-QHQ}\right)P\mid\psi\rangle\end{aligned} \tag{11.5.17}$$

$P|\psi\rangle$已经是投影到 α 子空间的波函数了。因此得到等效哈密顿量为

$$H_{\mathrm{eff}}=PHP+\frac{PHQQHP}{E-QHQ} \tag{11.5.18}$$

证明完毕。

为了进一步计算,我们利用公式将算符展开,

$$(A-B)^{-1}=A^{-1}\sum_{n=0}^{\infty}.(BA^{-1})^{n} \tag{11.5.19}$$

取 $A=E_0-QH_0Q, B=Q\lambda VQ-E+E_0$,其中 E_0是 H_0 在 α 子空间的本征能量,得到展开式

$$H_{\mathrm{eff}}=PH_0P+P(\lambda V)P+\frac{P(\lambda V)Q}{E_0-QH_0Q}\sum_{n=0}^{\infty}\left(\frac{Q(\lambda V)Q-E-E_0}{E_0-QH_0Q}\right)^{n}Q(\lambda V)P \tag{11.5.20}$$

近似到二阶情况下,截取到 $n=0$,

$$H_{\mathrm{eff}}=PH_0P+P(\lambda V)P+\frac{P(\lambda V)QQ(\lambda V)P}{E_0-QH_0Q} \tag{11.5.21}$$

重新得到(11.5.11)式。

11.5.3　应用——拉曼-拉比过程

作为一个应用例子,重新考虑第 7.4.4 节讨论的将三能级等效成二能级的拉曼-拉比过程。将(7.4.22)式的哈密顿量重新写出来($\hbar=1$):

$$H=\frac{\delta}{2}|a\rangle\langle a|-\frac{\delta}{2}|b\rangle\langle b|-\Delta|c\rangle\langle c|+\left(\frac{\Omega_a}{2}|a\rangle\langle c|+\frac{\Omega_b}{2}|b\rangle\langle c|+\mathrm{h.c.}\right) \tag{11.5.22}$$

投影算符 $P=|a\rangle\langle a|+|b\rangle\langle b|, Q=|c\rangle\langle c|$。取

$$H_0=\frac{\delta}{2}|a\rangle\langle a|-\frac{\delta}{2}|b\rangle\langle b| \tag{11.5.23}$$

剩余部分作为微扰项

$$\lambda V=-\Delta|c\rangle\langle c|+\left(\frac{\Omega_a}{2}|a\rangle\langle c|+\frac{\Omega_b}{2}|b\rangle\langle c|+\mathrm{h.c.}\right) \tag{11.5.24}$$

由于双光子失谐远小于单光子失谐,$\delta\ll\Delta$,取近似

$$\frac{1}{\delta/2+\Delta}\simeq\frac{1}{-\delta/2+\Delta}\simeq\frac{1}{\Delta} \tag{11.5.25}$$

代入(11.5.11)式,我们就得到二阶近似下的等效哈密顿量

$$\begin{aligned}H_{\mathrm{eff}}&=\frac{\delta}{2}|a\rangle\langle a|-\frac{\delta}{2}|b\rangle\langle b|+\left(\frac{\Omega_a}{2}|a\rangle\langle c|+\frac{\Omega_b}{2}|b\rangle\langle c|\right)\left(\frac{\Omega_a^*}{2}|c\rangle\langle a|+\frac{\Omega_b^*}{2}|c\rangle\langle b|\right)\frac{1}{\Delta}\\&=\left(\frac{\delta}{2}+\frac{|\Omega_a|^2}{4}\right)|a\rangle\langle a|+\left(-\frac{\delta}{2}+\frac{|\Omega_b|^2}{4}\right)|b\rangle\langle b|+\frac{\Omega_a\Omega_b^*}{4\Delta}|a\rangle\langle b|+\frac{\Omega_a^*\Omega_b}{4\Delta}|b\rangle\langle a|\end{aligned} \tag{11.5.26}$$

于是我们得到了(7.4.27)式。

索　引

J

K

L

郑重声明

读者意见反馈

为收集对教材的意见建议,进一步完善教材编写并做好服务工作,读者可将对本教材的意见建议通过如下渠道反馈至我社。

咨询电话　400-810-0598

反馈邮箱　hepsci@pub.hep.cn

通信地址　北京市朝阳区惠新东街4号富盛大厦1座
高等教育出版社理科事业部

邮政编码　100029